普通高等教育"十二五"规划教材

土木工程制图

主　编　尹　宁　陈振宇
副主编　白崇喜　王福成
　　　　王秋生　许　丽

中国水利水电出版社
www.waterpub.com.cn

内 容 提 要

本教材采用最新版本的国家制图标准，全面介绍了土木工程制图课程的基本内容。全书共分11章，包括：绪论；制图的基本知识；投影的基本知识；点、直线、平面的投影；曲线与曲面；形体的表面交线；轴测投影；建筑形体的表达方法；建筑施工图；结构施工图；设备施工图。

本教材可作为高等学校土木、建筑、给水排水等相关专业的教学用书，也可作为高职、高专、社会培训等的教材，同时还可供从事相关专业的工作人员自学和参考。

图书在版编目（CIP）数据

土木工程制图/尹宁，陈振宇主编．—北京：中国水利水电出版社，2012.4（2013.8重印）
普通高等教育“十二五”规划教材
ISBN 978-7-5084-9649-8

Ⅰ．①土…　Ⅱ．①尹…②陈…　Ⅲ．①土木工程—建筑制图—高等学校—教材　Ⅳ．①TU204

中国版本图书馆CIP数据核字（2012）第069703号

书　　名	普通高等教育“十二五”规划教材 **土木工程制图**
作　　者	主　编　尹　宁　陈振宇 副主编　白崇喜　王福成　王秋生　许丽
出版发行	中国水利水电出版社 （北京市海淀区玉渊潭南路1号D座　100038） 网址：www.waterpub.com.cn E-mail：sales@waterpub.com.cn 电话：（010）68367658（发行部）
经　　售	北京科水图书销售中心（零售） 电话：（010）88383994、63202643、68545874 全国各地新华书店和相关出版物销售网点
排　　版	中国水利水电出版社微机排版中心
印　　刷	北京市北中印刷厂
规　　格	184mm×260mm　16开本　17.5印张　415千字
版　　次	2012年4月第1版　2013年8月第2次印刷
印　　数	3001—6000册
定　　价	**35.00**元

前言

本教材是根据高等学校本科专业的人才培养要求，总结多年的教学改革及实践经验，吸取一些兄弟院校的教学成果，并结合土木工程制图课程的教学现状，采用最新实施的有关制图标准编写而成。

本教材在编写内容的选择上，以培养学生空间想象力、提高学生的绘图技能和满足工程实际需求为准则，突出编写内容的系统性、实用性，删除了投影变换章节，使得教材篇幅大大减少。同时在“平法（混凝土结构施工图平面整体表示方法规则和构造详图）”上给予了较为详细的介绍。

本教材适合48～96学时的课程教学。为了满足学生作业和练习的需要，同时还编写了与本教材配套使用的《土木工程制图习题集》。

本教材及配套习题集在编写过程中参考了有关的教材与书籍，并引用了部分图，在此谨向有关作者致以诚挚的感谢。书中选用了一套施工图，在此向设计人员表示感谢。本书在编写过程中，得到了宁夏大学宋建夏教授和崔自治教授的大力帮助，借此一并表示感谢。

本教材由尹宁、陈振宇任主编，白崇喜、王福成、王秋生、许丽任副主编，参加编写的人员有：宁夏大学尹宁（前言、第一章、第二章、第五章、第十章第四节、第十一章），山西农业大学陈振宇（第三章），东北农业大学白崇喜（第四章），山西农业大学王秋生（第六章），山西农业大学赵美香（第七章），塔里木大学许丽（第八章），东北石油大学李晓丽（第九章），八一农垦大学王福成（第十章第一、二、三、五、六节）。

由于编者水平有限，书中不足之处，恳请读者批评指正。

编者

2012年1月

前言

编者

目录

前言

第一章 绪论 …… 1
第一节 本课程的目的与任务 …… 1
第二节 本课程的学习方法 …… 2
第三节 土木工程中常用的四种投影图 …… 2

第二章 制图的基本知识 …… 4
第一节 国家标准的基本规定 …… 4
第二节 常用制图工具及使用 …… 14
第三节 几何作图 …… 16
第四节 绘制平面图形 …… 19
第五节 徒手绘图 …… 21

第三章 投影的基本知识 …… 24
第一节 投影三要素及平行投影特征 …… 24
第二节 投影图的形成及投影图的特征 …… 26
第三节 基本形体的投影 …… 29
第四节 组合形体的投影 …… 32

第四章 点、直线、平面的投影 …… 38
第一节 点的投影 …… 38
第二节 直线的投影 …… 42
第三节 平面的投影 …… 52
第四节 直线与平面及平面与平面的位置关系 …… 60

第五章 曲线与曲面 …… 71
第一节 常见曲线 …… 71
第二节 常见回转面 …… 73
第三节 常见非回转面 …… 77

第六章 形体的表面交线 …… 81
第一节 截交线 …… 81

第二节　相贯线 …… 89

第七章　轴测投影 …… 96

第一节　概述 …… 96

第二节　正轴测图 …… 98

第三节　斜轴测图 …… 107

第八章　建筑形体的表达方法 …… 110

第一节　建筑形体的画法 …… 110

第二节　剖面图 …… 115

第三节　断面图 …… 119

第四节　简化画法 …… 121

第九章　建筑施工图 …… 123

第一节　概述 …… 123

第二节　总平面图 …… 137

第三节　建筑平面图 …… 139

第四节　建筑立面图 …… 148

第五节　建筑剖面图 …… 153

第六节　建筑详图 …… 156

第十章　结构施工图 …… 166

第一节　概述 …… 166

第二节　楼层结构平面布置图 …… 177

第三节　构件详图 …… 184

第四节　楼梯结构详图 …… 202

第五节　基础图 …… 207

第六节　钢结构图 …… 212

第十一章　设备施工图 …… 220

第一节　给水排水工程图 …… 220

第二节　采暖通风施工图 …… 233

第三节　建筑电气施工图 …… 253

参考文献 …… 272

第一章　绪　论

第一节　本课程的目的与任务

一、本课程的重要性

建筑是建筑物和构筑物的总称。建筑物是供人们工作、学习、生活、娱乐的场所，如住宅、教学楼、飞机场等；构筑物是不直接提供人们生活的场所，如长城、纪念碑、埃菲尔铁塔等。建筑物分为民用建筑和工业建筑。建筑从无到有，从开始构思到投入使用，不是一两类工程技术人员努力工作的结果，其中至少包括三类：首先是建筑师，建筑师决定建筑物的造型、颜色、材料等宏观形象；其次是结构师，结构工程师必须保证建筑物的各个部分能安全可靠、经济合理的使用；设备工程师提供必要的使用设备，使建筑更加完善。

在一幢大楼或建筑物中，有许多的内容需要实施，仅凭着人说和人的比划是远远不够的，因此产生了图纸；再则也不可能将许多的工程师，在同一时刻同一地点召集起来指导施工，因此，在施工中没有图纸是万万不行的；另外，建筑物建造周期都比较长，在长时间的建造过程中，没有图纸是不可想象的。

在建筑行业中，建筑工程图是一种无声的语言，也是一种无国界、无名族的共同的语言，建筑工程图能将建筑物的形状、大小、内部布置、细部构造、结构、材料及布局，以及施工要求，按照国家制图标准的要求，准确而详尽地在图纸上表达出来，用作指导施工的唯一依据。

二、本课程的目的与任务

本课程分两大部分，一部分是画法几何，另一部分是建筑制图，这两部分的关系是：画法几何是一种方法或者工具，建筑制图是方法或工具的应用。“磨刀不误砍柴工”，沿用到所学的画法几何与建筑制图上面，那就是画法几何学的掌握对建筑制图水平的提高至关重要。

画法几何研究的内容：①研究空间几何元素（点、线、面、体）及其相对位置在平面上的表示方法；②研究在平面上用几何作图的方法来解决空间几何问题。

建筑制图研究的内容：①基本理论——画法几何学；②基本知识——明确国家制图标准及相关专业知识；③基本技能——工具仪器的正确使用。

教育部颁布的大纲在本课程的目的与任务中明确规定：“主要培养学生的绘图、读图、图解的能力，通过绘图、读图和图解的实践，发展空间想象力。所绘图样应做到投影正确、视图选择与配置恰当，尺寸完整、字体工整、图面整洁。”

发展空间想象力有两方面的内容：①空间不存在的形体，其形象能在脑海中的浮现；②看到三张两维的图纸，如图 1－1 所示，在脑海中产生其立体形状。

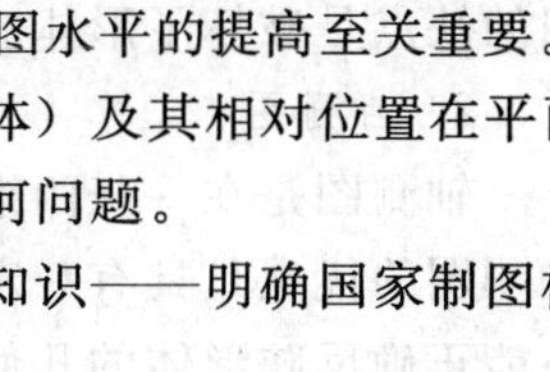

图 1－1　长方体的投影

第二节　本课程的学习方法

本课程学习方法重在理解而不在记忆，因此：

(1) 掌握基础知识。画法几何是用几何学方法来研究空间几何元素和几何形体在平面上投影规律的课程，学习时不仅要用到初等几何，而且要用到立体几何的有关理论、结论及论证方法。

(2) 重视复习环节。画法几何主要讲授基本概念、基本理论和基本作图的方法。课后认真复习是不可缺少的学习环节，即不仅要听懂基本投影特性和作图方法，还要通过复习消化，才能掌握所讲的基本内容。为完成习题提供分析问题的基础，否则，就会出现“上课听得懂，习题做不出来”的现象。

(3) 认真完成习题。学习基本理论和方法的目的在于应用。画法几何习题不仅仅是为了巩固和掌握基本教学内容，更重要的是提高灵活和综合应用的能力。因此，认真做好习题是学好画法几何的关键。

(4) 保证图面质量。精湛的制图技巧是使工程表达清楚和图面整洁的可靠保证，它需要经过长期的严格训练才能逐步提高。画法几何习题是用仪器绘制铅笔图的初步训练，必须按规定要求一丝不苟地认真绘制。

(5) 认真观察建筑。观察实际的建筑，观察模型模具。事物总是从量变到质变的过程，头脑中的素材（空间立体素材）多了，空间想象力自然提高。

(6) 本课程讲究的是步步为营、稳扎稳打、由浅入深、循序渐进的学习方法。

第三节　土木工程中常用的四种投影图

1. 正投影图

正投影图一般是用多面两维的投影图表达一个形体的图样，如图 1－2 所示。正投影图具有反映实形，便于度量和绘制简易等优点，因而是工程图中的主要图示形式。正投影图的缺点是破坏了形体的完整空间形象，即形体的直观性差，缺乏立体感。

2. 轴测图

轴测图是在一张两维的图纸上同时表达出形体的三维尺度的图样，如图 1－3 所示。轴测图的优点是具有一定的立体感和直观性，常作为工程上的辅助图样。轴测图的缺点是不能正确反映形体的几何元素之间的关系，不具有度量性，绘图比正投影图复杂。

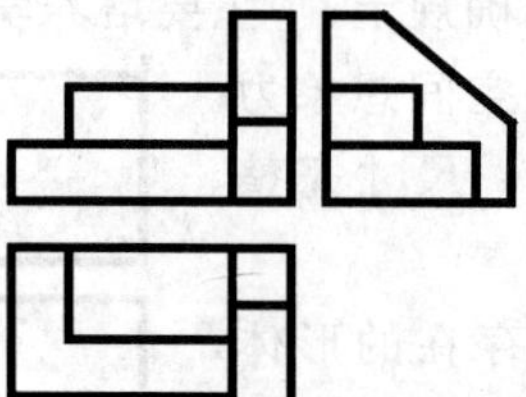

图 1－2　正投影图

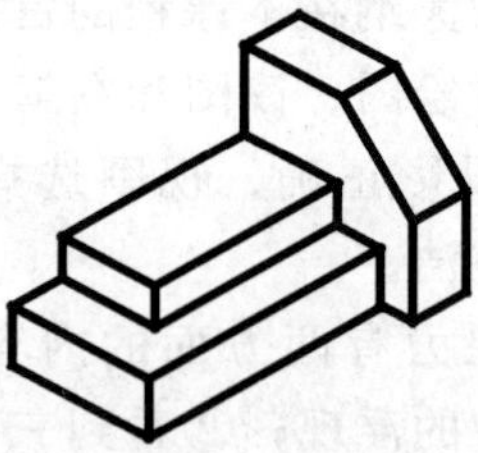

图 1－3　轴测图

3. 透视图

透视图绘图原理类似于照相机成像原理，故符合人们的视觉形象，因而图形逼真，具有良好的直观性和立体感，如图 1－4 所示。透视图在土建工程中常作为设计方案和展览用的直观图样。但透视图的绘制很复杂，且很难度量。

4. 标高投影图

在一个水平投影图上标有高度数字的正投影图，称为标高投影图，如图 1－5 所示。标高投影图是表示不规则曲面的一种有效的图示形式，它应用于表示起伏不平的地面时，称为地形图。利用地形图及地面上建造的土木形体的标高投影，可以表示出该土木形体的位置、形状和大小，坡面间的交线以及坡面与地面的交线。从而为施工中计算土方量，确定施工界限提供了依据。

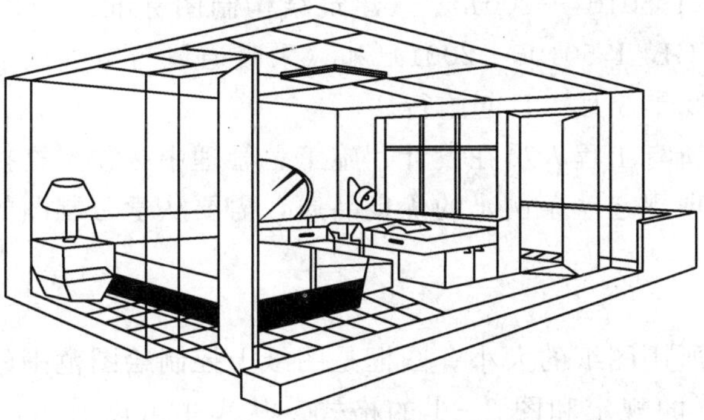

图 1－4　透视图

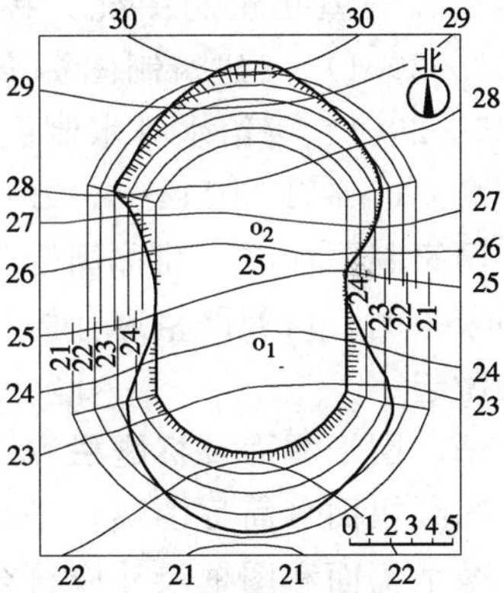

图 1－5　标高投影图

第二章　制图的基本知识

第一节　国家标准的基本规定

工程图样是工程界无国界无民族的共同的语言，因此工程界对这种特殊的语言作了相应的规定。我国由国家质量监督检验检疫总局和国家建设部联合发布了建筑制图6种国家标准：《房屋建筑制图统一标准》（GB/T 50001—2001）、《总图制图标准》（GB/T 50103—2001）、《建筑制图标准》（GB/T 50104—2001）、《建筑结构制图标准》（GB/T 50105—2001）、《给水排水制图标准》（GB/T 50106—2001）和《采暖通风与空气调节制图标准》（GB/T 50114—2001），自2002年3月1日起施行。

国家制图标准（简称国标）是一项所有工程人员在设计、施工、管理中必须严格执行的国家条例。培养严格遵守国标中每一项规定（条例）的优良品质，需要从学习制图的第一天做起。

一、图纸幅面及标题栏

图纸幅面（简称图幅）是绘制图样所用图纸的大小。图框是图纸上控制绘图范围的边线。图纸幅面和图框尺寸应符合表2-1的规定和图2-1的格式。从表中可以看出，A1幅面是A0幅面的一半，A2幅面是A1幅面的一半，其余类推。表中代号的意义如图2-1所示。同一项工程的图纸，不宜多于两种幅面。以短边作垂直边的图纸称为横式幅面，如图2-1（a）所示，以短边作为水平边的称为立式幅面，如图2-1（b）所示。一般A0～A3图纸宜用横式。图纸短边不得加长，长边可以加长，但加长的尺寸必须符合国标的规定。

表2-1　　幅面及图框尺寸　　单位：mm

幅面代号 / 尺寸代号	A0	A1	A2	A3	A4
$b \times l$	841×1189	594×841	420×594	297×420	210×297
c	10			5	
a	25				

图纸的标题栏（简称图标）是图纸及设计者基本信息的描述，如工程名称、图名、图纸编号、设计单位、设计人、绘图人等。会签栏是各工种施工及审图人员基本信息的描述，如会签人员所代表的专业、姓名、日期等。

图纸的标题栏和会签栏的位置、尺寸和内容如图2-1～图2-3所示。涉外工程的标题栏内，各项主要内容的中文下方应附有译文，设计单位的上方或左方，应加“中华人民共和国”字样。

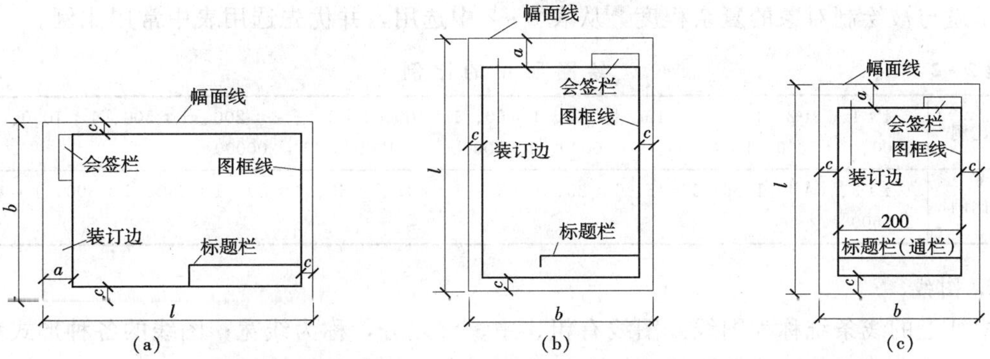

图 2-1　幅面代号的意义

(a) A0～A3 横式幅面；(b) A0～A3 立式幅面；(c) A4 立式幅面

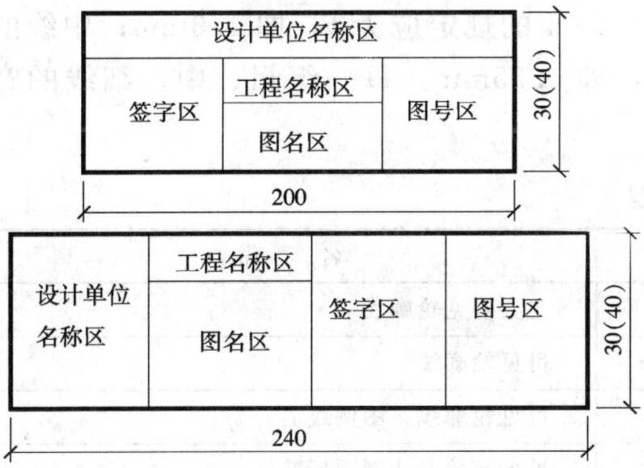

图 2-2　标题栏

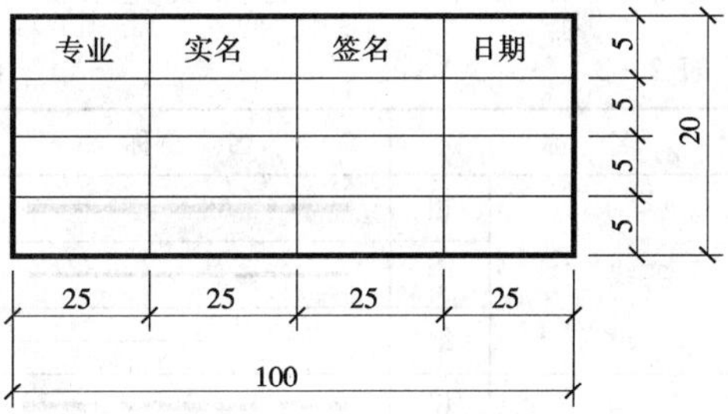

图 2-3　会签栏

根据地方标准的不同，很难制定统一的标题栏。学生学习期间推荐使用图 2-4 所示的图标。

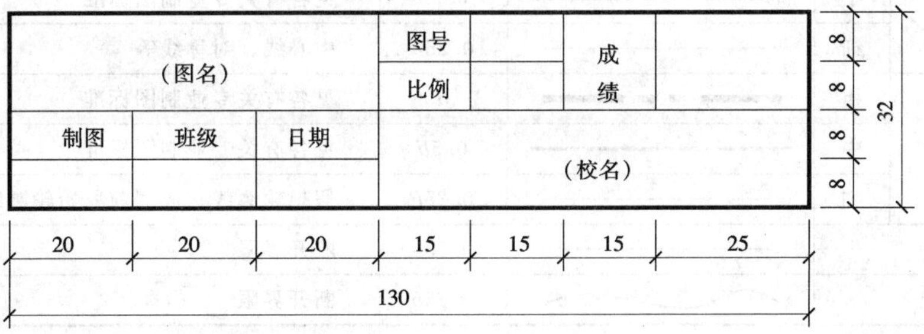

图 2-4　学生用标题栏

二、比例与图线

1. 比例

图样的比例，应为图形与其实物相对应要素的线性尺寸之比。比例的大小，是指其比值的大小，如 1∶50 大于 1∶100；比例宜注写在图名的正右侧，比例的字高宜比图名的字高小一号或二号；一般情况下，一个图样应选用一种比例；绘图所用的比例，应根据图样的用途与被绘制对象的复杂程度，从表 2－2 中选用，并优先选用表中常用比例。

表 2－2　　绘图所用的比例

常用比例	1∶1、1∶2、1∶5、1∶10、1∶20、1∶50、1∶100、1∶150、1∶200、1∶500、1∶1000、1∶2000、1∶5000、1∶10000、1∶20000、1∶50000、1∶100000、1∶200000
可用比例	1∶3、1∶4、1∶6、1∶15、1∶25、1∶30、1∶40、1∶60、1∶80、1∶250、1∶300、1∶400、1∶600

2. 图线

图纸上的线条统称为图线。图线有粗、中、细之分，称为线宽；图线的各种形式称为线型。线宽与线型也可统称为线型。各类常见线型用途如表 2－3 所示。

每个图样应先根据形体的复杂程度和比例的大小，确定基本线宽 b。b 值可从以下的线宽系列中选取，即 0.35、0.5、0.7、1.0、1.4、2.0mm，常用的 b 值为 0.35～1mm。确定 b 值之后，例如 1.0mm，则粗线的宽度按表 2－4 的规定应为 b，即 1.0mm；中线的宽度为 $0.5b$，即 0.5mm；细线的宽度为 $0.25b$，即 0.25mm。每一组粗、中、细线的宽度，如 1.0、0.5、0.25，称为线宽组。

表 2－3　　线　型

名　称		名　称	名称	名　称
实线	粗		b	主要可见轮廓线
	中		$0.5b$	可见轮廓线
	细		$0.25b$	可见轮廓线、图例线
虚线	粗		b	见各有关专业制图标准
	中		$0.5b$	不可见轮廓线
	细		$0.25b$	不可见轮廓线、图例线
单点长划线	粗		b	见各有关专业制图标准
	中		$0.5b$	见各有关专业制图标准
	细		$0.25b$	中心线、对称线等
双点长划线	粗		b	见各有关专业制图标准
	中		$0.5b$	见各有关专业制图标准
	细		$0.25b$	假想轮廓线、成型前原始轮廓线
折断线			$0.25b$	断开界限
波浪线			$0.25b$	断开界限

表 2－4　　线　宽　组　　单位：mm

线宽比	线　宽　组					
b	2.0	1.4	1.0	0.7	0.5	0.35
$0.5b$	1.0	0.7	0.5	0.35	0.25	0.18
$0.25b$	0.5	0.35	0.25	0.18		

注　1. 需要缩微的图纸，不宜采用 0.18mm 及更细的线宽。

2. 同一张图纸内，各不同线宽中的细线，可统一采用较细的线宽组的细线。

画线时还应注意下列几点：

(1) 在同一张图纸内，相同比例的各图样，应采用相同的线宽组。

(2) 相互平行的图线，其间隙不宜小于其中的粗线宽度，且不宜小于 0.7mm。

(3) 虚线、单点长划线或双点长划线的线段长度和间隔宜各自相等。虚线的划长约 3～6mm，间隔约为 0.5～1mm。单点长划线或双点长划线的画长约为 15～20mm。

(4) 单点长划线或双点长划线，当在较小图形中绘制有困难时，可用实线代替。

(5) 单点长划线或双点长划线的两端，不应是点。点划线与点划线交接或点划线与其它图线交接时，应是线段交接。

(6) 虚线与虚线交接或虚线与其他图线交接时，应是线段交接。虚线为实线延长线时，不得与实线连接，如图 2-5 所示。

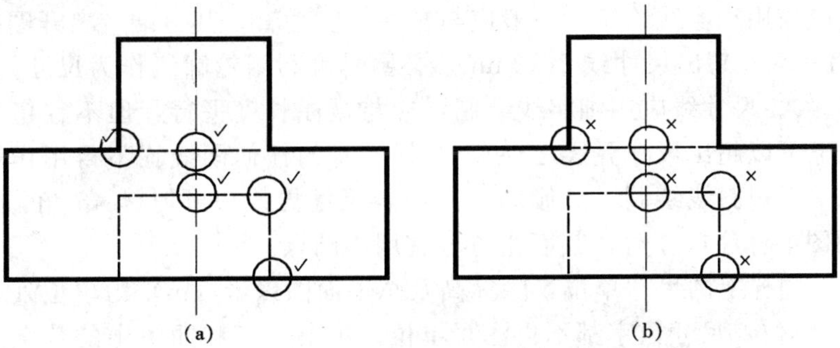

图 2-5　虚线交接的画法

(a) 正确；(b) 错误

(7) 图线不得与文字、数字或符号重叠、混淆，不可避免时，应首先保证文字等的清晰。

(8) 图纸的图框线、标题栏线和会签栏线可采用表 2-5 所示的线宽。

表 2-5　**图框线、标题栏线、会签栏线的宽度**　单位：mm

幅面代号	图框线	标题栏外框线	标题栏分格线、会签栏线
A0、A1	1.4	0.7	0.35
A2、A3、A4	1.0	0.7	0.35

各种线型在建筑平面图上的用法，如图 2-6 所示。

三、尺寸标注

1. 尺寸标注的组成

建筑工程图中，除了画出建筑物及其各部分的形状外，还必须准确、详尽、清晰地标注出各部分的实际尺寸，以确定其大小，作为施工时的依据。建筑工程图中的尺寸，按性质可以分成五大类，即线性尺寸、角度尺寸、标高尺寸、规格尺寸及坡度尺寸等五大类。

图样上的尺寸，包括尺寸界线、尺寸线、尺寸起止符号和尺寸数字，如图 2-7 所示。

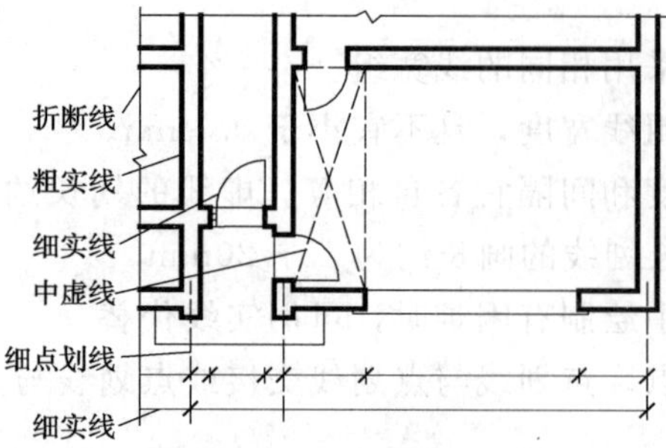

图 2-6　各种线型的示例

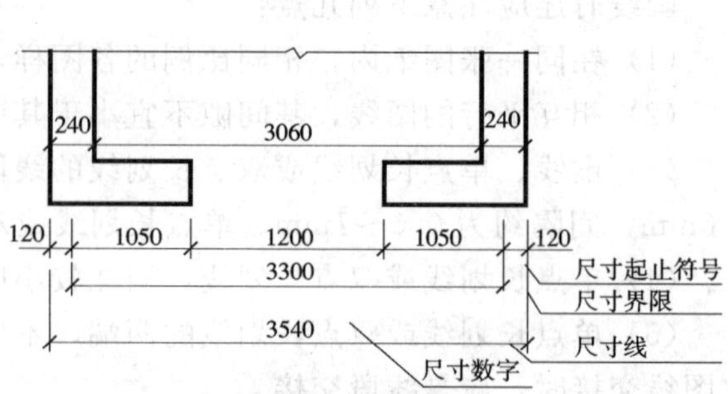

图 2-7　尺寸的组成

2. 尺寸标注一般规定

尺寸界线应该用细实线绘制，一般应与被注长度垂直，其一端应离开图样的轮廓线不小于 2mm，另一端宜超出尺寸线 2～3mm。必要时可利用轮廓线作为尺寸界线，如图 2-7 所示的尺寸 240。尺寸线应用细实线绘制，应与被注长度平行，但不宜超出尺寸界线之外（特殊情况下可以超出尺寸界线之外）。图样本身的任何图线均不得用作尺寸线。尺寸起止符一般用中粗短斜线绘制，其倾斜方向应与尺寸界线成顺时针 45°角，长度宜为 2～3mm。在轴测图中标注尺寸时，其起止符号宜用小圆点。

国标规定，图样上的尺寸单位，除标高及总平面图以米（m）为单位外，其他必须以毫米（mm）为单位，尺寸数字都不再注写单位。本书文字和插图中的数字，如没有特别注明单位的，也一律以毫米为单位。图样上的尺寸，应以所注尺寸数字为准，不得从图上直接量取。尺寸数字一般应依据其方向注写在靠近尺寸线的上方中部。如没有足够的注写位置，最外边的尺寸数字可以注写在尺寸界线的外侧，如图 2-7 所示的 120 尺寸的标注，中间相邻的尺寸数字可上下错开注写。

尺寸数字宜标注在图样轮廓以外，不宜与图线、文字及符号等相交。相互平行的尺寸线，应从被注写的图样轮廓线由近向远整齐排列，较小尺寸应离轮廓线较近，较大尺寸应离轮廓线较远，如图 2-7 所示。

图样轮廓线以外的尺寸线，距图样最外轮廓线之间的距离，不宜小于 10mm。平行排列的尺寸线的间距，宜为 7～10mm，并应保持一致。总尺寸的尺寸界线应靠近所指部位，中间的分尺寸的尺寸界线可稍短，但其长度应相等，如图 2-7 所示。

3. 圆、圆弧、球的尺寸标注

圆或者大于半圆的弧，一般标注直径，尺寸线通过圆心，两端指向圆弧，用箭头作为尺寸的起止符号，并在直径数字前加注直径符号“ϕ”。较小圆的尺寸可标注在圆外。半圆或小于半圆的圆弧，一般标注半径尺寸，尺寸线的一端从圆心开始，另一端用箭头指向圆弧，在半径数字前加注半径代号“R”，较小圆弧的半径数字，可引出标注；较大圆弧的尺寸线，必须对准圆心画成折线状，如图 2-8 所示。

球的尺寸标注和圆的尺寸标注一样，只有在注写球的直径或半径代号前加写“S”字，如图 2-8 所示。

4. 角度、弧度、弦长的尺寸标注

角度的尺寸线用圆弧表示，其圆心为角度的角顶，角的两边为尺寸界线，起止符号为

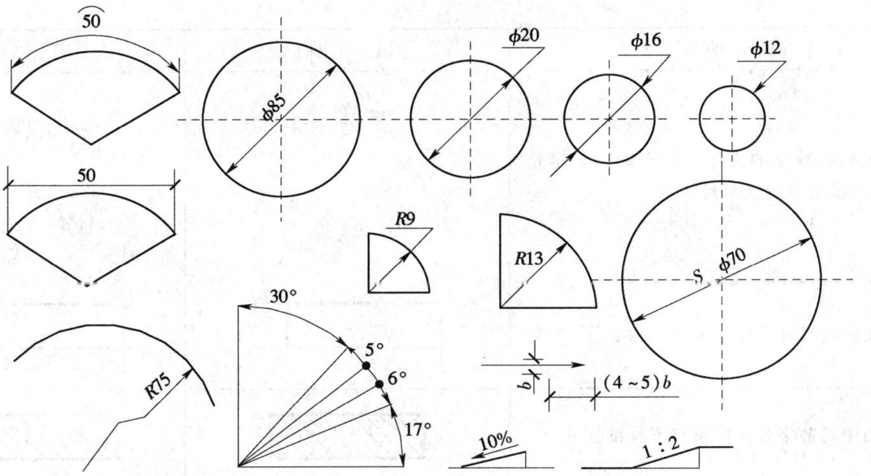

图 2-8　圆、圆弧、球、角度、弦长的尺寸标注

箭头。角度小的无法画下箭头，可用小黑圆点代替。角度数字应为水平方向书写，如图 2-8所示。

弧长的尺寸线为与该圆弧同心的圆弧，尺寸界线应垂直该圆弧的弦，起止符号用箭头，在弧长数字的上方加注符号“⌒”，如图 2-8 所示。

标准弦长的尺寸线应与弦长平行，尺寸界线与弦垂直，起止符号用中实线的 45°短划，如图 2-8 所示左方中间。

其他标注见国标。

5. 尺寸标注应注意的事项如表 2-6 所示

表 2-6　　尺寸标注注意事项

说　明	正　确	错　误
尺寸数字应写在尺寸线的中间，在水平尺寸线上的应从左到右写在尺寸线上方，在竖直尺寸线上的，应从下到上写在尺寸线左方	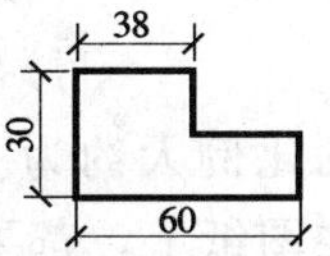	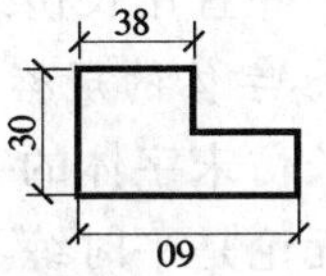
大尺寸在外，小尺寸在内	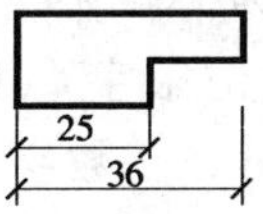	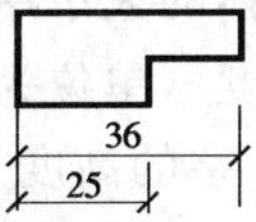
不能用尺寸界线作为尺寸线	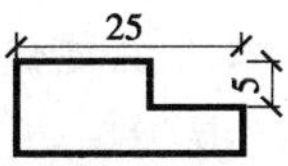	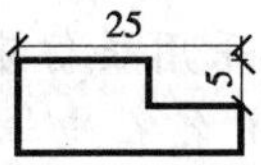
轮廓线、中心线可以作为尺寸界线，但不能用作尺寸线	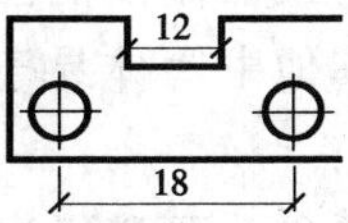	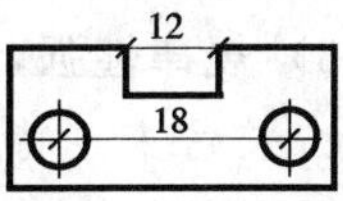

续表

说　　明	正　　确	错　　误
尺寸线倾斜时数字的方向应便于阅读，尽量避免在30°斜线范围内注写尺寸	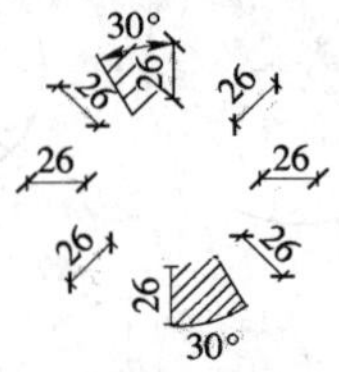	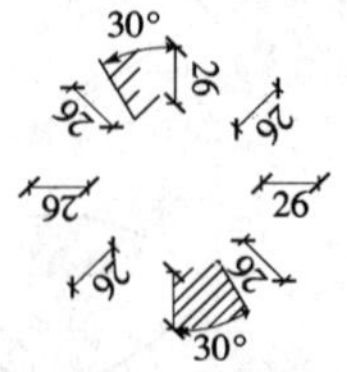
同一张图纸内尺寸数字应大小一致	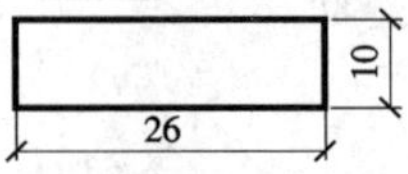	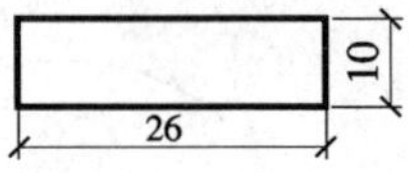
在断面图中写数字处，应留空不画剖面线		
两尺寸界线之间比较窄时，尺寸数字可注在尺寸界线外侧，或上下错开，或用引出线引出再标注	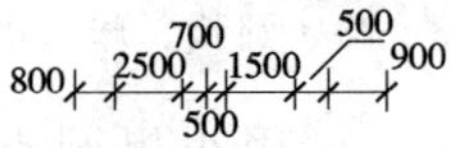	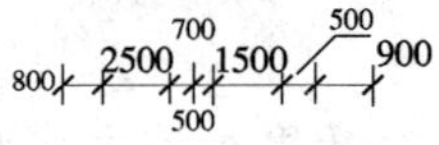
桁架式结构的单线图，宜将尺寸直接注在杆件的一侧	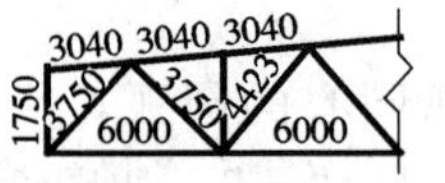	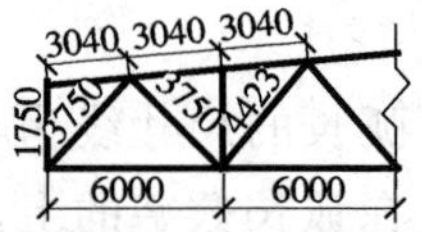

四、工程字

图纸上有各种符号、字母代号、尺寸数字及文字说明。各种字体应从左到右横向书写，并应注意标点符号要清楚。

（一）汉字

1. 对汉字的书写要求

字体必须书写端正，排列整齐，笔画清晰，书写汉字时，应采用国家公布实施的简化汉字，并宜用长仿宋字体。

2. 字体的规格

长仿宋字体的字高与字宽的比例大约为3∶2，为了保证字体写得大小一致，整齐均匀，无论是平时练习，还是写在图纸上，都要按字的大小，先打好格子然后写字。

字体的大小用字号表示，分为20、14、10、7、5、3.5六种字号。字体的号数就是字体的高度（单位为mm），对于长仿宋字，上一字号的宽度恰好等于下一字号的高度，例如10号字的高度为10mm，宽7mm。数字与汉字同行书写时，其大小应比汉字小一级，还宜用正体字。

3. 采用长仿宋体作为工程字体的主要优点

（1）符合汉字常态，不会引起混淆。

（2）笔画细，外形整齐，与仪器制图的图线协调。

（3）规律性强，其写法比其他书写体易于掌握。如图2-9所示的字例。

4. 长仿宋字特点

（1）横平竖直。横笔基本要平，可稍微向上倾斜一点；竖笔要直；笔画要刚劲有力。

建 筑 制 图 混 凝 土 砂 石 钢 筋 水 泥

门 窗 墙 体 基 础 楼 梯 屋 顶 楼 地 板

土 木 平 面 金 上 正 水 车 审 比 料 机

部 轴 三 曲 垂 直 量 以 砌 设 动 标 号

图 2－9　长仿宋字的示例

（2）起落分明。横竖的起笔和收笔、撇的起笔、钩的转角等，都要顿一下笔，形成小三角。几种基本笔画的写法如表 2－7 所示。

表 2－7　　几种笔画的写法与特征

名称	笔　画	要　点	名称	笔　画	要　点
横	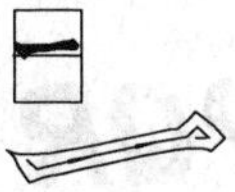 三 平 一	横以略斜为自然，运笔时应有起落顿挫，棱角一笔完成	横钩	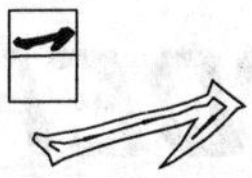 序 安 欠	由两笔组成，末笔笔锋应起重落轻钩尖如针
竖	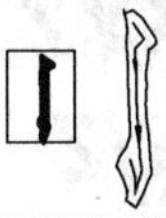 上 十 下	竖要垂直，运笔同横	弯钩	 尤 武 心 地	由直转弯，过渡要圆滑
撇	 先 今 方	撇应同字格对角线基本平行，运笔时起笔要重，落笔要轻	挑	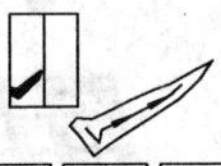 北 求 均	横以略斜为自然，运时应有起落，顿挫棱角一笔完成
捺	 大 来 延	捺也应同字格对角线基本平行，运笔时起笔要轻，落笔要重。与撇正好相反			
竖钩	 才 剖 倒	竖要挺直，钩要尖，细如针	点	 热 沙 立	

(3) 笔锋满格。上下左右笔锋要触及或靠近字格，但也有例外的，如日、口等字，都要比字格略小。

(4) 布局均匀。笔画布局要均匀紧凑，并注意下列几点：

1) 字形基本对称的应保持其对称，如土、木、平、面、金等。

2) 有一竖笔居中的应保持该笔竖直而居中，如上、正、水、审等。

3) 有三四横、竖笔画得要大致平行等距，如曲、垂、直、量等。

4) 要注意偏旁所占的比例，有约占一半的，如比、料、机、部、轴等。有约占 1/3 的，如混、梯、钢、墙等。有约占 1/4 的，如凝。

5) 左右要组合紧凑，尽量少留空白，如以、砌、设、动、泥等。

5. 仿宋字的书写要领

横平竖直、起收有力；按格书写，体型统一；结构均匀，比例合适；呼应穿插，和谐统一。

要写好长仿宋字，有效的办法就是多看，多摩，多写，持之以恒，自然熟能生巧。

(二) 数字及字母

数字及字母宜采用向右倾斜 75°的写法（即斜体字），数字及字母的笔画次序如图 2-10 所示。对于数字与字母，根据具体情况，最小可采用 2.5 号字。

图 2-10　数字与字母示例

五、常用建筑材料图例

1. 常用建筑材料图例

建筑材料在建筑工程图中，采用材料图例表示，常用建筑材料图例如表 2-8 所示。

表 2-8　　常用材料图例

序号	名称	图例	备注
1	自然土壤		包括各种自然土壤
2	夯实土壤		
3	砂、灰土		靠近轮廓线绘较密的点
4	普通砖	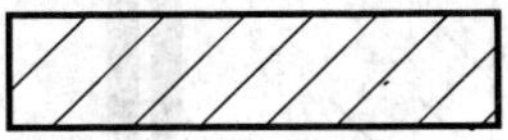	包括实心砖、多孔砖、砌块等砌体。断面较窄不易绘出图例线时，可涂红
5	饰面砖	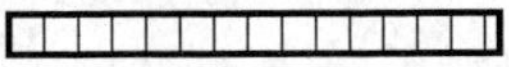	包括铺地砖、马赛克、陶瓷锦砖、人造大理石等
6	空心砖	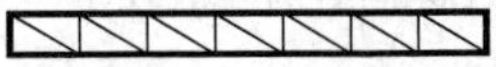	指非承重砖砌体
7	毛　石	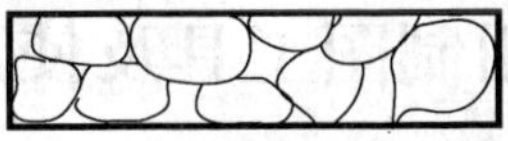	
8	混凝土		1. 本图例指能承重的混凝土及钢筋混凝土 2. 包括各种强度等级、骨料、添加剂的混凝土 3. 在剖面图上画出钢筋时，不画图例线 4. 断面图形小，不易画出图例线时，可涂黑
9	钢筋混凝土		
10	木材	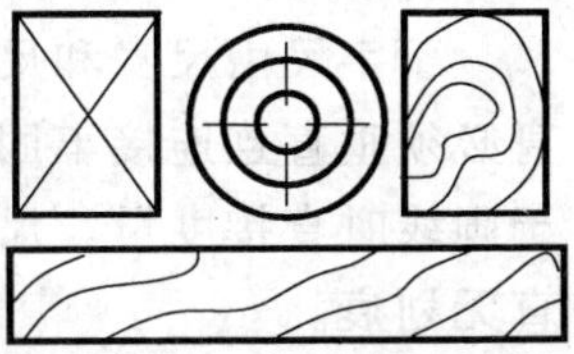	1. 上图为横断面，上左图为垫木、木砖或木龙骨 2. 下图为纵断面
11	金属	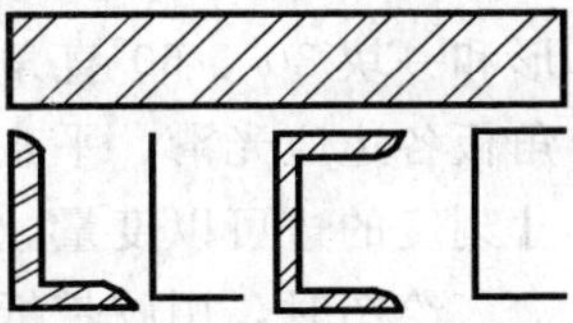	1. 包括各种金属 2. 图形小时，可涂黑
12	防水材料		构造层次多或比例大时，采用上面图例
13	粉刷		采用较稀的点

注　序号 1、2、4、9、11 图例中的斜线、短斜线、交叉斜线等一律为 45°。

2. 绘制建筑材料图例一般规定

(1) 图例线应间隔均匀，疏密适度，做到图例正确，表示清楚。

(2) 不同品种的同类材料使用同一图例时（如某些特定部位的石膏板必须注明是防水

石膏板时），应在图上附加必要的说明。

（3）两个相同的图例相接时，图例线宜错开或使倾斜方向相反，如图 2-11（a）所示。

（4）需画出的建筑材料图例面积过大时，可在断面轮廓线内，沿轮廓线作局部表示，如图 2-11（b）所示。

（5）两个相邻的涂黑图例（如混凝土构件、金属件）间，应留有空隙。其宽度不得小于 0.7mm，如图 2-11（c）所示。

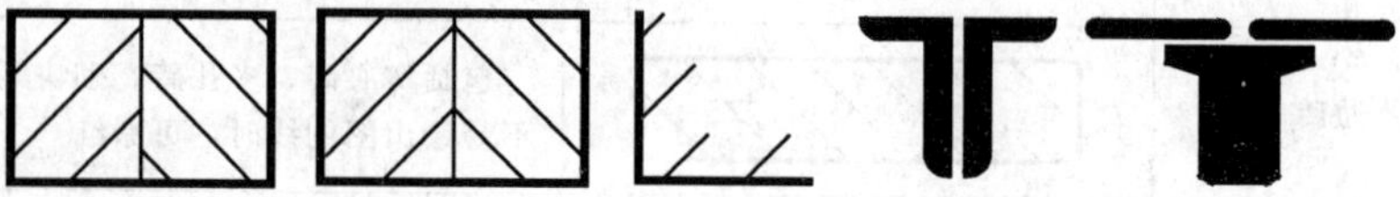

(a)　(b)　(c)

图 2-11　建筑材料图例一般规定

第二节　常用制图工具及使用

正确使用绘图工具、仪器是保证绘图质量，提高绘图速度的重要条件。本节主要介绍手工制图中常用的基本绘图工具、仪器及使用方法。

一、绘图板、丁字尺和三角板

绘图板的板面应平整无缝隙，左边（工作边）与丁字尺配合使用，应光滑平直。绘图板尺寸大小与使用的图纸幅面相适应，常用 A0、A1、A2 型号标准绘图板。

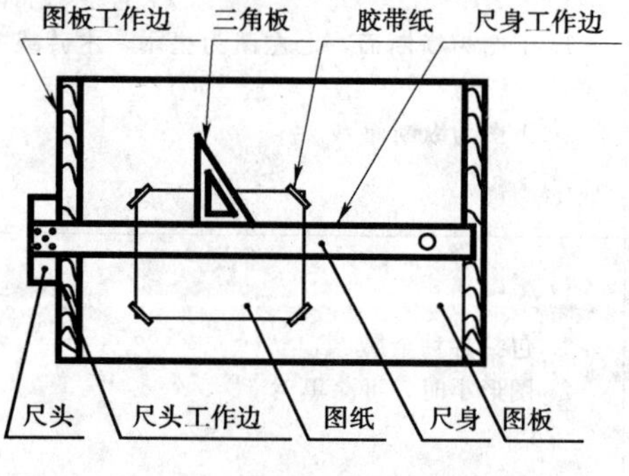

图 2-12　绘图板、丁字尺和三角板

丁字尺由尺身和尺头两部分组成。尺头和尺身必须垂直且连接牢固，尺身刻有尺寸刻度，便于画线时直接度量。尺头和尺身的工作边要求平直无划痕。

一幅绘图用三角板由一块 45°等腰直角三角形和一块 30°、60°直角三角形的三角板组成。三角板各边应光滑、平直，各角度要准确，具有尺寸刻度的边可以度量。

绘图时，用胶带纸将图纸固定在图板的适当位置，一般在图板左下方。丁字尺的尺头工作边紧靠图板左边的工作边，三角板紧靠在丁字尺工作边上方，如图 2-12 所示。

在使用绘图板、丁字尺和三角板画线时，要求三角板与丁字尺及丁字尺与图板之间的各工作边靠紧，以保证绘图度量和准确度；上下移动丁字尺可画出一组水平线；左右移动三角板可画出一组垂直线，绘制竖线应在三角板的左侧、从下至上绘制。

二、绘图铅笔和墨线笔

绘图铅笔铅芯的软硬度用字母 B 和 H 表示。B 前的数值越大，表示铅芯越软（越黑），最软为 6B；H 前数值越大，表示铅芯越硬（越浅），最硬为 6H；HB 表示铅芯软硬适中。一般绘制底图时，应选用较硬的铅芯，如 H、2H 等；加深图线时，可选用较软铅芯，如 B、2B 等；HB 铅笔常用来写字。

削磨铅笔时，裸铅芯不要太长或太短，并在细砂纸上磨成圆锥状。画线时，从正面看铅笔应与纸面成 60°，侧面看铅笔与尺子平行。画长线时，铅笔在行笔过程中缓慢旋转，使铅笔尖均匀磨损，以保持铅笔尖的尖锐，一旦粗钝应立即磨尖。加深图纸的铅芯可磨成矩形状的铅芯，如图 2-13（a）所示。

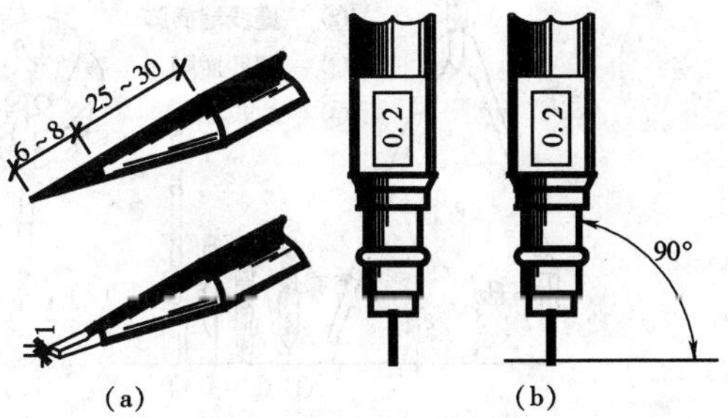

图 2-13 铅笔、针管笔

绘图用墨线笔常用的有两种，一种是直线笔（俗称鸭嘴笔），另一种为针管笔。

直线笔由两叶簧片组成，墨水蘸在两簧片之间。旋动小螺母调整两个簧片间距可画出不同粗细的墨线。加墨水时可用蘸水钢笔将墨水导入两个簧片之间，切不可将直线笔直接伸入墨水瓶中，同时加墨水不可太多，在簧片间的墨水高度在 6mm 左右为宜。加入后，擦去簧片外渗出的墨水方可使用，以免玷污图纸。画线时，直线笔使用方式，正面看与纸面成 75°，侧面看平行尺子，下笔不要太重，行笔流畅匀速，不能停顿、偏转和晃动。直线笔用完以后，需及时擦拭干净，放松调整螺母。

针管笔胆内可存储墨水，笔头为一细针管。为了保证墨水流畅，针管内还有一活动针尖。行笔时，活动针尖将墨水引导至纸面。针管内经及图线宽度，每一支笔只能画出一种宽度的图线。常用针管笔粗度有 0.1mm、0.18mm、0.25mm、0.35mm、0.6mm、0.9mm 和 1.2mm 等。画线前，将笔垂直振动，使活动针尖运动，方可使用。使用针管笔画线时，应使针管笔垂直于纸面，如图 2-13（b）所示。

针管笔需灌注碳素墨水。较长时间中断使用时，需洗净笔管和笔头。

三、圆规和分规

绘图用圆规的脚是可以更换的，有针尖脚、铅芯脚和墨线脚（鸭嘴头）。换成针尖脚便是分规，主要用来等分和量取线段；换成铅芯脚或墨线脚便是圆规，用以绘制圆或圆弧。作分规用时，两脚均应无肩端，且两尖要齐平，作圆规用时，针尖脚应有肩端，且略长于铅芯脚或墨线脚，画线时要扎透纸面，使尖肩抵住纸面，这样既使画多个同心圆，也不致使针孔越来越大。同时注意随时调整两插脚，使其垂直纸面。画大直径圆时，需要接加长杆，如图 2-14 所示。

四、曲线板

曲线板有多种，常用来画非圆曲线，其画法是将连续的四个点靠近曲线板，吻合后画出，然后依照同样的方法，画出其余的点的曲线即可。画出的曲线应光顺、圆滑和连续，如图 2-15 所示。

五、图纸

正式绘图需要绘图纸，正规的绘图纸应是纸质坚实、平整，不宜太薄，用橡皮擦不易起毛，上墨线时不能洇水。

除以上所列绘图工具外，擦图用橡皮、固定图纸用胶带纸、书写用钢笔及墨水、修改墨线用刀片、磨铅芯用砂纸、消除橡皮沫用软毛刷及擦图片等，也是绘图中常用工具。

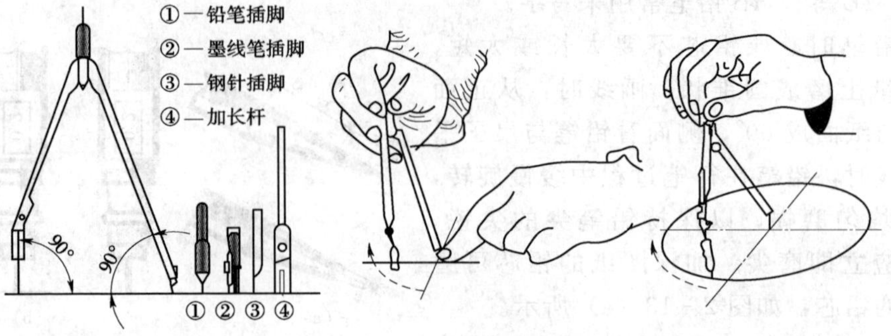

图 2-14　圆规、分规

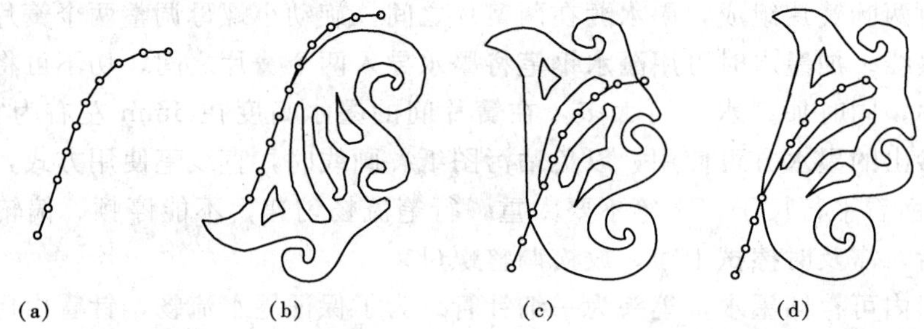

图 2-15　曲线板

第三节　几　何　作　图

一、正多边形画法

1. 作已知圆的内接正五边形

如图 2-16 所示，正五边形的作图方法：①做出外接圆半径 OF 的二等分点 G；②以 G 为圆心、AG 为半径作圆弧交 OM 于 H 点，AH 即为正五边形边长；③在外界圆周上以边长 AH 为半径画弧，得到各等分点 A、B、C、D、E，依次连接各点，得正五边形 $ABCDE$。

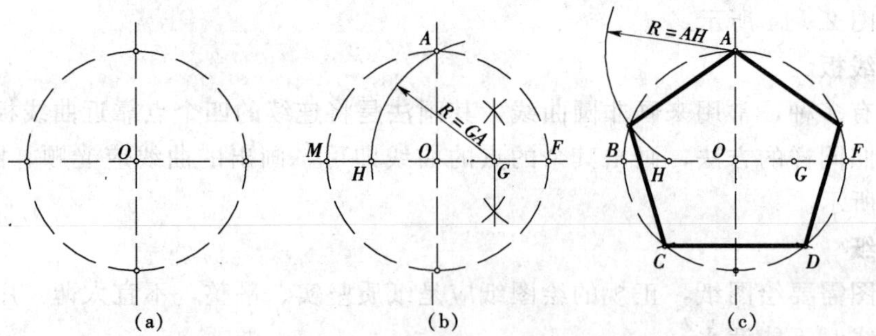

图 2-16　圆的内接五边形

2. 作圆的内接六边形

如图 2－17 所示，正六边形的作图方法：分别以圆周与直径交点 A、D 为圆心，外接圆半径为半径画圆弧，与圆周交于 B、F、C、E 四点，A、B、C、D、E、F 六个点将圆周六等分，依次连接各点，得正六边形 $ABCDEF$。

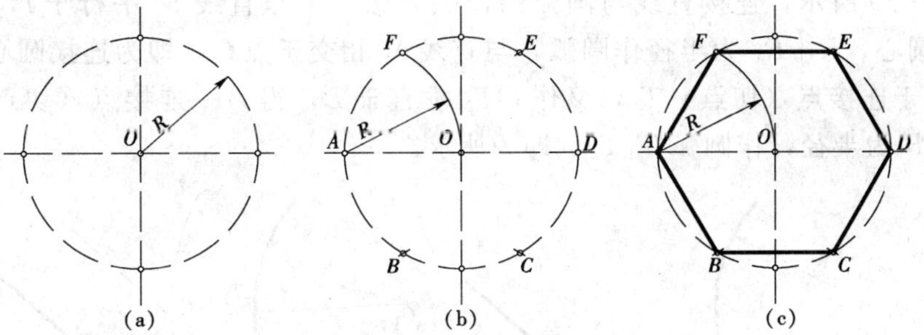

图 2－17　圆的内接六边形

3. 作圆的内接七边形

如图 2－18 所示，正七边形的近似作图方法：①分竖直直径 CD 为七等分，得 1、2、3、4、5、6、7 各点；②以 D 点为圆心，CD 为半径画弧交水平线于 M 点；③过 M 点与各分点的间隔点（既 3、5、7 点）相连，交圆周于 1′、2′、3′各点；④再作出其在圆周上的对称点 5′、6′、7′顺序连接七个顶点，得正七边形 1′2′3′4′5′6′7′。

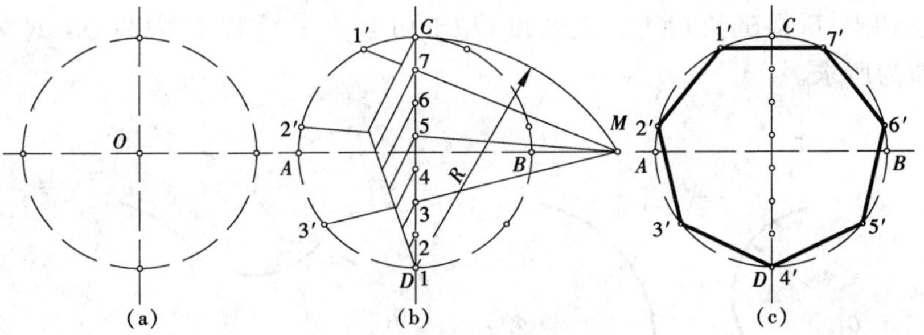

图 2－18　圆的内接七边形

二、圆弧连接

圆弧连接是指用圆弧光滑地连接两条已知线段。两已知线段即可以是直线段，也可以是圆或圆弧。用于连接两已知线段的圆弧称为连接圆弧。

绘制连接圆弧必须确定出该圆弧的圆心、半径和两个连接点（即圆弧的起点和终点），可分别称为连接圆心、连接半径和连接点，这三个要素组成圆弧连接的三要素。

由于连接圆弧与两已知线段为光滑连接，所以连接点多为切点。

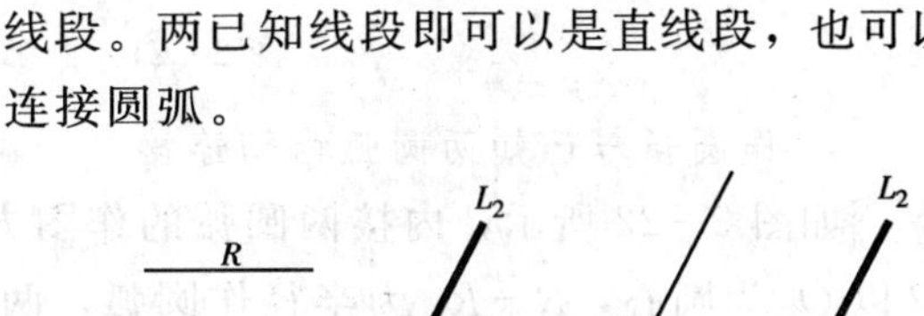

图 2－19　直线与直线连接

1. 作圆弧与相交两直线连接

如图 2－19 所示，用指定半径的圆弧

（半径为 R）连接两个直线的作图方法：①分别画出与 L_1、L_2 平行且相距为 R 的两直线，交点 O 即所求连接圆心；②过点 O 分别作 L_1 和 L_2 的垂线，垂足 T_1 和 T_2 即为连接点（切点）。③以 O 为圆心，R 为半径，作圆弧 T_1T_2，即为所求。

2. 作圆弧连接直线与圆弧

如图 2-20 所示，连接直线与圆弧的作图方法：①作直线 M 平行于 L 且相距为 R；②以 O_1 为圆心，$R+R_1$ 为半径作圆弧，与直线 M 相交于点 O，即为连接圆心；③连 OO_1 交已知圆弧于连接点（切点）T_1，又作 OT_2 垂直于 L，得另一连接点（切点）T_2；④以 O 为圆心，R 为半径，作圆弧 T_1T_2，即为所求。

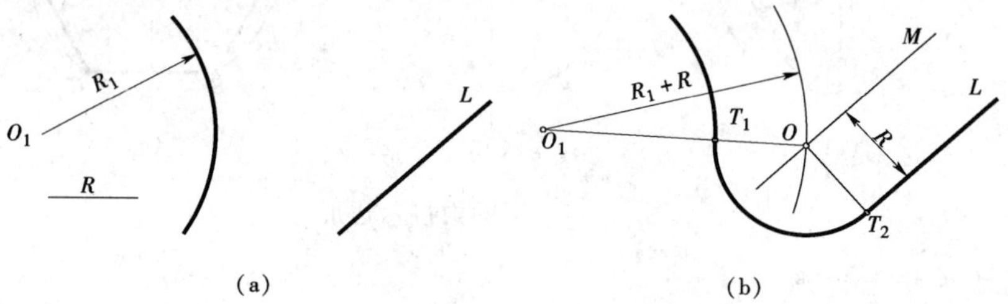

图 2-20　直线与圆弧的连接

3. 作圆弧与已知两圆弧外切连接

如图 2-21 所示，外接两圆弧的作图方法：①以 O_1 为圆心，$R+R_1$ 为半径作圆弧，又以 O_2 为圆心，$R+R_2$ 为半径作圆弧，两弧相交于点 O，即为连接圆心；②延长 OO_1，交圆弧 O_1 于切点 T_1；延长 OO_2，交圆弧 O_2 于切点 T_2；③以 O 为圆心，R 为半径，作圆弧 T_1T_2，即为所求。

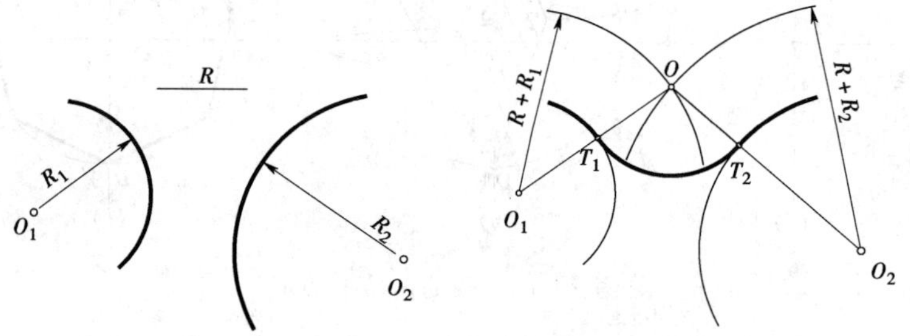

图 2-21　圆弧与圆弧的外切连接

4. 作圆弧与已知两圆弧内切连接

如图 2-22 所示，内接两圆弧的作图方法：①以 O_1 为圆心，$R-R_1$ 为半径作圆弧，又以 O_2 为圆心，$R-R_2$ 为半径作圆弧，两圆弧相交于点 O，即为连接圆心；②连 OO_1，交圆弧 O_1 于切点 T_1，连 OO_2，交圆弧 O_2 于切点 T_2；③以 O 为圆心，R 为半径，作圆弧 T_1T_2，即为所求。

三、椭圆的画法

椭圆是一种非圆曲线，其画法有多种，本节仅介绍已知长短轴，近似画椭圆的方法——四心法。

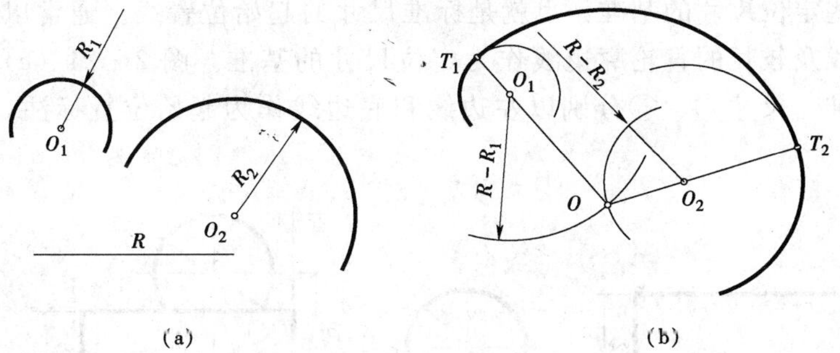

图 2-22　圆弧与圆弧的内切连接

如图 2-23 所示，四心法画椭圆的作图方法：①连接长短轴端点 A、C；②以 O 为圆心，OA 为半径，作圆弧，交 CD 延长线于点 E；③以 C 为圆心，CE 为半径，作圆弧 EF 交 AC 于点 F；④作 AF 的垂直平分线，交长轴于 O_1，交短轴（或其延长线）于 O_2；⑤在 AB 上截取 $OO_3=OO_1$，又在 CD（或其延长线）上截 $OO_4=OO_2$；⑥分别以 O_1、O_2、O_3、O_4 为圆心，以 O_1A、O_2C、O_3B、O_4D 为半径作圆弧，使各弧在 O_2O_1、O_4O_1、O_2O_3、O_4O_3 的延长线上的 G、H、I、J 四点处连接。

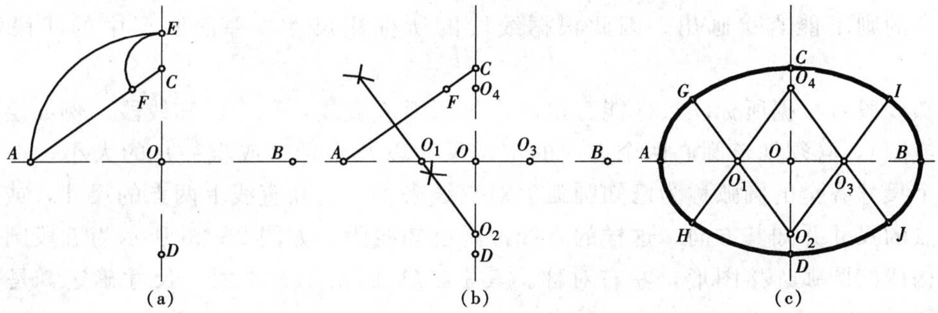

图 2-23　已知长短轴画椭圆

第四节　绘 制 平 面 图 形

一、平面图形的尺寸分析

平面图形的尺寸分为定形尺寸和定位尺寸两类。

定形尺寸是确定平面图形中几何元素大小的尺寸，如图 2-24（a）中矩形的大小是由①、②两个尺寸确定，①、②即定形尺寸；图 2-24（b）所示圆的大小是由其直径 ϕ 确定，ϕ 为圆的定形尺寸。

定位尺寸是确定平面图形中几何元素位置的尺寸。由于平面图形往往不是单一的几何元素，而是由若干个几何元素拼组在一起，这样除了每一几何元素必须有自己的定形尺寸外，还要确定相互间相对位置的尺寸。如图 2-24（c）是由两个单一几何元素组成，下方矩形由尺寸①、②定形，左上方圆形由尺寸③定形，其相互位置是由左右方向尺寸④及上下方向尺寸⑤确定的，尺寸④、⑤即为定位尺寸。为了便于标注和生产上的需要，常在图形中设置一些定位尺寸的基准，也就是标准尺寸的起始位置线。通常以图形的主轴线、对称线、中心线及较长的直轮廓边线作为定位尺寸的基准。图 2－24（c）是把底边线和左边线定为基准，尺寸④、⑤分别以左边线和底边线作为起始位置标注，用于确定圆心位置。

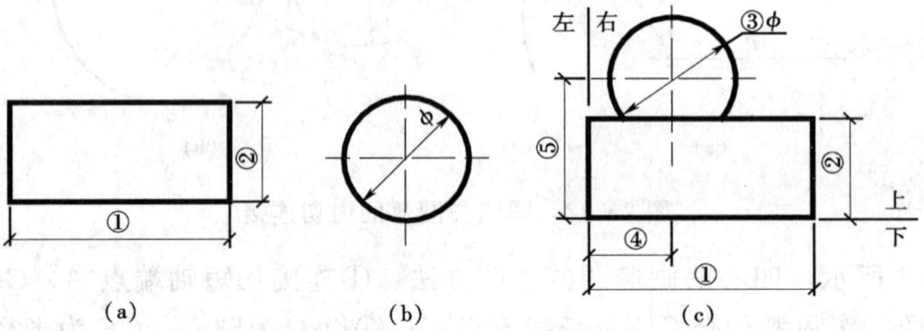

图 2－24　平面图形尺寸分析

（a）单一矩形；（b）单一圆形；（c）组合图形

二、平面图形的线段分析

平面图形中，线段的性质是根据图中所标注尺寸的齐全与否来决定的。有的可以直接画出，有的则不能直接画出。因此根据线段的所标注尺寸，平面图形中的线段可分为三种。

已知线段：根据所标注尺寸能直接画出的圆弧或直线，称为已知线段。例如绘制一段圆弧（或圆），必须知道圆心两个方向的定位尺寸以及半径（或直径）的大小。在图形中凡此三个尺寸齐全的圆弧称为已知圆弧。对直线来讲，已知直线上两点的尺寸，或知道直线上一点的尺寸并知其方向，这样的直线都是已知线段。如图 2－25 所示为五段圆弧和一条直线构成的圆弧连接图形，左右对称。其中，O_1 圆由①、④两个尺寸确定，是已知圆弧，如图 2－25（b）所示。

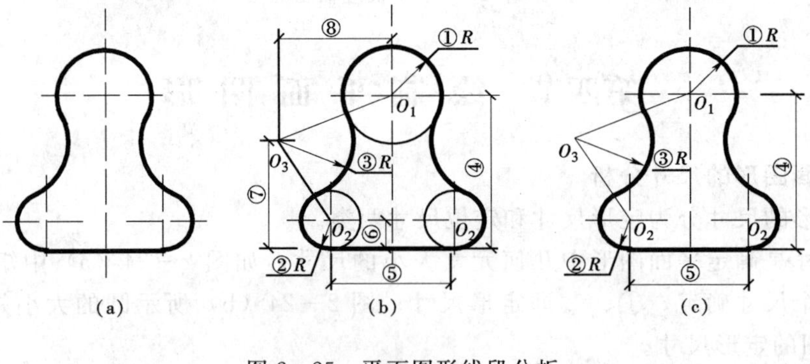

图 2－25　平面图形线段分析

（a）圆弧连接图形；（b）按分割图形注法；（c）按组合关系注法

中间线段：由上述知道，三个尺寸（圆心坐标、半径）都已知的圆弧叫已知弧。而只有其中两个尺寸的圆弧叫中间弧。对直线来讲，过一已知点（或已知直线方向）且与定圆或定弧相切的直线称为中间线段。如图 2－25（c）所示，圆心 O_2 由尺寸⑤、②确定其左右位置，上下位置是靠与底线的相切关系定出的。O_2 圆为中间弧。

连接线段：对圆弧来讲只注出半径，不给出圆心位置的叫连接弧。对直线来讲只知道两端与定圆（定圆弧）相切而不标注任何尺寸的叫连接线段。如图 2-25（c）所示，圆心 O_3 是靠与其两边的 O_1 圆弧、O_2 圆弧的外切关系确定的。圆心在两个方向上都未给出尺寸的圆弧为连接弧。

三、绘图步骤和方法

1. 绘图的工作环境

放置图板的绘图桌周围应比较宽松，人员走动时不致碰撞。图板面以稍有倾斜为宜，坐椅的高低应可以调整。光线应从左、前、上方投向板面，要有足够的亮度，但不宜使太阳光直射在图面上。

除丁字尺和三角板外，图板板面上尽可能不放其他工具、物品和资料等。随手用的橡皮、比例尺等，可放在图板右上角不影响丁字尺上下移动的部位。待用的墨线笔、墨水等不要放在图板上，以防沾污图面。

所有工具和用品都要擦拭干净，特别不要有油迹，要保持两手清洁，不带汗渍。

图纸幅面上暂时不画线的部分要用干净纸遮盖。

2. 绘图的一般步骤

（1）固定图纸。将平整的图纸放在图板偏左、偏下的部位，用丁字尺绘制最下一条水平边框线时，整个尺身应在图板上。将丁字尺压住图纸向上推，微微调正图纸，使图纸上边沿与丁字尺工作边平行，随即用胶带纸将图纸固定在图板上。图纸要平整，胶带纸要贴牢，不要卷曲。

（2）绘制底稿。各种正式图都要先画底稿。画底稿要用较硬铅笔（H、2H），铅芯要修尖，画出的图线要细而淡，且要能分出线型。

1）按要求画好图框和标题栏；

2）布置图样。图纸上的图样和尺寸、文字说明等所占图面约 70%为宜。布置时不宜过满或过空。各图样之间布置要均匀整齐，不要一部分很稀疏，另一部分很紧密；

3）绘制图样。每个图先画基准线，再画轮廓线，最后画细部；

4）检查底稿。改正不正确的图线。

（3）加深底稿。检查无误后，方可进行加深或描黑。加深的顺序是：自上而下，自左至右依次画出同一线宽的各种线型图线；上墨线时宜先画细线后画粗线（因细线易干，可提高速度）；先画曲线后画直线；对于同心圆宜先画小圆后画大圆。至此，将所有用仪器和工具绘制的图线（包括尺寸界线、尺寸线、45°尺寸起止符及剖面线等）加深或描黑完毕。

（4）写字及绘制各种符号。徒手画出各种材料符号、画箭头、注写尺寸数字、图样名称、比例及其他文字说明，填写标题栏。

各步骤结束后，检查全图，改正错误，擦去不必要的底稿线并清理图面。

第五节 徒 手 绘 图

用绘图仪器画出的图，称为仪器图；不用仪器，徒手做出的图称为草图、草图是技术人员交流、记录、构思、创作的有力工具。技术人员须熟练掌握徒手作图的技巧。

草图的“草”字只是指徒手作图而言，并没有允许潦草的含义。草图上的线条也要粗细分明，基本平直，方向正确，长短大致符合比例，线型符合国家标准。画草图的铅笔要用软些，例如B或2B。画水平线、竖直线和斜线的方法，如图2-26所示。

图2-26　徒手作直线

画草图要手眼并用，作垂直线、等分线段或圆弧、截取相等的线段等，都是靠眼睛估计决定的。画角度、圆和椭圆的方法，如图2-27～图2-29所示。

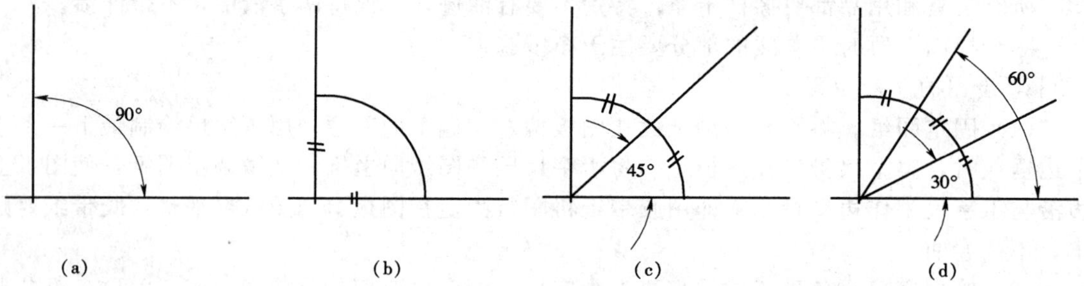

图2-27　徒手画角度

(a) 先徒手画直角；(b) 在直角处作圆弧；(c) 分圆弧为二等分，做45°角；(d) 分圆弧为三等分，做30°和60°角

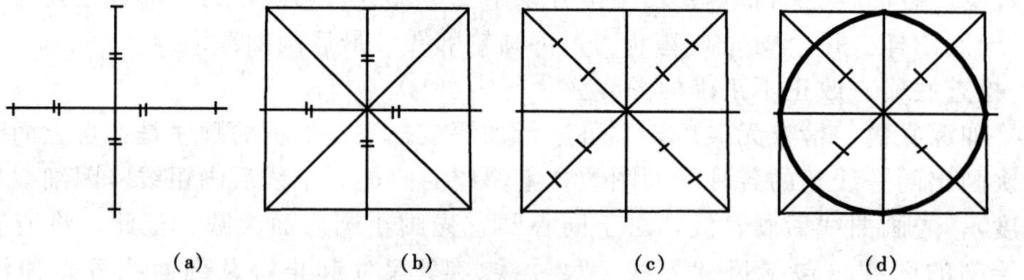

图2-28　徒手画圆

(a) 徒手过圆心作垂直等分的二直径；(b) 画外切正方形及对角线；(c) 大约等分对角线的每一侧为三等分；(d) 以圆弧连接对角线上最外的等分点和两直径的端点

徒手画平面图形时，不要急于画细部，先要考虑大局，即要注意图形的长与高的比例，以及图形的整体与细部的比例是否正确。草图最好画在方格纸上。图形各部分之间的比例可借助方格数的比例来解决。

例如，徒手画一座搭板屋面房屋的立面图，如图2-30所示，可分下列几个步骤：

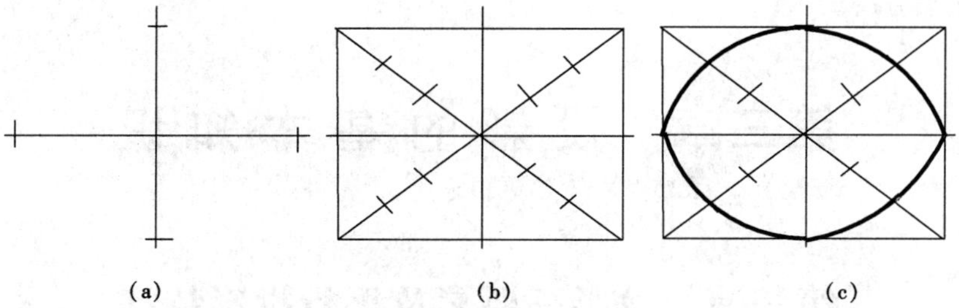

图 2-29 徒手画椭圆

(a) 先徒手画出椭圆的长、短轴；(b) 画外切矩形及对角线，等分对角线的每一侧为三等分；
(c) 以光滑曲线连对角线上的最外等分点和长、短轴的端点

(1) 绘制对称轴线，再画矩形，使其长度与高度之比，等于房屋全长与屋檐高之比。再在矩形之上加画矩形，表示摺板屋面长度和高度，如图 2-30 (a) 所示。

(2) 按摺板的数目划分屋面为若干格。画窗顶线后，划分外墙为五格，最左最右两格较窄，如图 2-30 (b) 所示。

(3) 画出屋面摺板、窗框、门框和窗台线，如图 2-30 (c) 所示。

(4) 加上门窗、台阶及其他细部。最后加深图线，如图 2-30 (d) 所示。

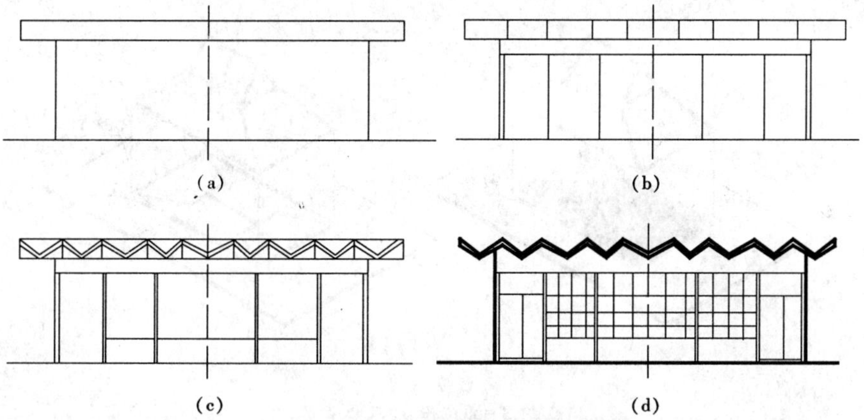

图 2-30 画房屋立面草图

第三章　投影的基本知识

第一节　投影三要素及平行投影特征

一、投影法的基本概念及三要素

物体（形体）在光线（太阳光线或灯泡的光线）的照射下会产生影子。对这种自然现象进行科学的归纳和总结，就产生了投影的方法（简称投影法）。

影子能反映物体某个方向的轮廓，但不能确切的反映物体的形状和大小，如图 3－1（a）所示。假设光线能透过物体的各个顶点，并与承影面相交，将交点依次连接，得到物体（歇山屋顶）的投影，如图 3－1（b）所示。

产生投影的必要条件是投影中心（太阳或灯泡）、投影面（承影面）、投影体（物体或形体）。由于太阳离地球无穷远，因此，投影三要素指的是投影线（光线）、投影体、投影面，如图 3－1（b）所示。

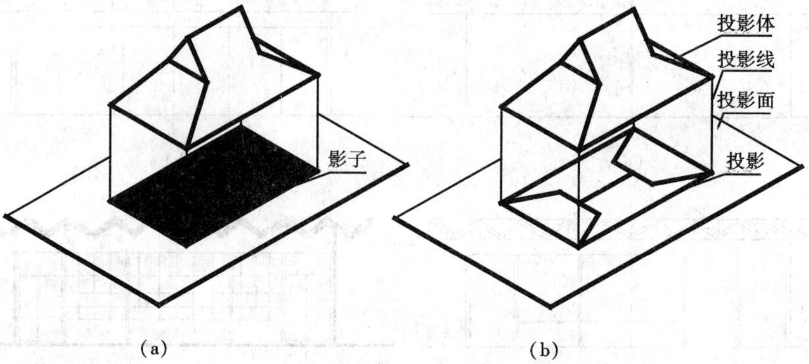

图 3－1　投影三要素

（a）影子；（b）投影、投影三要素

二、投影法的分类

投影法分为中心投影法和平行投影法两种。

1. 中心投影法

如图 3－2（a）所示，所有投影线均通过投影中心 S（投影中心与投影面的位置固定在有限的距离内）的投影法称为中心投影法。用中心投影法得到的投影，称为中心投影。其大小和形状与物体到投影面的距离、位置有关，当平面 ABC 靠近或远离投影面时，它的投影 abc 就会变小或变大，且一般不能反映空间平面 ABC 真实大小和形状，但是图形有立体感，因此，中心投影法多用于绘制建筑物的直观图，即透视图。

2. 平行投影法

如果把中心投影法的投影中心 S 移至无穷远处（如太阳光线），则各投影线成为相互平行的直线，这种投影法称为平行投影法，如图 3-2（b）、（c）所示。在平行投影法中，若平行移动空间物体，其投影的大小和形状都不会改变。

平行投影法又分为两类：

（1）斜投影法：投影线相互平行并且倾斜于投影面的投影法称为斜投影法，如图 3-2（b）所示。

（2）正投影法：投影线相互平行并且垂直于投影面的投影法称为正投影法，如图 3-2（c）所示。

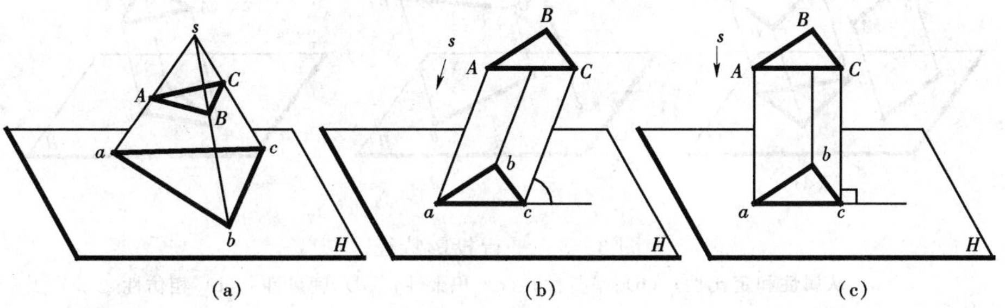

图 3-2　投影法的分类

（a）中心投影；（b）斜投影；（c）正投影

由于正投影图度量性好、制图简便，能在投影面上正确地表达空间物体的结构形状和大小，因此国家标准明确规定，技术图样应采用正投影法绘制。在本书的后续内容中，如无特别说明，所叙述的投影都是指正投影。

三、平行投影特征

为简便起见，将有一定长度的线段，简称直线；将有一定大小和形状的平面图形，简称平面，在平行投影法中，点、直线和平面等空间几何元素与投影面的相对位置不同，其投影特点也就不同。一般具有如下特性。

1. 从属性

点在直线（或平面）上，则该点的投影必在该直线（或平面）的同名投影上。如图 3-3（a）所示，空间点 $K \in AB$，则投影 $k \in ab$。换言之，点属于直线，投影后也从属于直线的投影。

2. 平行性

空间两直线相互平行，其同名投影也相互平行。如图 3-3（b）所示，若空间直线 $AB /\!/ CD$，则投影 $ab /\!/ cd$。

3. 等比性

点分线段长度之比等于其投影长度之比；平行两线段长度之比等于其投影长度之比，即 $AK : KB = ak : kb$，$AB : CD = ab : cd$，如图 3-3（a）、（b）所示。换言之，空间点分线段之比和平行两线段长度之比，投影后其比值均保持不变。

4. 积聚性

当直线或平面平行于投影线时，其投影有积聚性，如图 3-3（c）所示。即：平行于投影线的直线 AB 积聚投影为一点 a（b）；平行于投影线的平面△CDE 积聚投影成一条直

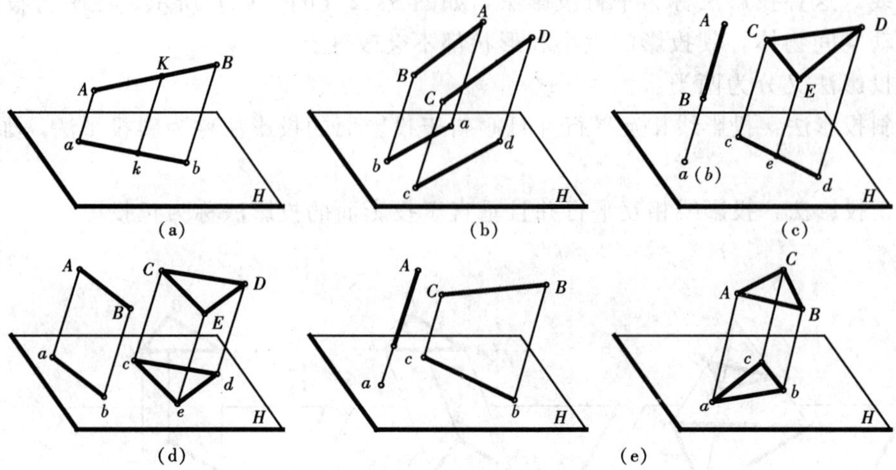

图 3-3 平行投影特征

(a) 从属性和定比性；(b) 平行性；(c) 积聚性；(d) 度量性；(e) 相仿性

线 *cde*。

5. 度量性

直线、平面平行于投影面，则在该投影面上的投影反映直线的实长或平面的实形。如图 3-3（d）所示，直线 $AB/\!/H$，其投影 ab 反映 AB 的实长，即：$ab=AB$；平面 $\triangle CDE /\!/ H$ 面，其投影 $\triangle cde$ 反映 $\triangle CDE$ 的实形，即：$\triangle cde \cong \triangle CDE$。

6. 相仿性

如图 3-3（e）所示，点的投影仍为点；直线、平面倾斜于投影面时，直线的投影一般仍为变短的直线，平面图形的投影一般仍为变小的平面图形，但投影的形状仍与原形状相仿，三角形依然是三角形。

第二节 投影图的形成及投影图的特征

一、投影图的形成

按照国家制图标准规定，用正投影法所绘制出的物体的图形称为视图，如图 3-4 所示。即在绘制图样时，将物体放置在投影面和观察者之间，（通常假定人的视线为一组平

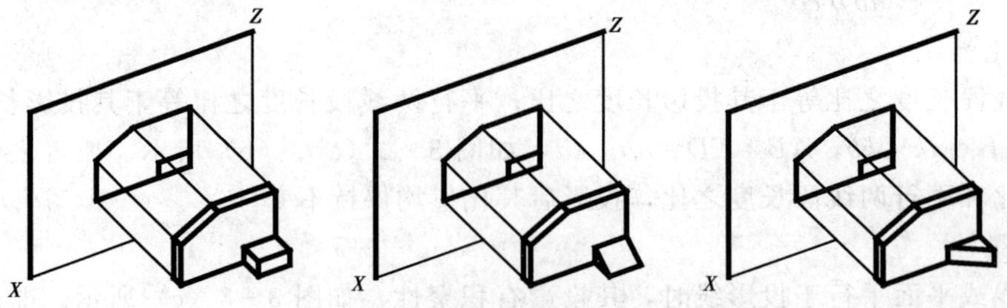

图 3-4 不同形体的相同投影

行且垂直于投影面的投影线）把物体的轮廓形状图形投影在投影面上。

单面投影不能完整、准确地表达物体的形状和大小，如图 3-4 所示，三个不同形体的单面投影，确得到了相同的投影。为了准确地表达物体的形状和大小，需要建立第一分角投影体系。

如图 3-5 所示，三个相互垂直的平面将空间划分为八个部分，分别称为第一分角、第二分角、第三分角、……、第八分角。按照国家制图标准的规定，房屋建筑的视图，应按正投影法并在第一分角绘制。自前向后投影为正立面图（或 V 投影面视图，简称 V 图）；自上向下投影为平面图（或 H 投影面视图，简称 H 图）；自左向右投影为侧立面图（或 W 投影面视图，简称 W 图）。V、W、H 图组成了第一分角投影体系，两两投影面的交线称投影轴 OX、OY、OZ；三个投影轴的交点称为投影原点，用字母 O 表示。

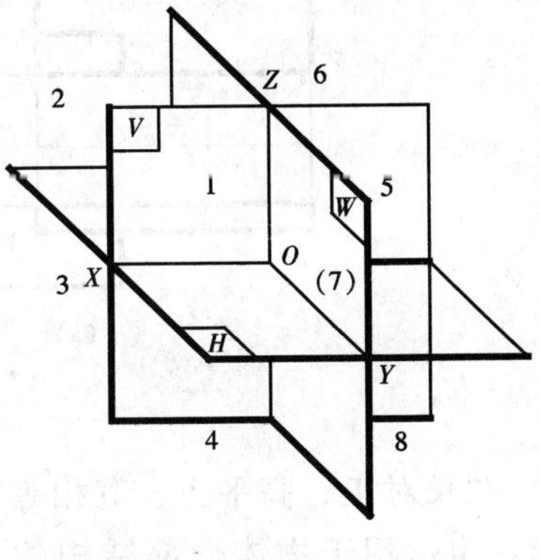

图 3-5　投影体系的划分

如图 3-6（a）所示，将形体放入第一分角投影体系中，进行三个方向的正投影，得形体的三面投影，如图 3-6（b）所示。

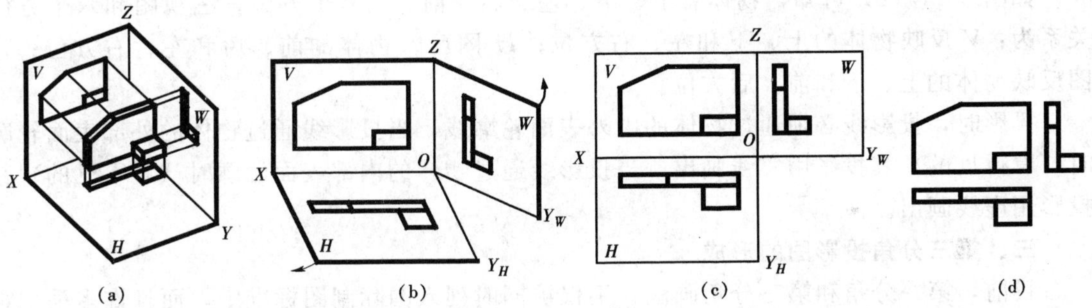

图 3-6　投影图的形成

为了把形体的三面投影画在同一张图纸内，国家制图标准规定：V 图保持不动，H 图绕着 OX 轴向下旋转 90°角与 V 图重合，W 图绕着 OZ 轴向右后旋转 90°角与 V 图重合，从而将三个投影面 V—H—W 摊平在一个平面上，得到物体的三面投影，如图 3-6（c）所示。其中，OX、OZ 轴不动，OY 轴一分为二，随 H 面旋转时以 OY_H 表示，随 W 面旋转时以 OY_W 表示。

在熟知投影体系 V、W、H 图的固定位置的情况下，投影面的边界可以不画；投影轴及原点的字母可以不标注；也可以不画投影轴，形成无轴投影图，如图 3-6（d）所示。切记各个投影之间仍然保持正投影的投影关系。

二、投影图的特征

1. 三视图的三等关系

V 图反映物体的长和高；H 图反映物体的长和宽；W 图反映物体的高和宽。由投影面展开后的三视图可以看出：V、H 图都反映物体的长度，并且长度相等，称为“长对正”；V、W 图都反映物体的高度，并且高度相等，称为“高平齐”；H、W 图都反映物体的宽度，并且宽度相等，称为“宽相等”。如图 3-7（a）所示。

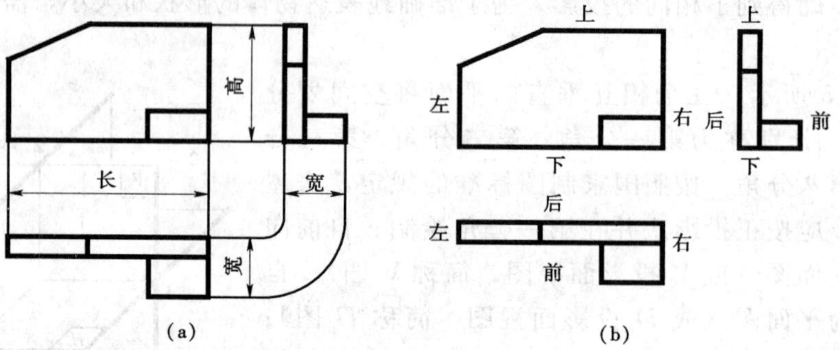

图 3-7 三视图之间的关系

“长对正、高平齐、宽相等”这一多面正投影的投影规律，不仅适用于物体的整体投影，也适用于物体局部结构的投影。因此，它是绘制和阅读投影图的最基本的原则和方法。

2. 视图与物体的方位关系

如图 3-7（b）可知，物体有上、下、左、右、前、后六个方位。三视图和六个方位关系为：V 反映物体的上、下和左、右方位；H 图反映物体的前、后和左、右方位；W 图反映物体的上、下和前、后方位。

投影时，投影线必须通过物体的内外表面轮廓线，当投影线通过物体的外部表面轮廓时（看得见的）其投影用实线画出，当投影线通过物体的内部表面轮廓时（看不见的）其投影用虚线画出。

三、第三分角投影图的形成

目前，第一分角和第三分角画法，不仅被同时列入国际制图标准中，而且许多采用第一分角画法的国家也同时允许采用第三分角画法。随着我国加入 WTO 后，国际间技术交流日益增多，常会遇到一些采用第三分角投影画出的图样，本节对第三分角画法作一简单介绍，以供读者在阅读国外图样、资料时参考。

第三分角画法与第一分角画法的不同在于：第一分角画法是将形体放在观察者和投影面之间，即保持人—物—面的相互位置关系；而第三分角画法则是将形体放在投影面的后面，保持人—面—物的相互位置关系，如图 3-8（a）所示，利用这种方法画图，犹如隔着玻璃观察物体，而将看到的物体画在玻璃上一样。三个视图的名称与第一分角画法也不一样，分别称为前视图（从前向后投影）、顶视图（从上向下投影）和右视图（从右向左投影）。

第三分角的画法仍然使用正投影，因此正投影的所有特性及对应关系，如“长对正、高平齐、宽相等”都同样适用，如图 3-8（a）所示。展开时保持 V 不动，H 面绕着 OX 轴旋转 90°，W 面绕着 OZ 轴旋转 90°。第三分角三张视图的位置关系如图 3-8（b）所示。

国家制图标准规定，当采用第三分角画法时，要将 ISO 国际标准中规定的第三分角

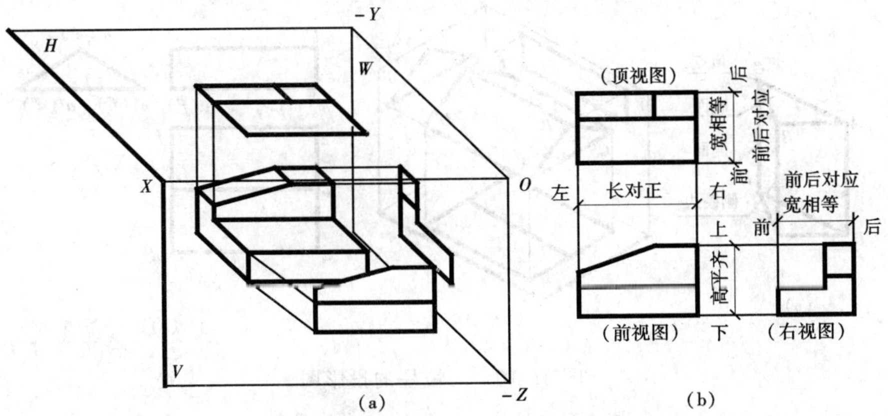

图 3-8　第三分角投影图的形成

画法标志符号画在标题栏附近（见规范）。

本教材不特别指明的情况下，所有的图形均在第一分角投影体系下完成。

第三节　基本形体的投影

分析一般建筑物（例如房屋或水塔等）及其构配件（包括基础、台阶、梁、柱、门、窗等）形体时（图 3-9），可以看出，它们是由形状简单的几何体经叠砌、切割等方式组合而成，这种简单的几何体称为基本形体。建筑物及其构配件的形体称为建筑形体。根据基本形体表面构成的不同可分为平面形体和曲面形体。

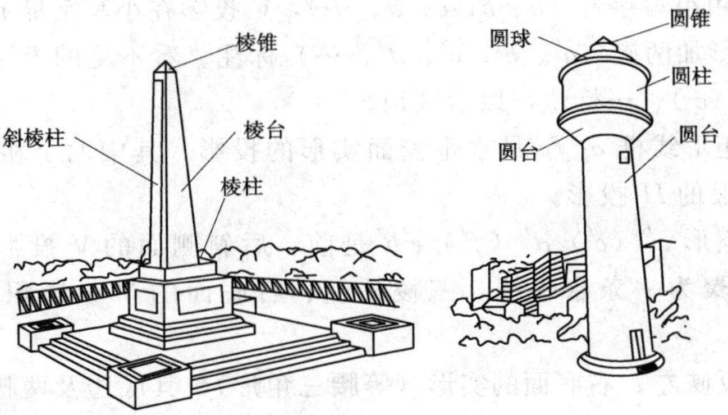

图 3-9　建筑形体的组成

一、基本平面体的投影

基本平面体投影的画图步骤如下。

1. 分析平面体的形状特征

平面体由若干个侧面和底面围成。画图之前，应先研究其形体的特征。假如给出一个底面为等腰三角形的直三棱柱，如图 3-10（a）所示，从立体几何知道，这个三棱柱有以下特征：

（1）上、下底面是两个平行而相等的等腰三角形。

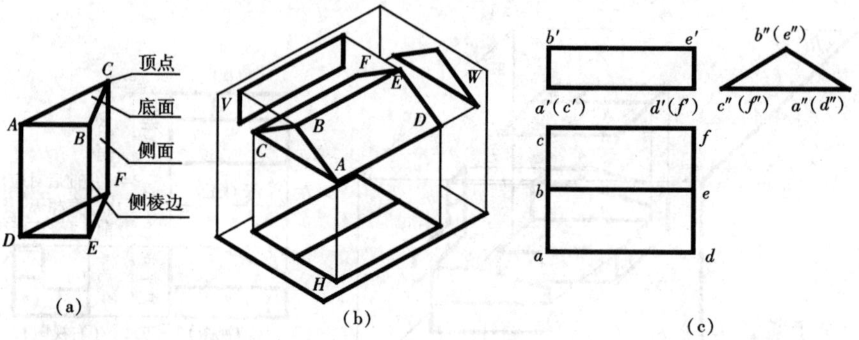

图 3-10　三棱柱的投影图

(2) 三个侧面都是矩形，一个较宽，两个较窄且相等。

(3) 所有侧棱边相互平行且相等又垂直于底面，其长度等于棱柱的高。

2. 考虑安放位置

在投影体系中安放形体时，一要使形体处于稳定状态；二要考虑形体的常见的状态；三要使得形体的长宽高平行于投影轴。

三棱柱形体在建筑中常见于两坡顶的屋面，因此将三棱柱平放，并使 H 面平行于大的侧面，W 面平行于两底面，V 面平行于侧棱边，如图 3-10（b）所示。

3. 绘制投影图

平面体的侧面和底面都是平面图形，只要按照平行投影的特征绘出其投影即可，如图 3-10（c）所示。为了表达清楚起见，空间点一般用大写英文字母（A、B、C、D、…）标注，点的 H 投影用小写字母（a、b、c、d、…），V 投影在小写字母上加一撇（a'、b'、c'、d'、…），W 投影加两撇（a''、b''、c''、d''、…）标注。看不见的投影在字母外加一个括号如（a）、（b'）、（c''）、…标注，以示区别。

(1) H 投影。矩形线框 $adfc$ 是水平侧面实形的投影。其中两个相等的小线框 $adeb$ 和 $befc$ 是两个斜侧面的 H 投影。

(2) V 投影。矩形 a'（c'）d'（f'）$e'b'$ 是前、后斜侧面的 V 投影，前后重合。水平侧面的 V 投影积聚为一条水平线，三棱柱左、右底面的 V 投影积聚成为矩形的左右边。

(3) W 投影。反映左、右底面的实形（等腰三角形），其底边及两腰分别是三棱柱水平侧面和前后斜侧面的积聚投影。

其他平面体（长方体、六棱锥、四棱台）的投影图及其特征如表 3-1 所示。

表 3-1　　平面体的投影

名称	形体在投影体系中的投影	投影图	投影特点
长方体	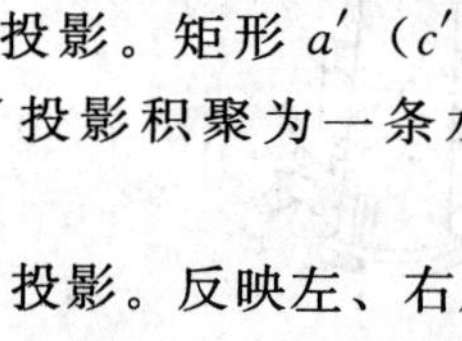	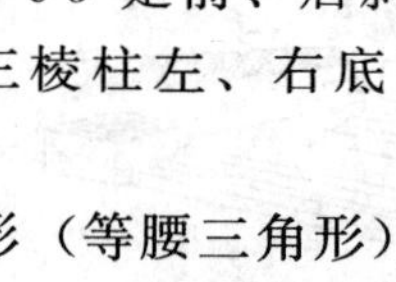	三个投影都是矩形

续表

名称	形体在投影体系中的投影	投　影　图	投　影　特　点
六棱锥	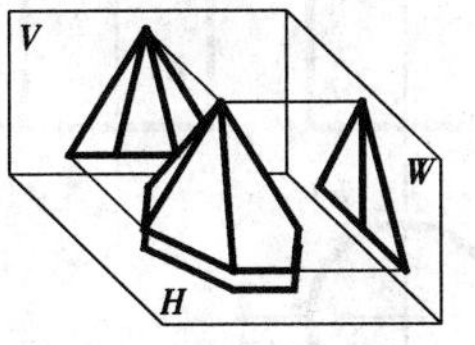	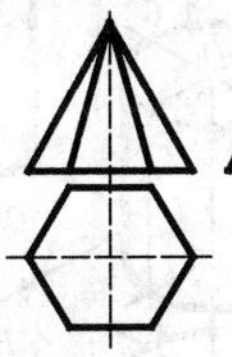	两个投影的外形是同一高度的等腰三角形，另一个投影的外形是正六边形，反映六棱锥底面的实形
四棱台	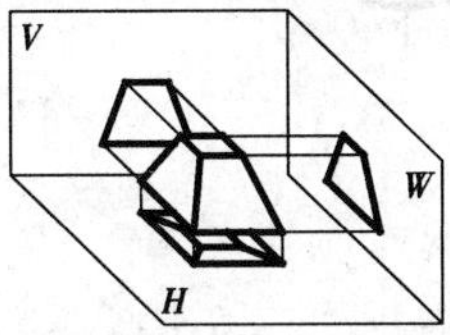	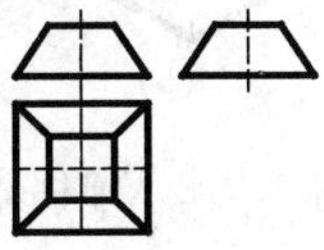	两个投影是同一高度的正梯形，另一个投影是内外两个矩形，分别反映上、下底面的实形。两矩形的对应顶点相连

二、基本曲面体的投影图

1. 基本曲面体的形成

曲面可以看成是由直线或曲线在空间按一定规律运动形成的。运动着的线称为母线，约束母线运动的直线叫导线，约束母线运动的平面叫导平面。母线的形状及运动形式是形成曲面的条件。圆柱是由直母线绕着与其平行的直导线旋转而成的，母线上的任意一点走过的轨迹叫纬圆，母线运动到任意位置叫素线，如图 3－11（a）所示；圆锥是一条母线绕着与其相交的导线旋转而成，如图 3－11（b）所示；圆球是曲母线圆绕着过圆心的直导线旋转而成，如图 3－11（c）所示。与 H 面平行的最大纬圆叫赤道圆；与 V 面平行的最大纬圆叫主子午圆；与 W 面平行的最大纬圆叫子午圆。

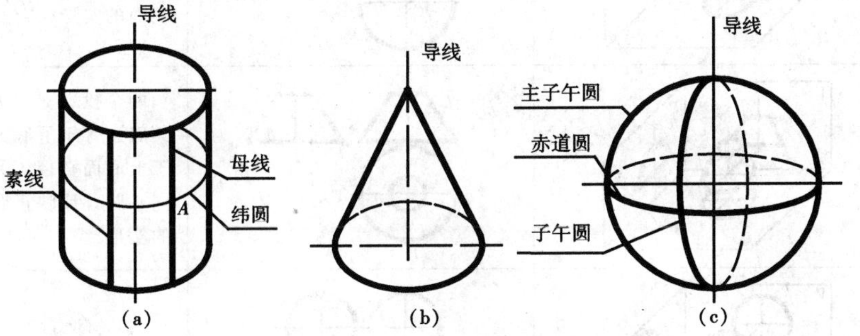

图 3－11　基本曲面体的形成

2. 曲面体投影图的绘图步骤

（1）分析曲面体的形状特征。例如给出一个正圆柱，如图 3－12（a）所示。正圆柱面的素线（无数根）是平行而且等长的，上、下底面是两个相等而平行的圆面。

（2）考虑安放位置。在建筑上，圆柱一般用作支柱，即轴线处于铅直状态。因此，在投影体系中安放圆柱，H 面平行于上、下底圆，如图 3－12（b）所示。

（3）绘制投影图：①H 投影是一个与底圆相等的圆，其圆周又是柱表面的积聚投影；②V 投影是一个矩形，上、下边是圆柱底圆的积聚投影。左、右边是圆柱面上与 V 向投

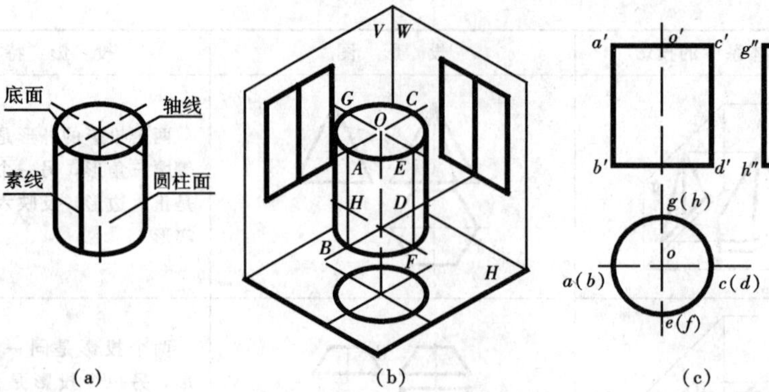

图 3-12 圆柱体的投影图

影线相切的最左和最右的素线的 V 投影，如图 3-12（b）所示，成为圆柱面的 V 投影轮廓线；③W 投影也是一个矩形，形状与 V 投影一样，但其左、右边是圆柱面上与 W 向投影线相切的最后和最前素线的 W 投影。也是圆柱面 W 投影轮廓线。

其他曲面体的投影图绘图方法如表 3-2 所示。要注意的是正圆锥、正圆锥台和球的投影，都要画上它们的轴线和中心线（细长点画线）。

表 3-2　　曲面体的投影

名称	形体在投影体系中的投影	投影图	投影特点
正圆锥	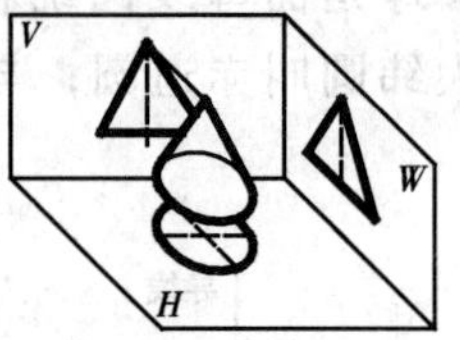	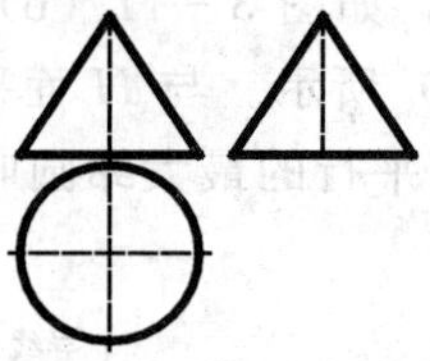	两个投影是大小相等的等腰三角形，其底边等于圆锥底面的直径。另一投影是圆，反映正圆锥底面的实形
正圆锥台	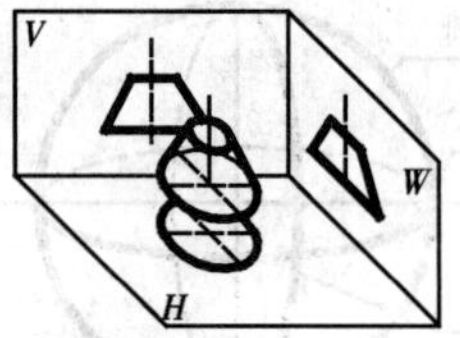	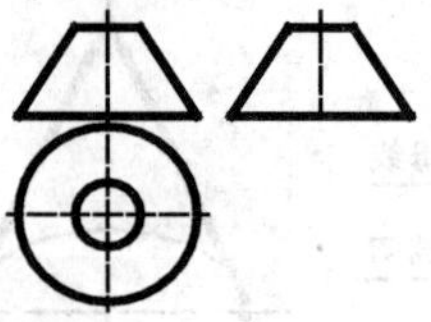	两个投影是大小相等的梯形，其底边等于下底面直径，顶边等于上底面直径。另一投影是两个同心圆，反映正圆锥台两个底面的实形
圆球	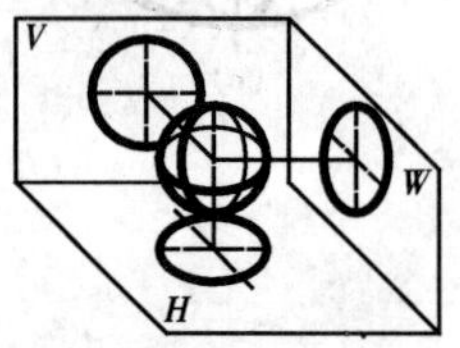	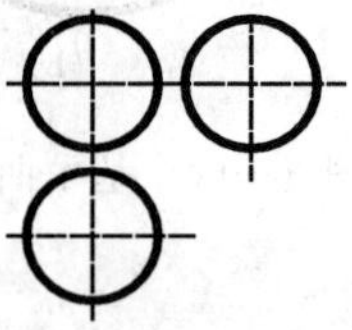	三个投影都是圆，而且直径相等

第四节 组合形体的投影

由若干基本形体叠砌而成的形体，如图 3-13（a）所示；或由一个大基本形体切去一个或若干个小基本形体而成的形体，如图 3-13（b）所示；或既有叠砌又有切割的形体，如图 3－13（c）所示，统称为组合形体，或简称组合体。因此，在画组合形体的投影或读组合形体的投影之前，必须熟练掌握各种基本形体的投影的画法和读法，然后分析该组合形体是由哪些基本形体叠砌而成，或由哪一种基本形体切割而成。再根据各基本形体的相对位置，逐个画出它们的投影，从而完成组合形体的投影。

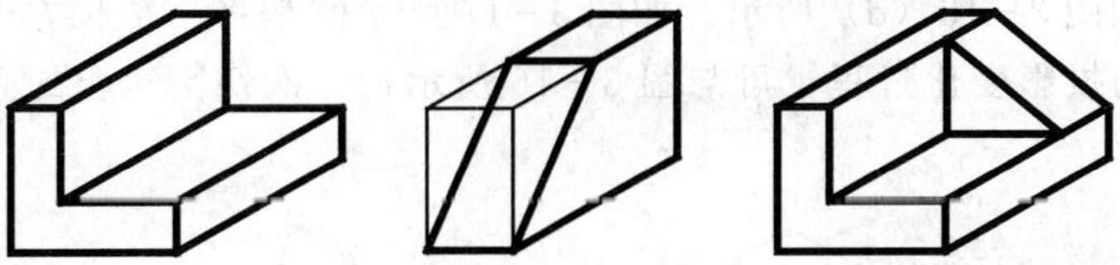

图 3－13　组合形体

一、组合形体画图

【例 3－1】 叠砌法。假定组合形体如图 3－14（a）所示。经过分析，可知它是由一个六棱柱，如图 3－14（b）所示，一个半圆柱，如图 3－14（c）所示和一个三棱柱，如图 3－14（d）所示叠砌组成。绘图步骤如图 3－15 所示。

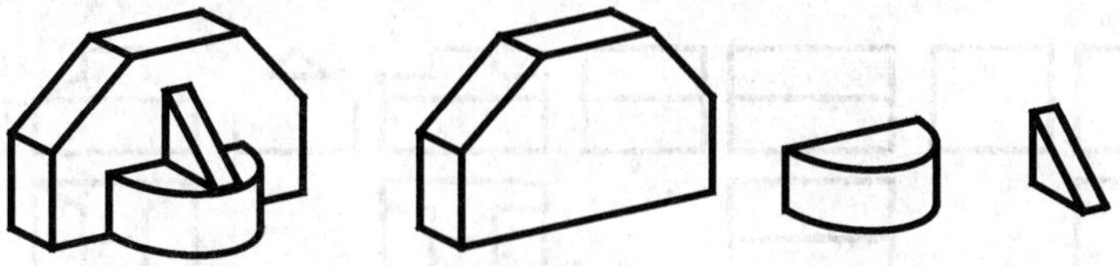

图 3－14　叠砌法组合形体的分析

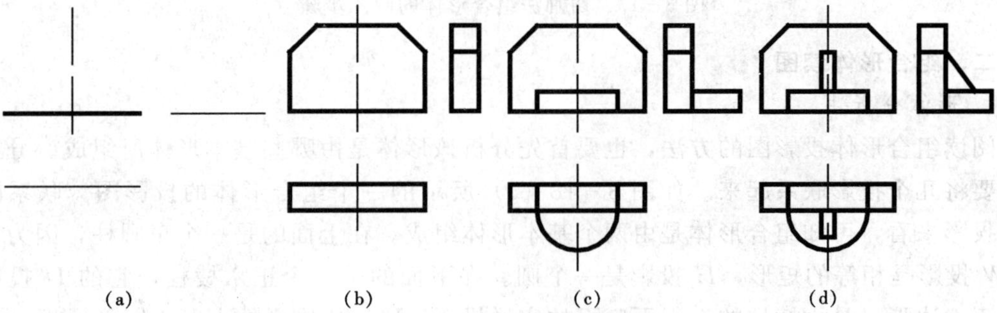

图 3－15　组合形体投影图的画图步骤

［解］　(1) 在图纸的适当地方，画上 V、H 投影的中心线和投影的底边，布置好三面投影的位置，如图 3－15（a）所示。

(2) 画出竖立的六棱柱的三面投影，如图 3－15（b）所示。

(3) 加上半圆柱的三面投影，如图 3－15（c）所示。

(4) 再加上三棱柱的三面投影，如图 3－15（d）所示。

(5) 进行复核，检查最后画出的组合形体投影图是否与给出的模型或立体图相符。加深轮廓线（粗实线），中心线使用细长点画线绘制。

【例 3-2】 切割法。如图 3-16（a）所示的组合形体可看成是由一个长方体经过三次切割而成。第一次切割是将长方体上部前后各切去一个三棱柱，如图 3-16（b）所示，形成一个两坡屋面的五棱柱；第二次在五棱柱左右各切去一个三棱柱，如图 3-16（c）所示，形成一个带露台的屋面的组合形体；第三次切割去掉一个多边形的立体，形成歇山屋顶的投影图，如图 3-16（d）所示。如图 3-17 所示的是将一个长方体切割成一个歇山屋面的组合形体的投影变化过程，可与图 3-16 所示每一次切割实况的立体图对照做出分析比较。

(a)　(b)　(c)　(d)

图 3-16　切割法组合形体的分析

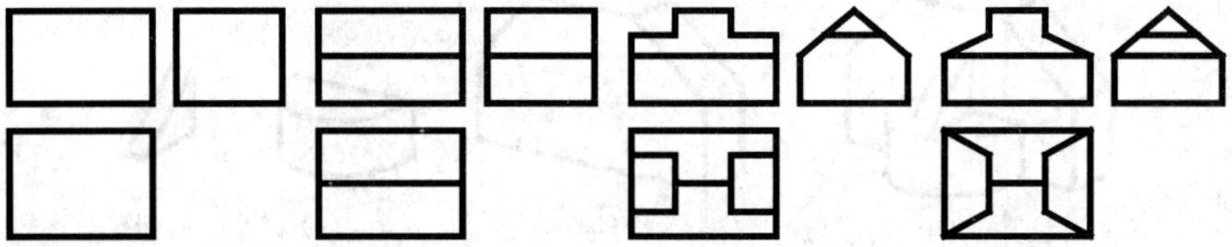

(a)　(b)　(c)　(d)

图 3-17　切割法组合形体的画图步骤

二、组合形体读图

1. 形体分析法

阅读组合形体投影图的方法，也要首先分析该形体是由哪些基本形体所组成。分析时一定要将几个投影联系起来。如图 3-18（a）所示的一个组合形体的投影图。联系图中三个投影来看，可知组合形体是由两个基本形体组成。在上面的是一个正圆柱，因为它的 V、W 投影是相等的矩形，H 投影是一个圆。在下面的是一个正六棱柱，它的 H 投影是一个正六边形，是六棱柱的上、下底面的实形投影。V、W 投影的大、小矩形线框，是六棱柱各侧面的 V、W 投影。综合起来，这个组合形体的形状如图 3-18（b）所示的立体图所示。这种将一个组合形体分析为由若干基本形体所组成，以便于画图和读图的方法，称为形体分析法。

特别强调的是运用形体分析法对于同一个组合形体分析时，分解过程并不是唯一的。而对于一些常见的简单组合体不必再进行分解。

2. 线面分析法

现在来分析一下组合形体的投影图上的线段和线框的意义。从图 3-18（a）所示的组合形体的投影，可知投影上的线段有三种不同的意义：

(1) 它可能是形体表面上相邻两面的交线，亦即是形体上棱边的投影。例如图 3－18 (a) 中 V 投影上标注①的四条竖直线，就是六棱柱上侧面交线的 V 投影。

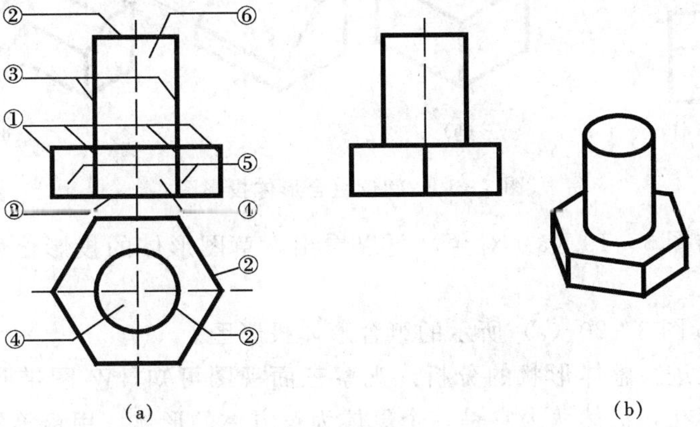

图 3－18　阅读组合形体投影图

(2) 它可能是形体上某一个侧面的积聚投影。例如图 3－18 (a) 标注②的线段和圆，就是圆柱和六棱柱的顶面、底面和侧面的积聚投影。正六边形是六棱柱的六个侧面的积聚投影。圆是圆柱面的积聚投影。

(3) 它可能是曲面的投影轮廓线。例如图 3－18 (a) 的 V 投影上标注③的左右两线段，就是圆柱面的 V 投影轮廓线。

投影图上的线框，有四种不同意义：

(1) 它可能是某一侧面的实形投影，例如图 3－18 (a) 中标注④的线框，是六棱柱上平行 V 面的侧面的实形投影和圆柱上、下底面的 H 面实形投影。

(2) 它可能是某一侧面的非实形投影，例如图 3－18 (a) 中标注的⑤线框，是六棱柱上垂直于 H 面但对 V 面倾斜的侧面投影。

(3) 它可能是某一个曲面的投影，例如图 3－18 (a) 中标注的⑥线框，是圆柱面的 V 投影。

(4) 它也可能是形体上一个孔洞的投影。

分析三面投影上相互对应的线段和线框的意义，就可以认识组成该组合形体的基本形体的形状和整个形体的形状。这种方法称为线面分析法。

3. 读图举例

在进行读图的过程中，往往所有的方法一起使用，并绘制出草图帮助建立空间想象力。草图画出后，再绘制出三视图与已知给出的三视图比较，直到完成。

【例 3－3】 读图 3－19 (a) 所示的组合形体投影图。

[解] (1) 先进行整体形状的分析。观察三面视图可知，三面视图均不带圆弧，由此断定它是一个母体为长方体的形体。用铅笔勾画出长方体的立体图，帮助下一步的分析。如图 3－19 (b) 所示。

(2) 分析其他细部。从 H 投影可以看出长方体被切去左边一角。从 W 投影上可以看出长方体被切去前面的一个三棱柱。有缺口的地方先行在草图上挖去，如图 3－19 (c)、(d) 所示。

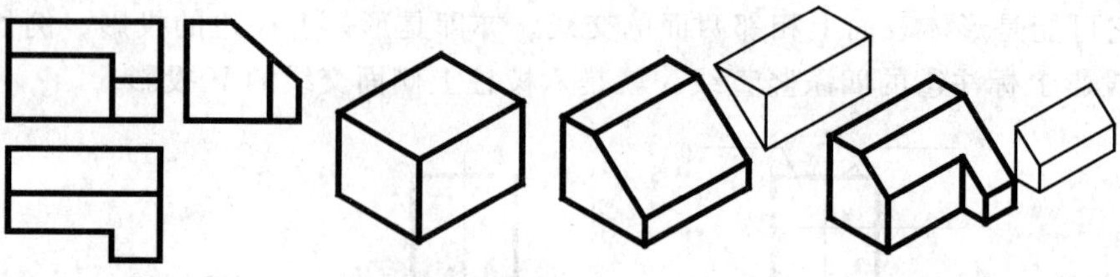

图 3-19　阅读组合形体投影图

（3）将草图与图 3-19（a）对照，可以看出，草图形体的投影恰好是图 3-19（a）投影图。

【例 3-4】 读图 3-20（a）所示的组合形体投影图。

［解］（1）先进行整体形状的分析。观察三面视图可知，W 图带圆弧，碰到这种情况，假设圆弧不存在，仍然认为它是一个母体为长方体的形体。用铅笔勾画出长方体的立体图，帮助下一步的分析。如图 3-20（b）所示。

（2）分析其他细部。从三视图上看，没有带空缺的部分。碰到这种情况，先在长方体上像画积木一样，将三张图画在长方体上，如图 3-20（c）所示，再判断需要挖去哪个部分。显然，只要在长方体上左右挖去三棱柱即可，如图 3-20（d）所示。最后把圆拐角导圆。

（3）将草图与图 3-20（a）对照，可以看出，草图形体的投影恰好是图 3-20（a）投影图。

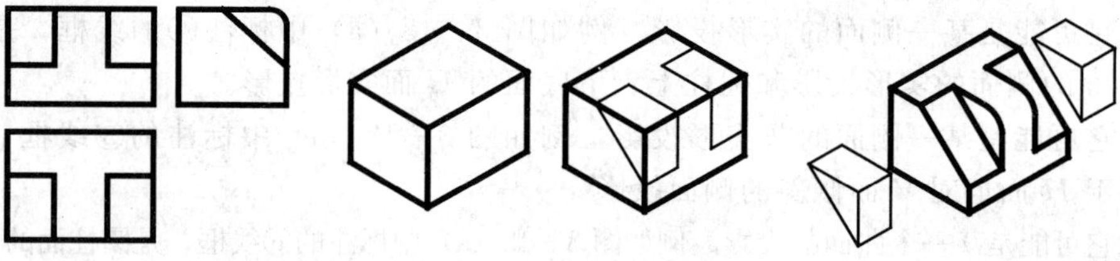

图 3-20　阅读组合形体投影图

【例 3-5】 读图 3-21（a）所示的组合形体投影图。

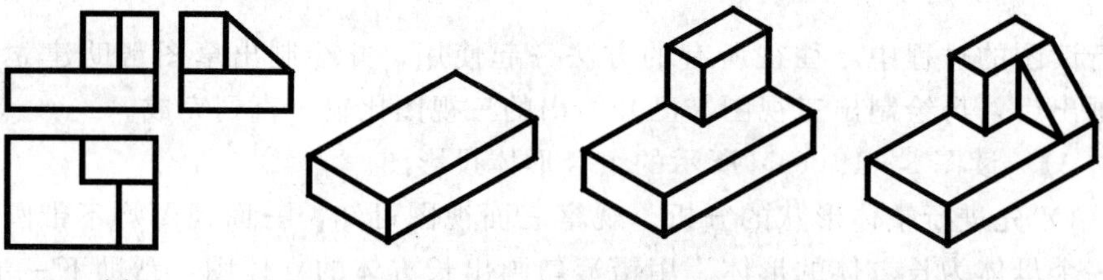

图 3-21　阅读组合形体投影图

［解］（1）先进行整体形状的分析。观察三面视图可知，形体有底板、后侧板及右侧板组成，可以按照叠加的方法把形体叠加起来即可。用铅笔勾画出底板的长方体，如图 3

-21（b）所示。

（2）叠加细部。先叠加后侧板的长方体，如图 3-21（c）所示，后叠加右侧板的三棱柱，如图 3-21（d）所示。

（3）将草图与图 3-21（a）对照，可以看出，草图形体的投影恰好是图 3-21（a）投影图。

【例 3-6】 已知图 3-22（a）所示两面视图，补绘第三视图。

［解］（1）根据两面视图分析绘出形体的草图，如图 3-22（b）所示。

（2）根据草图绘制形体的第三视图，与已知的两面视图进行比较，直到符合原图为止。

（3）将第三视图正式绘制在原图上。

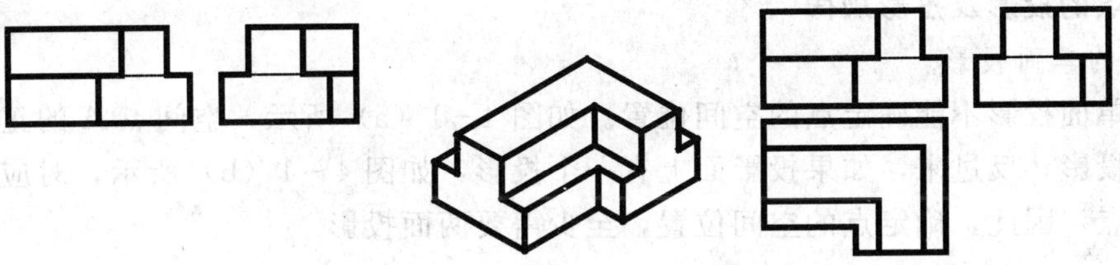

(a)　　(b)　　(c)

图 3-22　阅读组合形体投影图

第四章　点、直线、平面的投影

第一节　点　的　投　影

一切几何形体都可看成是点、线、面的组合，而线、面又可看成是点的集合，因此点是组成形体的最基本的元素，研究点的正投影规律是求作线、面、体投影的基础。

一、点的投影及投影规律

1. 点的单面投影

点的单面投影不能确定点的空间位置。如图 4-1（a）所示，空间点 A 的正投影有唯一的一个投影，反过来，如果投影面上有一个投影，如图 4-1（b）所示，对应的空间点有无数个点，因此，确定点的空间位置，至少需要两面投影。

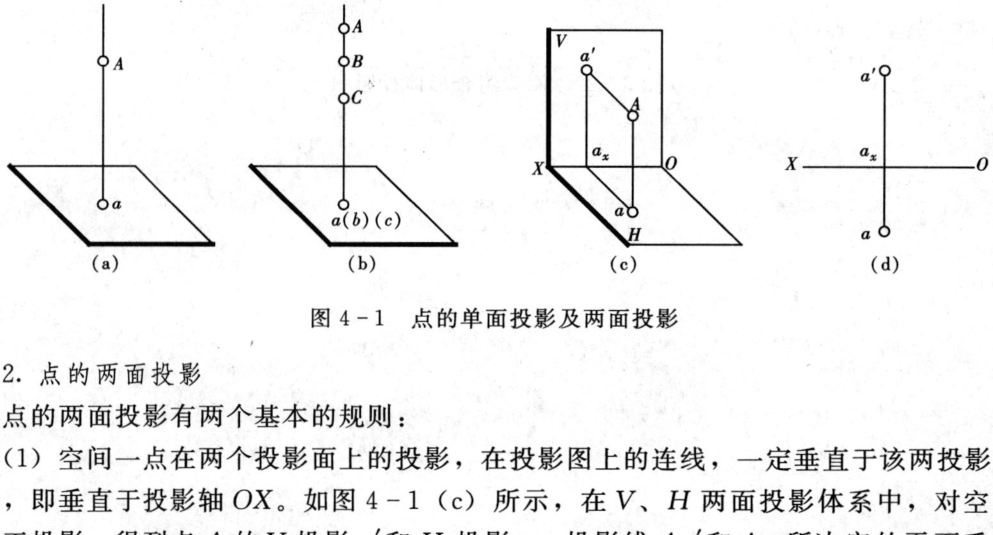

图 4-1　点的单面投影及两面投影

2. 点的两面投影

点的两面投影有两个基本的规则：

（1）空间一点在两个投影面上的投影，在投影图上的连线，一定垂直于该两投影面的交线，即垂直于投影轴 OX。如图 4-1（c）所示，在 V、H 两面投影体系中，对空间点 A 作正投影，得到点 A 的 V 投影 a' 和 H 投影 a。投影线 Aa' 和 Aa 所决定的平面垂直于 H 面和 V 面，则必垂直于投影轴 OX，交点为 a_x，因此，aa_x 和 $a'a_x$ 也垂直于投影轴 OX，即 $\angle a'a_xX=\angle aa_xX=90°$。将 V、H 两投影面展开之后，这两个直角保持不变，合起来等于 180°，即 $a'a_xa$ 成为一条垂直于 OX 的直线，如图 4-1（d）所示。

（2）空间一点到某一投影面的距离，等于该点的其他两面投影到投影轴的距离。如图 4-1（c）所示，$Aa'a_xa$ 是一个矩形，$a'a_x$ 与 Aa 平行而且相等，反映出点 A 到 H 面的距离；aa_x 与 Aa' 平行而且相等，反映出点 A 到 V 面的距离。

3. 点的三面投影

如图 4-2 所示，点的三面投影满足点的两面投影的两个基本规则：①$aa'\perp OX$；$aa''\perp OY$；$a'a''\perp OZ$；②$Aa=a'a_x=a''a_{yw}$；$Aa'=aa_x=a''a_z$；$Aa''=a'a_z=aa_{yH}$。这两个规则

也是九字歌“高平齐、宽相等、长对正”的来源。

用作图方法表示 a 与 a'' 相关联时，可以用 $a_xa=a_za''$；也可以自点 O 作 45°辅助线求得；或以点 O 为圆心，以 Oa_Y 为半径作圆弧求得，如图 4-2（b）所示。

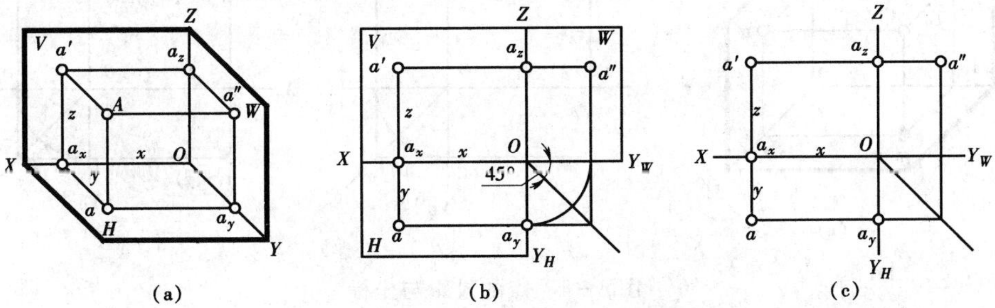

图 4-2 点在三投影面体系中的投影

【例 4-1】 如图 4-3（a）所示，已知点 A、B 的两面投影，求相应点的第三投影。

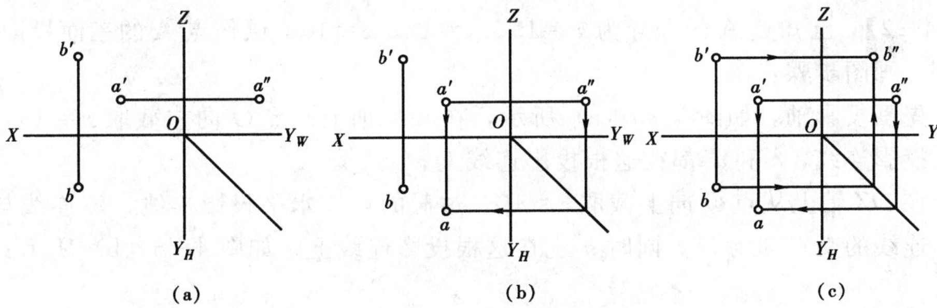

图 4-3 求点的第三投影

［解］ 画图步骤，如图 4-3（b）所示：

（1）过已知投影 a' 作 OX 轴的垂直线，a 必在这根竖直投影连线上；

（2）a'' 到 OZ 轴的距离应等于 a 到 OX 轴的距离（宽相等），截取 a_xa 等于已知 a_za''，由此确定出 a（也可通过 45°辅助线或圆弧求得），即为所求。用类似的方法可求得点 B 的侧面投影，如图 4-3（c）所示。

二、点的投影与坐标的关系

如果把投影体系当作空间直角坐标系，则投影面 H、V、W 相当于坐标面，投影轴 OX、OY、OZ 相当于坐标轴 X、Y、Z，原点 O 相当于坐标原点 O。原点把每一个轴分成两部分，并规定：OX 轴从 O 向左为正，向右为负；OY 轴向前为正，向后为负；OZ 轴向上为正，向下为负。因此，第一分角内点的坐标值均为正。

如图 4-4（a）所示，点 A 到投影面 H、V、W 的距离分别为 Aa、Aa'、Aa''，这三个距离可用点 A 的三个直角坐标 z_A、y_A、x_A 表示。因而，点 A 的三个投影 a、a'、a'' 可以用点 A 的坐标来确定，三面投影与其坐标间的关系如图 4-4（b）、（c）所示：

（1）水平投影 a 可由 x_A 和 y_A 确定，反映了点 A 到 W 面和 V 面的距离。

（2）正面投影 a' 可由 x_A 和 z_A 确定，反映了点 A 到 W 面和 H 面的距离。

(3) 侧面投影 a''可由 y_A 和 z_A 确定，反映了点 A 到 V 面和 H 面的距离。

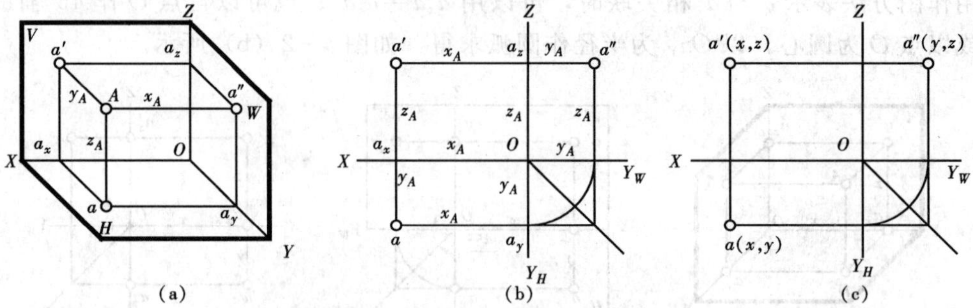

图 4-4 点的投影与坐标

由于点的任意两个投影的坐标值中包含了该点的三个坐标，所以可由点的任意两个投影求出该点的第三投影；相反，若给出点的三个坐标，则该点在三视图中的投影也是唯一确定的。

【例 4-2】 已知点 A 的坐标为 $x=15$，$y=12$，$z=10$，试作点 A 的三面投影。

［解］ 画图步骤：

(1) 先画投影轴。如图 4-5 (a) 所示，在 OX 轴上从点 O 向左截取 $x=15$，过截的点作竖直投影连线，a 和 a'都在这根投影连线上；

(2) 在 OZ 轴上从点 O 向上截取 $z=10$，过截的点作水平投影连线，该连线与所做的竖直投影连线的交点即为 a'，同时 a''也在这根投影连线上，如图 4-5 (b) 所示；

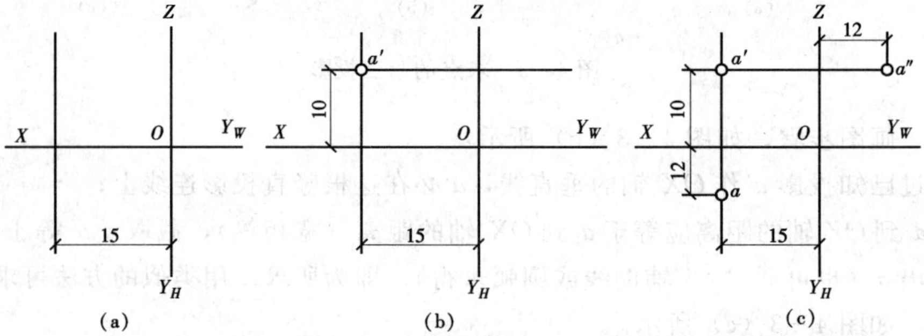

图 4-5 由坐标作三面投影

(3) 在竖直投影连线上，从 OX 轴向下截取 $y=12$ 得 a，在水平投影连线上，从 OZ 轴向右截取 $y=12$ 得 a''。

对于投影面上的点、投影轴上的点及原点，这些点的三面投影具有哪些特殊性？请读者自行思考、解决。

三、两点间的相对位置

两点间的相对位置是指空间两点之间上下、左右、前后的位置关系。H 面投影反映出物体的左右、前后关系；V 面投影反映出物体的左右、上下关系；W 面投影反映出物体的上下、前后关系。因此，空间两点的相对位置可在它们的三面投影中得到反映。

根据两点的坐标，可以判断空间两点的相对位置。两点中，x 坐标值大的在左；y 坐标值大的在前；z 坐标值大的在上。根据图 4-6 点 A、B 的三面投影分析这两点的相对位置：

(1) 从水平投影及正面投影可看出 $x_A < x_B$，则点 A 在点 B 的右面。

(2) 从水平投影及侧面投影可看出 $y_A > y_B$，则点 A 在点 B 的前面。

(3) 从正面投影及侧面投影可看出 $z_A < z_B$，则点 A 在点 B 的下面。

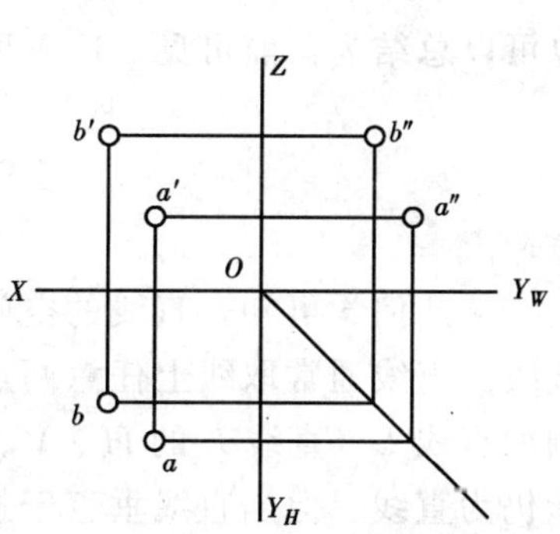

图 4-6　两点的相对位置

比较后的结果：点 A 在点 B 的右、前、下方。

四、重影点

特殊情况下，空间两点恰好处在某一投影面的同一根投影线上，则这两点在该投影面上的投影就会重合为一点。这种在某一投影面上投影重合的两个点，称为该投影面的重影点。如图 4-7 (a) 所示，空间两点 A、B 位于同一根 H 面的投影线上，其水平投影重合为一点，则 A、B 两点是 H 面的重影点。同理，C、D 两点称为 V 面的重影点，其正面投影重合为一点。

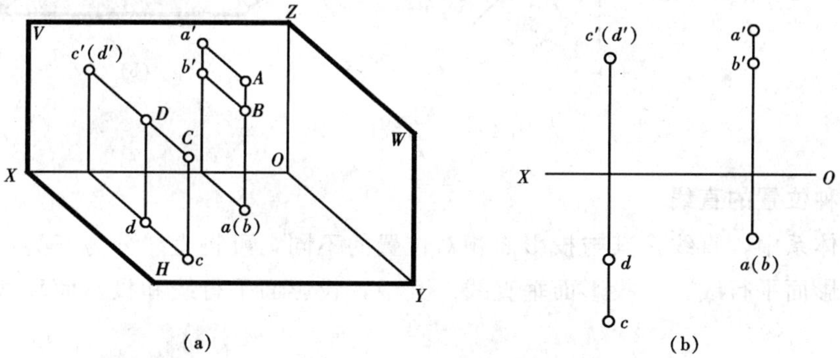

图 4-7　重影点

投影重合的空间两点在向投影面投影时，投影线先遇到的点可见，后遇到的点不可见，因此在投影图中往往需要判断并标明重影点的可见性。如图 4-7 (a) 所示，点 A、B 为 H 面的重影点，由于点 A 的 z 坐标大于点 B 的 z 坐标，即点 A 在点 B 的上方，所以点 A 的 H 投影可见，而点 B 的 H 投影不可见。标记方法如图 4-7 (b) 所示，即点 A、B 的 H 投影为 $a(b)$，通常在不可见的投影标记上加括号表示。

同理，图 4-7 (a) 所示的点 C、D 为 V 面的重影点，由于点 C 的 y 坐标大于点 D 的 y 坐标，即点 C 在点 D 的前方，所以点 C 的 V 投影可见，而点 D 的 V 投影不可见。标记方法如图 4-7 (b) 所示，即点 C、D 的 V 投影为 $c'(d')$。

由此可见，重影点是那些两对坐标值相等，第三对坐标值不等的空间点。因此，重影点的可见性是根据不等的那对坐标值来决定的，即坐标值大的可见，坐标值小的不可见。

也可以总结为：前可见，后不可见；左可见，右不可见；上可见，下不可见。

第二节　直线的投影

从几何学可知，直线的空间位置可由直线上任意两点的位置来确定，即两点确定一条直线。直线通常取线上任意两点的字母来标记，例如直线 MN，也可以一个字母来标记，例如直线 L（直线 L 的 H、V、W 投影分别标记为 l、l'、l''）。在一般情况下，直线的投影仍为直线。但当直线垂直于投影面时，其投影积聚为一点。

因此，直线的投影可以由直线上两点在同一投影面上的投影（又称为同面投影）相连而得。如图 4-8（a）所示，若作出直线 AB 的三面投影，可分别作出它的两端点 A 和 B 的三面投影 a、a'、a''和 b、b'、b''，然后将其同面投影相连，即得直线 AB 的三面投影。

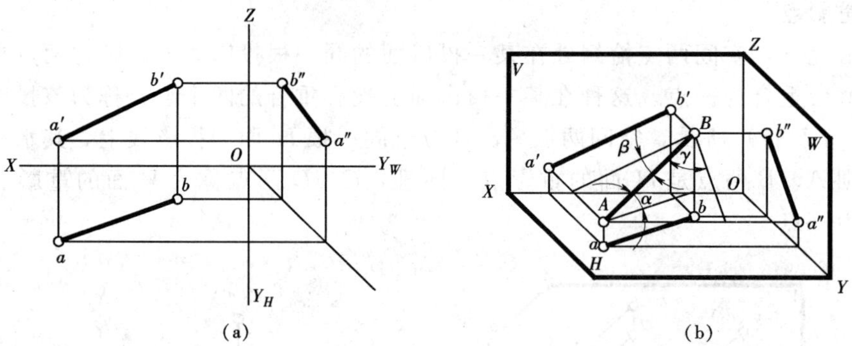

图 4-8　直线的投影

一、各种位置的直线

在投影体系中，直线按其与投影面相对位置的不同，可将直线分为三类：①一般位置直线；②投影面平行线；③投影面垂直线。其中，投影面平行线和投影面垂直线称为特殊位置直线。

1. 一般位置直线

（1）空间位置特征。同时对三个投影面倾斜的直线即为一般位置直线。直线对某投影面的倾角就是空间直线与其在该投影面上的投影所夹的角。图 4-8（b）所示的直线为一般位置直线，直线 AB 对 H 面的倾角用 α 标记，对 V 面的倾角用 β 标记，对 W 面的倾角用 γ 标记。

（2）投影图位置特征。如图 4-8（a）所示，一般位置直线的投影图位置特征为：

1）一般位置直线的三个投影都倾斜于投影轴，它们与投影轴的夹角，均不反映空间直线对投影面倾角的实际大小；

2）一般位置直线的三个投影长度都小于实长，线段 AB 的 H 投影 ab，其长度等于 $AB \cdot \cos\alpha$，同理 $a'b' = AB \cdot \cos\beta$，$a''b'' = AB \cdot \cos\gamma$。

（3）读图。三面视图中，如果有两面视图直线的投影倾斜于投影轴，则可以判定空间的这条直线是一条一般位置的直线。

2. 投影面平行线

(1) 空间位置特征。平行于某一个投影面，但倾斜于其余两个投影面的直线称为投影面平行线。其中与水平投影面平行的直线称为水平面平行线（简称水平线），与正立投影面平行的直线称为正面平行线（简称正平线），与侧立投影面平行的直线称为侧面平行线（简称侧平线）。

(2) 投影图位置特征。以表 4－1 中的水平线 AB 为例，由于直线 AB 平行于水平投影面，即该直线上各点到 H 面的距离相等，因此 $a'b'/\!/OX$，$a''b''/\!/OY_W$。同时可以看出 $ab=AB$，以及 ab 与 OX、OY_H 轴的夹角反映 AB 对 V 面、W 面的真实倾角 β、γ。

表 4－1　　投 影 面 平 行 线

名称	立 体 图	投 影 图	投 影 特 点
水平线	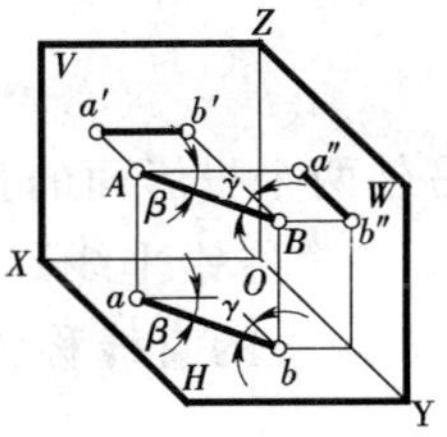	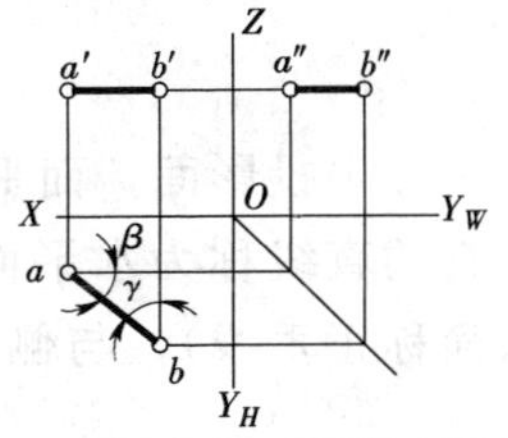	1. ab 倾斜，反映线段 AB 的实长 2. ab 与 OX、OY_H 轴的夹角反映 AB 对 V 面、W 面的真实倾角 β、γ 3. $a'b'/\!/OX$，$a''b''/\!/OY_W$，且长度都小于线段实长 4. 一对同名坐标 Z 相等
正平线	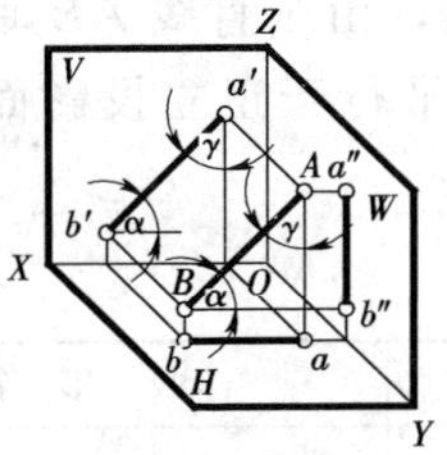	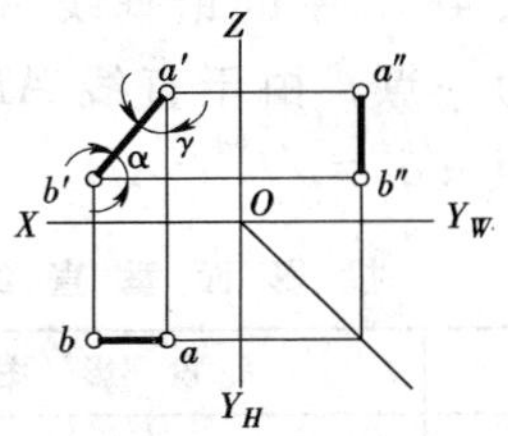	1. $a'b'$ 倾斜，反映线段 AB 的实长 2. $a'b'$ 与 OX、OZ 轴的夹角反映 AB 对 H 面、W 面的真实倾角 α、γ 3. $ab/\!/OX$，$a''b''/\!/OZ$，且长度都小于线段实长 4. 一对同名坐标 Y 相等
侧平线	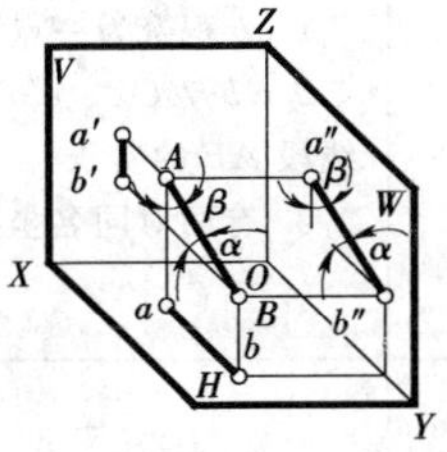	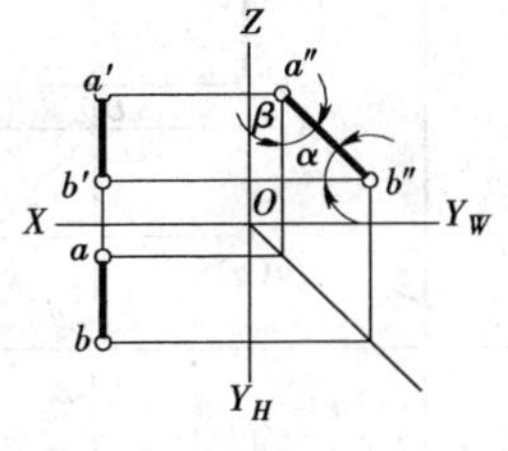	1. $a''b''$ 倾斜，反映线段 AB 的实长 2. $a''b''$ 与 OY_W、OZ 轴的夹角反映 AB 对 H 面、V 面的真实倾角 α、β 3. $ab/\!/OY_H$，$a'b'/\!/OZ$，且长度都小于线段实长 4. 一对同名坐标 X 相等

正平线和侧平线也具有类似的投影特征，表 4－1 列出了三种投影面平行线的立体图、投影图和投影特点。

三种投影面平行线的投影特征概括如下：

1) 直线在其所平行的投影面上的投影反映直线的实长，同时反映直线对其它两个投影面的真实倾角；

2) 直线的另两个投影分别平行于相应的投影轴，且长度都比实长短；

3) 平行线有一对同名坐标相等，如水平线的两个端点的 Z 坐标相等。

(3) 读图。一直线如果有一个投影平行于投影轴，而另有一个投影倾斜于投影轴，就可以判定，空间的这条直线是一条投影面的平行线，平行于倾斜投影所在的投影面。

【例 4－3】 已知 EF 长为 30mm，平行 V 面，与 H 面的倾角为 30°，E 点在 OX 轴上，距原点 30mm，求其三面投影及 α、γ 角。

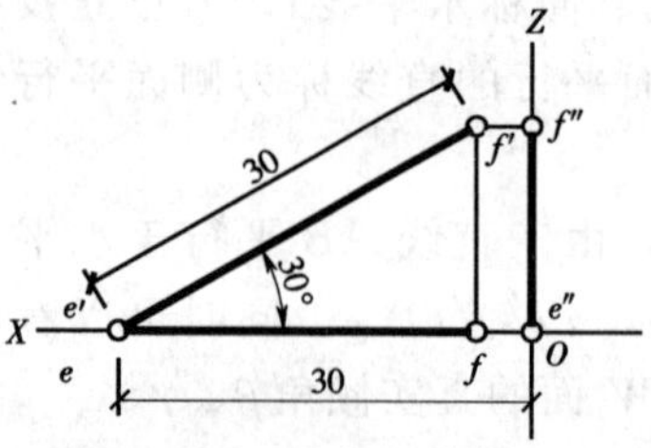

图 4－9　求 EF 的三面投影

［解］ 分析：如图 4－9 所示，EF 直线平行于 V 面，说明 EF 是正平线，正平线的 α 角反映实形，即 30°；E 点在 OX 轴上，则说明 EF 直线就在 V 面上，ef 在 OX 轴上，$e''f''$ 在 OZ 轴上。

画图步骤：

1）自原点 O 截取 30mm 得 e、e'；

2）过 e、e' 作 30° 的直线，截取 30mm 得 f' 点，长对正下来得 f；

3）过 f'、e'，高平齐得 f''、e''。

3. 投影面垂直线

（1）空间位置特征。垂直于某一个投影面，而平行于另外两个投影面的直线称为投影面垂直线。其中与水平投影面垂直的直线称为水平面垂直线（简称铅垂线），与正立投影面垂直的直线称为正面垂直线（简称正垂线），与侧立投影面垂直的直线称为侧面垂直线（简称侧垂线）。

（2）投影图位置特征。以表 4－2 中的铅垂线 AB 为例，由于直线 AB 垂直于水平投影面，因此 ab 在 H 图中积聚为一点；由于直线 AB 同时平行于正立投影面和侧立投影面，则 $a'b' /\!/ OZ$、$a''b'' /\!/ OZ$，且 $a'b'=a''b''=AB$。

表 4－2　　**投影面垂直线**

名称	立体图	投影图	投影特点
铅垂线	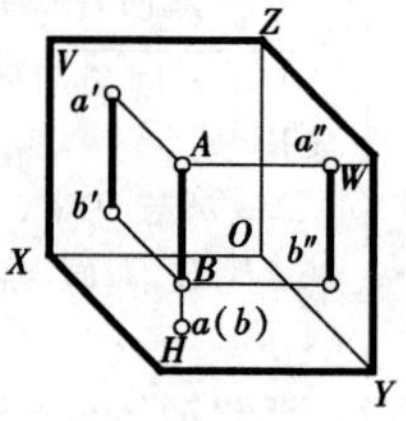	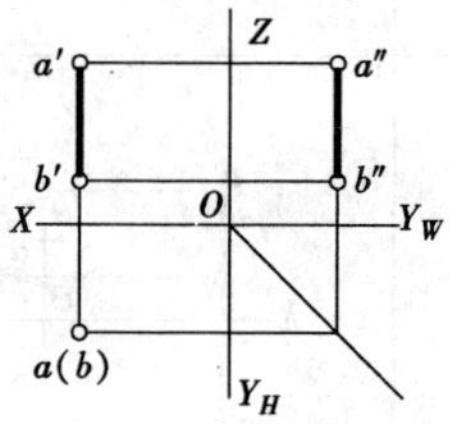	1. ab 积聚为一点 a（b） 2. $a'b' /\!/ OZ$、$a''b'' /\!/ OZ$，均反映线段 AB 的实长 3. 有两对同名坐标 X、Y 相等
正垂线	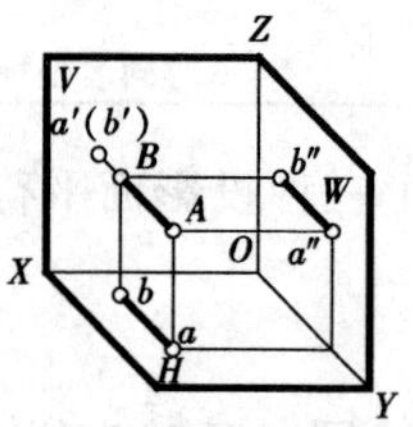	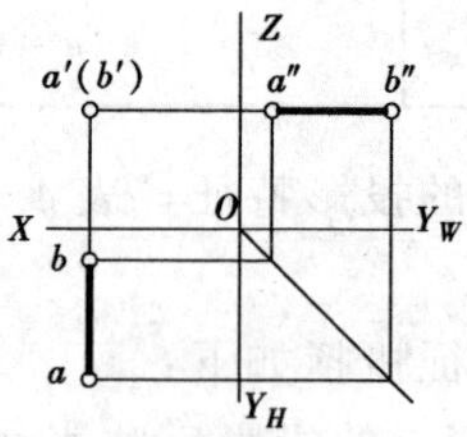	1. $a'b'$ 积聚为一点 a'（b'） 2. $ab /\!/ OY_H$、$a''b'' /\!/ OY_W$，均反映线段 AB 的实长 3. 有两对同名坐标 X、Z 相等
侧垂线	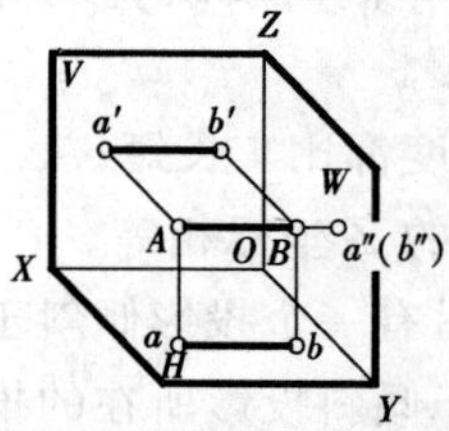	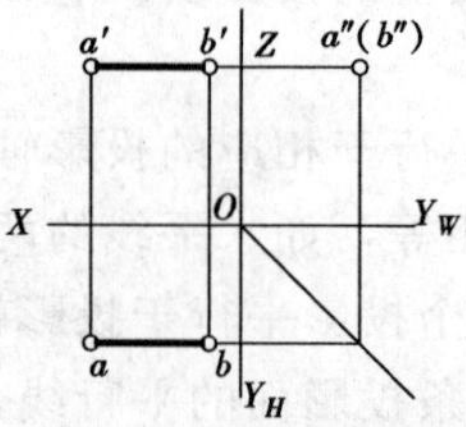	1. $a''b''$ 积聚为一点 a''（b''） 2. $ab /\!/ OX$、$a'b' /\!/ OX$，均反映线段 AB 的实长 3. 有两对同名坐标 Y、Z 相等

正垂线和侧垂线也具有类似的投影特征，表 4-2 列出了三种投影面垂直线的立体图、投影图和投影特点。

三种投影面垂直线的投影特点概括如下：

1）直线在其所垂直的投影面上的投影积聚为一点；

2）直线的另外两个投影同时平行于相应的投影轴，并反映实长；

3）有两对同名坐标相等。

（3）读图。一直线只要有一个投影积聚为一点，它必然是一条投影面垂直线，并垂直于积聚投影所在的投影面；当两点的两对同名坐标相等时，此两点的连线必为垂直线，并垂直于这两个坐标标示的平面。

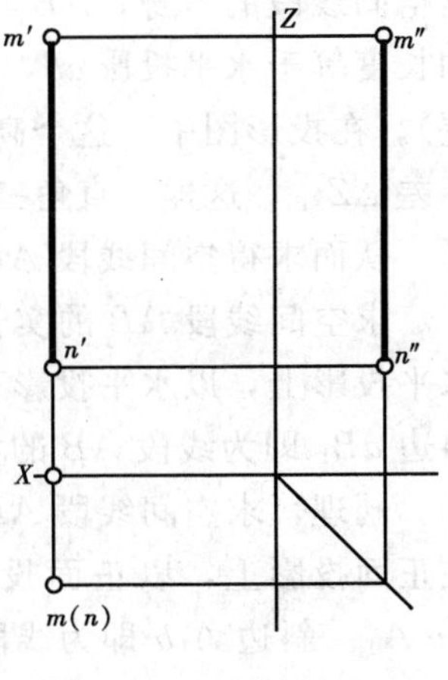

图 4-10　已知 MN 的坐标值求三面投影

【例 4-4】　已知直线 MN，M（20，10，40）、N（20，10，10），求作三面投影。

［解］　如图 4-10 所示，因为 $X_M = X_N = 20$；$Y_M = Y_N = 10$，所以直线是一条铅垂线，铅垂线在 H 面上积聚投影为一点。

画图步骤：

（1）自原点截取 20mm，作竖直线，向下截取 10mm，得 m（n）；

（2）长对正在 V 图的竖直线上，截取 40mm 和 10mm，得 m'和 n'；

（3）高平齐、宽相等得到 m''和 n''，即可。

二、一般位置线段的实长及对投影面的倾角（直角三角形法）

一般位置直线对各投影面倾斜，它的各投影不反映线段的实长，也不反映直线对各投影面倾角的真实大小。若求直线的实长，可在直线的投影图上，作出一个反映一般位置直线实长的三角形，称为直角三角形法。

直角三角形法。以线段的一个投影（如水平投影）的长度为一直角边，以线段的两端点到该投影面（如水平投影面）的距离差为另一个直角边，该距离差可由线段的另一投影图上量得（V 面），所作直角三角形的斜边即为线段的实长，斜边与该投影（如水平投影）的夹角就是线段与该投影面的夹角的实形（如 α）。

如图 4-11（a）所示为一般位置直线 AB 的立体图。在一般线 AB 对 H 面的投影平面 $ABba$ 上，过点 A 作 $AC \parallel ab$，与 Bb 相交于C，于是得直角三角形 ABC。其中斜边 AB

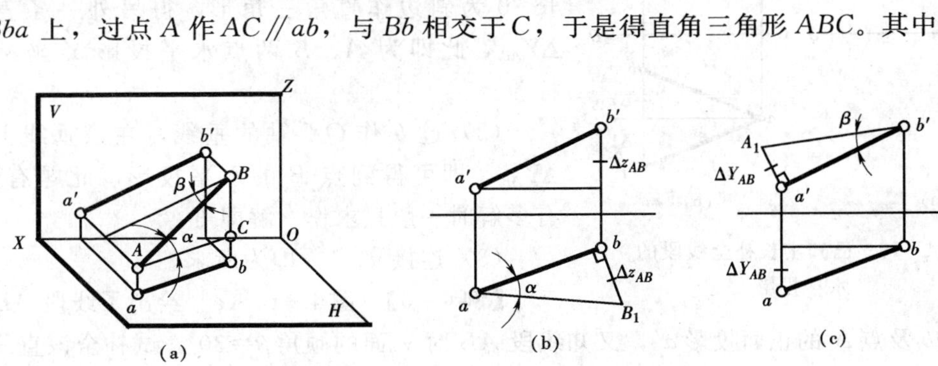

图 4-11　直角三角形法求一般位置直线的实长

是空间线段的本身，AB 与 AC 的夹角即为直线 AB 与水平投影面的夹角，一直角边 AC 的长度等于水平投影 ab，另一直角边 BC 的长度是 A 和 B 两点到 H 面的高度差（坐标差）。在投影图中，这个高度差在 V 投影上得到反映，其长度等于正面投影 a'、b'的 Z 坐标差 ΔZ_{AB}。这样，直角三角形两直角边长度在投影图上均为已知，因此可作出直角三角形，从而求得空间线段 AB 的实长和对 H 面的倾角。

求空间线段 AB 的实长及其对 H 面的倾角 α 的作图方法，如图 4-11（b）所示。在水平投影上，以水平投影长 ab 为一直角边，ΔZ_{AB} 为另一直角边，作出直角三角形 abB_1。斜边 aB_1 即为线段 AB 的实长，斜边 aB_1 与 ab 的夹角即为线段 AB 对 H 面的倾角 α。

同理，求空间线段 AB 的实长及其对 V 面的倾角 β 的作图方法如图 4-11（c）所示。在正面投影上，以正面投影长 $a'b'$ 为一直角边，ΔY_{AB} 为另一直角边，作出直角三角形 $a'b'A_1$。斜边 A_1b'即为线段 AB 的实长，斜边 A_1b'与 $a'b'$的夹角即为线段 AB 对 V 面的倾角 β。

请读者自己分析线段实长和其对 W 面倾角 γ 的作图方法。

综上所述，用直角三角形法求线段实长和其对投影面的倾角，包含了四个参数，即投影长、坐标差、实长及倾角，若给出其中的两个参数，就可以绘制直角三角形，便可求出另外两个参数，如图 4-12 所示。这里需要指出，斜边都可以表示直线的实长，斜边与 H 面、V 面、W 面投影长的夹角分别是直线对 H 面、V 面、W 面的倾角 α、β、γ。

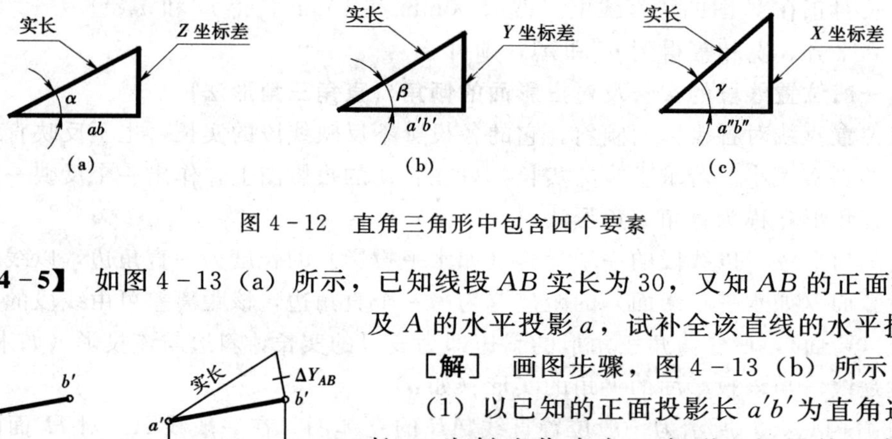

图 4-12　直角三角形中包含四个要素

【例 4-5】 如图 4-13（a）所示，已知线段 AB 实长为 30，又知 AB 的正面投影 $a'b'$ 及 A 的水平投影 a，试补全该直线的水平投影 ab。

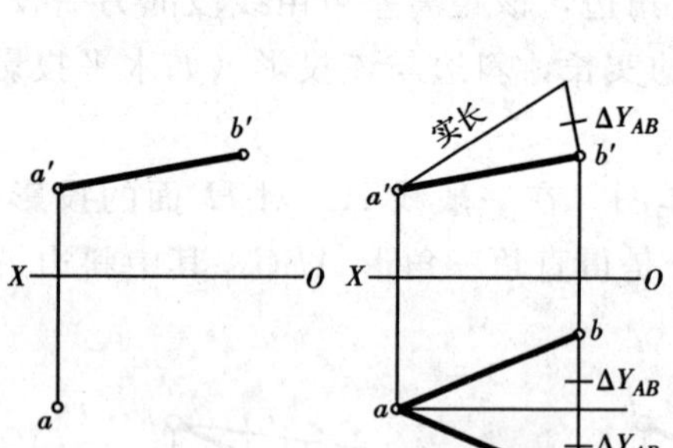

图 4-13　已知实长补全线段的水平投影

［解］　画图步骤，图 4-13（b）所示：

（1）以已知的正面投影长 $a'b'$为直角边，以实长 30 为斜边作直角三角形，得另外一条直角边 ΔY_{AB}，此即为 A、B 两点水平投影 Y 坐标的坐标差；

（2）过 b'作 OX 轴的垂线，在该垂线上截取 ΔY_{AB}，即可得到点 B 的水平投影，此题有两解，有多解时一般只求作一解即可；

（3）连接 a、b，即为所求。

【例 4-6】 图 4-14（a）给出了线段 AB 的水平投影 ab 及点 A 的正面投影 a'，又知线段 AB 对 V 面的倾角 $\beta=30°$，试补全该直线的正面投影。

［解］ 画图步骤，如图 4－14（b）所示：

（1）以水平投影提供的 ΔY_{AB} 为一直角边，它所对的角 $\beta=30°$，其相邻的直角边为正面投影 $a'b'$ 的长；

（2）以 $a'b'$ 的长为半径，以正面投影 a' 为圆心画圆弧，过 b 作 OX 轴的垂线，与圆弧的交点即为水平投影 b'；

（3）连接 a'、b'，即为所求，此题有两解。

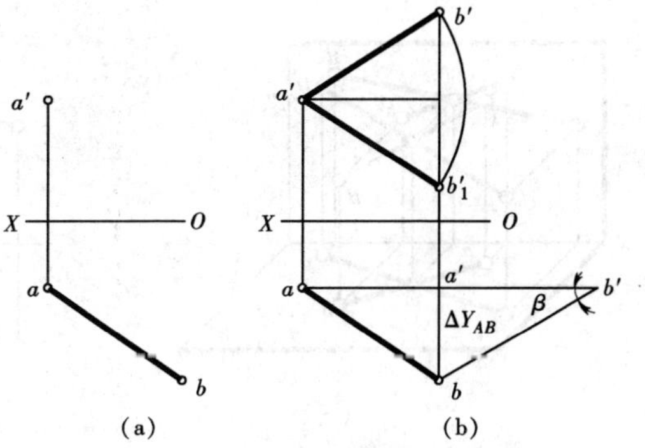

图 4－14　已知倾角补全线段的正面投影

三、直线上的点

根据平行投影的从属性可知，直线上的点的投影，必落在该直线的同面投影上；又根据平行投影的定比性可知，一直线上两线段长度之比等于它们的投影长度之比。如图 4－15 所示，已知点 C 在直线 AB 上，则 c 在 ab 上、c' 在 $a'b'$ 上、c'' 在 $a''b''$ 上，而且 $AC:CB=ac:cb=a'c':c'b'=a''c'':c''b''$。

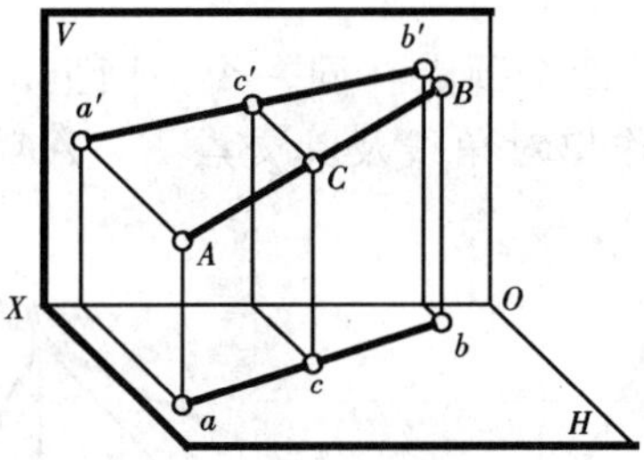

图 4－15　直线上的点

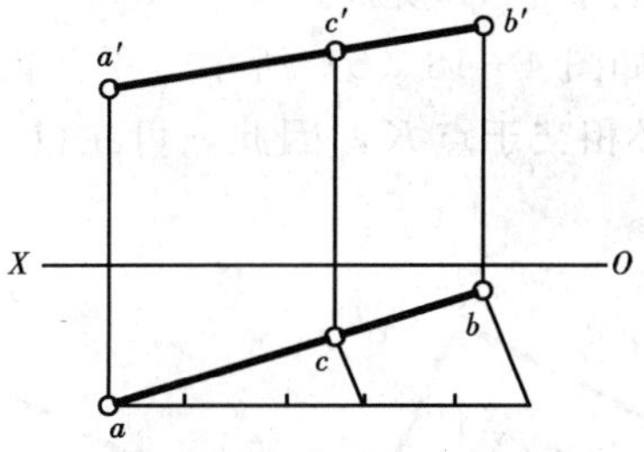

图 4－16　求一点的投影

【例 4－7】 如图 4－16 所示，已知线段 AB 的投影图，试将 AB 分成 3∶2 两段，求点 C 的投影。

［解］ 画图步骤，如图 4－16 所示：

（1）用几何作图方法将水平投影（或正面投影）分成 3∶2，定出点 c；

（2）过点 c 作垂直于 OX 轴的投影连线，交 $a'b'$ 于 c'。点 C（c，c'）即为所求。

四、两直线的相对位置关系

空间两直线的相对位置有三种情况：平行、相交和交叉。下面分别讨论它们的投影特性。

1. 两相交直线

（1）画图。根据平行投影的从属性可知，两相交直线交点的投影，必然是两直线同面投影的交点。例如图 4－17（a）的两相交直线 AB 和 CD，它们的交点 E 既是 AB 线上的一点，又是 CD 线上的一点。因此图 4－17（b）、（c）图中的 e 应在 ab 上，又在 cd 上，即 e 是 ab 和 cd 的交点。同理，e' 是 $a'b'$ 和 $c'd'$ 的交点；e'' 是 $a''b''$ 和 $c''d''$ 的交点。同时 e' 与 e 必在同一竖直投影连线上，即 $e'e\perp OX$；e' 与 e'' 必在同一水平投影连线上，即 $e'e''\perp OZ$；$ee''\perp OY$（分别垂直 OY_W 和 OY_H）。

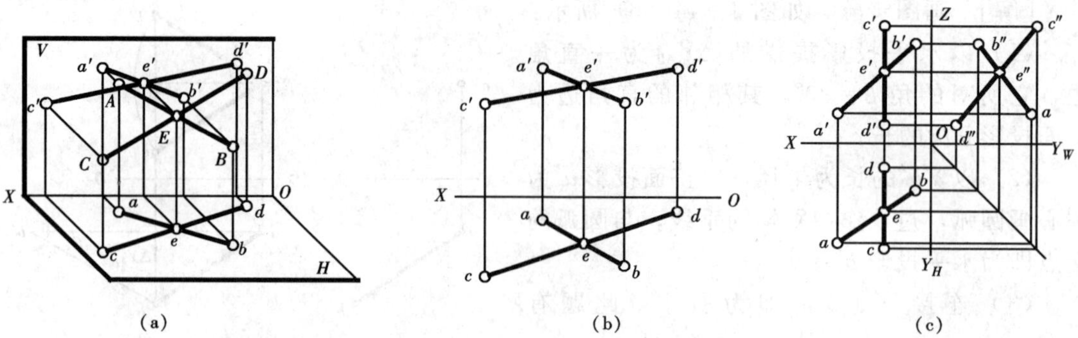

图 4-17　两相交直线的投影

(2) 读图。若两直线的同面投影均相交，且交点满足点的投影特征，即两面投影的连线垂直于投影轴，$ee' \perp OX$；$e'e'' \perp OZ$；$ee'' \perp OY$（分别垂直 OY_W 和 OY_H），则空间该两直线相交，如图 4-17（b）、（c）所示。

【例 4-8】 给出平面四边形 $ABCD$ 的 V 投影及其两条边的 H 投影，如图 4-18（a）所示，试完成整个 H 投影。

［**解**］ 如图 4-18（b）所示，平面四边形的四个顶点在同一个平面上，它的对角线 AC 和 BD 必相交于点 K，因此，可在投影图上作出对角线及其交点 K，AK 延长线上有一点是 C 点。

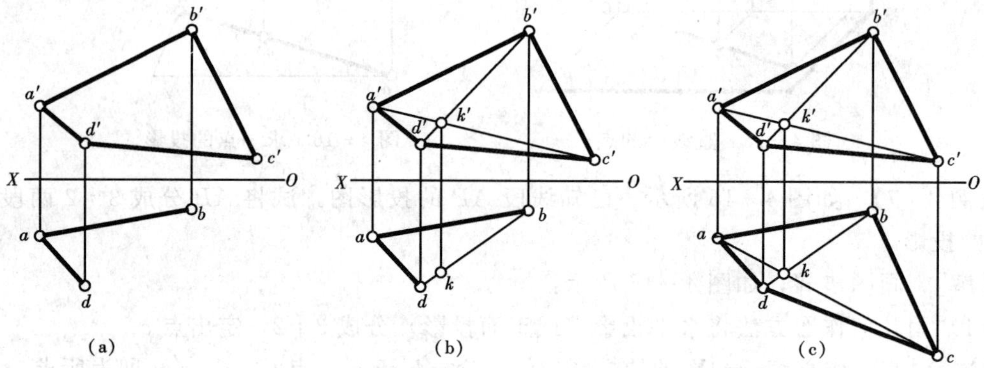

图 4-18　补全四边形的两面投影

画图步骤：

(1) 连 $d'b'$ 和 $a'c'$，得交点 k'；

(2) 连 db，从 k' 长对正下来，找出 k 点位置；

(3) 延长 ak 与过 c' 的竖直线相交得 c 点；

(4) 连 bc、dc，完成 H 投影。

2. 两平行直线

(1) 画图。根据平行投影的平行性可知，空间平行的两条直线在同一投影面上的投影依然相互平行，如图 4-19（a）所示。

(2) 读图。若两直线的三组同面投影均相互平行，则该两直线在空间也相互平行。在

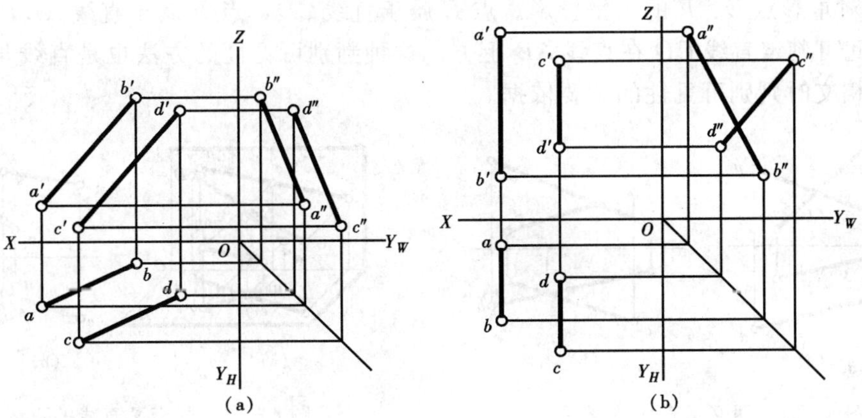

图 4-19　两平行直线的投影

投影图上判断两直线是否平行时，若两直线处于一般位置，则只需判断两直线的任意两组同面投影是否相互平行即可确定。当两直线是侧平线的时候，则必须画出 W 图再判断是否平行。如图 4-19（b）中的两侧平线 AB 和 CD，它们的水平投影和正面投影均平行，而侧面投影不平行，所以 AB 不平行于 CD。

【例 4-9】　给出平行四边形 $ABCD$ 的两边 AB 和 AC 的两面投影，补全平行四边形 $ABCD$。

［**解**］　空间平行的两条直线，其同面投影均平行。

画图步骤，如图 4-20 所示：

（1）过 c、b 推 ab 和 ac 的平行线，得 d；

（2）过 c'、b' 推 $a'b'$ 和 $a'c'$ 平行线，得 d'，即可。

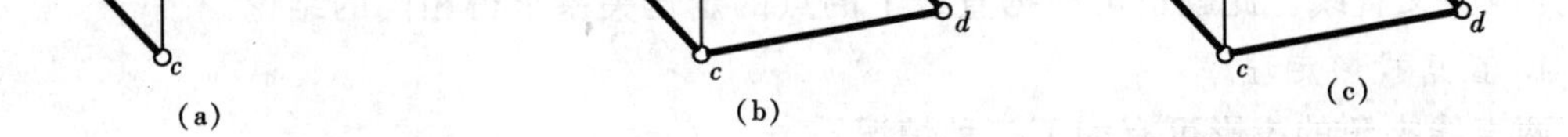

图 4-20　补全平行四边形的两面投影

3. 两交叉直线

两交叉直线既不平行，也不相交，如图 4-21 所示。虽然两交叉直线的某一个同面投影可能平行，但不可能三组同面投影同时平行；两交叉直线的同面投影也可能相交，但这个投影的交点只是两直线的一对重影点的重合投影，其不会符合点的投影规律。

两交叉直线存在重影点的可见性问题，重影点是判断两直线的相对位置的依据。如图 4-22 所示的两交叉直线，它们的水平投影 ab 和 cd 交于一点 e（f），也即两交叉直线对

H 面的一对重影点 E、F 的水平投影。点 E 属于直线 CD，点 F 属于直线 AB，点 E 比点 F 高，因此可判定直线 CD 在直线 AB 上方。这种判别可见性的方法也是直线与平面、平面与平面相交时判别可见性的重要依据。

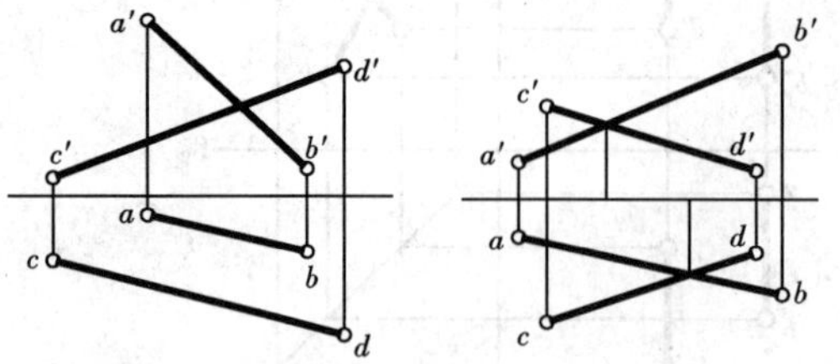

(a)　　(b)

图 4-21　两交叉直线投影图

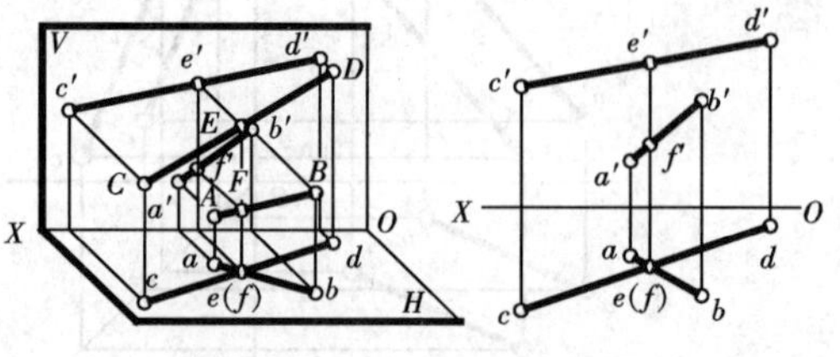

(a)　　(b)

图 4-22　两交叉直线的重影点

【例 4-10】 试判断图 4-23 中两直线的相对位置。

［解］ 图 4-23（a）中的直线 AB 为侧平线，CD 为水平线，它们既可能相交，也可能交叉。可以先作出直线 AB 和 CD 的侧面投影，查看这两条直线侧面投影的交点 m'' 与水平投影的交点 m 是否符合点的投影规律，若符合则说明该两条直线相交，若不符合则说明该两条直线交叉。

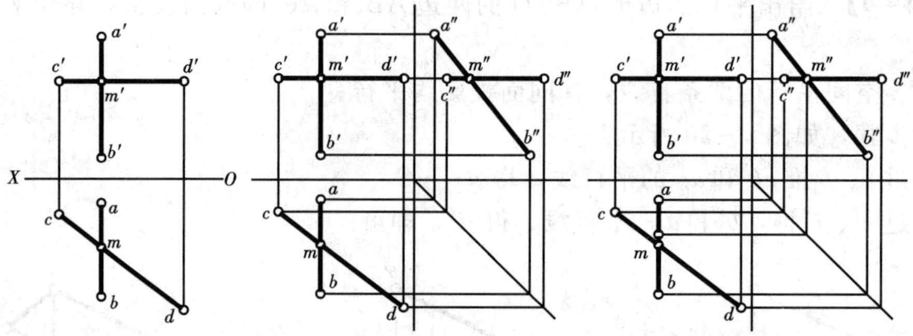

(a)　　(b)　　(c)

图 4-23　判断两直线的相对位置

画图结果如图 4-23（c）所示，表明点 M 不是两条直线的共有点，因此直线 AB、CD 为两交叉直线。此题也可根据直线上的点的定比关系求得相同的结论。

4. 直角投影定理

两直线夹角的投影可有如下三种情况：

（1）当垂直相交（交叉）的两直线都平行于同一投影面时，在该投影面上的直角投影反映其夹角的真实大小。

（2）当垂直相交（交叉）的两直线都不平行于同一投影面时，在该投影面上的直角投影不反映其夹角的真实大小。

（3）垂直相交（交叉）的两直线，只要有一条直线平行于某一投影面，则此直角在该投影面上的投影仍为直角。

如图 4-24（a）所示，相交两直线 $AB \perp AC$，AB 是水平线，AC 是一般位置直线。

由于直线 AB 垂直于平面 $AacC$ 以及 $ab//AB$，所以 $ab\perp$ 平面 $AacC$，因此 $ab\perp ac$，即 $\angle bac=90°$，其投影图如图 4-24（b）所示。

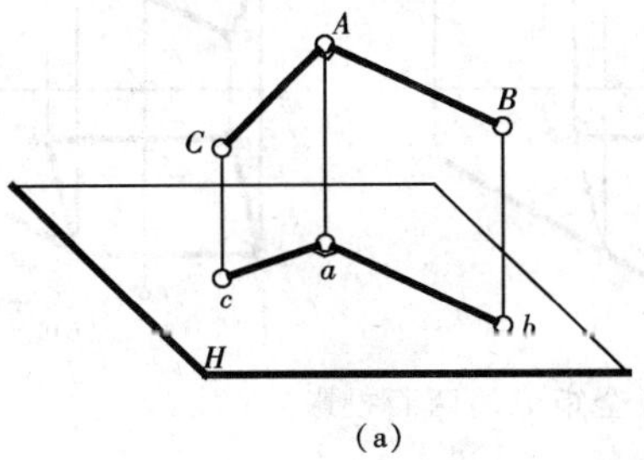

（a）　（b）

图 4-24　直角投影定理

据此得出结论：若相互垂直的两直线（相交垂直或交叉垂直）中有一条直线平行于某一投影面时，则两直线在该投影面上的投影仍然相互垂直；反之，若相交或交叉两直线在某一投影面上的投影互相垂直，且其中一直线平行于该投影面时，则两直线在空间也一定相互垂直。这就是直角投影定理。

【例 4-11】 如图 4-25（a）所示，求点 A 到水平线 BC 的距离。

［解］ 一点到一直线的距离，就是该点到该直线所引的垂线之长，由于 BC 是水平线，直角在 H 面上反映实形。解题应分两步进行，先过已知点 A 向水平线 BC 引垂线 AD，再求垂线 AD 的实长。

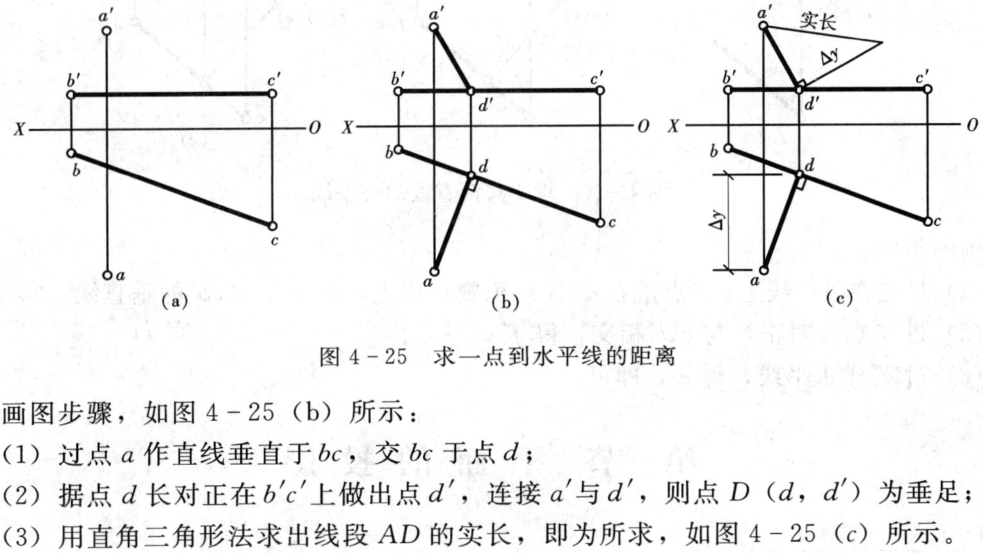

（a）　（b）　（c）

图 4-25　求一点到水平线的距离

画图步骤，如图 4-25（b）所示：

（1）过点 a 作直线垂直于 bc，交 bc 于点 d；

（2）据点 d 长对正在 $b'c'$ 上做出点 d'，连接 a' 与 d'，则点 D（d，d'）为垂足；

（3）用直角三角形法求出线段 AD 的实长，即为所求，如图 4-25（c）所示。

【例 4-12】 已知矩形 $ABCD$ 的顶点 C 在 EF 线上，补全此矩形的投影。

［解］ 如图 4-26 所示，根据直角投影定理，AB 是水平线，BC 与 AB 垂直（矩形的夹角），则直角在 V 面上反映实形。

画图步骤：

（1）过 b' 点作 $a'b'$ 的垂线 $b'c'$，与 $e'f'$ 相交，得 c' 点，长对正下来在 ef 上得交点 c，如图 4-26（b）所示；

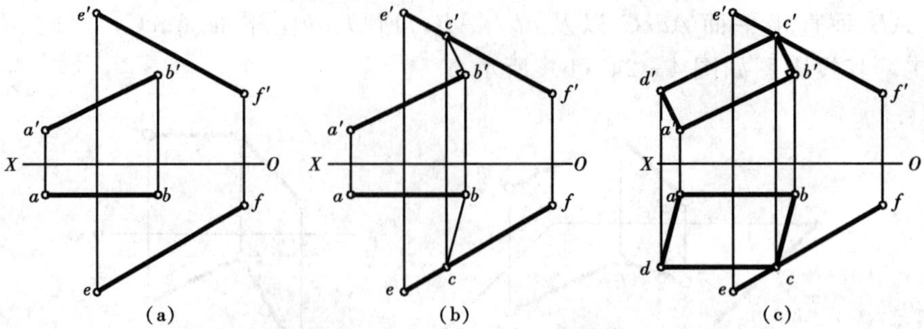

图 4-26　补全矩形的两面投影

(2) 推平行线，如图 4-26 (c) 所示即可。

【例 4-13】 求 AB、CD 交叉线的公垂线。

[解] 如图 4-27 所示，假设公垂线是 EF，由于 AB 是铅垂线，EF 又垂直于 AB，则 EF 是水平线；EF 垂直于 CD，根据直角投影定理，直角在 H 面上反映实形。

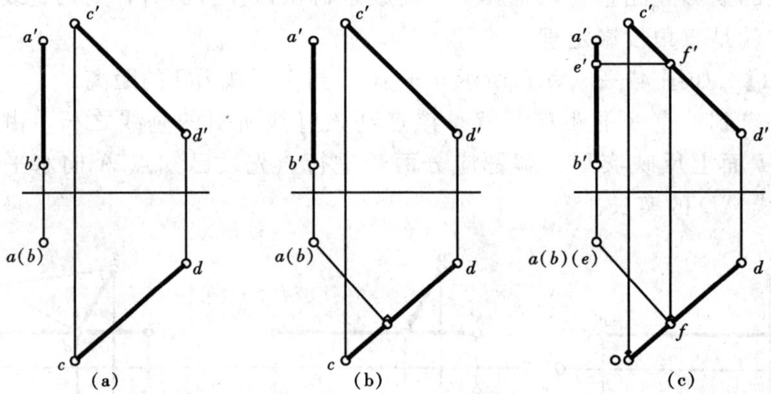

图 4-27　求交叉两直线的公垂线

画图步骤：

(1) E 点在 AB 线上，e 点落在 a (b) 积聚投影上，过 e 点作 cd 的垂直线，得 f 点；

(2) 过 f 点长对正，与 $c'd'$ 相交，得 f'；

(3) 过 f' 作水平线，得 e'，即可。

第三节　平面的投影

一、平面的表示法

在投影图中表示平面的方法有两类：几何元素表示法和迹线表示法。

1. 几何元素表示法

平面是广阔无边的，它在空间的位置可用下列的几何元素来确定和表示：

(1) 不在同一条直线上的三个点，例如图 4-28 (a) 的点 A、B、C。

(2) 一直线和线外一点，例如图 4-28 (b) 的直线 BC 和点 A。

（3）两相交直线，例如图 4-28（c）的直线 AB 和 AC。

（4）两平行直线，例如图 4-28（d）的直线 AB 和 CD。

（5）平面图形，例如图 4-28（e）的△ABC。

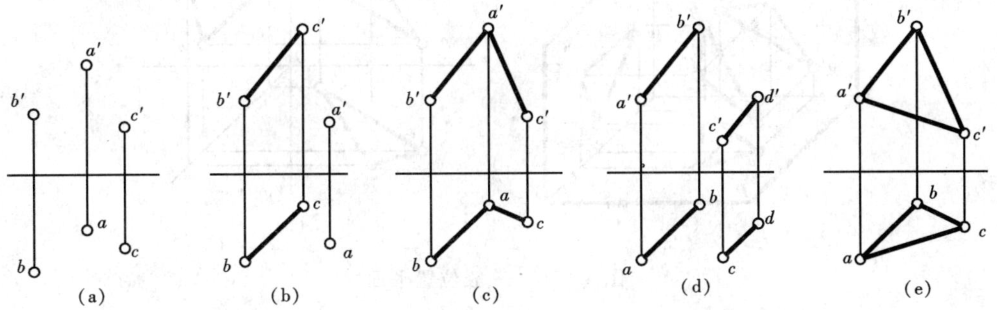

图 4-28　平面的几何元素表示法

为了形象起见，通常用一个平面图形（例如三角形或平行四边形）来表示一个平面。这里需要指出，如果说"平面图形 ABC"，则指在三角形 ABC 范围内的那一部分平面；如果说"平面 ABC"，应理解为通过三角形 ABC 的一个广阔无边的平面。

2. 迹线表示法

不平行于投影面的平面必与投影面相交，所得交线为平面的迹线。

如图 4-29（a）所示，一般位置平面 P 与三个投影面 H、V、W 分别相交得交线 P_H、P_V、P_W，其中 P_H 称为平面 P 的水平迹线，P_V 称为平面 P 的正面迹线，P_W 称为平面 P 的侧面迹线。迹线 P_H、P_V、P_W 两两相交，交点 P_X、P_Y、P_Z 称为迹线集合点。

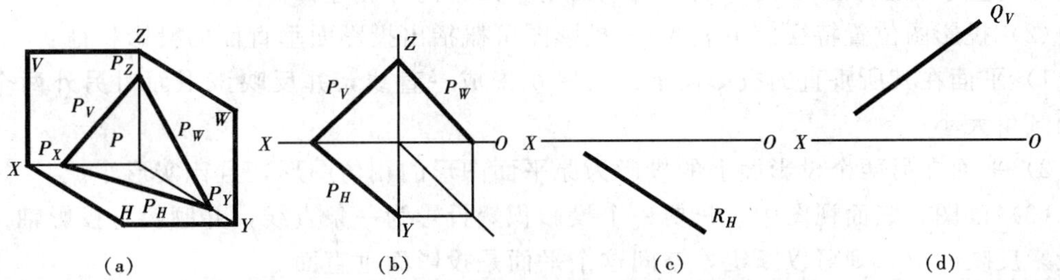

图 4-29　平面的迹线表示方法

（a）一般线立体图；（b）一般线迹线表示方法；（c）铅垂面迹线表示方法；（d）正垂面迹线表示方法

迹线是空间平面和投影面所共有的直线。投影面垂直面的迹线投影和它本身重合，另外两个投影与相应的投影轴重合。为了简便起见，投影图上通常只画出与迹线重合的那个投影，并用符号 P_H、P_V、P_W 标记，而与投影轴重合的投影则不需表示和标记，如图 4-29（c）、（d）所示。

二、各种位置的平面

在投影体系中，平面按其与投影面相对位置的不同，可将平面分为三类：①一般位置平面；②投影面垂直面；③投影面平行面。

1. 一般位置平面

（1）空间位置特征。对三个投影面都倾斜的平面，称为一般位置平面。如图 4-30

(a) 所示，△*ABC* 倾斜于投影面 *H*、*V*、*W*，倾角分别用 α、β、γ 表示。

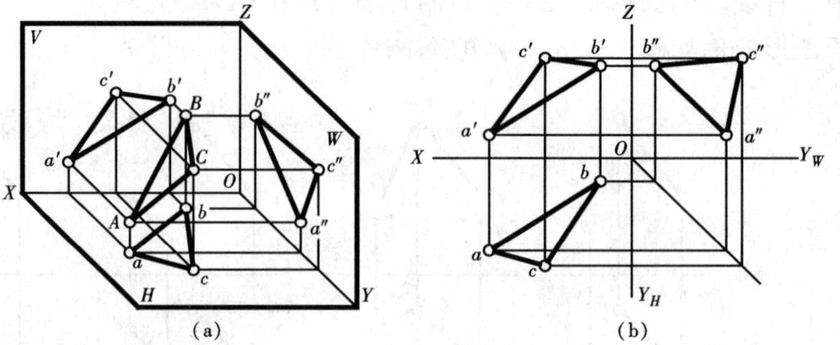

图 4-30 一般位置平面

(2) 投影图位置特征。图 4-30 (b) 是△*ABC* 的三面投影，由该图可知一般位置平面的投影特性：各投影是原平面图形的相仿图形，但都比实形小（反映形状，不反映大小）；各投影均不反映平面与投影面的倾角大小。

(3) 读图。在三面投影图中，一个平面的三个投影均反映同样的形状，则可以断定，空间的平面是一般位置的平面。

2. 投影面垂直面

(1) 空间位置特征。垂直于一个投影面，对其余两个投影面倾斜的平面，称为投影面垂直面。根据平面所垂直的投影面的不同，可有三种投影面垂直面：垂直于水平投影面的平面称为水平面垂直面，简称铅垂面；垂直于正立投影面的平面称为正面垂直面，简称正垂面；垂直于侧立投影面的平面称为侧面垂直面，简称侧垂面。

(2) 投影图位置特征。由表 4-3 投影图可概括出投影面垂直面的投影特征：

1) 平面在其所垂直的投影面上的投影积聚成一直线，并反映该平面对另外两个投影面的倾角大小；

2) 平面在另两个投影面上的投影为原平面图形的相仿图形，且比实形小。

(3) 读图。三面视图中，只要一个投影积聚投影为一条直线，并倾斜与投影轴；另一个投影反映图形，则可以断定，空间这个平面是投影面垂直面。

表 4-3　　投影面垂直面

名称	立体图	投影图	投影特点
铅垂面	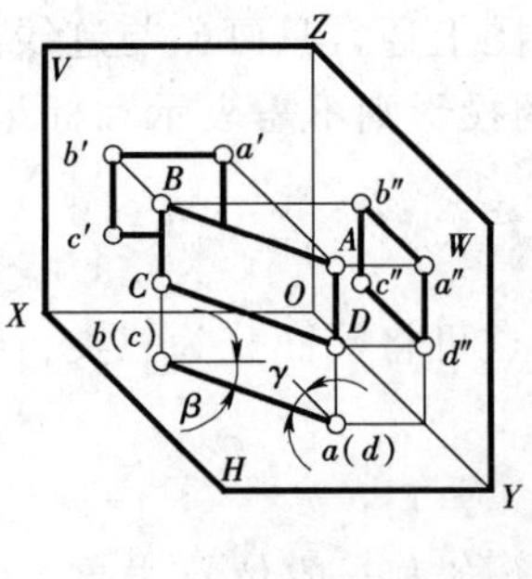	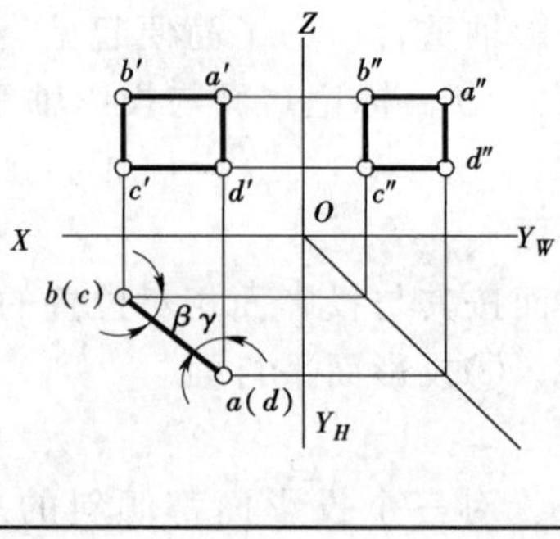	1. *H* 投影积聚为一斜线，该斜线与 *OX*、OY_H 轴的夹角反映真实倾角 β、γ。 2. *V* 投影、*W* 投影是原平面图形的相仿图形，比实形小

续表

名称	立体图	投影图	投影特点
正垂面	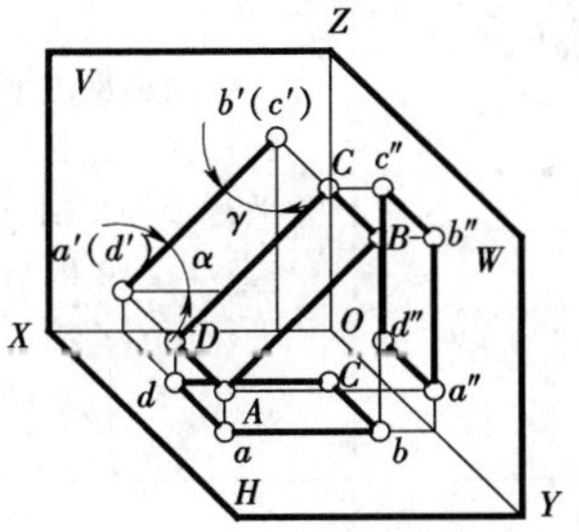	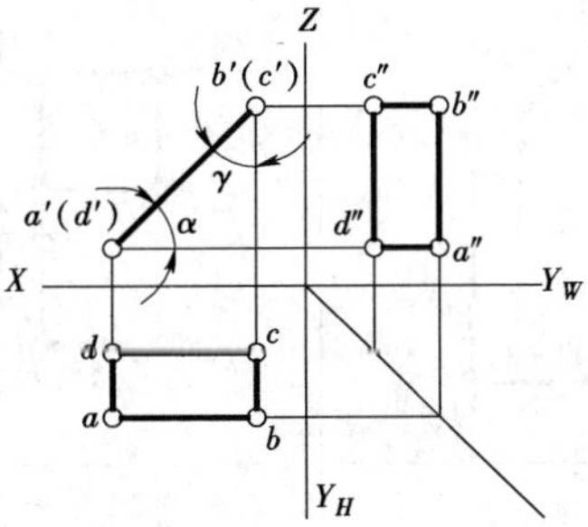	1. V 投影积聚为一斜线，该斜线与 OX、OZ 轴的夹角反映真实倾角 α、γ 2. H 投影、W 投影是原平面图形的相仿图形，比实形小
侧垂面	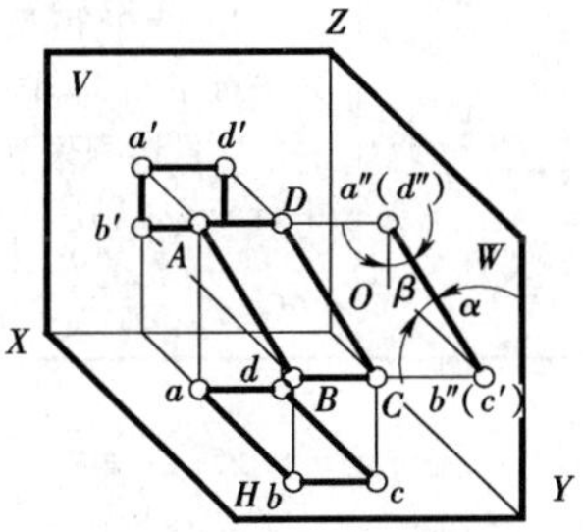	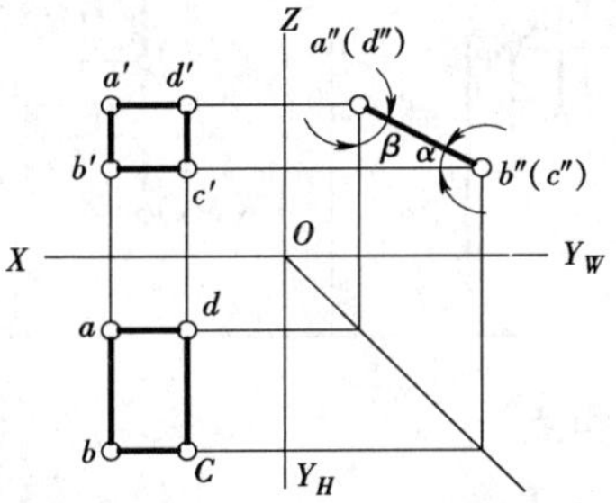	1. W 投影积聚为一斜线，该斜线与 OY_W、OZ 轴的夹角反映真实倾角 α、β 2. H 投影、V 投影是原平面图形的相仿图形，比实形小

3. 投影面平行面

（1）空间位置特征。平行于一个投影面，因而垂直于其余两个投影面的平面，称为投影面平行面。根据平面所平行的投影面的不同，可有三种投影面平行面：平行于水平投影面的平面称为水平面平行面，简称水平面；平行于正立投影面的平面称为正面平行面，简称正平面；平行于侧立投影面的平面称为侧面平行面，简称侧平面。

（2）投影图位置特征。由表 4－4 投影图可概括出投影面平行面的投影特征：

1）平面在其所平行的投影面上的投影反映实形；

2）平面在另外两个投影面上的投影积聚为一直线，且分别平行于相应的投影轴。

（3）读图。三面视图中，只要有一面投影积聚投影为直线，并平行与投影轴；另一个投影反映图形，则可以断定，空间这个平面是投影面平行面。

表 4－4　　**投影面平行面**

名称	立体图	投影图	投影特点
水平面	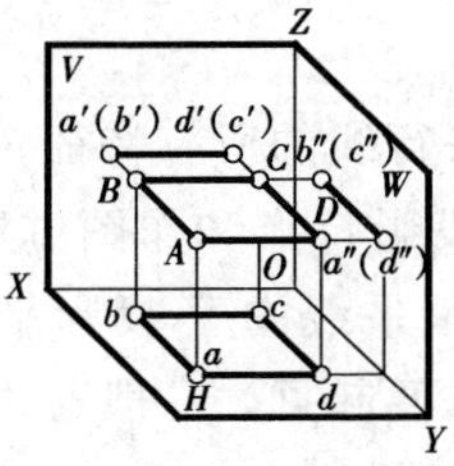	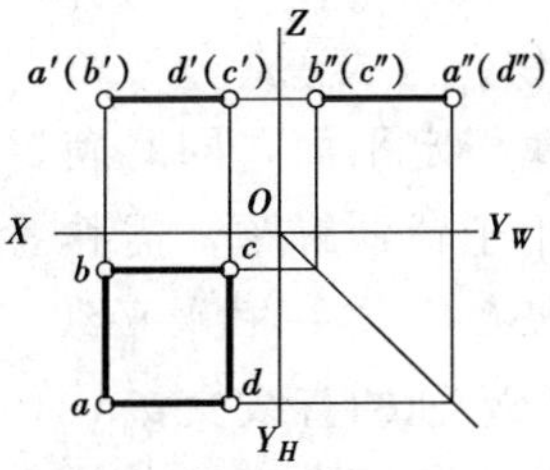	1. H 投影反映实形 2. V 投影积聚为一直线，并平行于 OX 轴 3. W 投影积聚为一直线，并平行于 OY_W 轴

续表

名称	立体图	投影图	投影特点
正平面	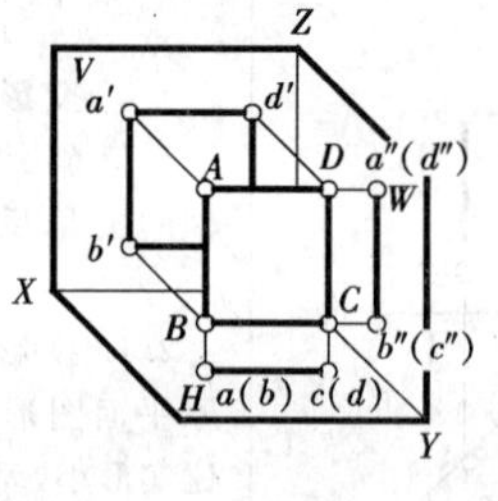	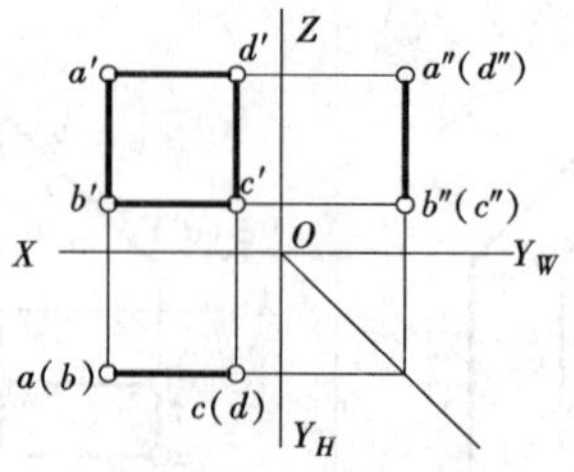	1. *V* 投影反映实形 2. *H* 投影积聚为一直线，并平行于 *OX* 轴 3. *W* 投影积聚为一直线，并平行于 *OZ* 轴
侧平面	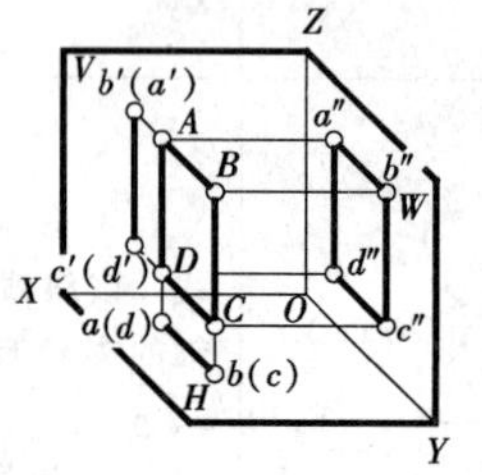	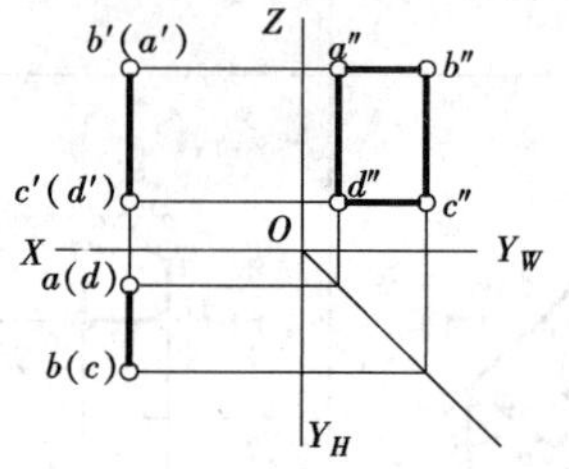	1. *W* 投影反映实形 2. *H* 投影积聚为一直线，并平行于 OY_H 轴 3. *V* 投影积聚为一直线，并平行于 *OZ* 轴

三、平面上的直线和点

1. 平面上的一般位置直线

直线在平面上的几何条件是：①直线通过平面上的两个点；②或者通过平面上的一点且平行于平面上另一直线。

如图 4-31（a）所示，由两相交直线 *AB*、*AC* 确定了平面 *P*。如图 4-31（b）所示，在直线 *AB* 和 *AC* 上各取一点 *D* 和 *E*，因点 *D* 和 *E* 在平面 *P* 上，因此点 *D* 和 *E* 的连线 *DE* 也在平面 *P* 上。若过直线 *AC* 上的点 *E* 作 *EF*//*AB*，则直线 *EF* 也必在平面 *P* 上。

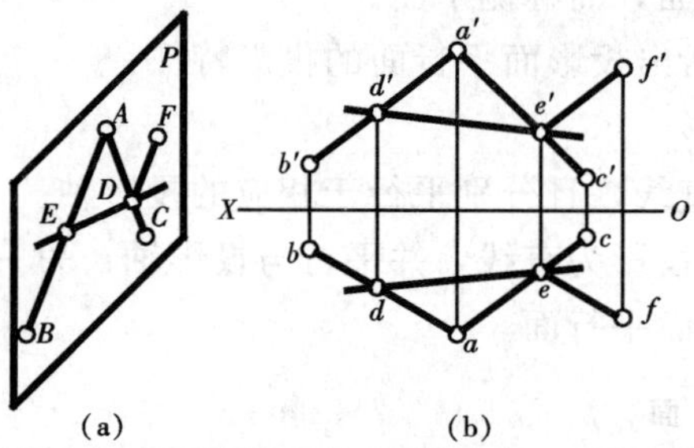

图 4-31　平面上的直线

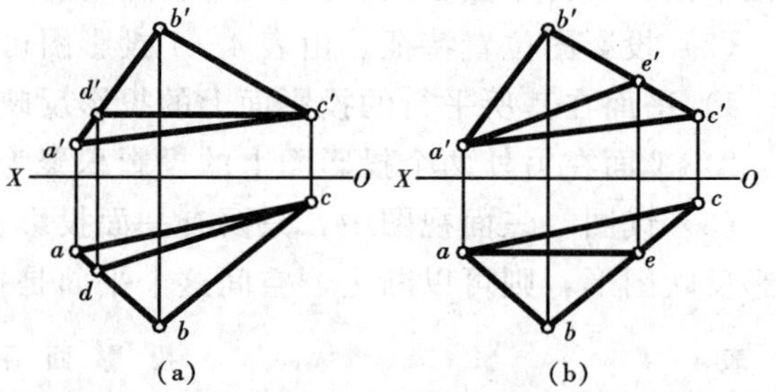

图 4-32　平面上作水平线和正平线

2. 平面上的投影面平行线

平面上的投影面平行线属于定平面，同时满足投影面平行线的所有特征。因此，定平面上的水平线和正平线经常用于辅助解题，需熟悉它们的投影特点和作图方法。如图 4-32（a）所示，要在一般面 *ABC* 上作一根水平线，可根据水平线的 *V* 投影平行于 *OX* 轴这一特点，过 c' 作一平行于 *OX* 轴的直线交 $a'b'$ 于 d'（为方便起见，一般通过一已知点），$c'd'$ 为这一水平线的正面投影，然后作出这一水平线的水平投影 *cd*，则直线 *CD* 为平面

ABC 内的一条水平线。用相同的方法可在一般位置平面上作出正平线 AE。

3. 平面上的最大斜度线

（1）最大斜度线的定义。属于定平面并垂直于该平面上的投影面平行线的直线，称为该平面的最大斜度线。垂直于定平面上水平线的直线，称为水平最大斜度线；垂直于定平面上正平线的直线，称为正面最大斜度线；垂直于定平面上侧平线的直线，称为侧面最大斜度线。

如图 4-33（a）所示，直线 CD 是属于定平面 P 的水平线，垂直于 CD 且属于定平面 P 的直线 AE 是对 H 面的最大斜度线，显然，定平面 P 对 H 面的所有水平最大斜度线都是相互平行。

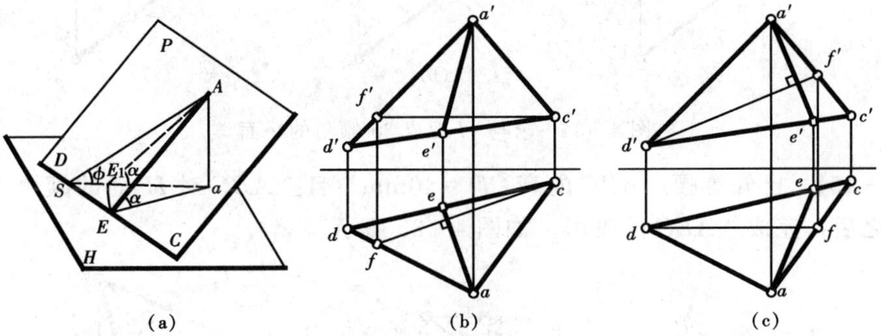

图 4-33　定平面上最大斜度线

（a）最大斜度线的立体图；（b）水平最大斜度线；（c）正面最大斜度线

如图 4-33（b）所示，定平面由△ABC 给定，为作属于平面的水平最大斜度线，先引任意一水平线 CF，再根据直角投影定理在平面上任作 CF 的垂直线 AE，AE 便是对水平面的最大斜度线。同理，正面最大斜度线的做法如图 4-33（c）所示。

（2）最大斜度线对投影面夹角最大的证明。如图 4-33（a）所示，水平线对 H 面的夹角为 0°，最大斜度线 AE 对 H 面的夹角为 α，事实上，属于平面的其他位置直线对 H 面的夹角均小于 α。就是说最大斜度线对投影面的夹角最大。最大斜度线由此得名。

过点 A 作最大斜度线以外的属于平面 P 的任意直线 AS，它对 H 面的夹角为 ϕ。将直角三角形 AEa 绕着 Aa 轴线旋转，得直角三角形 AE_1a，$\angle AE_1a$（即 α）是三角形 ASE_1 外角，从几何学上得知外角 α 大于内角 ϕ。因此，最大斜度线对投影面的角度最大。

（3）最大斜度线的几何意义。如图 4-33（a）所示，平面对投影 H 的夹角是用二面角表示的，即用∠AEa 表示的。这就是说，最大斜度线的几何意义就是，最大斜度线对 H 的夹角 α 就是平面 P 对 H 的夹角的实形。

【例 4-14】　试过水平线 AB 作一个与 H 面成 30°倾角的平面，如图 4-34（a）所示。

［解］　平面由相交两条直线表示，其中一条 AB 是水平线，只要再做一条即可。根据最大斜度线的定义，再做一条垂直于 AB 的直线 CD，就是水平最大斜度线，水平最大斜度线与 H 夹角就是平面与 H 的夹角。

画图步骤：

（1）在直线 ab 上任选一点 c，过 c 作 cd 垂直于 ab（直角投影定理），CD 长度不受限制，任选 d。

（2）过 d 作 30°直角三角形（直角三角形法），如图 4－34（c）所示，得 ΔZ。

（3）在过 d 点的竖直线上，截取 ΔZ，得 d' 点。由 AB 与 CD 决定的平面，就一定与 H 面成 30°夹角。

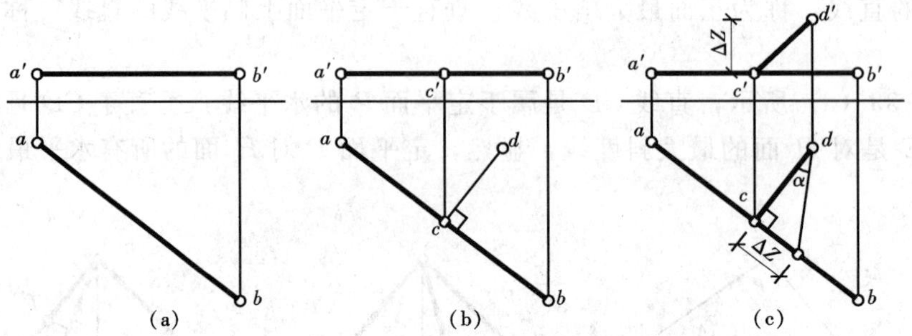

图 4－34　求与 H 面成 30°倾角的平面

【例 4－15】 已知等腰△ABC 的高 CD＝40mm，且△ABC 对 H 面的倾角为 30°，点 C 在点 A 之后，完成△ABC 的投影。如图 4－35 所示。

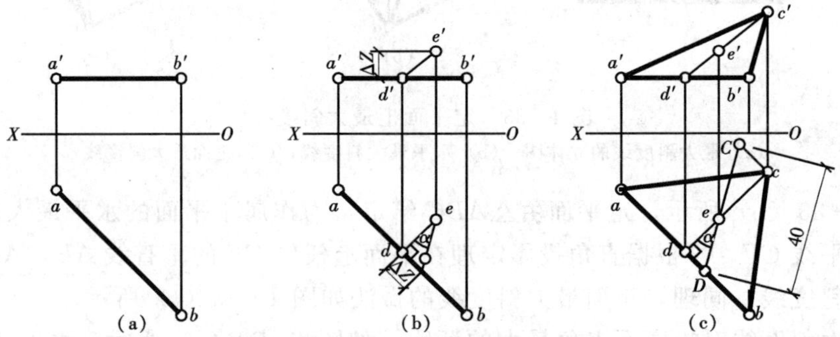

图 4－35　完成△ABC 的投影

［解］　因为 AB 是水平线，如图 4－35（a）所示，因此，等腰三角形的高线 CD 垂直于 AB 的直角，在 H 面上反映实形；CD 是平面△ABC 对 H 面的最大斜度线，CD 对 H 面的倾角就是平面△ABC 对 H 面的倾角 30°。

画图步骤：

（1）选等腰三角形底边 AB 的中点 d、d'，如图 4－35（b）所示。

（2）过点 d 作 ab 的垂直线，在垂线上任选一点 e。

（3）以 de 为一个直角边，作 30°的直角三角形，求得 D、E 的高差 ΔZ。

（4）在 V 面图上，过 d' 点截取 ΔZ，画水平线，与点 e 的长对正的竖直线相交，得 e'。

（5）在 De 延长线上截取等腰三角形高线的真长 40mm，如图 4－35（c）所示。

（6）过 C 推 ab 的平行线，得点 c。

（7）长对正，在 V 面图上，与 $d'e'$ 的延长线相交于 c' 点。

（8）完成等腰△ABC 两面投影，如图 4－35（c）所示。

4. 平面上的点

点在平面上的几何条件是：点必定在平面内的一条直线上。一般采用辅助直线法，使点在辅助线上，因辅助线在平面上，因此点必定在平面上。

如图 4-36（a）所示，平面 $BCDE$ 上的一点 A 的水平投影 a，要确定点 A 的正面投影 a'，可借助辅助直线来完成。如图 4-36（b）所示，过 a 作辅助线的水平投影 bf，据此作其正面投影 $b'f'$，由投影关系求得 a'。也可使辅助线平行于某一已知直线，如图 4-36（c）所示，$GA//CD$，a'与 a 在同一竖直连线上。

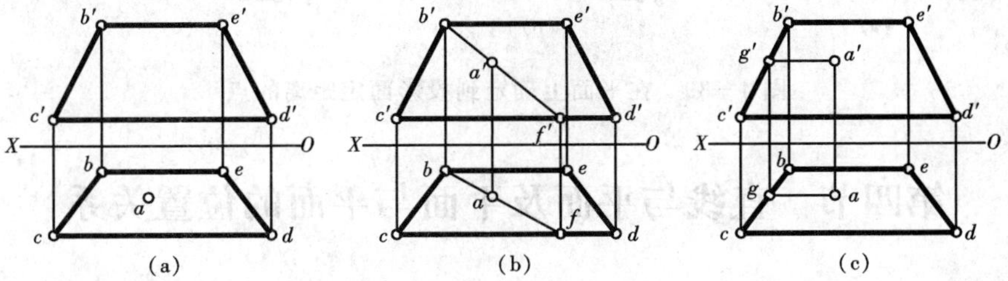

图 4-36　平面上定点

【例 4-16】 如图 4-37（a）所示，判断点 M 是否在平面 ABC 上。

［解］ 在平面内作一辅助线，使其正面投影通过点 M 的正面投影 m'，如果辅助线的水平投影通过点 m，则说明点 M 在平面 ABC 上。作图步骤如图 4-37（b）所示，结果表明点 M 不在平面 ABC 上。

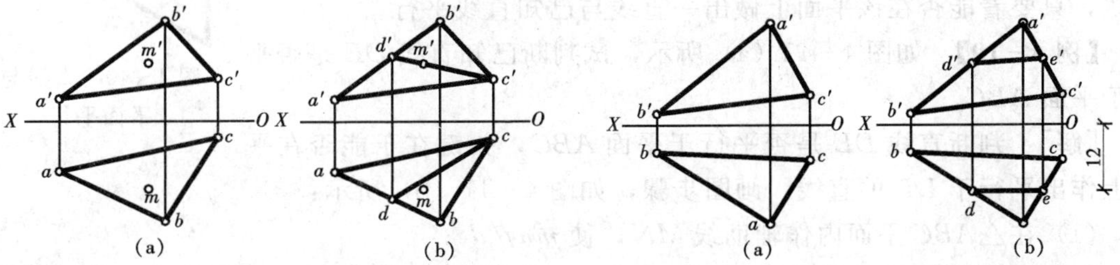

图 4-37　判断一点是否在平面上　　图 4-38　求作平面内的正平线

【例 4-17】 如图 4-38（a）所示，在平面 ABC 内作一条正平线 DE，使其距 V 面为 12mm。

［解］ 正平线 DE 的水平投影 de 应平行于 OX 轴，且与 OX 轴相距 12mm，如图 4-38（b）中的 de，据此作出正平线的正面投影 $d'e'$，DE 即为所求的正平线。

【例 4-18】 如图 4-39（a）所示，试在平面图形 ABC 内求一点 M，使其距 H 面 10mm，距 V 面 16mm。

［解］ 点 K 是平面内距 H 面 10mm 的水平线与距 V 面 16mm 的正平线的交点。

画图步骤：

(1) 在正面投影内作直线平行于 X 轴且与其相距 10mm，使与 $a'b'$、$a'c'$ 分别交于 d'、e'，并据此求出其水平投影 d、e，连接 de，如图 4-39（b）所示。

(2) 在水平投影中作平行于 X 轴的直线 fg 且距 X 轴 16mm，fg 直线与 de 交点 m

即为所求点 M 的水平投影。并据此求出正面投影 m'。如图 4-39（c）所示。

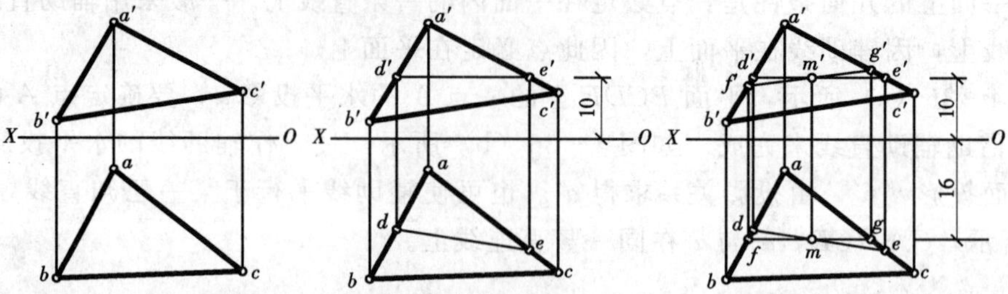

图 4-39　在平面上确定到投影面定距离的点

第四节　直线与平面及平面与平面的位置关系

直线与平面及平面与平面的相对位置可分为平行、相交、垂直三种情况。

一、直线与平面平行、平面与平面平行

1. 直线与平面平行

从几何学知道，一直线只要平行于平面上的任一直线，则此直线必平行于该平面。如图 4-40 所示，直线 EF 平行于平面 P 上的直线 AB，则直线 EF 与平面 P 平行。检查一平面是否平行于一已知直线，只要看能否在该平面上做出一直线与已知直线平行。

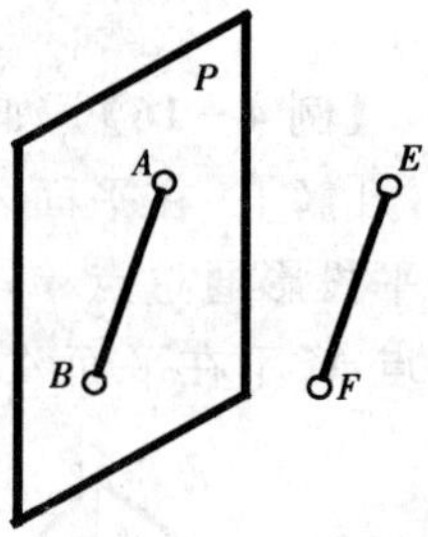

图 4-40　直线与平面平行

【例 4-19】　如图 4-41（a）所示，试判断已知直线 DE 是否平行于平面 ABC。

［解］　判断直线 DE 是否平行于平面 ABC，关键在于能否在平面上作出平行于 DE 的直线。画图步骤，如图 4-41（b）所示：

（1）在△ABC 平面内作辅助线 MN，使 $mn /\!/ de$；

（2）作直线 MN 的正面投影 $m'n'$，查看 $m'n'$ 与 $d'e'$ 是否平行，因 $m'n'$ 不平行于 $d'e'$，即平面内没有平行于 DE 的直线。所以直线 DE 不平行于该平面。

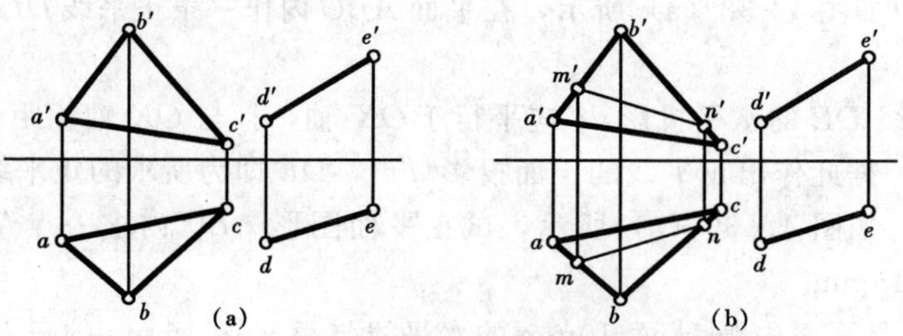

图 4-41　判断直线与平面是否平行

【例 4-20】　如图 4-42（a）所示，过点 A 作一正平线平行于已知平面 BCD。

［解］　与平面 BCD 平行的正平线，必平行于该面上的一条正平线。画图步骤，如图 4-42（b）所示：

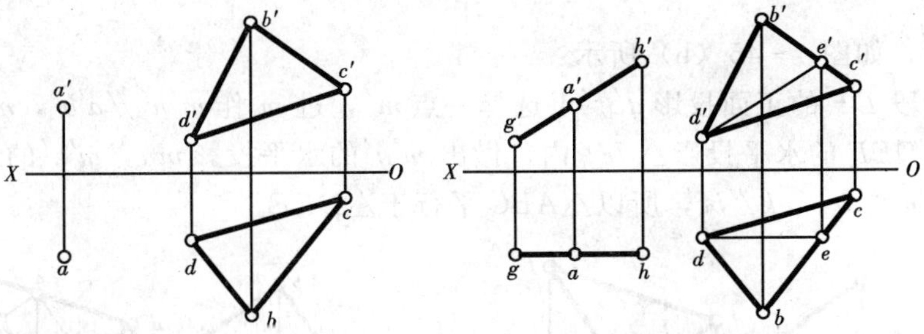

图 4-42　过一点作正平线平行于平面

(1) 在平面 BCD 上作一条正平线 DE，即作 $de /\!/ OX$，并求出 $d'e'$；

(2) 过点 A 作 $gh /\!/ de$，$g'h' /\!/ d'e'$，则 GH 平行于平面 BCD。

2. 平面与平面平行

从几何学知道，一个平面如果有两相交直线分别平行于另一个平面上的两相交直线，则这两个平面相互平行。例如图 4-43 所示，平面 P 内相交两直线 AB、AC，分别平行于平面 Q 内相交两直线 DE、DF，因此平面 P 和平面 Q 相互平行。据此，两平行平面的问题可由平面上两相交直线对应平行的问题解决。

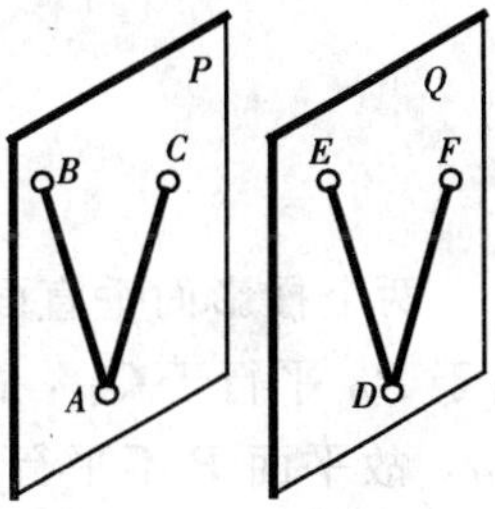

图 4-43　平面与平面平行

【例 4-21】　如图 4-44 (a) 所示，过点 E 作平面平行于▱$ABCD$。

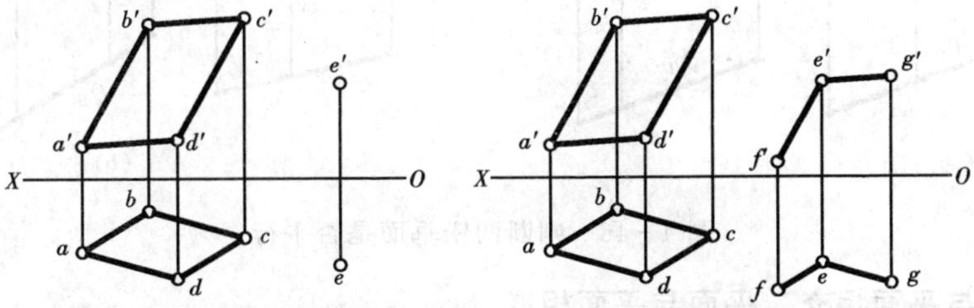

图 4-44　过点作平面与已知平面平行

［解］　欲过点 E 作平面与▱$ABCD$ 平行，只要过点 E 作两条相交直线分别平行于▱$ABCD$ 内的任意两条相交线即可。为作图简便起见，选取 AB 和 BC 作为▱$ABCD$ 内的两条相交线。画图步骤如图 4-44 (b) 所示：

(1) 过点 E 作直线 EF 平行于▱$ABCD$ 的 AB 边，即作 $ef /\!/ ab$，$e'f' /\!/ a'b'$；

(2) 过点 E 作直线 EG 平行于▱$ABCD$ 的 BC 边，即作 $eg /\!/ bc$，$e'g' /\!/ b'c'$；则由两相交直线 EF 和 EG 所决定的平面即为所求。

【例 4-22】　试判断图 4-45 (a) 所示的平面△ABC 和平面△DEF 是否平行。

［解］　△ABC 和△DEF 投影图的外观反映不出它们是否平行。若在△DEF 内能做出两条相交线对应平行于△ABC 内的两条相交线，则表示这两个平面互相平行，否则就

不平行。

画图步骤，如图 4-45（b）所示：

（1）在线段 DF 的正面投影 $d'f'$ 上选择一点 m'，过 m' 作 $m'n' /\!/ a'b'$，$m'k' /\!/ b'c'$；

（2）在△DEF 的水平投影△def 内，做出 $m'n'$ 的水平投影 mn，$m'k'$ 的水平投影 mk；

（3）因 $mn /\!/ ab$，$mk /\!/ bc$，所以△ABC 平行于△DEF。

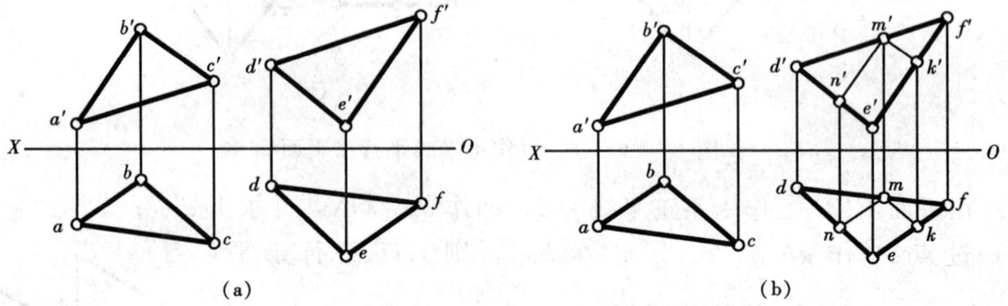

图 4-45　判断两一般面是否平行

两个投影面垂直面相互平行时，它们的积聚投影也相互平行。如图 4-46（a）所示，由于 P_H 平行于 Q_H，故平面 P 平行于平面 Q，而在图 4-46（b）中，由于 P_H 不平行于 Q_H，故平面 P 不平行于平面 Q。

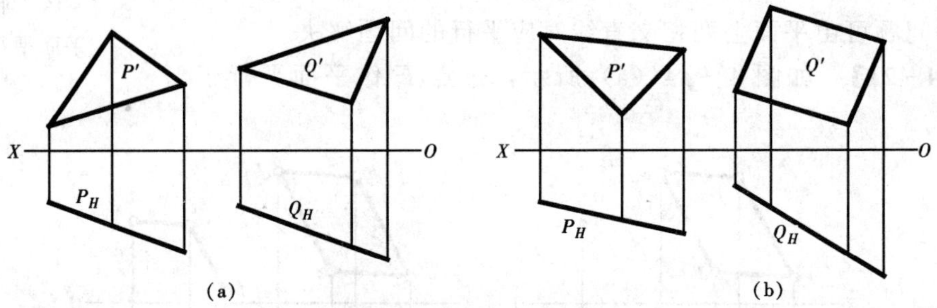

图 4-46　判断两铅垂面是否平行

二、直线与平面相交、平面与平面相交

直线与平面相交只有一个交点，该点既属于直线，又属于平面，是直线和平面的共有点。求直线与平面的交点实质就是求直线与平面的共有点。两平面的交线是一条直线，该直线为两平面的共有线。求两平面的交线实质就是求两平面的两个共有点（即共有线）。

1. 直线与投影面垂直面相交

求投影面垂直面（包括投影面平行面）与直线的交点时，可利用平面投影的积聚性来求。

如图 4-47（a）所示，直线 MN 和铅垂面 ABC 相交，△ABC 的水平投影 abc 积聚成一直线。交点 L 是直线 MN 与△ABC 的共有点，其水平投影是直线 MN 的水平投影 mn 与铅垂面的积聚投影 abc 的交点。如图 4-47（b）所示，mn 与 abc 的交点 l 是交点 L 的水平投影，据此在 $m'n'$ 上找出对应于 L 的正面投影 l'，则点 L（l，l'）即为直线 MN 和△ABC 的交点。

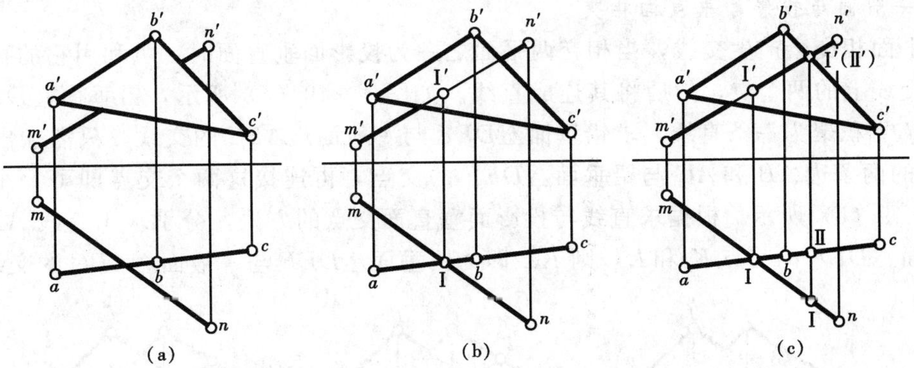

图 4-47　一般位置直线与铅垂面相交

求出交点后，通常还需对直线和平面投影重叠部分进行可见性判别。直线与平面的交点是直线可见部分与不可见部分的分界点，判断可见性的一般方法是利用交叉直线的重影点。为使图形清晰，把直线被平面遮住的部分画成虚线，而未被遮住的部分画成实线。如图 4-47（c）所示，直线和平面的水平投影均为可见；正面投影重叠的部分需要判别可见性，Ⅰ、Ⅱ两点是交叉直线 *MN* 与 *BC* 的 *V* 面重影点，Ⅰ在直线 *MN* 上，Ⅱ在直线 *BC* 上。由图中水平投影可知，点Ⅰ在前，点Ⅱ在后（前可见，后不可见），即表示 *NL* 在平面前可见，*LM* 在平面后的部分不可见，用虚线表示。

【例 4-23】 如图 4-48（a）所示，求铅垂线 *DE* 与平面 *ABC* 的交点。

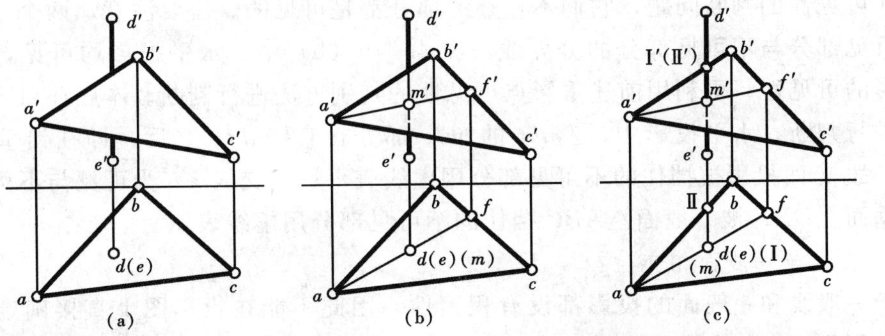

图 4-48　铅垂线与一般面相交求交点

[**解**]　因直线 *DE* 为铅垂线，*DE* 的水平投影 *de* 积聚为一点，所以直线 *DE* 与平面 *ABC* 的交点 *M* 的水平投影与该点重合，即 *d*（*e*）（*m*）。可通过面上定点的方法（辅助线）确定点 *M* 的正面投影 *m*′。

画图步骤，如图 4-48（b）所示：

（1）连接点 *a* 和点 *m*，并延长 *am* 与 *bc* 交于点 *f*；

（2）作点 *F* 的 *V* 面投影 *f*′，连接点 *a*′和点 *f*′，与 *d*′*e*′交于 *m*′；

（3）根据 *V* 面重影点Ⅰ、Ⅱ判别可见性。

只需判断 *V* 面投影的可见性，因水平投影图中Ⅰ在前，Ⅱ在后，所以 *d*′*m*′在 *a*′*b*′之前为可见，*m*′*e*′在 *a*′*c*′之后，其被平面挡住部分为不可见，用虚线表示。

2. 一般面与投影面垂直面相交

两平面相交会产生交线，当相交两平面之一为投影面垂直面时，可利用它的积聚性投影确定交线上的两个点，然后将其连成直线。如图 4-49（a）所示，铅垂面△DEF 的水平投影 dfe 积聚为一条直线，求铅垂面△DEF 与一般面△ABC 的交线，只需求出一般面△ABC 的两条边 AB 和 AC 与铅垂面△DEF 的交点，再连接这两个交点即可。作图方法如图 4-49（b）所示，根据求直线与投影面垂直面交点的方法，分别求出直线 AB 和 AC 与铅垂面△DEF 的交点 K 和 L，则 KL 即为铅垂面△DEF 与一般面△ABC 的交线。

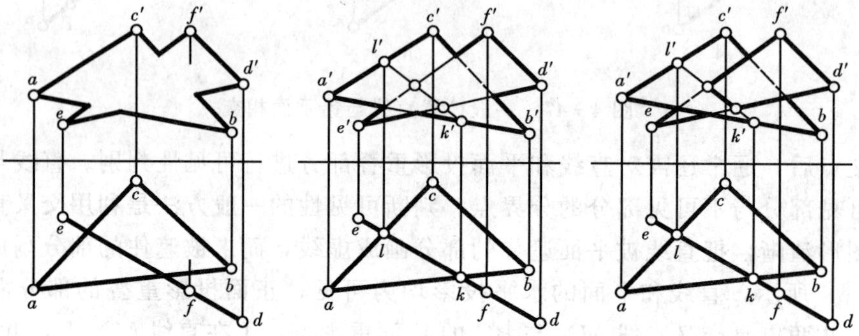

图 4-49　铅垂面与一般面相交

求出交线后，也必须对两平面投影重叠部分进行可见性判别，只有同面投影图形重叠时才存在可见性的判断问题，它们不重叠的部分都是可见的。需要注意，两个平面的交线是平面可见部分与不可见部分的分界线。图 4-49（b）中，水平投影均可见，只需判断正面投影的可见性，可利用前述重影点可见性的判别方法进行判断。本题还可直接根据水平投影进行判断，水平投影中，△abc 的 $bklc$ 部分在直线 dfe 之后，即在铅垂面△DEF 的后面，故 V 面投影被挡住的不可见部分用虚线表示；而交线 $k'l'$ 为可见与不可见的分界线，铅垂面△DEF 被一般面△ABC 挡住的不可见部分用虚线表示。

3. 一般线与一般面相交

由于一般线和一般面的投影都没有积聚性，因此不能在投影图上直接确定交点的投影，则必须作一个包含直线的辅助平面才能确定交点。如图 4-50 所示，用辅助平面法求一般线 DE 与一般面△ABC 的交点的步骤如下：

（1）包含直线 DE 作辅助平面 P，为作图简便起见，常选择有积聚性的特殊位置平面（投影面垂直面或投影面平行面）。

（2）求辅助平面 P 与已知平面△ABC 的交线 MN。

（3）求交线 MN 与已知直线 DE 的交点 L 即为所求。

【例 4-24】 如图 4-50（b）所示，求直线 DE 与平面△ABC 的交点。

［解］ 可过直线 DE 作一个具有积聚性的辅助平面，即可作铅垂面或正垂面，本题作的是正垂面。

画图步骤，如图 4-50（b）所示：

（1）包含 DE 作正垂面 P，以 P_V 表示。

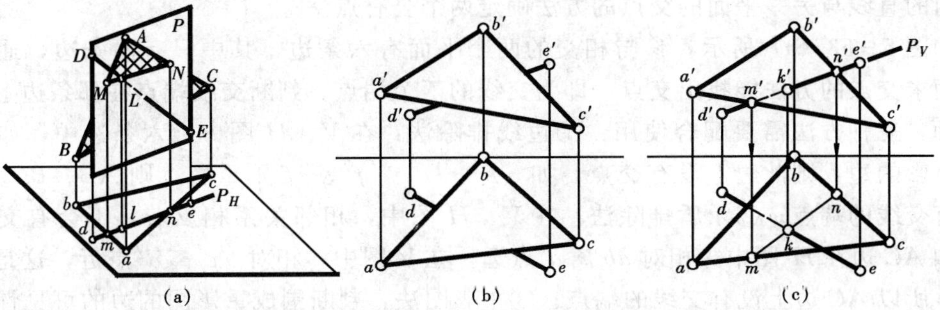

(a)　　(b)　　(c)

图 4－50　求一般线与一般面的交点

(2) 求正垂面 P 与△ABC 的交线 $MN(mn, m'n')$。

(3) 求 de 与 mn 的交点 k，据此求 k'，则 $K(k, k')$为直线 DE 与平面△ABC 的交点。

(4) 判断可见性，结果如图 4－50（c）所示。

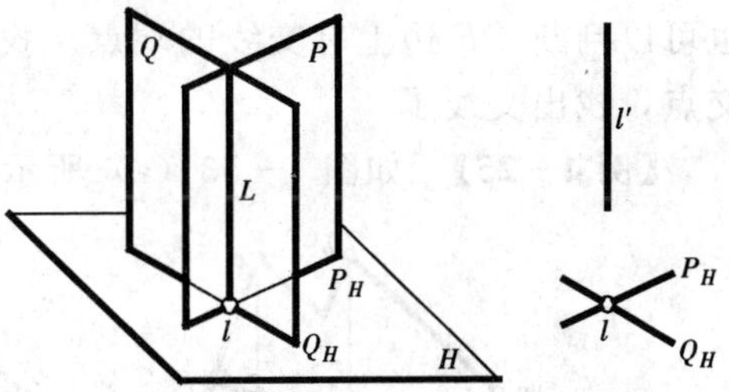

(a)　　(b)

图 4－51　两投影面垂直面的交线

当垂直于同一投影面的两个投影面垂直面相交时，它们的交线是一根垂直于该投影面的垂直线。两投影面垂直面积聚投影的交点就是该交线的积聚投影，如图 4－51（a）所示。两铅垂面的交线是一根铅垂线，如图 4－51（b）所示。同理，两正垂面的交线是一根正垂线，两侧垂面的交线是一根侧垂线。

4. 一般面与一般面相交

只要做出两一般面的两个公有点，再将这两个点用直线连接起来，就是两平面的交线。由于两个一般面的位置各有不同，它们的交线有在两平面图形之外的（分离交），如图 4－52（a）所示；有全在一个面的轮廓之内的（全交），如图 4－52（b）所示；也有相互穿插的（半交），如图 4－52（c）所示。求两一般位置平面交线的方法有两种，即利用直线与平面求交点的方法（线面交点法）和利用三面共点的方法。

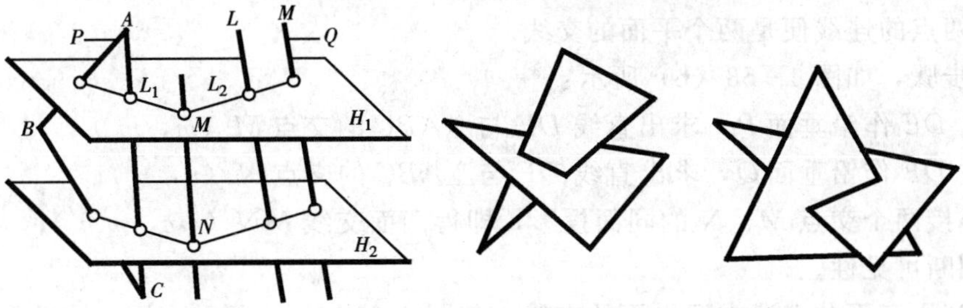

(a)　　(b)　　(c)

图 4－52　一般面与一般面相交

(1) 利用线面交点法求两平面的交线。当两个一般位置平面相交时，只要它们在有限范围内相交，便表明其中一个平面内的某些直线与另一个平面直接相交，因此可用求某一平面内的直线与另一平面的交点的方法确定两个公有点。

如图 5－53（a）所示，参与相交的两个平面有六条边，其中只有两条边，通过直线与平面求交点的方法能找出交点，即为交线的两个端点。判断交线端点在那条边上的方法有三种，三种方法需要配合使用：①边线排除法：在 V、H 图中，六条边中，如果有明显不重影的边，则此边上没有交点，如 $a'b'$、bc、$e'f'$、ef 不重影，则 AB、BC、EF 边上没有交线的端点；②矛盾排除法：在 V、H 图中，相邻关系相反着，不会有交线的端点，如 AC 边在 H 图中，相对 ab 离 d 点远，在 V 图中，相对 $b'c'$ 离 d' 点近，这是矛盾的现象，所以 AC 边上没有交线的端点；③重影图法：判断围成重影图的边的可见性，如果可见性相异，则此边上有交线的端点。如 V 图上，围成重影图的边有 $b'c'$、$d'e'$、$a'c'$、$d'f'$，首先判断较长的边 DF 的可见性，$d'f'$ 与 $a'c'$ 重影，长对正下来，$d'f'$ 不可见，$d'f'$ 与 $b'c'$ 重影，长对正下来，$d'f'$ 可见，DF 的可见性相异，一定有交线的端点。同理，也可以判断 DE 边上有交线的端点。找出交线的端点所在的边，就可以利用直线与平面求交点，找出交线了。

【例 4－25】 如图 4－53（a）所示，用线面交点法求△ABC 与△DEF 的交线。

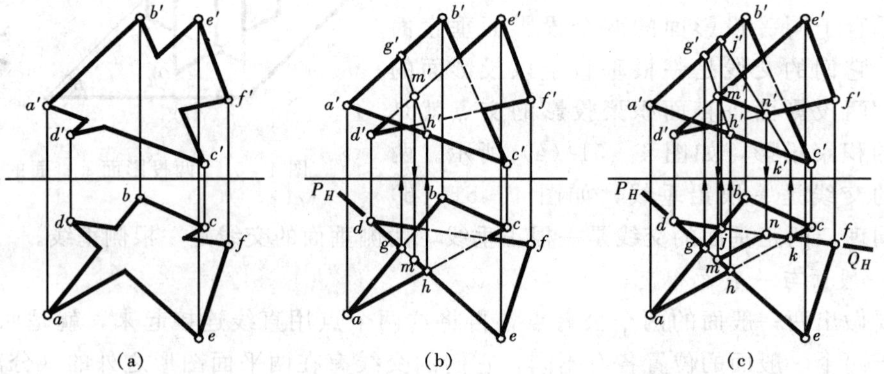

图 4－53　用线面交点法求两平面的交线

［解］ 图示两三角形的同面投影在有限范围内是相互交叠的，并可判别出△DEF 的两条边 DE 和 DF 与△ABC 相交有交线的端点。可分别求出 DE 和 DF 与△ABC 的两个交点，该两点的连线便是两个平面的交线。

画图步骤，如图 4－53（b）所示：

1）过 DE 作铅垂面 P，求出直线 DE 与△ABC 的交点 M（m，m'）；

2）过 DF 作铅垂面 Q，求出直线 DF 与△ABC 的交点 N（n，n'）；

3）连接两个交点 M、N 的同面投影，即得两面交线 MN（mn，$m'n'$）；

4）判断可见性。

（2）利用三面共点法求两平面的交线。如图 4－52（a）所示，用一辅助平面 H_1 截两已知平面 P 和 Q，分别得交线 L_1 和 L_2，它们的交点 M 就是两平面 P 和 Q 的一个公有点。再用另一个平面 H_2 截平面 P 和 Q，可得另一公有点 N，则 MN 即为所求的两一般面的交线。为作图方便，两辅助平面可选用两个平行的投影面平行面或投影面垂直面。

【例 4－26】 如图 4－54（a）所示，△ABC 和一对平行线 K、L 各决定一个平面，用三面共点法求这两个平面的交线。

［解］　为求该两平面的交线，可取水平面或正平面为辅助平面，本例取水平面为辅助平面。

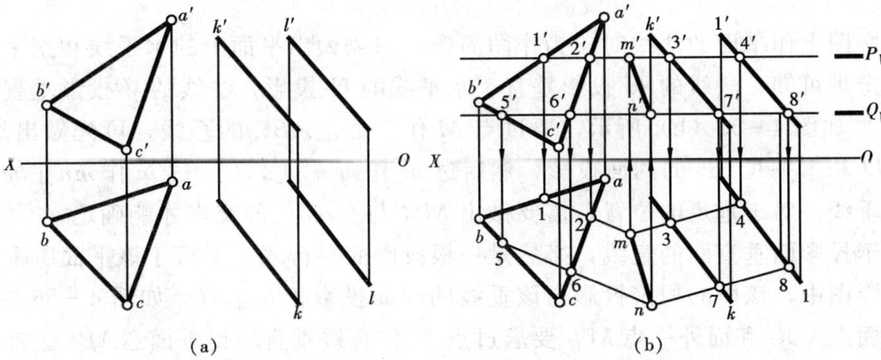

图 4－54　三面共点法求两平面的交线

画图步骤，如图 4－54（b）所示：

1）作一水平面 P_V，与两平面的交线为直线 Ⅰ、Ⅱ、Ⅲ、Ⅳ，它们的交点为$M(m,\ m')$；

2）再作一水平面 Q_V，可得另一交点 $N(n,\ n')$；

3）连接 mn 和 $m'n'$，即为所求交线 MN 的两投影。

三、直线与平面垂直、平面与平面垂直

1. 直线与平面垂直

从几何学知道，一直线垂直于一平面，必垂直于该平面上的所有直线。如图 4－55（a）所示，直线 AB 垂直于平面 P，则 AB 必垂直于直线 CD、EF；反之，若直线 AB 垂直于平面 P 内的两相交直线 CD、EF，则 AB 与平面 P 垂直。

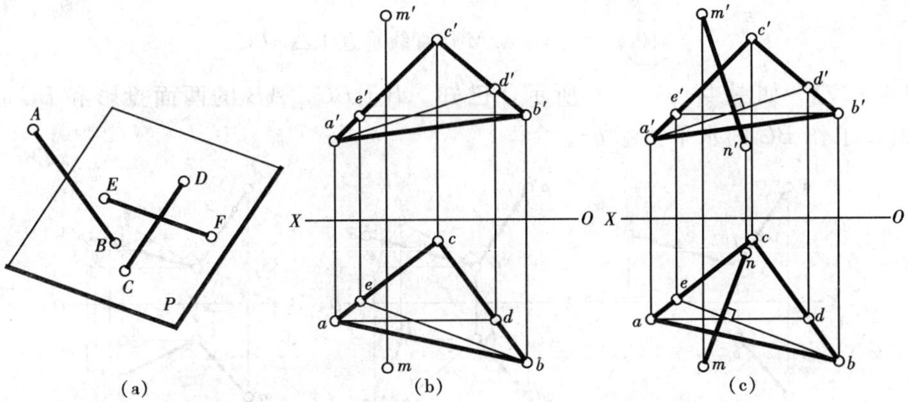

图 4－55　直线与平面垂直

法线定理：若一直线（法线）垂直于一个定平面，则直线（法线）的水平投影必垂直于属于定平面的水平线的水平投影，直线（法线）的正面投影必垂直于属于定平面的正平

线的正面投影。

法线定理的逆定理：若一直线（法线）的水平投影垂直于属于定平面的水平线的水平投影，直线（法线）的正面投影垂直于属于定平面的正平线的正面投影，则直线必垂直于该定平面。

在投影图上作平面的法线时，为作图简便，只需做出平面上的水平线和正平线，根据直角投影定理可知，法线的 H 投影垂直于水平线的 H 投影，法线的 V 投影垂直于正平线的 V 投影。如图 4－55（b）所示，要过点 M 作平面$\triangle ABC$ 的垂线，可先做出$\triangle ABC$ 上正平线 AD 和水平线 BE 的两面投影，然后过 m' 作 $m'n' \perp a'd'$，过 m 作 $mn \perp be$，则 MN 即为所求垂线。对于垂足的位置，需要做出 MN 与$\triangle ABC$ 的交点才能确定。

垂直于投影面垂直面的直线，必然是一根投影面平行线，平行于该平面所垂直的投影面。在投影图中，该面的积聚投影与该垂线的同面投影相互垂直。如图 4－56（a）所示，已知铅垂面$\triangle ABC$ 和面外一点 M，要求过点 M 作直线垂直于铅垂面$\triangle ABC$。首先分析出垂线为一水平线，先过点 M 的水平投影 m 作 $mn \perp acb$，再根据垂线是水平线的特点，作出垂线的正面投影 $m'n'$，则 MN 即为所求垂线，作图步骤如图 4－56（b）所示，图中点 K（k，k'）为垂足，mk 为点 M 到$\triangle ABC$ 之间的距离。

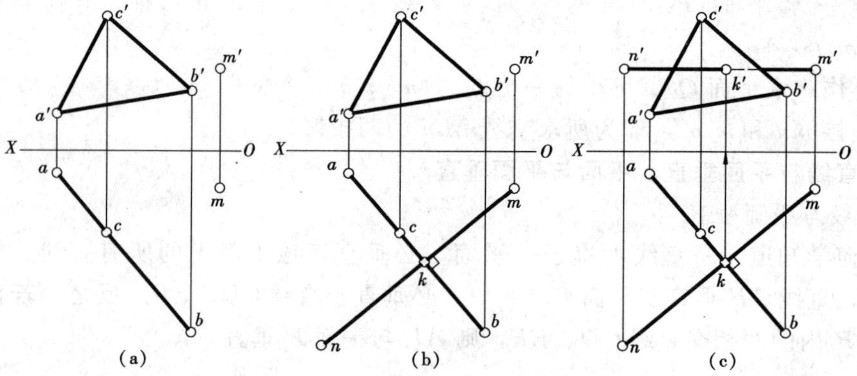

图 4－56　过点 M 作直线垂直于$\triangle ABC$

【例 4－27】　如图 4－57（a）所示，已知 $AB \perp BC$，AB 的两面投影和 BC 的正面投影已给出，求作 BC 的水平投影 bc。

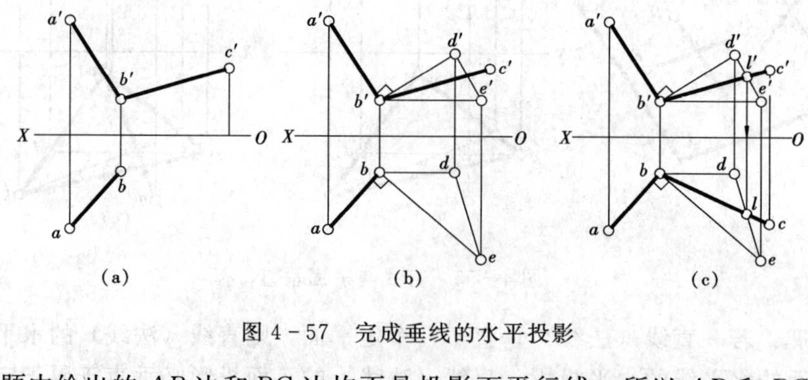

图 4－57　完成垂线的水平投影

［解］　题中给出的 AB 边和 BC 边均不是投影面平行线，所以 AB 和 BC 夹角的投影

不可能是 90°。由于 $AB \perp BC$，因此 BC 必然处在过点 B 且垂直于 AB 边的平面内，可根据直线与平面垂直的投影特点做出该平面，再利用投影关系确定 BC 的水平投影 bc。

画图步骤，如图 4-57（b）所示：

（1）过点 B 作正平线 $BD \perp AB$；

（2）过点 B 作水平线 $BE \perp AB$，连接 DE，则直线 AB 垂直于平面△BDE；

（3）因 BC 垂直于 AB，则 BC 在平面△BDE 内，根据从属关系确定 BC 的水平投影 bc。

2. 平面与平面垂直

从几何学知道，若一个直线垂直于一个定平面，则包含这条直线的一切平面都垂直于该平面，如图 4-58（a）所示，CD 垂直于第二个平面，则包含 CD 的所有的平面（第一个平面）都将垂直于第二个平面；反之，若两个平面相互垂直，则由第一个平面的任意一点向第二个平面所作的垂线一定属于第一个平面。如图 4-58（b）所示，过 C 点向第二个平面作垂线 CD，CD 不属于第一个平面，则第一个平面和第二个平面不垂直。以上是解决两平面垂直问题的依据，而基础是直线与平面垂直。

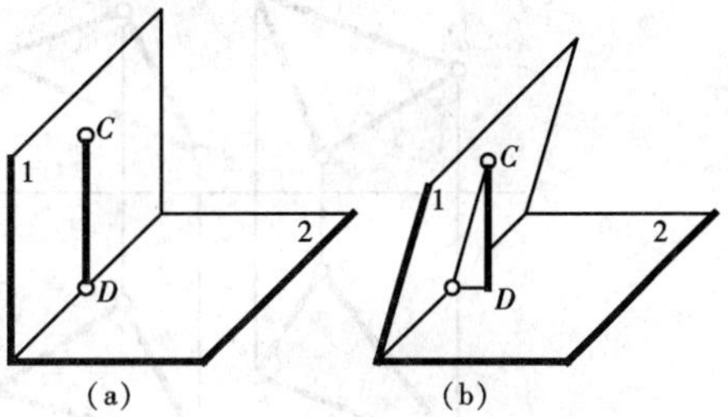

图 4-58　两个平面相互垂直

【例 4-28】　如图 4-59（a）所示，过点 K 作平面垂直于平面△ABC。

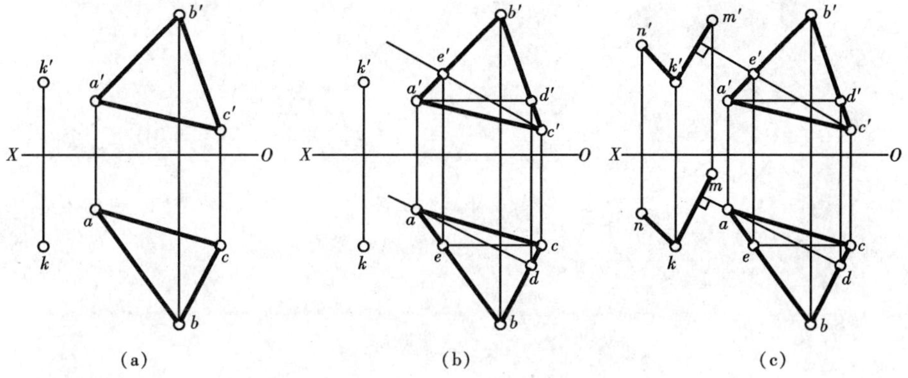

图 4-59　过一点作已知平面的垂直面

［解］　欲过点 K 作平面垂直于平面△ABC，只要过点 K 作一直线与平面△ABC 垂直，则包含此垂线的所有平面均与平面△ABC 垂直，所以本题有无数解。

画图步骤，如图 4-59（b）所示：

（1）在△ABC 内作水平线 AD（ad，$a'd'$）和正平线 CE（ce，$c'e'$）；

（2）过点 k 作 $km \perp ad$，过点 k' 作 $k'm' \perp c'e'$，即直线 $KM \perp$ △ABC；

（3）含点 K 作任意直线 KN（kn，$k'n'$），则相交两直线 KM、KN 所决定的平面就是所求平面。

【例 4-29】　如图 4-60（a）所示，试判断图中两平面△ABC 和△DEF 是否垂直。

［解］ 过平面△DEF 内一点作平面△ABC 的垂线，若该垂线在平面△DEF 内，则可判断这两个平面互相垂直，否则，这两个平面不垂直。

画图步骤，如图 4-60（b）所示：

（1）在△ABC 内作水平线水平线 AK（ak，$a'k'$）和正平线 CL（cl，$c'l'$）；

（2）过△DEF 上的点 E 向△ABC 作垂线 EN，即作 $en \perp ak$，$e'n' \perp c'l'$；

（3）因 EN 不在△DEF 上，所以两平面△ABC 和△DEF 不垂直。

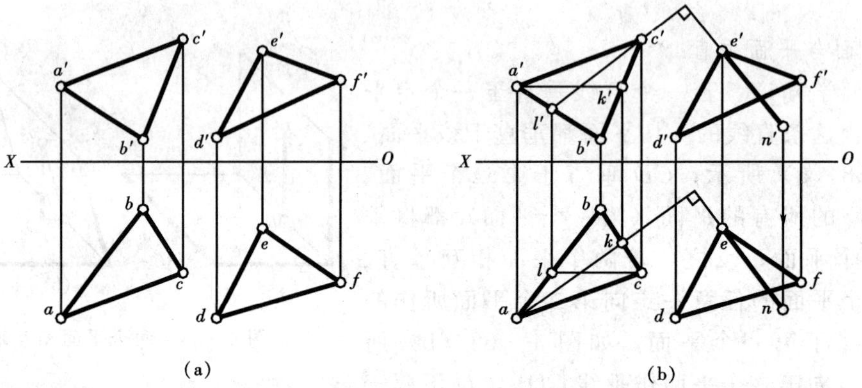

图 4-60　判断两平面是否垂直

第五章　曲 线 与 曲 面

在建筑工程中，经常会遇到由各种曲面组成的建筑，有些建筑物的表面（如墙、屋顶等）就是由某些特殊的曲面（如双曲抛物面、单叶双曲回转面和椭圆柱面等）构成的，如图 5－1 所示，这些曲面称为工程曲面。

图 5－1　代代木体育馆

第一节　常 见 曲 线

曲线是由点按一定的规律运动而形成的轨迹。曲线分为两种：曲线上的各点都在同一个平面上的曲线称为平面曲线，如圆、椭圆、双曲线、抛物线等，最常见的平面曲线是圆；凡曲线上连续四个点不在同一平面上的曲线，称为空间曲线，圆柱螺旋线是最常见的空间曲线。曲线的投影一般仍然是曲线。

一、圆

圆及其所在的平面，相对于投影面的位置有三种情况：一是平面及圆平行于投影面，这种情况下，圆的投影依然是等直径的圆；二是平面及圆垂直于投影面，这种情况下，圆的投影是直线（长度等于圆的直径）；三是平面及圆倾斜于投影面，这种情况下，圆的投影是椭圆。如图 5－2（a）所示，圆所在的平面垂直于 H 面，在 H 面上的投影是直线；圆所在的平面倾斜于 V 面，在 V 面上的投影是椭圆。

【例 5－1】 已知铅垂面 P 对 V 面的倾角 $\beta=30°$，其上有一半径为 R 的圆，已知圆心的两投影为 O、O'，求作该圆的两面投影，如图 5－2（b）所示。

［**解**］ 空间分析：如图 5－2（a）所示，由于圆垂直于 H 面，所以水平直径 AB 是水

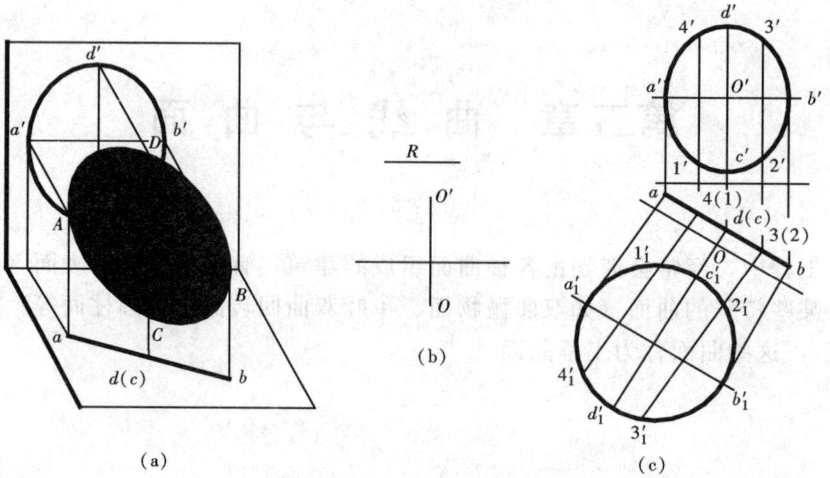

(a)　(b)　(c)

图 5-2　椭圆的画法

平线，H 面投影 ab 反映实长，V 面投影 $a'b'$ 平行于 OX 轴。竖直直径 CD 为铅垂线，V 面投影 $c'd'$ 反映实长，H 面投影 cd 积聚为一点。

平面分析：圆及其所在的平面 P 与 V 面成 30°角，根据铅垂面的性质可知圆在 H 面上的积聚投影为一直线，圆在 V 面上的投影是椭圆。

画图步骤：

(1) 过点 O 作直线，与 OX 轴成 30°夹角（铅垂面反映 β 角实形）；

(2) 截取 $oa=ob=R$，长对正找到 $a'b'$（即为椭圆的短轴）；

(3) 截 $o'c'=o'd'=R$（铅垂线的正面投影反映实长）；

(4) 利用四心法画椭圆即可。

另外，可以找出八个点，用描点法画椭圆。如图 5-2（c）所示。描点法是利用换面法（可参考有关书籍）将椭圆变换成反映实形的圆，在圆上找出八个点，返回到椭圆上，用光滑的曲线将椭圆描出的方法。

二、圆柱螺旋线

1. 圆柱螺旋线的形成

当一个动点 A 沿着一根直线 AB 匀速移动，同时直线 AB 又绕着与它平行且始终保持相等距离的轴线 OO' 匀速旋转时，动点 A 的所走过的轨迹就是一根圆柱螺旋线，如图 5-3所示。该直线回转形成的圆柱称为导圆柱，圆柱的半径称为螺旋半径；点 A 回转一周，沿轴线方向移动的距离称为导程。

2. 圆柱螺旋线投影图的绘图步骤

已知圆柱的直径、螺旋线的导程、旋转方向和起始点 A 的两面投影，如图 5-3 所示，求做螺旋线。

画图步骤如下：

(1) 根据圆柱的半径，做出一个轴线垂直于 H 面的圆柱的两面投影，如图 5-3（b）所示，圆柱的高是导程；

(2) 在 V 面上，将圆柱的导程分成相同的等分（如 12 等分），并过各等分点画水平线。同时将 H 面的圆也分成相同的等分（如 12 等分）；

（3）确定动点 A 的起始点。根据旋转的方向（如右螺旋），点 A 逆时针旋转一格（H 图），引竖直线与 V 面的第一格相交，如图 5－3（c）所示，就是动点 A 旋转 30°前进的距离。其余类推；

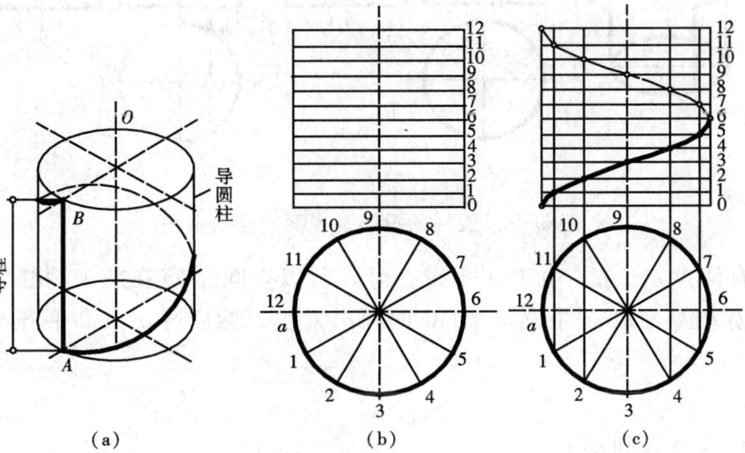

图 5－3　圆柱螺旋线的画法

（4）将所有得到的点，用光滑的曲线连接起来，就是圆柱螺旋线；

（5）判断可见性，位于前半圆柱面上的螺旋线是可见的，连成实线，后半圆柱面上的螺旋线是不可见的，画虚线。

第二节　常 见 回 转 面

曲面可以看成是由直线或曲线在空间按一定规律运动形成的。运动着的线称为母线，约束母线运动的直线叫导线，约束母线运动的平面叫导平面。母线的形状及运动形式是形成曲面的条件。母线绕着一条固定的直线旋转所形成的曲面叫做回转面，如图 5－4 所示。母线运动到曲面上的任意位置称为素线。回转面上，母线任意一点的轨迹叫纬圆。常见的回转面有圆柱、圆锥、圆球、圆环面和单叶双曲回转面。

一、圆柱

圆柱可以认为是由直母线绕着直导线旋转而成的，如图 5－5（a）所示。在圆柱面上定点，可采用素线法。

【例 5－2】 给出圆柱面上的一点 A 的 V 面投影 a'，求它的其余两面投影。如图 5－5（b）所示。

［解］ 空间分析：圆柱垂直于 H 面，圆柱表面的点在 H 面上积聚投影为圆周。

平面分析：a'点在 V 面上，过 a'作竖直线，

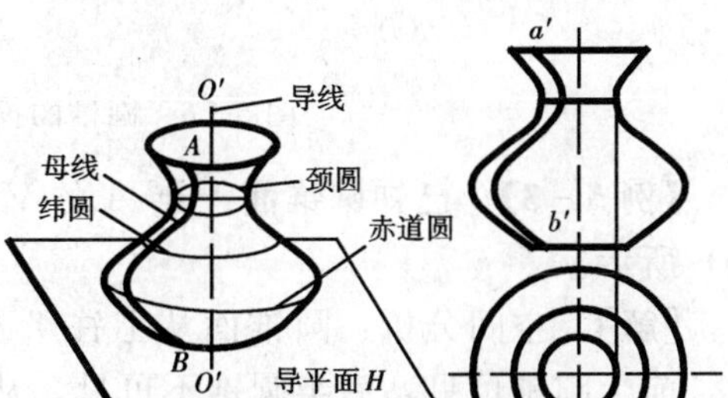

图 5－4　回转面的形成及投影

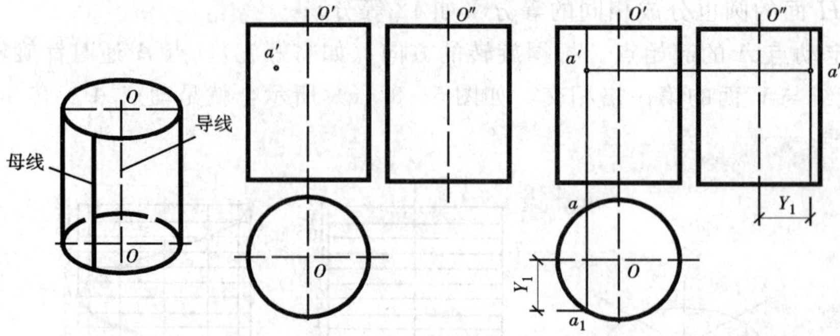

(a) (b) (c)

图 5-5 圆柱的投影及表面定点的画法

对应在圆周上有两点 a_1、a，由于 a'不带括号，所以空间 A 点在前半圆柱面上，因此，应该是 a_1。根据宽相等，取 y_1 相等，在 W 面画出素线。然后过 a'点高平齐与素线相交，得到 a''。

画图步骤：

(1) 过 a'作素线找到 a_1；

(2) 在 H 面上截取 y_1 等于 W 面上的 y_1，画出 W 面上的过 A 点的素线；

(3) 过 a'画水平线与 W 图上的素线相交，即得 a''。

二、圆锥

圆锥可以认为是直母线绕着与自身相交的直导线旋转而成的。如图 5-6 (a) 所示。在圆锥面上定点，可采用素线法或纬圆法。

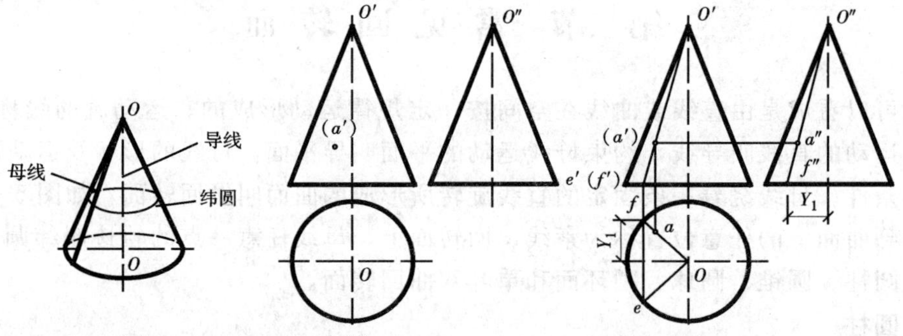

(a) (b) (c)

图 5-6 圆锥的投影及素线法表面定点的画法

【例 5-3】 已知圆锥面上点 A 的 V 投影 a'，试求点 A 的其余两面投影，如图 5-6 (b) 所示。

[解] 空间分析：圆锥面从上往下投影，圆锥表面的点都是可见的点。从前往后投影，前半圆锥可见，后半圆锥不可见。从左往右投影，左半圆锥可见，右半圆锥不可见。

平面分析：圆锥的 a'投影是带括弧的点，可以判断此点在后半圆锥上。首先使用素线法作此题。画图步骤：

(1) 过 a'做一条素线 $O'e'(f')$，如图 5-6 (c) 所示；

(2) 过 $e'(f')$ 点作竖直线，在 H 面上找到两点 e、f，Oe 是前半圆锥上的素线，Of 是后半圆锥上的素线，可以判断此题的 a 点应该落在 Of 上；

(3) 过 a' 作竖直线，交 Of 得 a 点；

(4) 截取 H 图的 y_1 等于 W 图的 y_1（宽相等），找到 W 图素线 $O''f''$；

(5) 过 a' 作水平直线（高平齐）与 $O''f''$ 相交的点就是 a'' 点。

【例 5-4】 纬圆法解［例 5-3］题（如图 5-7 所示）。

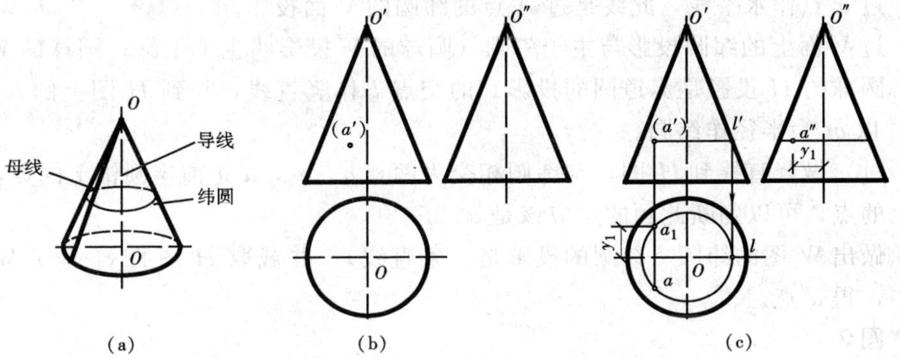

图 5-7　圆锥的投影及纬圆法表面定点的画法

［解］ 空间分析和平面分析同上题。

画图步骤：

(1) 过 a' 点作水平线，此线是过 a' 点的纬圆的 V 面投影；

(2) 过纬圆与右素线的交点 $1'$ 作竖直线，找到 H 图上的 1 点，并过 1 点作 H 图的纬圆；

(3) 过 a' 做竖直线到 H 图，与纬圆相交为两点 a、a_1，a 是前半圆锥上的点，a_1 是后半圆锥上的点，可以判断此题的点应该是 a_1；

(4) 做出 W 图的纬圆（纬圆的投影是一条直线），并截取 H 图的 y_1 等于 W 图的 y_1（宽相等），得 a'' 点。

三、圆球

圆球面可以认为是一个圆，绕着过自身中线的轴线（导线）旋转而成的。如图 5-8(a) 所示。在圆球面上定点，可采用纬圆法。

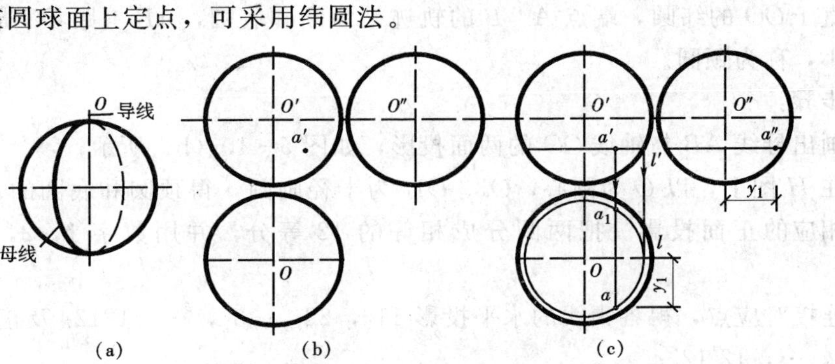

图 5-8　圆球面的投影及表面定点的画法

【例 5-5】 已知圆球面上点 A 的 V 投影 a' 点，试求点 A 的其余两投影。

［解］ 空间分析：圆球面从上往下投影，上半圆球可见，下半圆球不可见。从前往后投影，前半圆球可见，后半圆球不可见。从左往右投影，左半圆球可见，右半圆球不可见。

平面分析：圆球的 a' 点投影是不带括弧的点，可以判断此点在前半圆球上。同时从 V 面图中可以判断 A 点在下半圆球面上。

画图步骤：

(1) 过 a' 点作水平线，此线是过 A 点的纬圆的 V 面投影。

(2) 过 V 面上的纬圆投影与主子午圆（圆球的 V 投影叫主子午圆；圆球的 W 投影叫子午圆；圆球的 H 投影是赤道圆的投影）的交点 l' 作竖直线，找到 H 图上的 l 点，并在 H 面上，以 ol 为半径作纬圆。

(3) 过 a' 做竖直线到 H 图，与纬圆相交为两点 a、a_1，a 是前半圆锥上的点，a_1 是后半圆锥上的点，可以判断此题的点应该是 a。

(4) 做出 W 图的纬圆（纬圆的投影是一条直线），并截取 H 图的 y_1 等于 W 图的 y_1（宽相等），得 a'' 点。

四、圆环

圆环面可以认为是圆的母线绕着圆以外的一根轴线（直导线）旋转而成的曲面。如图 5-9 所示。圆环面的画法如下：当圆环面的轴线垂直于 H 面时，它的 H 投影是两个同心圆，分别是圆环面的赤道圆（回转面上最大的纬圆叫赤道圆）和颈圆（回转面上最小的纬圆叫颈圆）的 H 投影。圆环面的 V 投影和 W 投影，都是由两个圆和与它们上下相切的两段水平轮廓线组成。V 投影的两个圆分别是圆环面的最左素线圆和最右素线圆的 V 投影，W 投影的两个圆分别是最前素线圆和最后素线圆的 W 投影，它们都反映素线圆的实形，都有半个圆被圆环面遮挡而画成虚线。

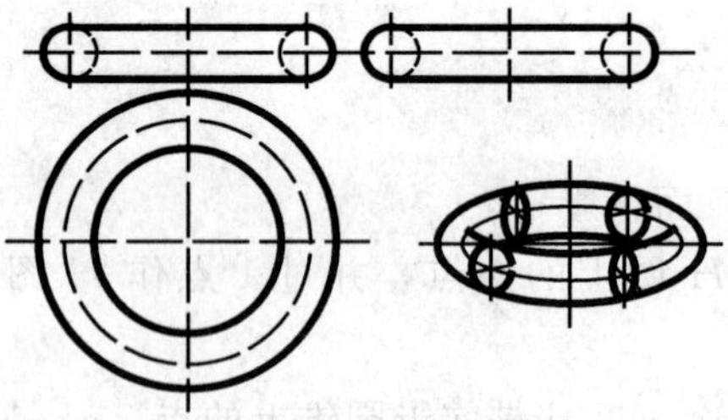

图 5-9　圆环面的投影画法

五、单叶双曲回转面

一条直母线绕着与它交叉的轴线（直导线）旋转，所形成的曲面叫单叶双曲回转面。如图 5-10 (a) 所示，AB 与 OO 为两交叉直线，AB 绕 OO 回转时，AB 上各点运动的轨迹都是垂直于 OO 的纬圆，端点 A、B 的轨迹是顶圆和底圆，AB 上距 OO 最近的点 C 形成的圆最小，称为颈圆。

画图步骤：

(1) 画出母线 AB 与轴线 OO 的两面投影，如图 5-10 (b) 所示；

(2) 在 H 图上，以 O 为圆心，$O1$、$O1_1$ 为半径画圆，得顶圆和底圆的水平投影，向上投影得相应的正面投影。把两圆分成相等的 12 等分，并用数字 1，2，…，12 顺序标注；

(3) 连接对应点，得各素线的水平投影 11_1，22_1，33_1，…，1212_1 及正面投影 $1'1_1'$，$2'2_1'$，$3'3_1'$，…，$12'12_1'$；

(4) 作素线正面投影的包络线，得单叶双曲回转面的正面投影轮廓线。以 O 为圆心，作与各素线水平投影相切的圆，得颈圆的水平投影，如图 5－10（c）所示。

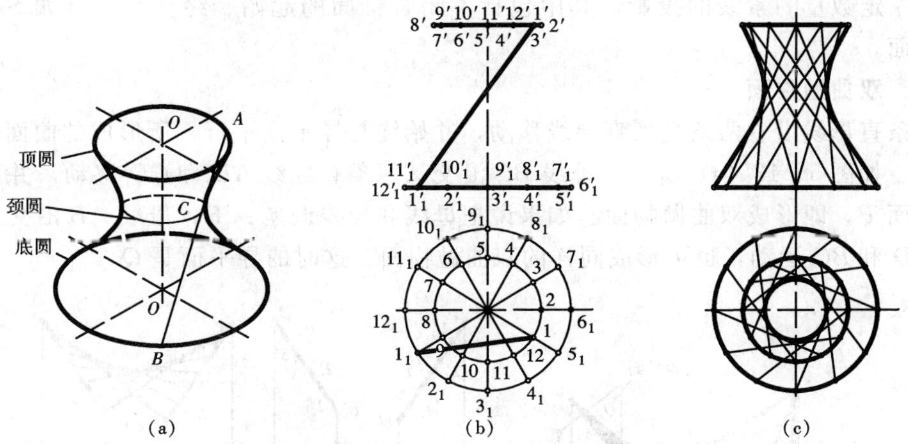

图 5－10　单叶双曲回转面的形成及投影画法

单叶双曲回转面广泛应用于塔式建筑中，如电厂的冷凝塔等。

第三节　常 见 非 回 转 面

当母线根据其他约束条件（不是旋转）运动而成的曲面叫做非回转面。工程实践中根据母线的形状不同把非回转面分为两类：一类是直纹曲面（凡是可以由直母线运动而形成的曲面叫直纹曲面）；另一类是双向曲面（只能由曲母线运动而形成的曲面叫双向曲面）。在工程实践中，应用较广的是直纹曲面，如锥面、柱面、双曲抛物面、柱状面、锥状面等。

一、柱面

由一条直母线 AB 沿着一条曲导线 L 运动，且始终平行于一条直导线 K 所得的曲面称为柱面。如图 5－11（a）所示。画柱面的投影图时，必须画出曲导线 L、直导线 K 和一系列素线的投影，如图 5－11（b）所示。柱面相邻两素线是平行直线。

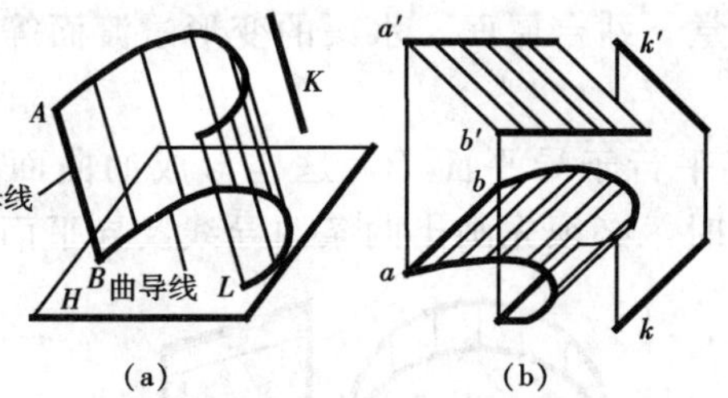

图 5－11　柱面的形成及投影画法

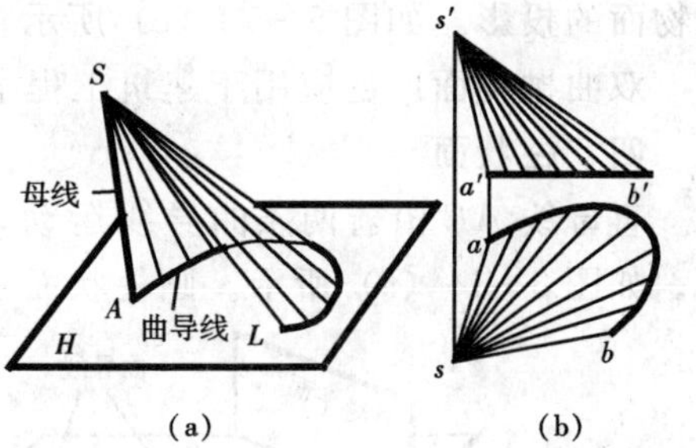

图 5－12　锥面的形成及投影画法

二、锥面

一条直母线 SA 沿着一条曲导线运动，且始终经过空间定点 S 所形成的曲面称为锥面。如图 5－12（a）所示。定点 S 是锥顶。曲导线 L 可以是平面曲线，也可以是空间曲线；可以是闭合的曲线，也可以是不闭合的曲线。锥面相邻两素线是相交直线。

画锥面的投影图，如图 5－12（b）所示，必须画出锥顶 S 和曲导线 L 的两面投影，并画出一定数量的素线的投影，其中包括不闭合锥面的起始、终止素线（如 SA、SB），即得锥面。

三、双曲抛物面

一条直母线沿着两条交叉直导线移动，并始终与导平面平行，所形成的曲面称为双曲抛物面。如图 5－13（a）所示，母线 BC 沿交叉两条直导线 AB 和 CD 移动，并始终平行于导平面 P，即形成双曲抛物面。如果说把母线和导线调换一下，母线 AB 沿交叉二条直导线 AD 和 BC 运动，也可形成同样的双曲抛物面。这时的导平面是 Q。

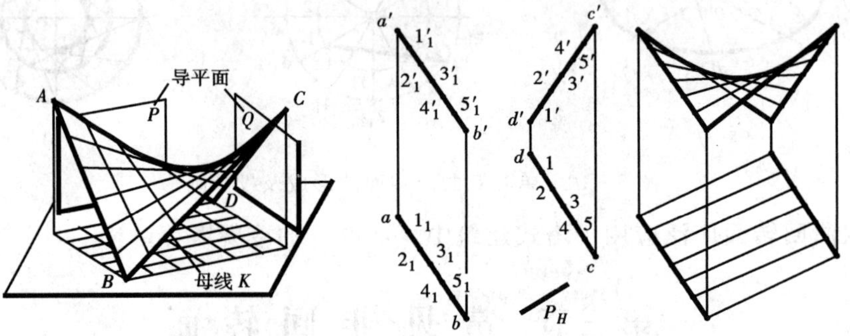

（a）　　（b）　　（c）

图 5－13　双曲抛物面的形成及投影画法

双曲抛物面的画图步骤：

（1）作交叉二直导线 AB 和 CD 及导平面 P 的两面投影，并将 AB 和 CD 分成若干等分，本例为 6 等分：a，1_1，2_1，…；a'，$1'_1$，$2'_1$，…，b' 以及 d，1，2，…，c；d'，$1'$，$2'$，…，c'。如图 5－13（b）所示。

（2）连接各对应点，如 ad，$1_1 1$，$2_1 2$，…，bc；$a'd'$，$1'_1 1'$，$2'_1 2'$，…，$b'c'$，就得到双曲抛物面各素线的水平投影和正面投影。

（3）在正面投影上作出与各个素线都相切的包络线（该曲线为抛物线），即完成双曲抛物面的投影。如图 5－13（c）所示。

双曲抛物面广泛应用于建筑工程中，如殿堂、站台屋面、水渠的变形过渡面等。

四、柱状面

直母线 AB 沿着两条曲导线运动，并始终平行于导平面 P，这样形成的曲面称柱状面。如图 5－14（a）所示。画柱状面的投影图时，必须先画出两条曲导线及导平面 P（本

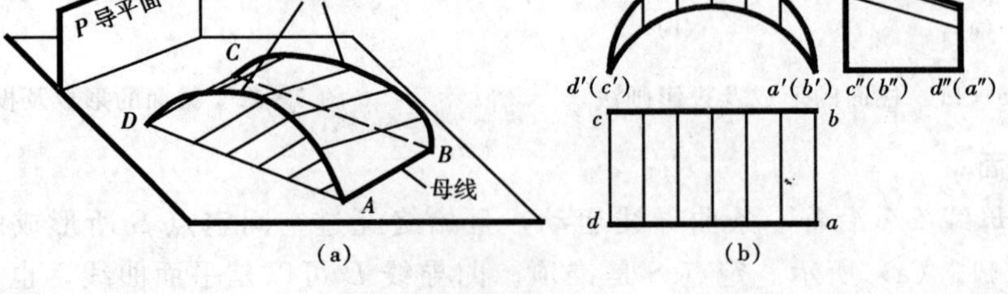

（a）　　（b）

图 5－14　柱状面的形成及投影画法

例的导平面是 W 图）的两面投影，然后将曲导线分成若干个等分（如 6 等分），最后连接各条素线。

五、锥状面

直母线 AB 一端沿着直导线 BC 运动，另一端沿着曲导线 AD 运动，并且始终平行于一个导平面 P，这样形成的曲面称为锥状面。如图 5－15（a）所示。画锥状面的投影图时，必须先画出直导线 BC、曲导线 AD 及导平面 P（本例导平面为 V 面）的两面投影，然后将直导线和曲导线分成若干个等分（如 8 等分），最后连接各条素线。

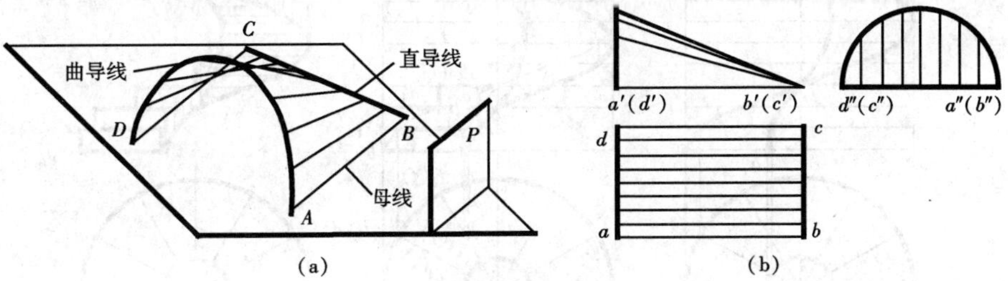

图 5－15　锥状面的形成及投影画法

六、锥状面的应用

1. 平螺旋面

平螺旋面是由一条直母线 AO 沿着曲导线（螺旋线）和直导线（回转轴线）运动，运动时始终平行于与轴线垂直的导平面 P（本例导平面为 H），所形成的曲面，如图 5－16（a）所示。

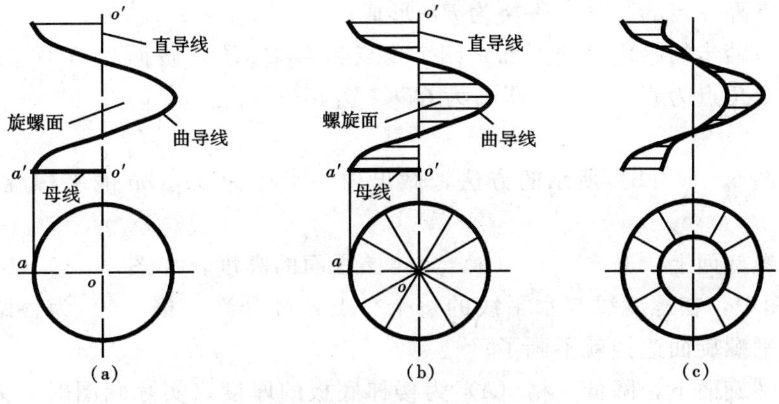

图 5－16　平螺旋面的投影画法

平螺旋面的画图步骤：

（1）按图 5－3 所示的方法画出圆柱螺旋线及轴线的投影，如图 5－16（a）所示；

（2）过螺旋线上各等分点（如 12 等分）分别作水平线与轴线相交。这些水平线均为平螺旋面的素线，如图 5－16（b）所示。

图 5－16（c）为空心圆柱螺旋面的两面投影图。

2. 螺旋楼梯的画法

已知螺旋楼梯的内外导圆柱面的直径分别为 oa 和 ob，沿螺旋楼梯上行一圈有 12 个踏步，上升的高度是 h。试作出该螺旋楼梯（右旋）的两面投影图。

分析：

（1）在螺旋楼梯的每一个踏步中，踏面为扇形，踢面为矩形，两端面是圆柱面，底面是平螺旋面，如图 5-17 所示；

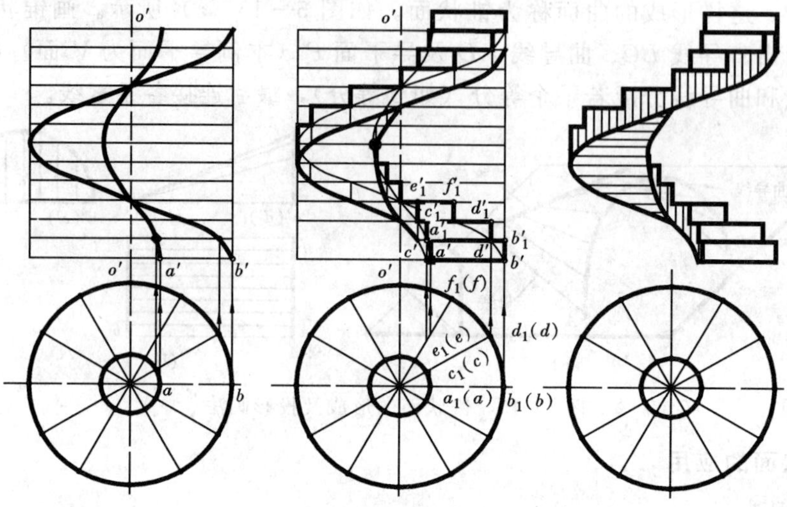

图 5-17　螺旋楼梯的投影画法

（2）将螺旋楼梯看成是一个踏步沿着平螺旋面上升而形成，楼梯底板的厚度可认为由底部平螺旋面下降一定的高度（一格为 h）形成；

（3）设第一踏步的踏面（扇形面）四个角点为 A_1B_1CD，踢面为 ABA_1B_1；第二踏步的扇形踏面四个角点为 C_1D_1EF，踢面为 CDC_1D_1，…。

画图步骤：

（1）根据图 5-16（b）所示的方法，做出内外半径为 oa、ob 的平螺旋面，如图 5-17（a）所示；

（2）在平螺旋面上，升高一格（h）为楼梯踢面的高度，如图 5-17（b）中的 $a'a_1'$、$b'b_1'$。实际画图中，在螺旋线与水平线的每个交点处都升高一格（h）为各踏步的踢面的高度，如果被平螺旋面遮挡就不画了；

（3）在平螺旋面下，降低一格（h）为楼梯底板的厚度。实际画图时，大螺旋线降低上部分的 3/4，小螺旋线降低下部分 3/4；

（4）整理螺旋楼梯，如图 5-17（c）所示。

第六章　形体的表面交线

在组合形体和建筑形体的表面上，经常会出现一些交线。这些交线有些是由平面与形体相交而产生的；有些则是由两个形体相交而产生的。由平面与形体相交而产生的交线称为截交线；由基本形体与基本形体相交而产生的交线称为相贯线。截交线根据产生的基本形体的不同，分为平面体截交线和曲面体截交线两种。截交线一般为平面折线或平面曲线。相贯线根据相贯的形体不同分为：平面体与平面体相贯；平面体与曲面体相贯；曲面体与曲面体相贯。相贯线一般为空间曲线（有时为平面曲线）。

第一节　截　交　线

假想用来截切形体的平面，称为截平面；截平面与形体的表面交线称为截交线；截交线围成的平面图形称为断面。如图 6-1 所示，R 为截平面；DEF 为截交线；平面 DEF 为断面。

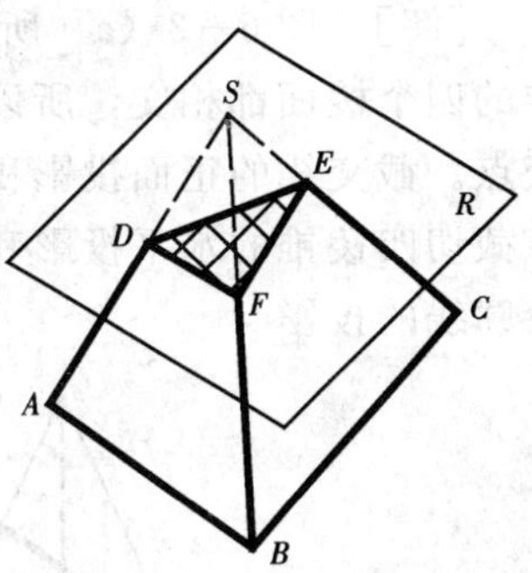

图 6-1　截平面与截交线

一、平面立体的截交线

平面体的截交线有两个特点：

(1) 平面体的截交线是一条封闭的平面折线，转折的点就在平面体的棱边上。

(2) 平面体的截交线是两个形体表面共有的直线。

求解平面体的截交线的方法是：找出截平面与各棱边的交点。

【例 6-1】　如图 6-2 (a) 所示，已知截切六棱柱的正面投影和水平投影，绘制其侧面投影。

［解］　图 6-2 (a) 所示的六棱柱的棱线是铅垂线，截平面（正垂面）截去其左上方部分，截交线是六边形，六边形的顶点是六棱柱各棱线与截平面的交点。截交线的正面投影积聚为一段直线，截交线的水平投影是正六边形。画该截切六棱柱的侧面投影时，既要画出截交线的侧面投影，又要画出该六棱柱各轮廓线的投影。

画图步骤：

(1) 画出完整六棱柱的侧面投影。

(2) 求截交线上各顶点的投影。先标出截交线上各顶点的水平投影 1、2、3、4、5、6 和正面投影 $1'$、$2'$、$3'$、$4'$、$5'$、$6'$，再按照“长对正、高平齐、宽相等”的规则，在六棱柱各棱线的侧面投影上求出各点的侧面投影 $1''$、$2''$、$3''$、$4''$、$5''$、$6''$。

(3) 画出截交线的侧面投影。按照截交线上各顶点的顺序，连接 $1''2''3''4''5''6''$ 得截交线的侧面投影，它与截交线的水平投影成类似形，而且可见。

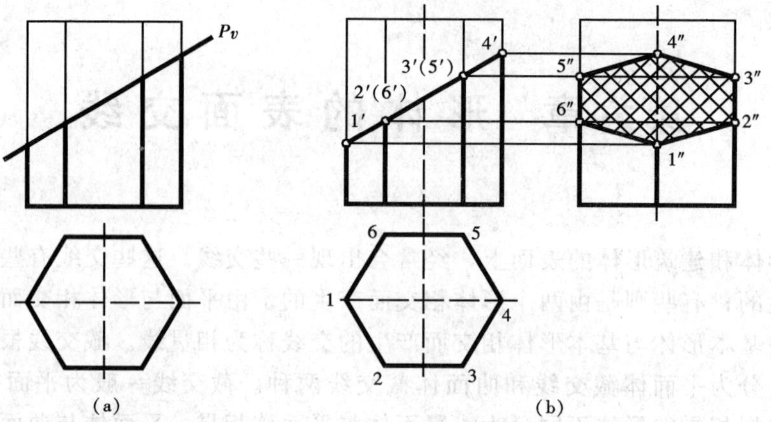

图 6-2　截切六棱柱的投影

（4）依据可见性，画出各轮廓线的侧面投影。各棱线的侧面投影，画至截平面为止，如图 6-2（b）所示。

【例 6-2】 如图 6-3（a）所示，已知截切四棱锥的正面投影，绘制其侧面投影和水平投影。

［解］ 图 6-3（a）所示的四棱锥被截平面（正垂面）截去上面部分，截平面与四棱锥的四个棱面都相交，所以截交线为四边形，四边形的顶点就是四棱锥各棱线与截平面的交点。截交线的正面投影积聚为一段直线，截交线的水平投影和正面投影均为类似形。画该截切四棱锥的水平投影和侧面投影时，既要画出截交线的侧面投影，又要画出四棱锥各轮廓线的投影。

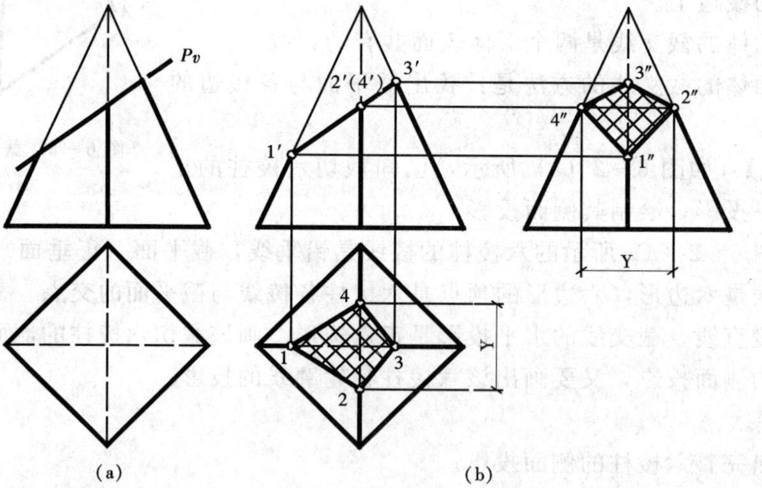

图 6-3　截切四棱锥的投影作图

画图步骤：

（1）画出完整四棱锥的水平和侧面投影。

（2）求截交线上各顶点的投影。先标出截交线上各顶点的正面投影 1′、2′、3′、4′，再在四棱锥的各棱线上分别求出各点的水平投影 1、2、3、4 和侧面投影 1″、2″、3″、4″（先长对正找出 1、3，后高平齐找出 1″、2″、3″、4″，最后确定 2、4）。

（3）画出截交线的水平投影和侧面投影。依截交线上各顶点水平投影和侧面投影的顺序，分别连接 1、2、3、4 和 1″、2″、3″、4″，得截交线的水平投影和侧面投影，它们是类似形。截交线的水平和侧面投影均可见。

（4）画出各轮廓线的水平和侧面投影，并判别可见性。各棱线的投影依据其可见性，画至截平面为止。如图 6－3（b）所示。

二、曲面立体的截交线

曲面立体被截平面截切所得的截交线是截平面与曲面立体表面共有点的集合。由于截平面与曲面立体相对位置不同，截交线可能是封闭的平面曲线，也可能得到由直线与平面曲线组成的截交线，或者完全是由直线段组成的截交线。

求曲面立体截交线的一般步骤是：根据曲面立体的形状及截平面与曲面立体轴线的相对位置，判断截交线的形状和投影特征；确定截交线上特殊点（如最高、最低、最左、最右、最前、最后点以及可见性分界点等）的三面投影；求截交线上一般点的三面投影，即利用素线或纬圆法求出截平面与曲面立体表面的交点；依据可见性，将一系列交点按顺序光滑连接。

画截切曲面立体的投影，既要画出截交线的投影，又要画出立体轮廓线的投影。

1. 圆柱体的截交线

圆柱体被平面截切，根据截平面对圆柱体轴线的相对位置不同，基本截交线有三种，如表 6－1 所示。

表 6－1　　平面与圆柱相交的各种情况

截平面位置	垂直于轴线	平行于轴线	倾斜于轴线
截交线形状	圆	矩形	椭圆
立体图			
投影图	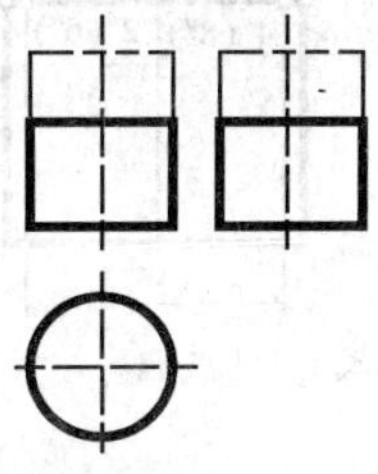	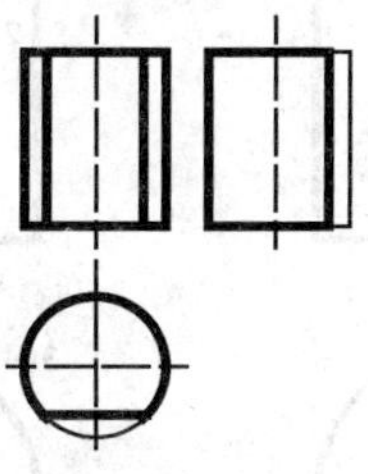	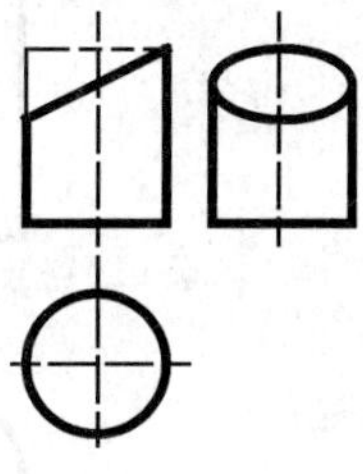

下面举例说明具体的作图过程。

【例 6－3】　如图 6－4（a）所示，已知截切圆柱体的两面投影，求作其侧面投影。

［解］　如图 6－4（a）所示，圆柱体的轴线是铅垂线，被一正垂面截去上面部分，截交线是椭圆。截交线的正面投影积聚为一段直线，水平投影为圆，侧面投影为椭圆。

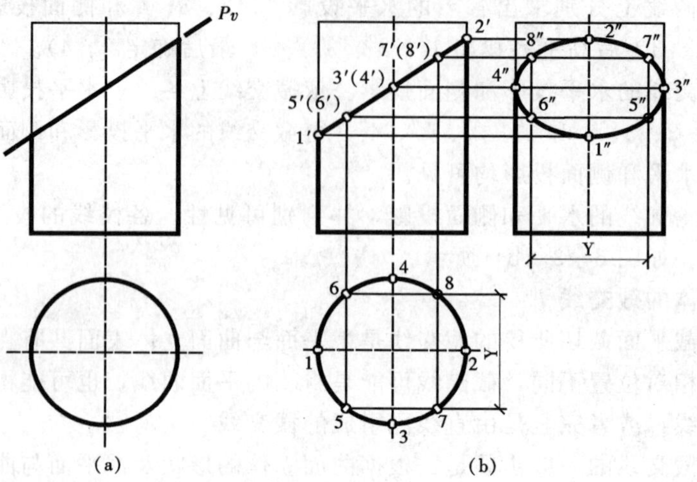

图 6-4　截切圆柱体的投影作图

画图步骤：

(1) 画出完整圆柱的侧面投影。

(2) 求截交线上各点的投影。先标出截交线上特殊点的正面投影 1′、2′、3′、4′和水平投影 1、2、3、4，再按照"长对正、宽相等、高平齐"九字歌的规则，求出这些点的侧面投影 1″、2″、3″、4″；标出截交线上一般点的正面投影 5′、6′、7′、8′和水平投影 5、6、7、8，再按照"九字歌"求出对应的侧面投影 5″、6″、7″、8″。

(3) 画出截交线的侧面投影。依截交线上各点的顺序，连接得截交线的侧面投影，为椭圆。

(4) 依据可见性，画出截切圆柱体轮廓线的侧面投影。

截切圆柱体侧面投影的轮廓可见，画至截平面上 3″、4″为止。如图 6-4 (b) 所示。

【例 6-4】 如图 6-5 (a) 所示，求作切口圆柱的侧面投影。

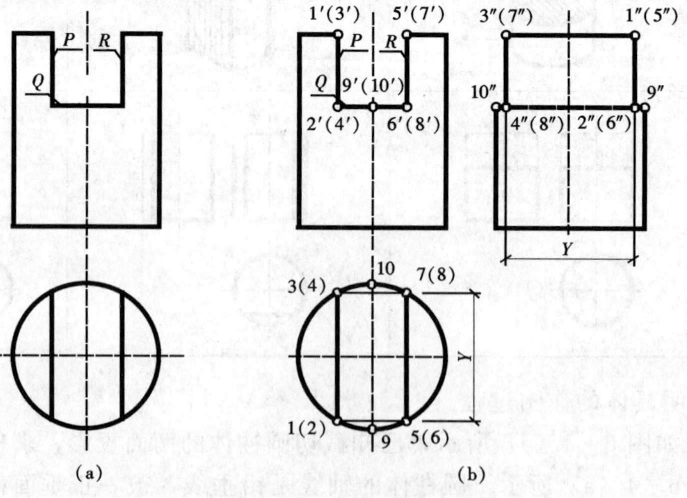

图 6-5　切口圆柱的投影作图

［解］ 图 6－5（a）所示圆柱的切口是由平行于轴线，且左右对称的两侧平面 P、R 和垂直于轴线的水平面 Q 截切而形成，两侧平面 P、R 与圆柱面的截交线为平行于轴线的素线，水平面 Q 与圆柱面的截交线为圆弧。

画图步骤：

（1）画出完整圆柱的侧面投影。

（2）求各截平面与圆柱面的交线的投影。

求水平截平面 Q 与圆柱面交线的投影：先求出该截交线的正面投影，为直线 $2'6'$ 和 $4'8'$，正面投影重合；再按投影关系（九字歌）求出其水平投影和侧面投影。

求截平面（侧平面）P、R 与圆柱面交线的投影。两截平面 P、R 与圆柱面交线的正面投影分别为直线 $1'2'$（$3'4'$）和 $5'6'$（$7'8'$）；再按投影关系（九字歌）求出其水平投影和侧面投影。

求截平面 P、R 与水平截平面 Q 的交线的投影。截平面 P、R 与水平截面 Q 的交线为正垂线，其正面投影积聚成一点；侧面投影重合，为直线 $2''4''$（$6''8''$）。该交线的侧面投影被圆柱面的投影遮住，不可见，因此，画成虚线。

（3）画出轮廓线的侧面投影。结果如图 6－5（b）所示。

2. 圆锥体的截交线

圆锥体被平面截切，根据截平面与圆锥体轴线相对位置的不同，基本截交线有五种不同的形状，见表 6－2。

表 6－2　　　　**平面与圆锥相交的各种情况**

截平面的位置	垂直于轴线	倾斜于轴线			平行于轴线
		过锥顶	与所有素线相交	与一条素线平行	
截交线的形状	圆	三角形	椭圆	抛物线与直线	双曲线和直线
立体图	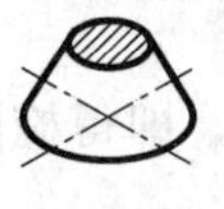	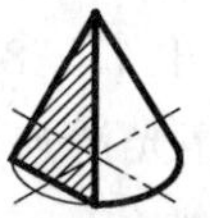	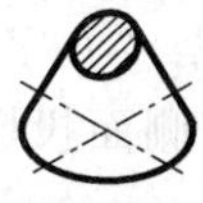	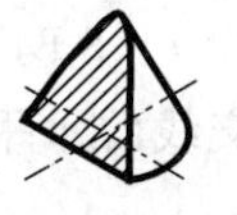	
投影图		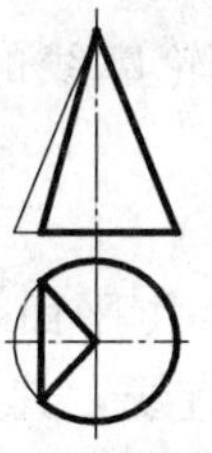			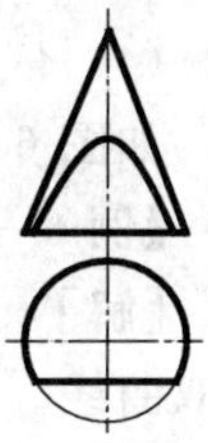

下面举例说明具体的作图过程。

【例 6－5】 如图 6－6（a）所示，已知截切圆锥的正面投影，求其另两面投影。

［解］ 如图 6－6（a）所示，截平面 P 为正垂面，且倾斜于圆锥轴线，故其截交线为一椭圆。截交线的正面投影积聚成一直线，其它两投影为椭圆。

画图步骤：

（1）画出完整圆锥的水平投影和侧面投影。

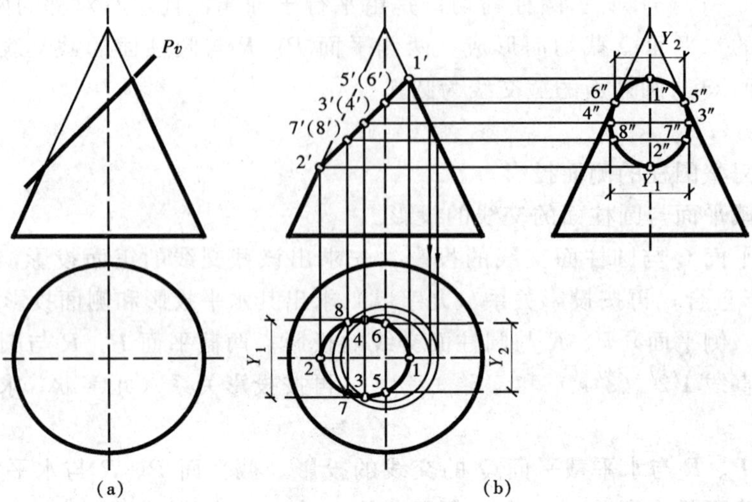

图 6－6　截切圆锥的投影作图

(2) 求截交线上各点的投影。先标出椭圆长、短轴端点的正面投影 1′、2′、3′、4′，特别注意：3′(4′) 在 1′2′连线的中点上。按投影关系（九字歌）和利用辅助纬圆法，分别求出各点的水平投影 1、2、3、4 和侧面投影 1″、2″、3″、4″；求最前、最后素线上点的投影。先标出其正面投影 5′(6′)，再根据“九字歌”求出其侧面投影 5″、6″和水平投影 5、6；用辅助纬圆法求一般位置点的正面投影 7′(8′)、水平投影 7、8 和侧面投影 7″、8″。

辅助纬圆法求一般点的过程如下：任选点 7′(8′)；过 7′(8′) 点画水平线（假想用截平面垂直于圆锥轴线截圆锥，截得的纬圆在 V 上的投影）与右素线相交，交点为纬圆的半径；长对正下来，在 H 图上找到半径，画出纬圆；纬圆与 7′(8′) 点长对正下来的竖直线相交的点，即为 7、8 两点；根据“九字歌”求出 7″、8″两点。

(3) 画出截交线的水平投影和侧面投影。顺序光滑连接各点，即得椭圆的水平投影和侧面投影。

(4) 依据可见性，画出轮廓线的侧面投影。轮廓线的侧面投影可见，画至 5″、6″为止，如图 6－6 (b) 所示。

【例 6－6】 求截切圆锥的侧面投影。

[解]　由图 6－7 (a) 可以看出，截平面 P 为侧平面，与圆锥轴线平行，故其截交线为双曲线。截交线的正面投影和水平投影积聚成直线，其侧面投影为双曲线，反映实形。

画图步骤：

(1) 画出完整圆锥的侧面投影。

(2) 求截交线上各点的投影。求截交线上特殊点的投影，先按“九字歌”求出截交线上最高和最低点的三面投影 1′、1、1″和 2′、2、2″及 3′、3、3″；用辅助纬圆法求一般位置点的正面投影 4′(5′)、水平投影 4、5 和侧面投影 4″、5″。

(3) 画出截交线和轮廓线的侧面投影。顺序光滑连接各点，即得双曲线的侧面投影。双曲线及轮廓线的侧面投影均可见。如图 6－7 (b) 所示。

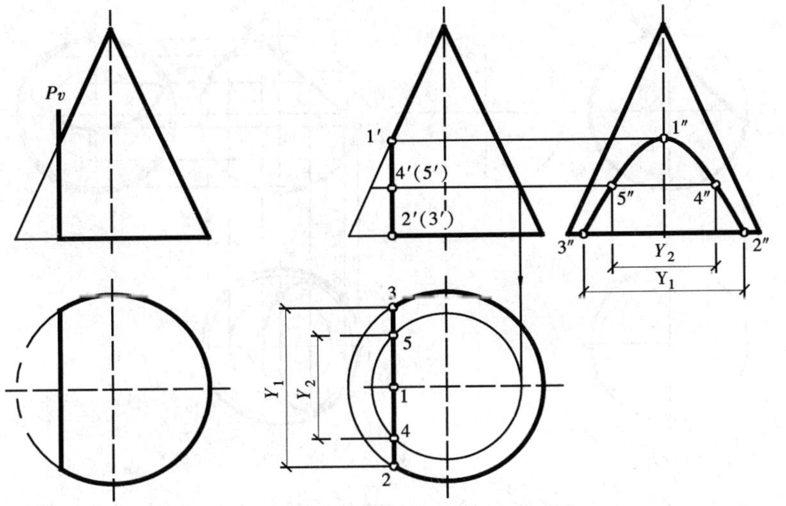

(a)　　　　　　　　(b)

图 6-7　截切圆锥的投影作图

3. 圆球体的截交线

圆球体被平面截切，其截交线均为圆，该圆的直径大小取决于截平面到球心的距离。根据截平面与投影面相对位置的不同，截交线的投影也不相同。见表 6-3 所示。当截平面平行于投影面时，截交线在该投影面上的投影反映实形。

表 6-3　　　　**截切球的三种投影形式**

截平面的位置	截平面为正平面	截平面为水平面	截平面为正垂面
截交线的形状	正投影为圆	水平投影为圆	水平投影为椭圆
立体图			
投影图	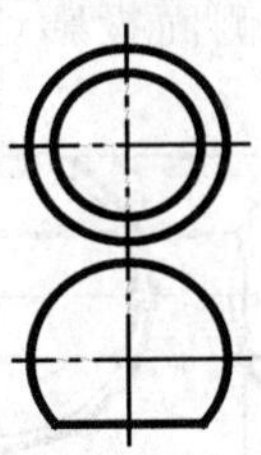	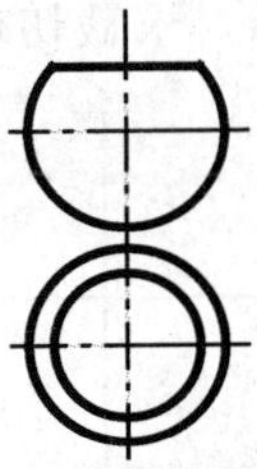	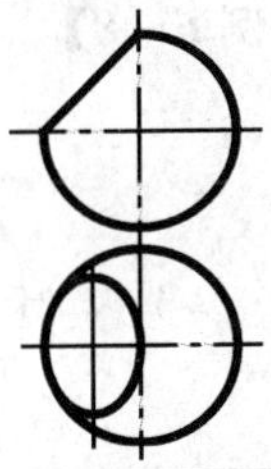

下面举例说明具体的作图过程。

【例 6-7】　如图 6-8 所示，求作截切球的水平投影和侧面投影。

[解]　图 6-8 (a) 所示，截平面 P 为正垂面，截交线的正面投影积聚为直线，该直线的长度等于截交线圆的直径；其水平和侧面投影均为椭圆，需在图中画出。

画图步骤：

(1) 画出完整球的水平投影和侧面投影。

(2) 求截交线的水平投影和侧面投影。①求特殊点的投影：先在截交线的正面投影上

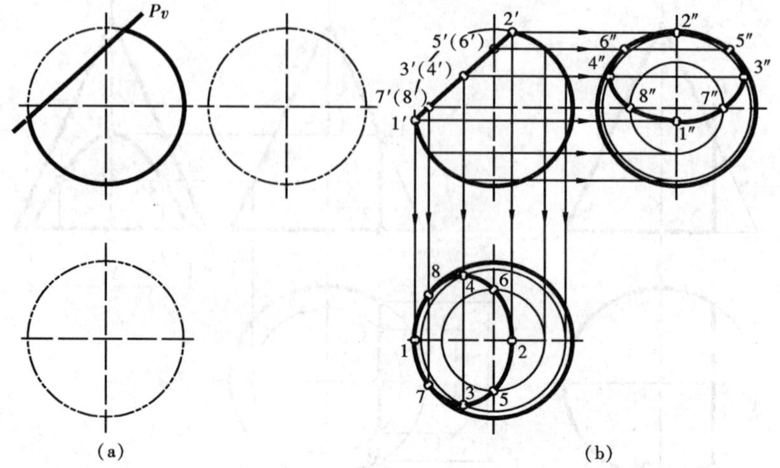

图 6-8　截切球的投影作图

标出最高和最低点的正面投影 1′、2′，标出 1′2′连线的中点 3′(4′)，它们为重影点，至此，截交线圆的水平投影和侧面投影椭圆的长短轴的端点的正面投影全部标出；1′、2′两点利用"九字歌"就可以得到 1、2、1″、2″；3′(4′) 两点利用辅助纬圆法就可以得到 3、4、3″、4″；②求一般点的投影：在 V 面图中，标出子午圆上的点 5′(6′) 当一般点用，任选中间点 7′(8′) 为一般点。利用在球面上定点的方法，由 5′、6′、7′(8′) 直接标出或利用辅助纬圆法求得 5、6、7、8 和 5″、6″、7″、8″。

(3) 画出截交线的水平投影和侧面投影。依次光滑连接各点的水平投影和侧面投影，即得截交线的投影—椭圆。截交线的两面投影均可见。

(4) 依据可见性，整理水平投影和侧面投影的轮廓线。

水平投影上，球的轮廓线圆只画 7、8 点以右部分；侧面投影上，球的轮廓线圆只画 5″6″点以下部分。如图 6-8 (b) 所示。

【例 6-8】 如图 6-9 所示，求截切球的水平投影和侧面投影。

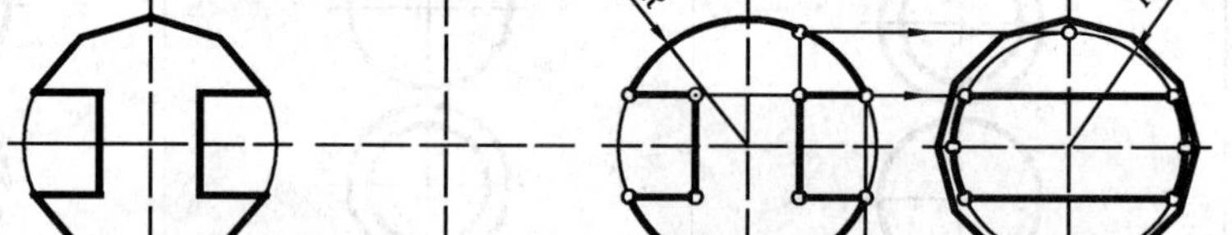

图 6-9　截切球的投影作图

［解］ 图 6-9（a）所示球体，中部左右对称的槽是由两个水平面和一个侧平面截切而成，它们与球的截交线均为一段圆弧。由于截交线的正面投影有积聚性，只需求出它们的水平投影和侧面投影。

画图步骤：

（1）画出完整球体的水平投影和侧面投影；

（2）作出水平截平面与球体截交线的投影，并判别可见性。水平投影为两段左右对称、半径为 R_1 的圆弧。而侧面投影积聚为一条直线；

（3）作出两侧平面与球体截交线的投影。水平投影具有积聚性，其中被遮住的部分为虚线，而侧面投影是半径为 R_2 的两段圆弧；

（4）整理水平投影和侧面投影的轮廓线。水平投影上，球的赤道圆在槽的位置上被切掉，只画截交线的纬圆；侧面投影上，球的子午圆全部画出，如图 6-9（b）所示。

第二节　相　贯　线

一、平面体与平面体相贯

两平面体相贯，其相贯线是一闭合的平面折线或空间折线。折线的各转折点，是两平面体参与相贯的各棱线与各表面相互的交点，求得这些点并依次连接，即得两平面立体的相贯线。交点可用直线与平面求交点的方法获得。下面举例说明。

【例 6-9】 如图 6-10 所示，求三棱柱与三棱锥的相贯线。

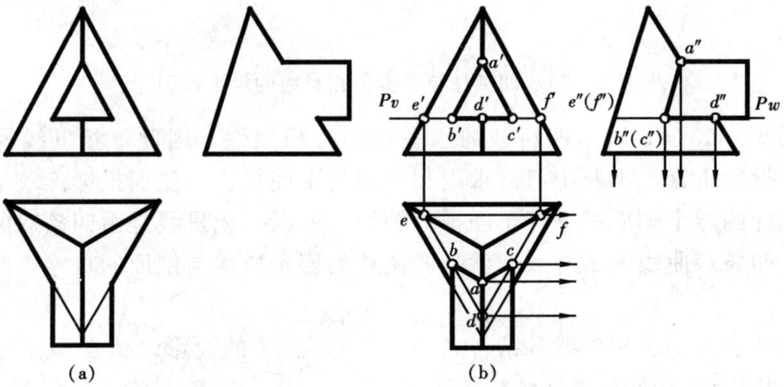

图 6-10　三棱柱与三棱锥的相贯线投影图

［解］ 图 6-10（a）所示三棱柱的正面投影有积聚性，因此，相贯线的正面投影与三棱柱的正面投影重合。现在需要求出的是相贯线的侧面投影和水平投影。采用积聚性法和辅助平面法来作图。此两相贯体的相贯线左右对称。

画图步骤：

（1）在正面投影上，利用三棱柱投影的积聚性，标出相贯线正面投影上的各点 a'、b'、c'、d'。

（2）A 点在三棱柱的最上棱边上，与三棱锥的最前棱边相交为侧面投影 a''，根据“九字歌”，确定水平投影 a。

（3）包含三棱柱下部棱面作一辅助水平面 P，求出该平面与三棱锥截交线（三角形）的水平投影和侧面投影，并在其上求出 b、c、d 和 b''、c''、d''。

（4）依此连接相贯线上各点的水平投影和侧面投影，并判别可见性。即得相贯线的投影。

二、平面体与曲面体相贯

平面立体与曲面立体的相贯线是由若干段平面曲线所组成的空间封闭曲线。每段平面曲线是平面体上某一棱面与曲面体的截交线。各段截交线的交点，称为结合点，它是平面立体的棱线对曲面立体表面的贯穿点。因此，求平面立体和曲面立体的相贯线，实际为求平面与曲面的截交线和棱线与曲面贯穿点的问题。

【例 6-10】 如图 6-11 所示，求四棱柱与圆锥的相贯线。

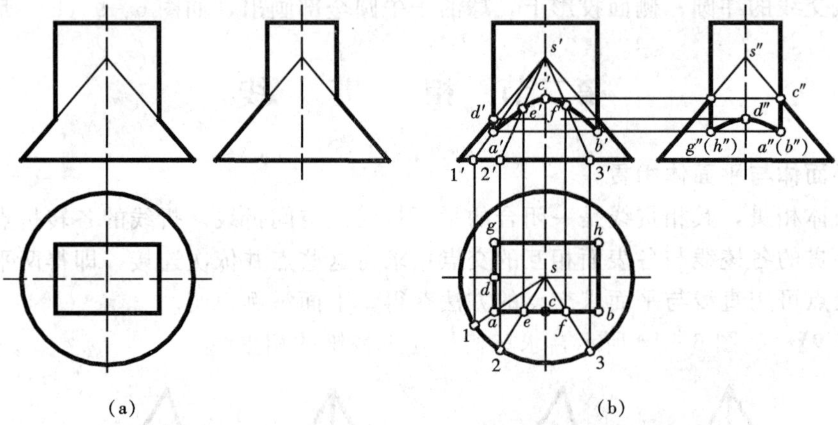

图 6-11　四棱柱与圆锥的相贯线的投影作图

[解] 图 6-11（a）所示四棱柱的水平投影有积聚性，因此，相贯线的水平投影与四棱柱的水平投影重合，本题中只需求出相贯线的正面投影和侧面投影。

由于四棱柱的四个侧面都平行于圆锥的轴线，所以，相贯线是由四条双曲线组成的空间封闭曲线。四条双曲线的结合点，就是四棱柱的四条棱线与锥面的贯穿点。

画图步骤：

（1）求特殊点。①求相贯线各结合点 A、B、G、H 的投影。依据四棱柱水平投影的积聚性，标出相贯线上结合点的水平投影 a、b、g、h。过各点的水平投影作辅助素线，如 $s1$、$s'1'$、$s''1''$，再根据各点从属于棱线的性质，利用“九字歌”可得各结合点的正面投影 a'、b'、g'、h'和侧面投影 a''、b''、g''、h''；②求相贯线上的最高点 C、D 的投影。依据四棱柱水平投影的积聚性，标出相贯线上最高点的水平投影 c、d。在 V 面图中，四棱柱的左侧面与圆锥的最左素线的交点即为 d'点，高平齐在最左素线的 W 投影图中找到 d''点；在 W 面图中，四棱柱的最前侧面与圆锥最前素线的交点即为 c''点，高平齐与最前素线的 V 面投影相交，得点 c'。

（2）求一般点。用素线法求出相贯线上适当数量的一般点。图中，取两对称的一般点 E、F，利用素线法求出其正面投影和侧面投影。

（3）依据可见性，依此连接相贯线上各点的正面和侧面投影，即得相贯线的正面和侧面投影。

三、曲面体与曲面体相贯

两曲面立体相贯，相贯线一般情况下是封闭的空间曲线，特殊情况下是平面曲线或直线；相贯线是两回转体表面的共有线，相贯线上的点是两曲面立体表面的共有点；相贯线的形状取决于曲面的形状、大小及两曲面体之间的相对位置。

求做两曲面立体的相贯线，实质上就是求两立体表面上一系列共有点的投影问题。具体步骤是：首先求出相贯线上的特殊点，特殊点一般位于曲面体上、下、左、右、前、后素线上，或在圆球的赤道圆、主子午圆、子午圆上；其次求做一般点：求做一般点的方法通常为三面共点法，如图 6－15 所示；最后判别可见性，用光滑的曲线连接相贯线。特别注意：只有相贯线同时位于两个立体的可见表面上时，这段相贯线的投影才是可见的；否则不可见。下面介绍两种求相贯线的方法。

1. 利用积聚性求相贯线

（1）两圆柱正交相贯。参与相贯的两个曲面体，如果有一个投影具有积聚性，就可以利用该曲面的积聚投影作出两个曲面的若干个公有点，然后连成相贯线。

【例 6－11】 如图 6－12 所示，求作两圆柱正交的相贯线。

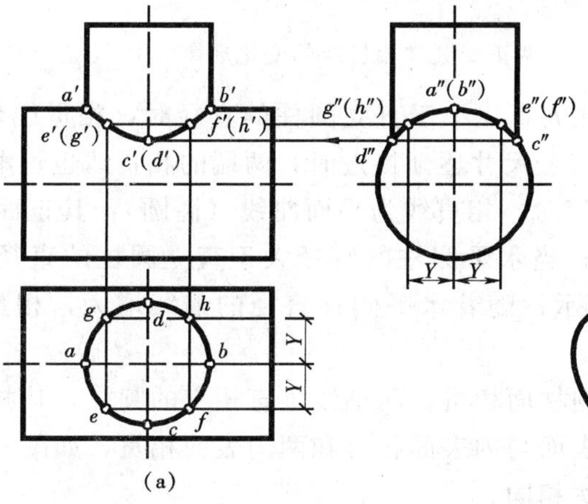

图 6－12　作两圆柱的相贯线的投影作图

［**解**］ 两圆柱的轴线垂直相交，称为正交，其相贯线为一封闭的，前后、左右均对称的空间曲线。由于小圆柱面的水平投影积聚为圆，因此，相贯线的水平投影重合在其上；同理，大圆柱面的侧面投影积聚为圆，相贯线的侧面投影也就重合在小圆柱穿进处的一段圆弧上，且左半和右半相贯线的侧面投影相互重合。因此，本题中只需求作相贯线的正面投影。

画图步骤：

1）求特殊点。在 V 面图中，大圆柱最上素线与小圆柱的左右素线的交点 a' 和 b' 是相贯线上的最高，也是最左、最右点，根据“九字歌”可确定 H、W 的投影 a、b、$a''(b'')$；相贯线上的最低点是小圆柱前素线、后素线上的点 C、D。可先定出点 C、D 的水平投影 c、d，再在相贯线的侧面投影上相应地定出 c''、d''。由 c、d 和 c''、d''，依据“九字歌”

做出其正面投影 c'、d'；

2）求一般点。由于两圆柱是左右、前后对称的，所以可以找到四个对称点 E、F、G、H，先定出其水平投影 e、f、g、h，再作出相应的侧面投影 e''、f''、g''、h''，再依据“三等规律（九字歌）”求出 e'、f'、g'、h'；

3）判别可见性后依次连接各点。相贯线的正面投影左右、前后对称，前面相贯线在两个圆柱的可见表面上，其正面投影 $a'e'c'f'b'$ 可见；而后面相贯线的投影 $a'g'd'h'b'$ 不可见，其正面投影与前面相贯线的投影相重合。因此，按相贯线正面投影上前面各可见点的顺序，光滑连接，即可完成相贯线正面投影的作图，如图 6-12 所示。

（2）两圆柱正交相贯时相贯线的变化规律。两圆柱正交时，若相对位置不变，改变两圆柱直径的大小，则相贯线的形状会随之改变，其变化规律如图 6-13 所示。

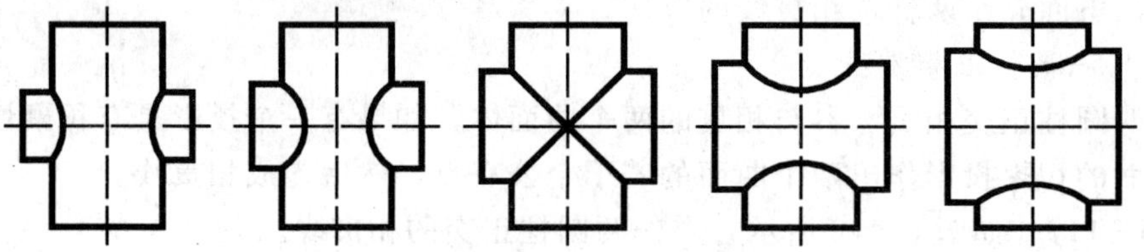

(a)　(b)　(c)　(d)　(e)

图 6-13　两正交圆柱相贯线的变化规律

从图 6-13 可知，当水平圆柱的直径小于直立圆柱的直径时，相贯线呈左、右两端，如图 6-13（a）所示；当两圆柱直径尺寸逐渐接近时，两端的相贯线也逐渐接近，如图 6-13（b）所示；当两圆柱直径相等时，相贯线为平面曲线（椭圆），其正面投影积聚为两相交直线，如图 6-13（c）所示；当水平圆柱的直径大于直立圆柱的直径时，相贯线呈上、下两端，如图 6-13（d）所示；随着水平圆柱直径的继续增大，相贯线逐渐远离，如图 6-13（e）所示。

（3）内外圆柱面相贯及两内圆柱面相贯。两轴线垂直相交的圆柱，其相贯线除了有外表面与外表面相贯之外，还有外表面与内表面相贯和两内表面相贯，如图 6-14 所示。这三种情况的相贯线形状和作图方法相同。

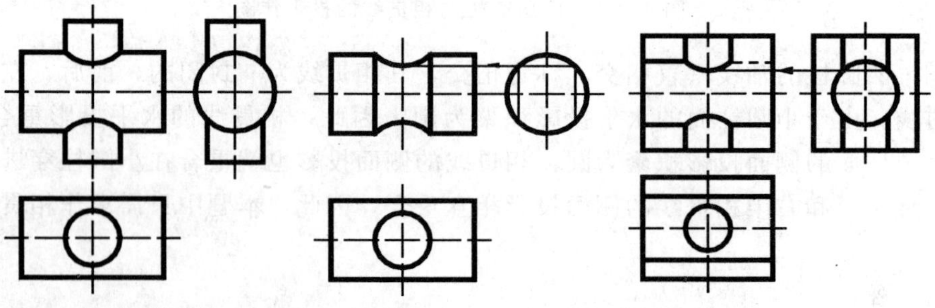

(a)　(b)　(c)

图 6-14　两圆柱相贯的三种形式

(a) 两外表面相交；(b) 外表面与内表面相交；(c) 两内表面相交

2. 利用辅助平面法求相贯线

当参与相贯的两回转体表面之一无积聚性（或均无积聚性）时，可采用辅助平面法求相贯线。辅助平面法，就是假想用一平面在适当的部位切割两相贯立体，分别求出辅助平面与两立体的截交线，这两条截交线的交点，不仅是两回转体表面上的点，也是辅助截平面上的点，为三面共有点，即相贯线上的点。若作一系列辅助平面，便可求得相贯线上一系列的点，经可见性判别后，依次光滑连接各点的同面投影，即得所求相贯线的投影。

辅助平面的选择原则是：辅助平面与两回转体表面交线的投影，应是简单易画的直线或圆。如图 6-15（a）所示，两圆柱相贯时，可选择平行于两圆柱轴线的截平面 P，使两截交线都是矩形；如图 6-15（b）所示，直立圆锥与水平圆柱相贯时，可选择垂直于圆锥轴线又平行于圆柱轴线的水平截平面 Q，使得截交线为圆及矩形；如图 6-15（c）所示，球与圆柱相贯时，可选择平行于投影面又平行于圆柱轴线的截平面，使得截交线为圆及矩形。在应用辅助平面法求相贯线时，要注意必须在相贯线的范围内用辅助平面截切，这样才能求出相贯线上的点。下面介绍用辅助平面求相贯线的方法。

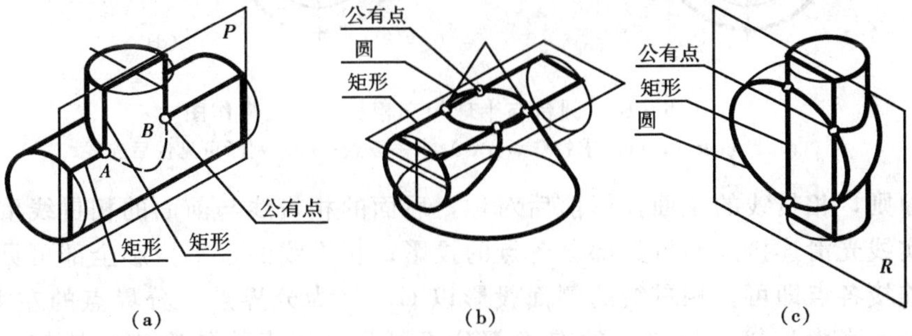

图 6-15　辅助平面法的选用

（a）同时平行于两柱轴线；（b）既平行于柱轴线又垂直于锥轴线；（c）既平行于柱轴线又平行于投影图

【例 6-12】 如图 6-16 所示，求圆台与半球相贯线的投影。

[解] 由图 6-16 可知，圆台位于半球的左上方，且轴线不过球心，两回转体有公共的前后对称平面，因此，相贯线是一条前后对称的闭合空间曲线。由于这两个立体的三面投影均无积聚性，故相贯线的三面投影均需求出。

画图步骤：

（1）求特殊点。图 6-16（b）所示，圆锥左右素线与主子午圆的交点 a'、b'，即为相贯线的最高点和最低点，利用“九字歌”可直接找出 a''、b''、a、b；过圆台轴线作辅助侧平面 S，S 面与半球相交，其截交线为一半圆。S 面与圆台相交，交线为圆台前后素线，半圆与前后素线的交点为 c''、d''，c''、d''是相贯线上最前最后的点，然后利用“九字歌”找出 $c'(d')$、c、d，如图 6-16（b）所示。

（2）求一般点。在特殊点之间的适当位置作一水平辅助平面 P，它与圆台和球各相交于一圆，该两圆水平投影的交点就是相贯线上两个一般点 E、F 的水平投影 e、f，再根据投影规律，分别求出该两点的正面投影 e'、f'和侧面投影 e''、f''。同理可作一系列水平辅助平面，如 P_1、P_2 等，求出相贯线上的多个一般点。如图 6-16（c）所示。

（3）判别可见性，依次光滑连接各点。当两回转体表面都可见时，其上的交线才可

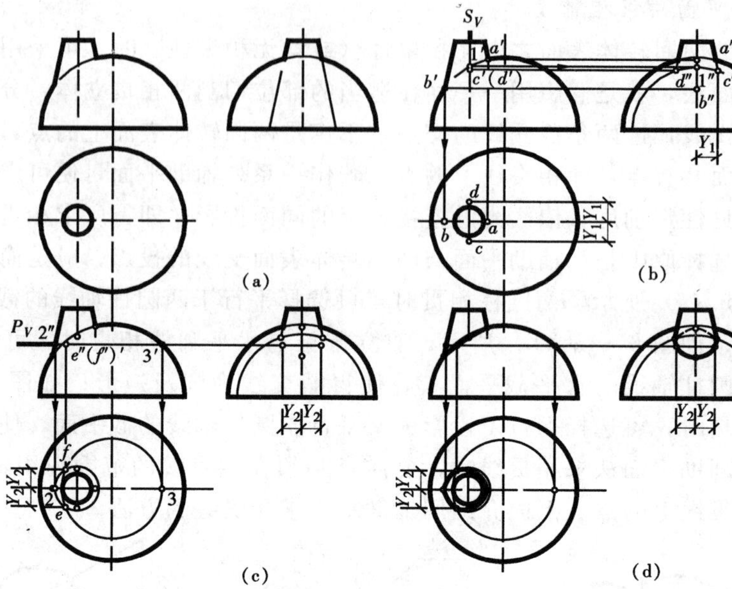

图 6-16　圆台与半球相交相贯线的投影作图

(a) 已知条件；(b) 求特殊点；(c) 求一般点；(d) 判断可见性后连线

见。按此原则，相贯线的正面投影前后对称，后面的相贯线与前面的相贯线重合，只需按顺序用粗实线光滑连接前面可见部分各点的投影；相贯线的水平投影全部可见，用粗实线依次光滑连接各点即可；相贯线的侧面投影以 C、D 为分界点，分界点的左半部分可见，用粗实线依次光滑连接，分界点的右半部分不可见，用虚线依次光滑连接。如图 6-16 (d) 所示。

(4) 整理轮廓线。圆台转向轮廓线的侧面投影应画到相贯线为止。

3. 相贯线的特殊形式

(1) 具有公共内切球的两曲面立体相贯。当具有公共内切球的两曲面立体相贯时，其相贯线为平面曲线——椭圆。在与两曲面立体轴线平行的投影面上，该椭圆的投影积聚成直线。

如图 6-17 所示的圆柱与圆柱、圆柱与圆锥、圆锥与圆锥相交，它们的轴线都分别相交、平行于正面，且公切一个球，因此，它们的相贯线都是垂直于正面的椭圆，只要连接

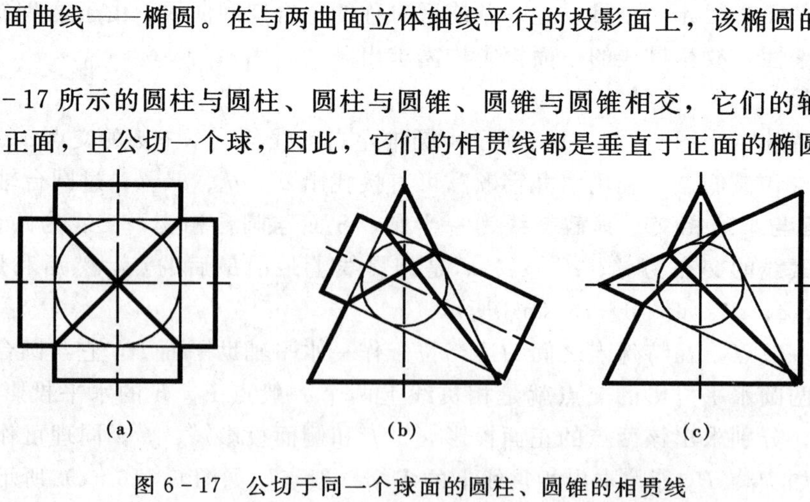

(a)　(b)　(c)

图 6-17　公切于同一个球面的圆柱、圆锥的相贯线

(a) 圆柱与圆柱；(b) 圆柱与圆锥；(c) 圆锥与圆锥

它们的正面投影（上、下、左、右素线）的交点，得两条相交直线，即相贯线（两个椭圆）的正面投影。图 6-17 分别画出了相贯两立体的正面投影。

（2）具有公共回转轴的两个同轴回转体相贯。当具有公共回转轴的两回转体相贯时，相贯线为垂直于公共回转轴线的圆，如图 6-18 所示。

（3）轴线平行的两圆柱相贯。当轴线平行的两圆柱相贯时，其相贯线为不封闭的两平行直线，如图 6-19 所示。

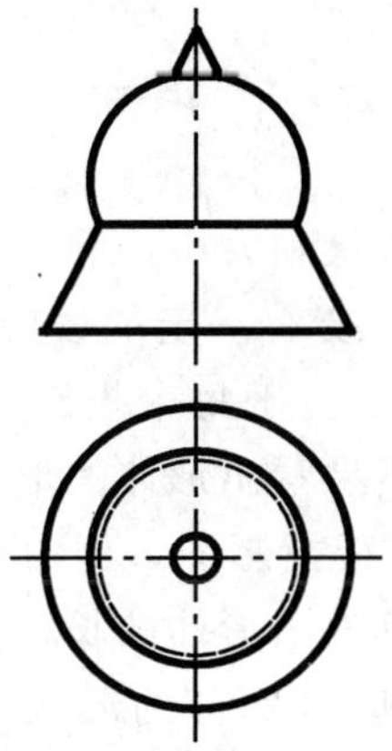

图 6-18　两个同轴回转体的相贯线

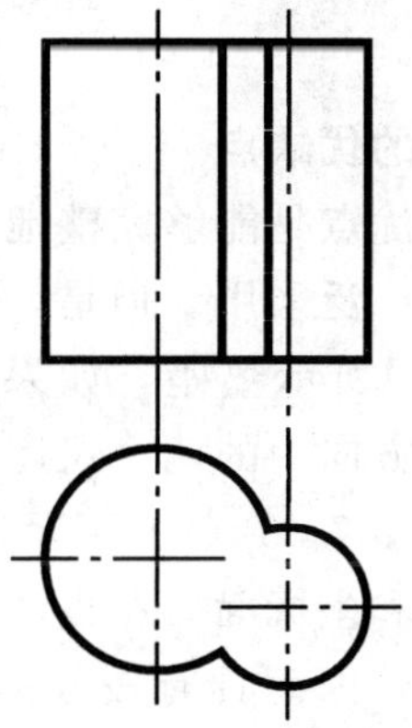

图 6-19　轴线平行两圆柱的相贯线

第七章 轴 测 投 影

第一节 概 述

一、轴测图的优缺点

正投影图的优点是能够完整地、准确地表示形体的形状和大小，而且画图简便，所以在工程实践中被广泛采用。但是，正投影图缺乏立体感，要有一定的读图能力才能看懂。例如图 7-1（a）所示垫座，如果只画出它的三面投影，由于每个投影只反映出形体的长、宽、高三个方向中的两个尺度，所以缺乏立体感，不易看出形体的形状。如果画出垫座的轴测图，如图 7-1（b）所示，虽然是一幅单面的平行投影图，但由于投影方向不平行于任一坐标轴和坐标面，所以能在一个投影图中同时反映出形体的长、宽、高和不平行投影方向的平面，因而具有较好的立体感，较易看出垫座各部分的形状，并可沿图上的长、宽、高三个方向度量尺寸。轴测图的缺点是：首先是对形体的表达不全面，如垫座的后槽是否挖通，或挖到什么位置停止，没有表达清楚；其次轴测图没有反映出形体各个侧面的实形，如垫座上的矩形侧面在轴测图中变成了平行四边形。正是由于变形的关系，使得轴测图的画图比较麻烦，特别是外形或构造都复杂的形体，画图更为麻烦。因此，在工程实践中，轴测图一般只作为辅助图样，用以帮助阅读正投影图。

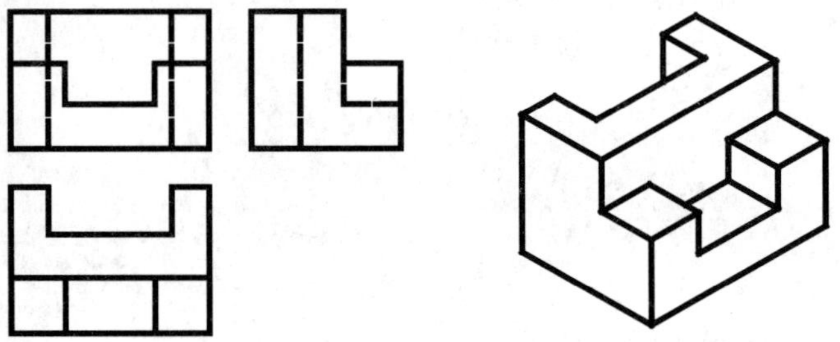

(a) (b)

图 7-1 垫座

(a) 正投影图；(b) 轴测图

二、轴测图的形成

用平行投影法将形体连同确定该形体空间位置的直角坐标，沿不平行于任一坐标平面的方向，投影到单一投影面上的图形称为轴测投影图，简称轴测图，如图 7-2 所示，图中 S 称为轴测投影方向，平面 P 称为轴测投影面。

三、轴倾角、轴间角及轴向伸缩系数

如图 7-2 所示，在轴测图中，空间直角坐标轴 OX、OY 和 OZ 在轴测投影面 P 上的

投影 O_1X_1、O_1Y_1 和 O_1Z_1 称为轴测投影轴，简称轴测轴；相邻两轴测轴之间的夹角 $\angle X_1O_1Y_1$、$\angle Y_1O_1Z_1$ 和 $\angle Z_1O_1X_1$ 称为轴间角。在画图时，规定把 O_1Z_1 轴画成铅垂方向，如图 7－2（a）所示，则 O_1X_1 和 O_1Y_1 与水平线的夹角分别标记为 φ 和 σ，称为轴倾角。

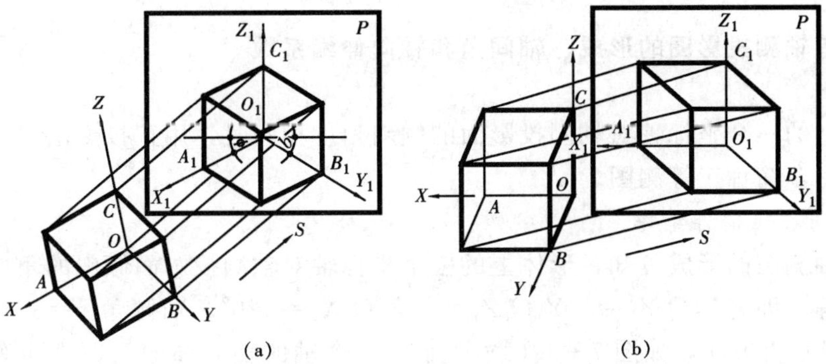

图 7－2 轴测图的形成
（a）正轴测图；（b）斜轴测图

在轴测图形成过程中，形体上三个坐标轴对轴测投影面倾斜的角度不同，其轴测投影的长度就会发生变化，因此，规定在轴测图中各轴向的单位长度 O_1A_1、O_1B_1、O_1C_1 与其相应的实际轴向单位长度 OA、OB、OC 的比值称为 O_1X_1、O_1Y_1 和 O_1Z_1 轴的轴向伸缩率（也称轴向伸缩系数），分别用 p_1、q_1 和 r_1 表示，即有轴向伸缩率为：

$$p_1=\frac{O_1A_1}{OA},\ q_1=\frac{O_1B_1}{OB},\ r_1=\frac{O_1C_1}{OC}$$

四、轴测图的分类

根据轴间角和轴向伸缩率的不同，可形成多种轴测投影图。当轴测投影方向 S 垂直于轴测投影面 P 时，所得到的投影称为正轴测图；如图 7－2（a）所示；当轴测投影方向 S 倾斜于轴测投影面 P 时，所得到的投影称为斜轴测图，如图 7－2（b）所示。正轴测图根据轴间角和轴向伸缩率的不同又可分为三种：

（1）正等测图：轴向伸缩率相等，即 $p_1=q_1=r_1$；轴倾角均为 30°，即 $\phi=\sigma=30°$。

（2）正二测图：轴向伸缩率 $p_1=r_1=2q_1$；轴倾角 $\phi=7°10'$，$\sigma=41°25'$。

（3）正三测图：轴向伸缩率不相等，即 $p_1\neq q_1\neq r_1$；轴倾角需要详细的计算（参阅相关书籍），故正三测不要求掌握。

若以 V 面或 V 面平行面作为轴测投影面，所得到的斜轴测投影，称为正面斜轴测图；若以 H 面或 H 面平行面作为轴测投影面，所得到的斜轴测投影，称为水平斜轴测图。

五、轴测图的特性

轴测图是用平行投影法绘制的，因此具有平行投影的投影特性：

（1）空间相互平行的直线，在轴测图中仍然相互平行。因此，形体上平行于三个坐标轴的线段，在轴测图上，仍然平行于各自的轴测轴。

（2）空间平行于坐标轴的直线，其轴向伸缩率等于各自轴测轴的轴向伸缩率。

在画物体的轴测图时，应首先选择轴测图的种类，即确定各轴间角（或轴倾角）和轴向伸缩率，然后根据轴测图的特性绘制轴测图。在轴测图的绘制过程中，国标规定用粗实线画出物体的可见轮廓线，为了使画出的图形清晰起见，不可见的轮廓线一般不必画出。

第二节　正　轴　测　图

一、正等轴测投影图的形成、轴间角和轴向伸缩系数

1. 形成

当形体上的三个坐标轴对轴测投影面的倾斜角度相同时，用正投影法得到的投影图称为正等轴测图，简称正等测图。

2. 轴间角和轴向伸缩率

由正等轴测图的形成可知，形体上的三个坐标轴对轴测投影面倾斜的角度相同，故三个轴间角相等，即$\angle X_1O_1Y_1=\angle Y_1O_1Z_1=\angle Z_1O_1X_1=120°$，轴倾角$\phi=\sigma=30°$，同时规定$OZ$轴画成垂直方向，如图7-3（a）所示。三个轴的轴向伸缩系数都相等，根据理论计算$p_1=q_1=r_1\approx0.82$，依据该轴向伸缩率所画的正等测图见图7-3（b）。为了便于作图，在画正等测图样时，通常采用简化伸缩率，即$p=q=r=1$，也就是可以沿轴测轴方向直接量取物体的真实长度作图。采用简化伸缩系数画出的正等测图，如图7-3（c）所示，其形状不变，只是沿各轴向放大了约1.22倍。

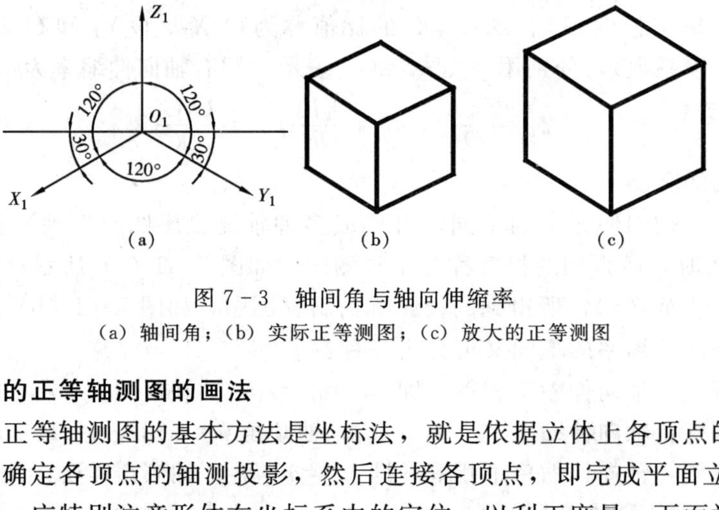

图7-3　轴间角与轴向伸缩率

(a) 轴间角；(b) 实际正等测图；(c) 放大的正等测图

二、平面体的正等轴测图的画法

画平面立体正等轴测图的基本方法是坐标法，就是依据立体上各顶点的坐标值，沿轴测轴方向度量，确定各顶点的轴测投影，然后连接各顶点，即完成平面立体的正等轴测图。具体作图时，应特别注意形体在坐标系中的定位，以利于度量。下面举例说明平面立体正等测图的具体画法。

【例7-1】 画出图7-4（a）所示正六棱柱的正等测图。

［解］ 分析：六棱柱前后、左右对称，因此可选取棱柱的轴线作为Z轴，棱柱顶面的中点作为原点O，从顶面开始作图。

画图步骤：

（1）在六棱柱的投影图上选定坐标原点和坐标轴，如图7-4（a）所示。

（2）绘制轴测轴：①画水平直线；②画竖直OZ_1轴；③画轴倾角为30°的O_1X_1、O_1Y_1轴。

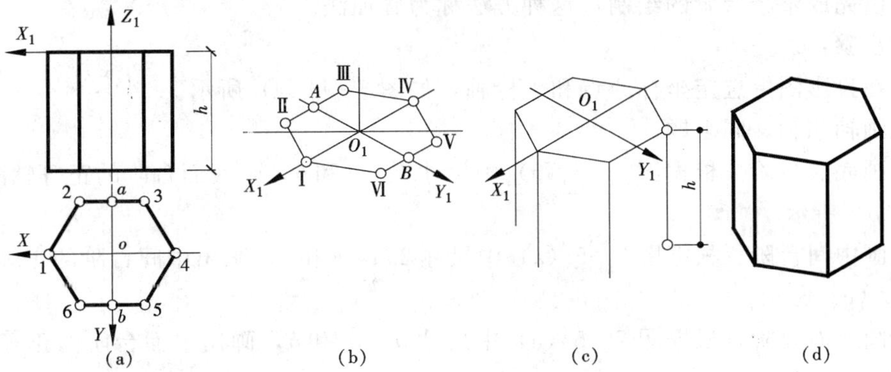

图 7-4　正六棱柱正等轴测图的画法

(3) 绘制六棱柱顶面的轴测投影。自原点的轴测投影 O_1 沿 X_1 轴向左、右各量取 O_1Ⅰ$=o1$、O_1Ⅳ$=o4$；再沿 Y_1 轴向前、后各量取 $O_1A=oa$、$O_1B=ob$。过 A、B 分别作直线ⅡⅢ$//O_1X_1$、ⅤⅥ$//O_1X_1$ 轴，并使得 AⅡ$=A$Ⅲ$=B$Ⅴ$=B$Ⅵ$=a2=a3=b5=b6$，连接相应各点，即画出顶面六边形的正等轴测图，如图 7-4 (b) 所示。注意，顶面的六条边中只有平行于 O_1X_1 轴的两条边可以直接量取长度，其他四条边与坐标轴不平行，故不能直接量取长度。

(4) 画六棱柱棱边的轴测投影。自顶面六边形各顶点向下画直线平行于 O_1Z_1 轴，并使其长度均等于 h，即得到各棱线的轴测投影。注意不可见的棱线一般不画出，如图 7-4 (c) 所示。

(5) 画出底面可见边的轴测投影，擦去多余图线并加深，即完成六棱柱的正等轴测图，如图 7-4 (d) 所示。

【例 7-2】 画出图 7-5 (a) 所示台阶的正等测图。

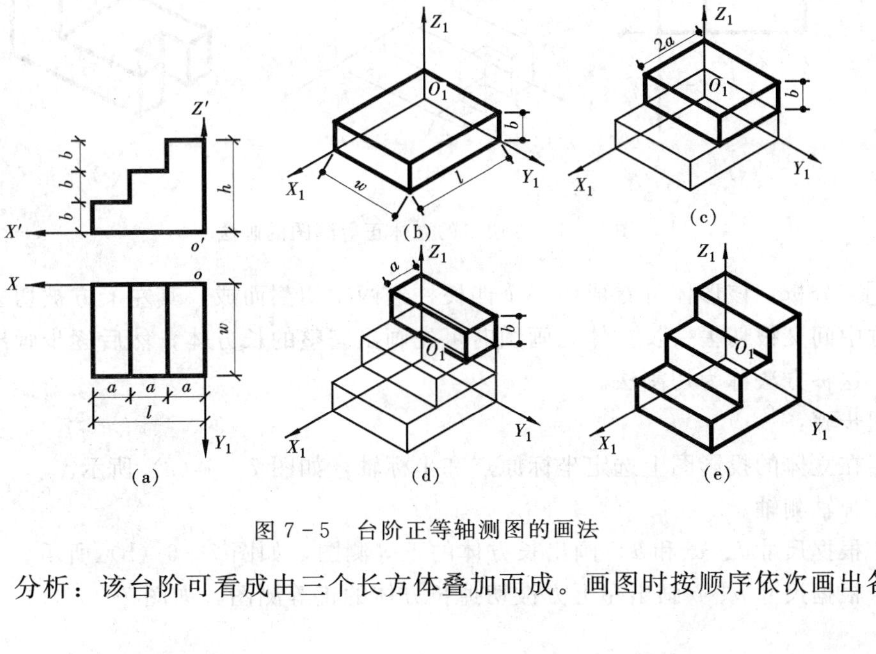

图 7-5　台阶正等轴测图的画法

［解］ 分析：该台阶可看成由三个长方体叠加而成。画图时按顺序依次画出各个长方

体，就可以完成整个台阶的绘制，这种方法称为叠加法。

画图步骤：

（1）在投影图上选定坐标原点和坐标轴，如图 7－5（a）所示。

（2）画轴测轴。同上题。

（3）画底层台阶。根据图 7－5（a）中尺寸 l、w 和 b，画底面台阶的正等轴测图，如图 7－5（b）所示。

（4）画中间台阶。根据图 7－5（a）中尺寸 $2a$、w 和 b，画出中间台阶的正等轴测图，如图 7－5（c）所示。

（5）画上面台阶。根据图 7－5（a）中尺寸 a、w 和 b，画出上面台阶的正等轴测图，如图 7－5（d）所示。

（6）擦去多余的图线，并加深轮廓线，完成台阶正等轴测图的作图。如图 7－5（e）所示。

【例 7－3】 画出图 7－6（a）所示形体的正等测图。

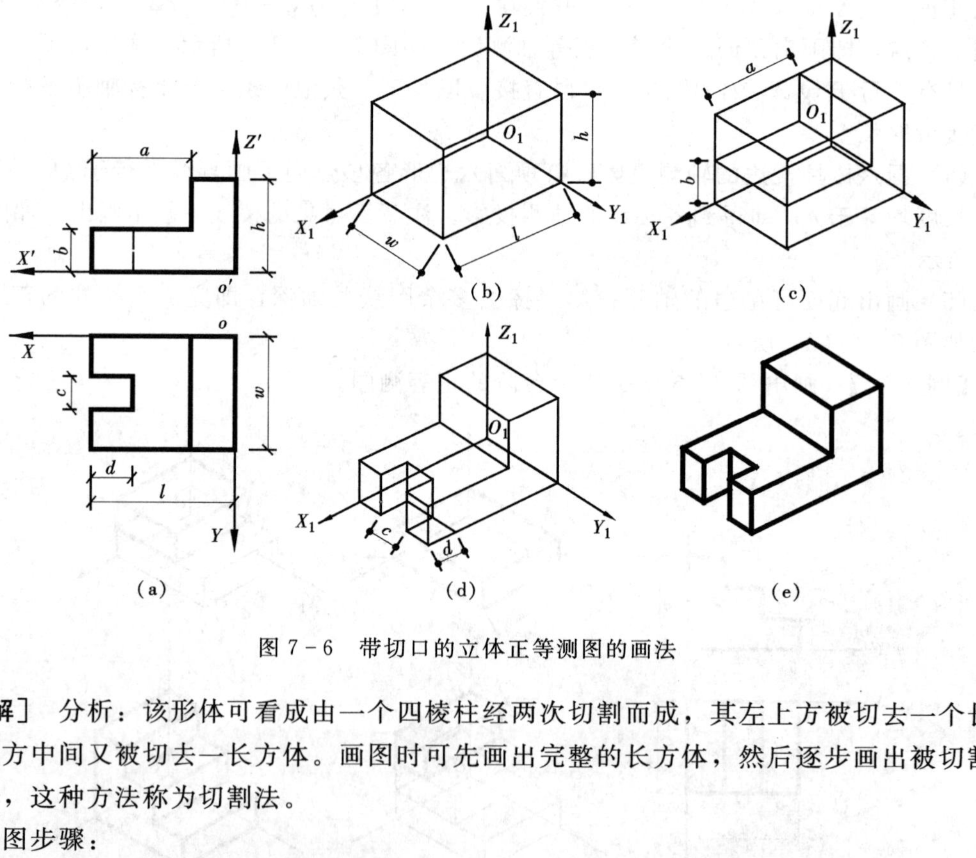

图 7－6　带切口的立体正等测图的画法

［解］ 分析：该形体可看成由一个四棱柱经两次切割而成，其左上方被切去一个长方体，左方中间又被切去一长方体。画图时可先画出完整的长方体，然后逐步画出被切割后的部分，这种方法称为切割法。

画图步骤：

（1）在立体的投影图上选定坐标原点和坐标轴，如图 7－6（a）所示。

（2）画轴测轴。

（3）根据尺寸 l、w 和 h，画出长方体的正等测图，如图 7－6（b）所示。

（4）根据尺寸 a、b 画出左上方被切掉长方体的正等测图，如图 7－6（c）所示。

(5) 根据尺寸 c、d 画出物体左方被切去的一小长方体的正等测图，如图 7-6 (d) 所示。

(6) 擦去多余的图线，加深可见轮廓线，即完成该立体的正等测图，如图 7-6 (e) 所示。

三、曲面体正等轴测图的画法

1. 平行于轴测投影面的圆的正等测画法

平行于轴测投影面的圆的正等测投影均为椭圆，从图 7-7 表面画有内切圆的正方体正等测图可见，每个正方形的正等测投影为菱形，内切圆的正等测投影为与菱形相切的椭圆，椭圆的长短轴分别平行于菱形的两条对角线，该椭圆常采用简易四心法绘制。下面以图 7-7 所示直径为 d 的水平圆为例，介绍简易四心法绘制椭圆的方法，具体画图步骤如下：

(1) 过圆心 O 确定坐标轴；并做出该水平圆的外切正方形，切点为 a、b、c、d，见图7-8 (a)。

(2) 画轴测轴。

(3) 画切点的轴测投影。过切点 A、B、C、D 分别作 O_1X_1、O_1Y_1 轴的平行线，相交成菱形（即外切正方形的正等轴测图）；菱形的对角线即为椭圆长、短轴的方向，如图 7-8 (b) 所示。

(4) 过切点 A、B、C、D 与短轴顶点 1、2 相连，与长轴相交 3、4 两点，1、2、3、4 即为简易四心法的四个圆心。如图 7-8 (c) 所示。

(5) 分别以 1、2 为圆心，以 $1A$（或 $2B$）为半径画大圆弧 AC、BD；以 3、4 为圆心，以 $3A$（或 $4B$）为半径画小圆弧 AD、BC，即得水平圆的正等轴测图，如图 7-8 (d) 所示。

(6) 描深后得到的水平圆的正等轴测图，如图 7-8 (d) 所示。

正平圆和侧平圆的正等轴测图，可根据各坐标面的轴测轴做出其外切正方形的正等轴测投影—菱形，其余画法与水平圆的正等测椭圆的画法相同，如图 7-9 (a)、(b) 所示。

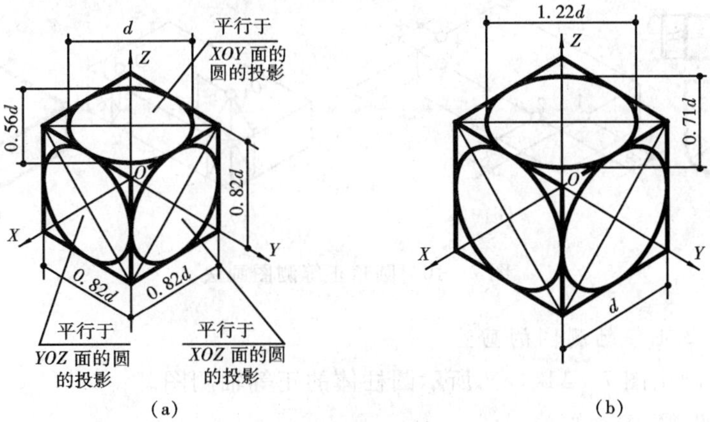

图 7-7 平行于坐标面的圆的正等测

2. 圆角正等测图的画法

1/4 圆角正等测画法与圆的正等测画法相同，即作出对应的 1/4 菱形，画出其正等轴

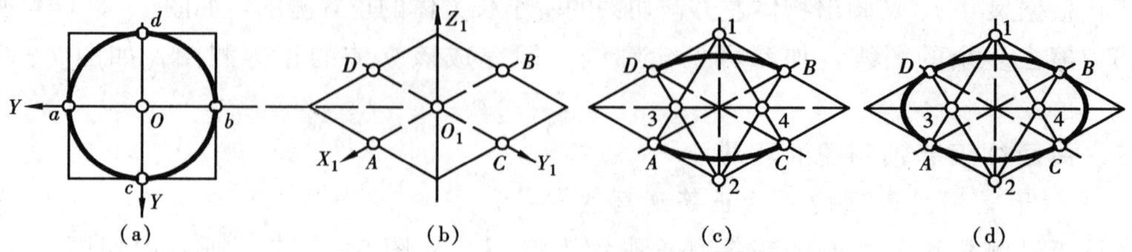

图 7-8　椭圆的近似画法

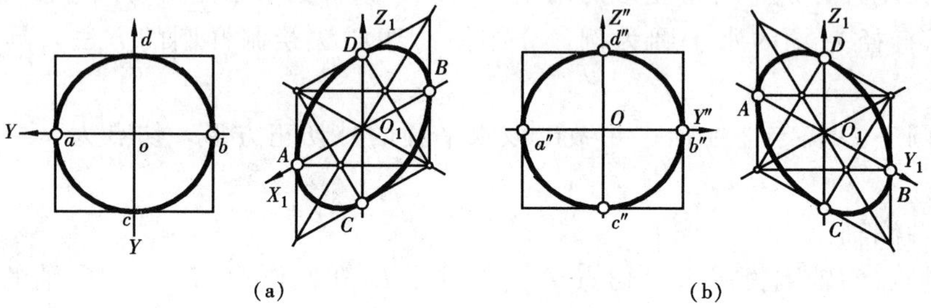

图 7-9　正平圆与侧平圆的正等测图

(a) 正平圆；(b) 侧平圆

测投影—近似椭圆弧即可，具体画法如下：

(1) 在作圆角的边线上量取圆角半径 R，得点 1、2、3、4，如图 7-10 (b) 所示。

(2) 自量得各点作边线的垂线，得两垂线交点 O_1、O_2，再以 O_1、O_2 为圆心，垂线长为半径画弧，即得上底面圆角的正等测图。将顶面上切点、圆心沿 Z 轴方向下移板厚距离 H，以顶面上相同的半径画弧，即完成底面圆角的正等测图。如图 7-10 (c) 所示。

(3) 画出右面圆角上下两圆弧的公切线，擦去多余的图线，加深可见轮廓线，即完成该圆角的正等测图，如图 7-10 (d) 所示。

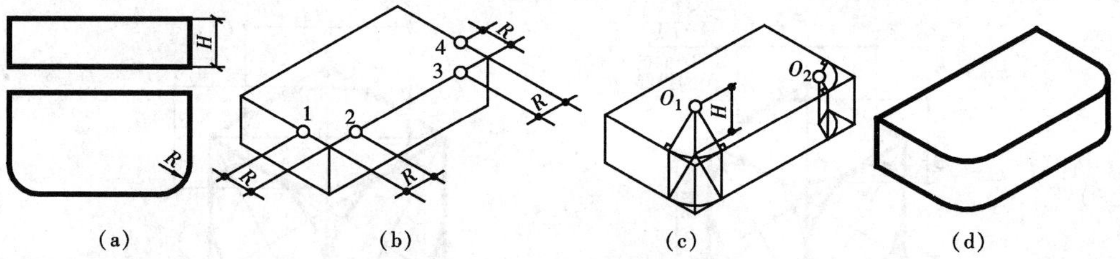

图 7-10　圆角正等测图画法

3. 常见曲面体正等轴测图的画法

【例 7-4】 画出图 7-11 (a) 所示圆柱体的正等轴测图。

[解] 画图步骤：

(1) 在圆柱体的投影图上确定坐标原点和坐标轴，如图 7-11 (a) 所示。

(2) 画轴测轴，做出圆柱上顶圆的轴测投影（简易四心法），再将圆弧的圆心向下移动 H（移心法），做下底圆轴测投影的可见部分，如图 7-11 (b) 所示。

（3）作上、下两椭圆的公切线（长轴端点的连线），即为圆柱面轴测投影的转向线，如图 7－11（c）所示。

（4）判断可见性，擦去多余的图线并加深，即完成圆柱正等轴测投影的作图，如图 7－11（c）所示。

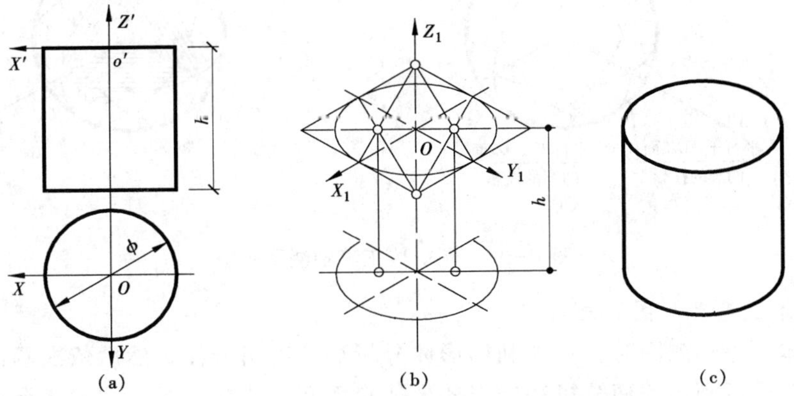

图 7－11　圆柱体正等轴测图画法

【例 7－5】 画出图 7－12（a）所示圆锥体的正等轴测图。

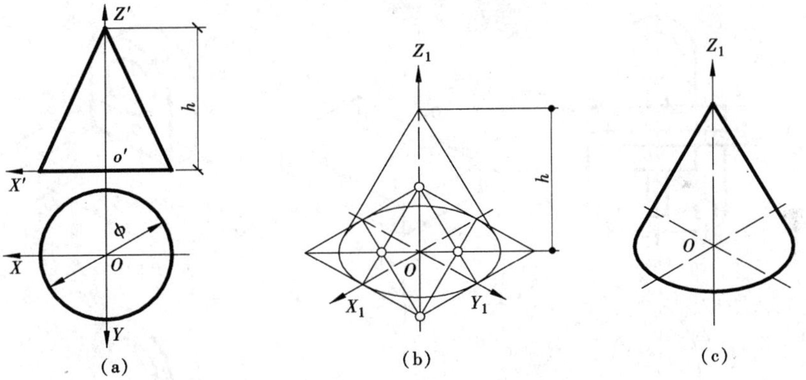

图 7－12　圆锥体正等轴测图画法

［解］ 画图步骤：

（1）确定坐标原点和坐标轴，如图 7－12（a）所示。

（2）画轴测轴，做出圆锥底面圆的轴测投影（简易四心法），再依据其高度 h 确定锥顶的轴测投影的可见部分，自锥顶作底面投影椭圆的公切线，即为圆锥面轴测投影的转向线，如图 7－12（b）所示。

（3）判断可见性，擦去多余的图线并加深，即完成圆锥正等轴测投影的作图，如图 7－12（c）所示。

【例 7－6】 画出圆球体的正等轴测图。

［解］ 画图步骤：

采用简易四心近似画法画出平行于三个轴测投影面的圆的正等测投影—椭圆，再画出三个椭圆的包络圆，即可得到圆球正等轴测投影，如图 7-13（a）所示。沿三个坐标面方向剖开圆球，去掉其 1/4，增强立体感，如图 7-13（b）所示。

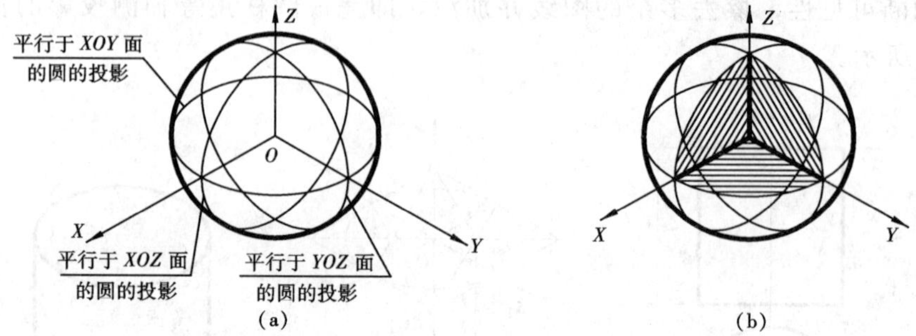

图 7-13 圆球体正等轴测图画法

4. 组合体正等轴测图的画法

画组合体正等轴测图时，首先利用形体分析法分解组合体，然后依次画出分解后各形体的轴测图，最后利用线面分析法确定各形体表面间的连接关系，擦去多余作图线并加深图线即可完成作图。

【例 7-7】 画出图 7-14（a）所示组合体的正等测图。

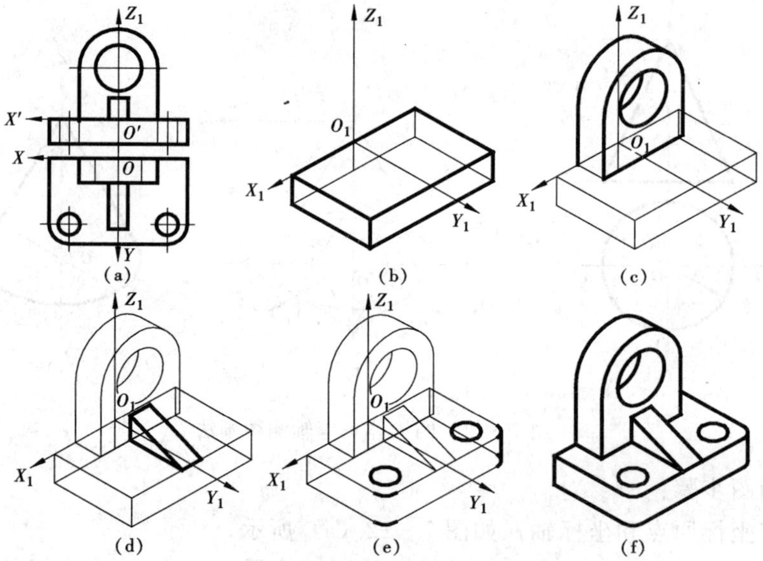

图 7-14 组合体正等测图的画法

［解］ 该组合体是由三个简单的形体叠加而成，可依次画出各形体的轴测图。画图时先画主要形体，对于形体上的小圆孔、圆角等细部结构一般可先不画出，等主要形体画完后，再逐步画出。

画图步骤：

(1) 在组合体的投影图上确定坐标轴和坐标原点，如图 7-14（a）所示。

(2) 画出底板长方体的正等轴测图，如图 7-14（b）所示。

(3) 画出立板的正等轴测图，使两立体后表面平齐；画出立板上方的半圆柱和中间的孔，如图 7-14 (c) 所示。

(4) 画出底板上方肋板的正等轴测图，如图 7-14 (d) 所示。

(5) 画出底板上的圆孔及两个圆角的正等轴测投影，如图 7-14 (e) 所示。

(6) 擦去多余图线并描深，即可完成该组合体正等轴测图，如图 7-14 (f) 所示。

四、正二轴测投影图

1. 形成

正二轴测投影图，简称正二测图。正二测图在投影的过程中，使得 OY 轴的轴向伸缩率恰好为 OX、OZ 轴的一半，由此绘制的轴测图是正二测图。

2. 轴倾角与轴向伸缩率

如图 7-15 (a) 所示，正二测图的绘制时，仍然规定 O_1Z_1 轴竖直向上，经过详细的计算，正二测图的轴倾角 $\phi=7°10'$，$\sigma=41°25'$；轴向伸缩率 $p_1=r_1=0.94$，$q_1=0.47$。正式绘图时将轴向伸缩率简化为 $p_1=r_1=1$，$q_1=0.5$，简化后不影响图的性质；轴倾角用 871 法绘制，如图 7-15 (b) 所示，过原点 O_1 向左截取 8 个单位，画竖直线，在竖直线上向上截取 7 个单位，与原点 O_1 相连的延长线，就是 Y_1 轴；在竖直线上，向下截取一个单位，与原点 O_1 相连，即为 X_1 轴。

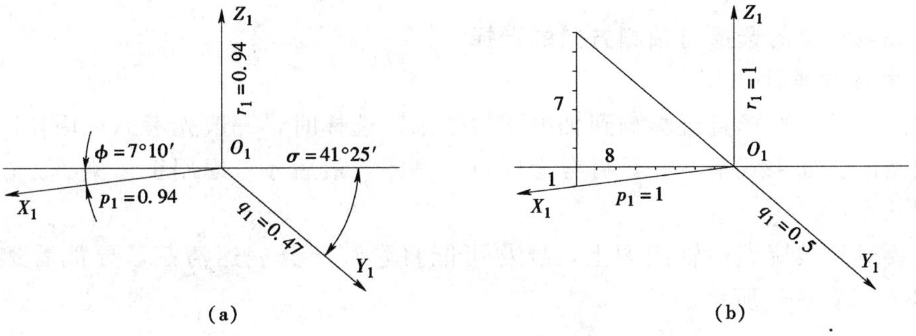

图 7-15 正二测图的画法

3. 正二测图的绘制

正二测图的绘制方法与正等测图相同，仍然遵循轴测图的性质绘制即可。

【例 7-8】 画出图 7-16 (a) 所示形体的正二测图。

[解] 该形体可看成由一个四棱柱经两次切割而成，其左上方被切去一个长方体，左方中间又被切去一长方体。画图时可先画出完整的长方体，然后逐步画出被切割后的部分，这种方法称为切割法。

画图步骤：

(1) 在立体的投影图上选定坐标原点和坐标轴，如图 7-16 (a) 所示。

(2) 画轴测轴。根据 871 法画出轴测轴。

(3) 根据尺寸 l、$w/2$ 和 h，画出长方体的正二测图，如图 7-16 (b) 所示。

(4) 根据尺寸 a、b 画出左上方被切掉长方体的正二测图，如图 7-16 (c) 所示。

(5) 根据尺寸 $c/2$、d 画出物体左方被切去的一小长方体的正二测图，如图 7-16

(d) 所示。

(6) 擦去多余的图线，加深可见轮廓线，即完成该立体的正二测图，如图 7-16 (e) 所示。

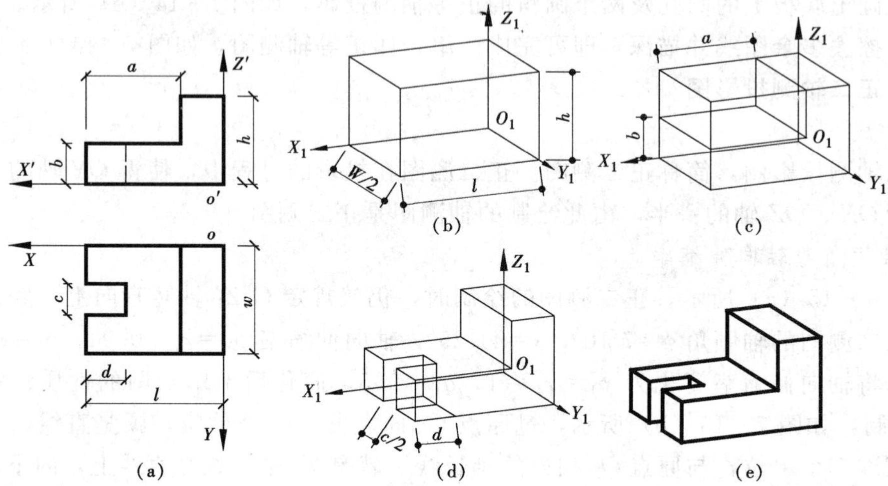

图 7-16　带切口的立体正二测图的画法

五、轴测种类的选择与轴测方向的选择

1. 轴测图种类的选择

轴测图种类的选择直接影响到轴测图的效果。选择时，一般先考虑采用作图比较简便的正等轴测图。如果效果不好，再考虑用正二测图，最后才考虑用正三测图。在选择时应注意下列几点：

(1) 要避免被遮挡。轴测图上，要尽可能将隐蔽部分表达清楚，要能看透孔洞的底面，如图 7-17 (c) 所示。

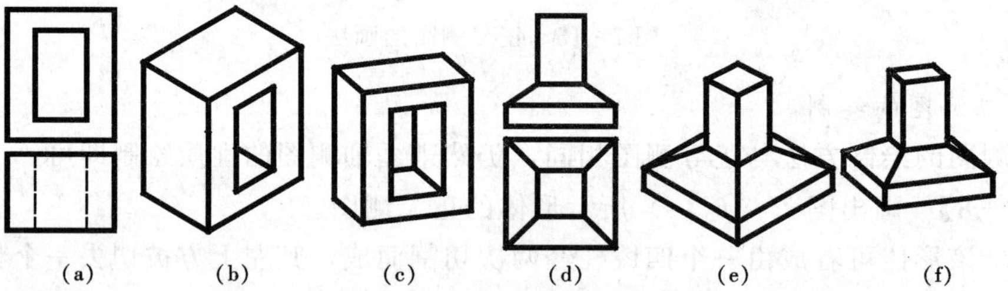

图 7-17　正轴测图形式的选择

(a) 门洞正投影图；(b) 门洞正等测图；(c) 门洞正二测图；(d) 基础正投影图；(e) 基础正等测图；(f) 基础正二测图

(2) 要避免转角处的交线投影成一条直线。如图 7-17 (e) 所示柱墩的转角处交线成了一条线，削弱了轴测图的立体感。

(3) 要避免投影成左右对称的图形。如图 7-17 (e) 所示柱墩成左右对称图形，显得呆板。

(4) 要避免有侧面的投影积聚成直线。如图 7-18 (b)、(c) 所示形体三棱柱缺口的左侧面成了一条直线，只能选择正三测图。

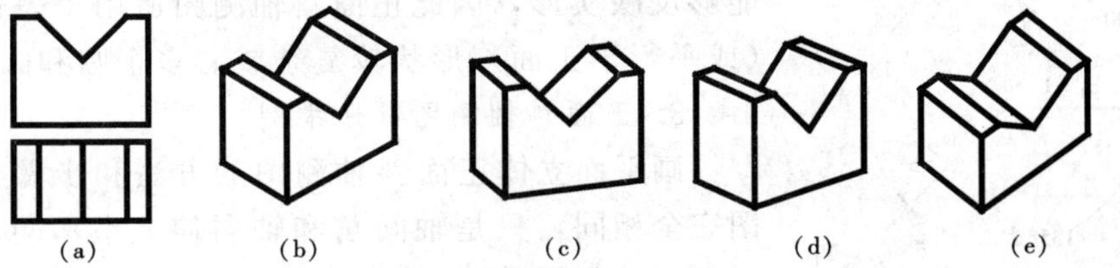

图 7-18　正轴测图形式的选择

(a) 垫块正投影图；(b) 垫块正等测图；(c) 垫块正二测图；
(d) 垫块正三测 A；(e) 垫块正三测 B

2. 选择轴测图的投影方向

轴测图常用的方向有如图 7-19 所示的四种。图 7-19 (b) 是从形体的左、前、上方向向右、后、下方投影所得的图形。轴测轴的安排与上面各例相同。图 7-19 (c) 是从形体的右、前、上方向左、后、下方投影所得的图形。轴测轴的安排与第一种比较，相当于绕 $O'Z'$ 轴顺时针旋转了 90°。图 7-19 (d) 是从形体的左、前、下方向右、后、上方投影所得的图形。轴测轴的安排与第一种比较，只是把 $O'X'$ 和 $O'Y'$ 两个轴倾角改画在水平线的上方。图 7-19 (e) 是从形体右、前、下方向左、后、上方投影所得的图形，轴测轴的安排与第三种比较，相当于绕 $O'Z'$ 轴逆时针旋转了 90°。

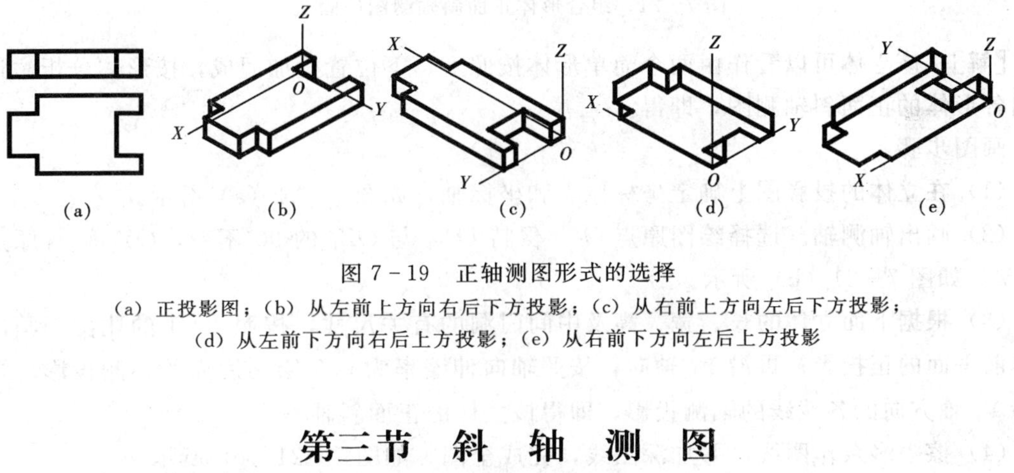

图 7-19　正轴测图形式的选择

(a) 正投影图；(b) 从左前上方向右后下方投影；(c) 从右前上方向左后下方投影；
(d) 从左前下方向右后上方投影；(e) 从右前下方向左后上方投影

第三节　斜　轴　测　图

斜轴测图分为正面斜轴测图和水平斜轴测图。

一、正面斜轴测图的形成、轴间角和轴向伸缩系数

1. 形成

当斜轴测图的 O_1X_1 和 O_1Z_1 轴的轴向伸缩系数 $p_1=r_1=1$，且轴间角 $\angle X_1O_1Z_1=90°$，$\angle X_1O_1Y_1=\angle Y_1O_1Z_1=135°$，轴向伸缩系数 $q_1=0.5$ 时，斜轴测投影称为正面斜轴测投影图。

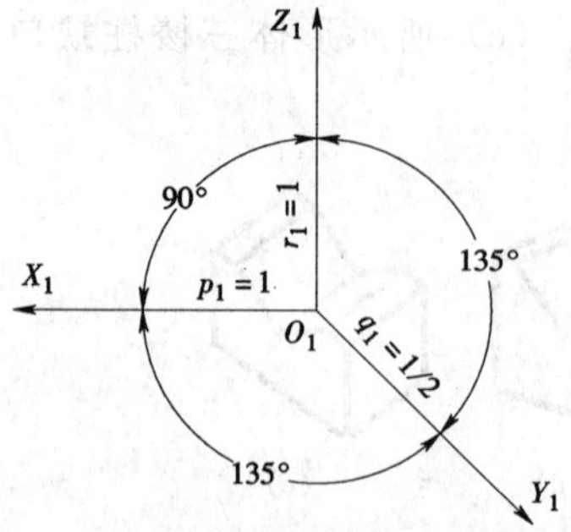

图 7-20 正面斜轴测的轴间角及轴向伸缩率

2. 轴间角和轴向伸缩系数

如图 7-20 所示。由于平行于轴测投影面 P 的表面能够反映实形，因此正面斜轴测图适用于表达一些正面（或平行于正面）形状较复杂或有多个圆和圆弧的物体。

3. 正面斜轴测图画法举例

画平面立体正面斜轴测图的方法和步骤与画正等测图完全相同，只是轴间角和轴向伸缩率不同，特别注意正面斜轴测图沿 Y_1 轴方向的伸缩率为 0.5。下面通过例子说明在正面及平行于正面的表面上有多个圆弧的物体的正面斜轴测图的画法。

【例 7-9】 画出图 7-21（a）所示立体的正面斜轴测图。

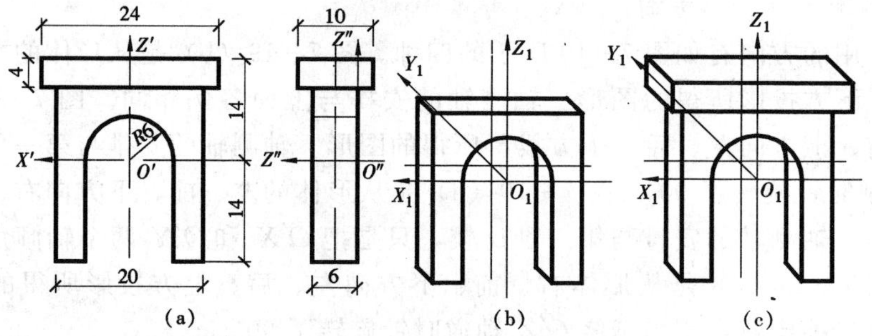

图 7-21 组合形体正面斜轴测图的画法

［解］ 该立体可以看作由两个简单形体按照上、下位置叠加而成，按形体分析法逐个画出各形体的正面斜轴测图，即得。

画图步骤：

（1）在立体的投影图上确定坐标原点和坐标轴，如图 7-21（a）所示。

（2）画出轴测轴。选择绘图原点 O_1，保持 OX_1 与 OZ_1 的 90°不变，OY_1 轴自原点后甩 45°。如图 7-21（b）所示。

（3）根据下面立体的长、宽、高及中间门洞的有关尺寸，按照 1∶1 的比例，画出该立体前平面的正投影；再沿 Y_1 轴向，按照轴向伸缩率为 0.5 绘制后面的轴测投影。再画出沿 Y_1 轴方向的各棱线的轴测投影，即得该立体的正面斜轴测图。

（4）擦去多余作图线，并加深图线，完成全图，如图 7-21（c）所示。

二、水平斜轴测图的形成、轴间角和轴向伸缩率

1. 形成

当斜轴测图的 O_1X_1、O_1Y_1、O_1Z_1 轴的轴向伸缩系数 $p_1=q_1=r_1=1$，且轴间角 $\angle X_1O_1Y_1=90°$，轴倾角为 $\phi=30°$，$\sigma=60°$时，斜轴测投影称为水平斜轴测投影图。

2. 轴间角和轴向伸缩系数

如图 7-22 所示。由于平行于轴测投影面 P 的表面能够反映实形，因此水平斜轴测投影适用于表达一些水平面（或平行于水平面）鸟瞰图和室内布置设计图。

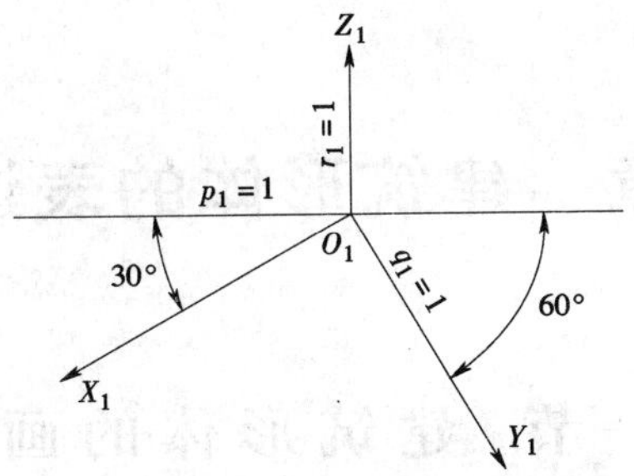

图 7-22　水平斜轴测图的轴倾角及轴向伸缩率

3. 水平斜轴测图画法举例

画平面立体水平斜轴测图的方法和步骤与画正等测图完全相同，只是轴倾角和轴向伸缩率不同。下面通过例子说明。

【例 7-10】 画出建筑形体的水平斜轴测图。

[解] 该立体可以看作由三个简单形体按照左、中、右位置拼接而成，按形体分析法逐个画出各形体的水平斜轴测图，即得。

画图步骤：

（1）在立体的投影图上确定坐标原点和坐标轴，如图 7-23（a）所示。

（2）画出轴测轴。选择绘图原点 O_1，保持 OZ_1 成竖直的方向，OX_1 轴的轴倾角为 30°，OY_1 轴的轴倾角为 60°。保持 OX_1 与 OY_1 的轴间角为 90°，如图 7-23（b）所示。

（3）根据立体的长、宽、高的有关尺寸，按照 1：1 的比例，画出该立体底面的水平斜轴测图；再竖起各顶点的高度。如图 7-23（c）所示。

（4）擦去多余作图线，并加深图线，完成全图，如图 7-23（d）所示。

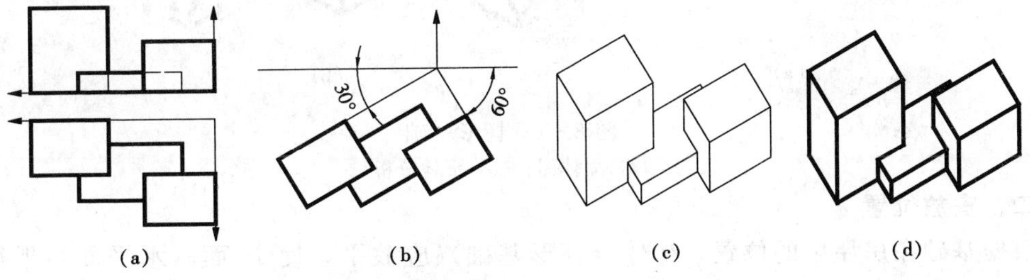

图 7-23　水平斜轴测图

第八章　建筑形体的表达方法

第一节　建筑形体的画法

任何简单或者复杂的建筑形体都是由许多棱柱、棱锥、圆柱、圆锥和球等基本形体按一定的组合方式组合而成的。因此，在绘制建筑形体的投影图时，首先将一个复杂的建筑形体分解成若干个基本形体，然后根据组成该建筑形体的各平面体、曲面体及它们的相对位置画投影图。

现以图 8－1 杯形基础为例，说明画建筑形体投影图的步骤。

一、形体分析

图 8－1 杯形基础，可以看成是由四棱柱底板、中间四棱柱（其中挖去一个楔形块）和六块梯形肋板组成。中间四棱柱在底板中央。前后各肋板的左、右外侧面与中间四棱柱左、右侧面共面。左右两块肋板在四棱柱左右侧面的中央。

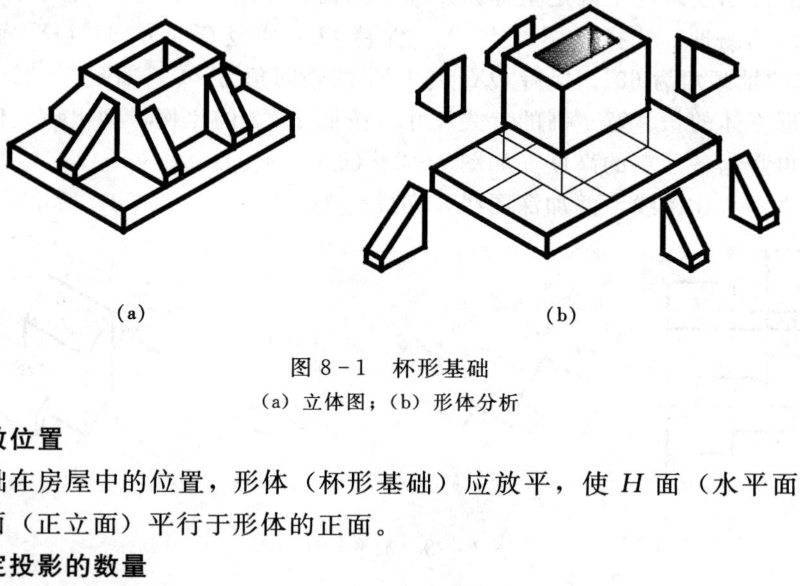

图 8－1　杯形基础

(a) 立体图；(b) 形体分析

二、安放位置

根据基础在房屋中的位置，形体（杯形基础）应放平，使 H 面（水平面）平行于底板底面，V 面（正立面）平行于形体的正面。

三、确定投影的数量

1. 确定数量的原则

确定投影数量的原则是用最少数量的投影，最完整、最清晰的把形体表达出来。能用单面投影表达的形体，就不用两面投影，如图 8－2（a）所示晒衣架，可选用一个 V 面投影，加文字说明，配以必要的钢筋符号和混凝土块的厚度，就可把晒衣架表达清楚了。图 8－2（b）所示的门轴铁脚，采用 H、V 两面投影，就可以把它的形体表达清楚。图 8－1 的杯形基础、图 8－3 的台阶，需要三面投影才能确定它们的形体。

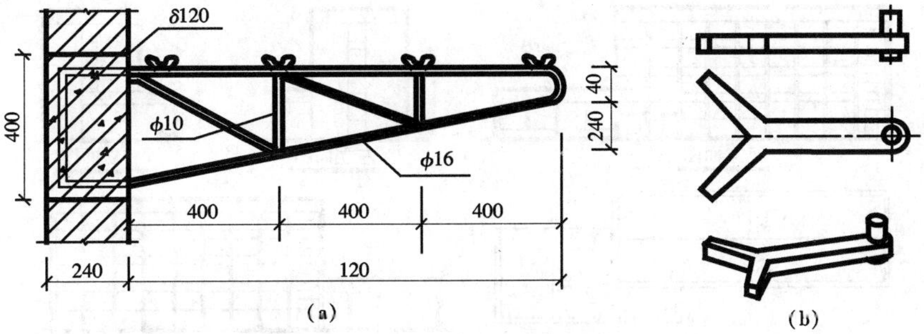

图 8－2　晒衣架与门轴铁脚

2. 视图配置

《房屋建筑制图统一标准》（GB/T 50001—2001）规定，在同一张图纸上绘制若干个视图时，各视图的位置宜按图 8－4 的顺序进行配置。每个视图一般均应标注图名，图名宜标注在视图的下方或一侧，并在图名下用粗实线绘一条横线，其长度应以图名所占长度为准。

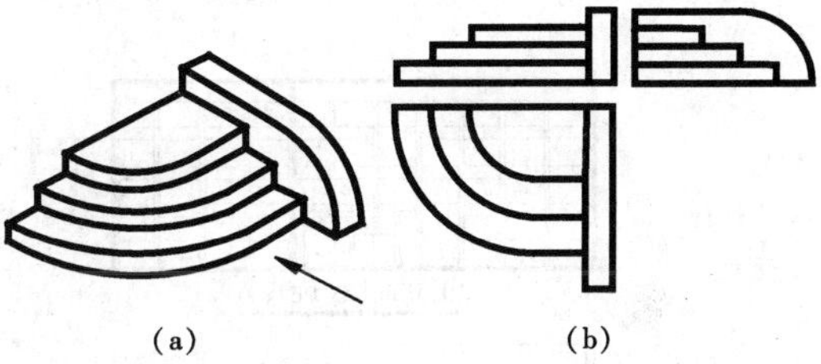

图 8－3　台阶

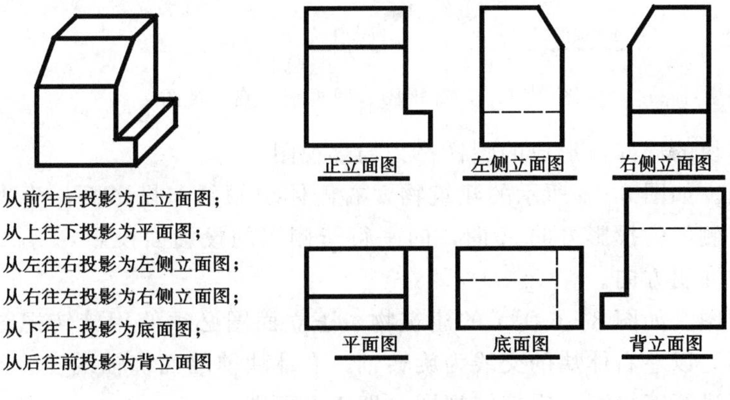

图 8－4　视图配置

底面视图违背了人的观察习惯，多数情况下是不画的，如图 8－5 所示。如果在一张图纸内画不下所有视图时，允许把各视图分开布置在几张图纸上，在视图的下方标注图名，以表示各视图之间的投影关系。

3. 辅助图样

当建筑形体上有的侧面不平行于基本投影面，而又需要表达它的实形时，可以考虑增加辅助投影图，如图 8－6 所示，某临街建筑分左右两个体块，右侧体块不平行投影面，其上的门窗投影均会变形，如果要表达此建筑物需增加局部视图、斜视图、旋转视图等视图。

(1) 局部视图。如图 8－6 左立面图所示，为避免右侧体块上的窗户变形，从左往右

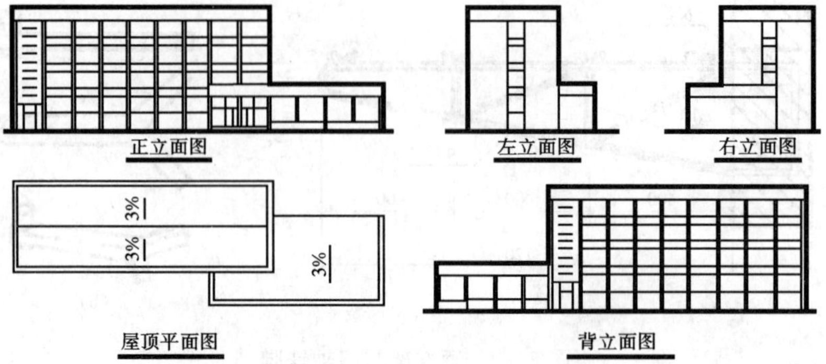

图 8-5　房屋外形的多面投影图

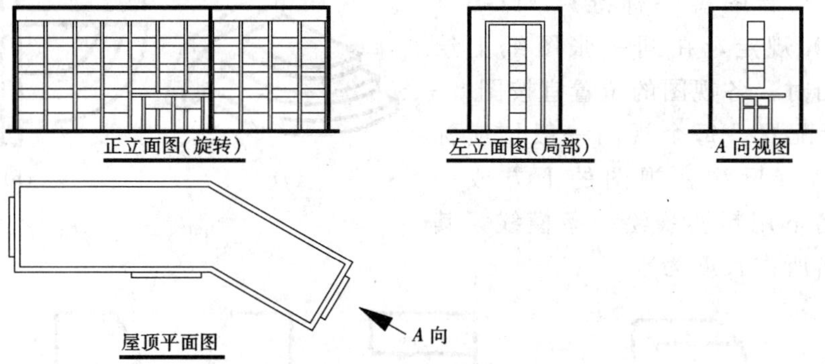

图 8-6　局部视图、斜视图、旋转视图

投影只画左侧体块的局部，形成的图样称为局部视图。

(2) 斜视图。如图 8-6 所示的建筑物，右侧体块倾斜与投影面，为表达建筑物的侧门需增加垂直于侧门的投影方向 A 向，向平行于侧门的投影面投影，得 A 向视图。斜视图必须在名称中注明方向。

(3) 旋转视图。如图 8-6 所示的建筑物，正立面图必须使用旋转视图，才能避免右侧体块门窗变形。以左右体块的交线为旋转轴，右体块前墙面绕轴线旋转到平行于正立面图的位置，然后进行正投影，得旋转视图，即正立面图。

(4) 镜像视图。当视图用第一角画法绘制不易表达（虚线太多）时，可用镜像投影法绘制，如图 8-7 (a) 所示。但应在图名后注写“镜像”二字，如图 8-7 (b) 所示，或按图 8-7 (c) 画出镜像投影识别符号。

图 8-8 所示是一个梁板柱的构造节点图，上部为楼板。如按直接正投影法画出其平面图，则下部的梁、柱均为不可见，只能用虚线画出，这样图面就不清晰了。如果做出该构造节点的反方向的 H 投影，便可使不可见部分变为可见。这种投影方法称为镜像投影，所得的投影称为镜像，并需在图名之后注写“镜像”二字。

四、正立面图的选择

一般的建筑形体，可用三面投影图来表达。在建筑图中，正面投影又称正立面图，水平投影又称平面图，侧面投影又称侧立面图。一般应使 V 面平行于形体上最能反映出外

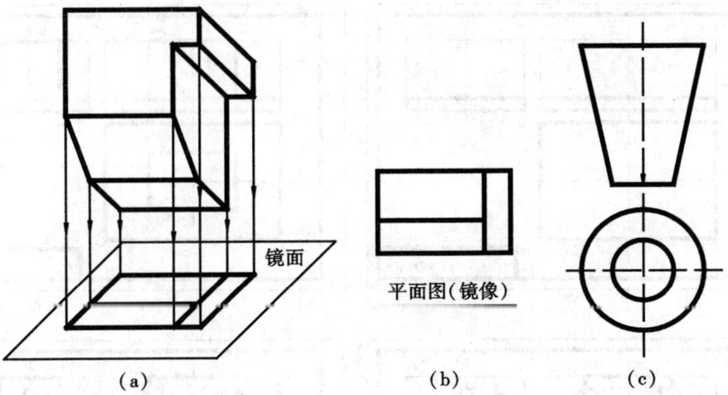

图 8-7　镜像投影法

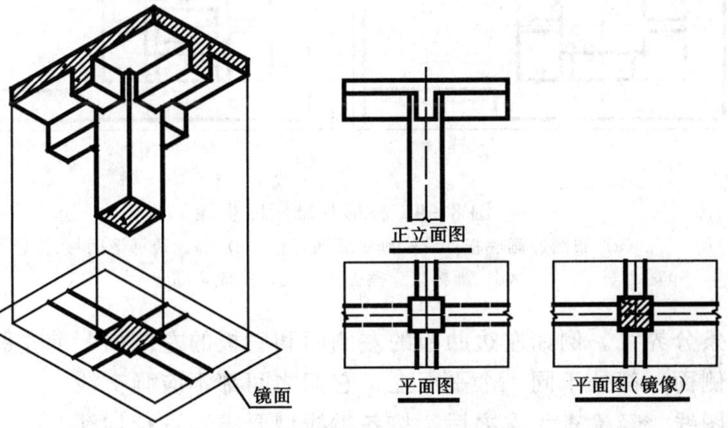

图 8-8　梁板柱节点的镜像视图

貌特征的一个侧面，画出形体的 V 投影，作为正立面图。对于整幢房屋，常用主要出入口所在的侧面，或艺术处理最美观的侧面作为正立面。房屋的细部或构配件正立面的选择，一般应根据它们在房屋中的工作位置来决定，如图 8-3 所示的台阶应将与门相连的方向（图中箭头方向）作为正立面。

五、画投影图

（1）根据形体大小和注写尺寸所占的位置，选择适宜的图幅和比例。

（2）布置投影图。先画出图框和标题栏线框，明确图纸上可以画图的范围，然后大致安排三个投影的位置，使每个投影在注写完尺寸后，与图框的距离大致相等。

（3）画投影图底稿。按形体分析的结果，使用绘图仪器和工具，顺次画出四棱柱底板，如图 8-9（a）所示、中间四棱柱，如图 8-9（b）所示、六块梯形肋板，如图 8-9（c）所示的三个投影。画每一基本形体时，先画其最具有特征的投影，然后画其它投影。在 V、W 投影中杯口是看不见的，应画成虚线。

必须注意，建筑物和构配件的形体，实际上是一个不可分割的整体，形体分析仅仅是一种假想的分析方法。如果建筑形体中两个基本形体的侧面处于同一平面上，就不应该在

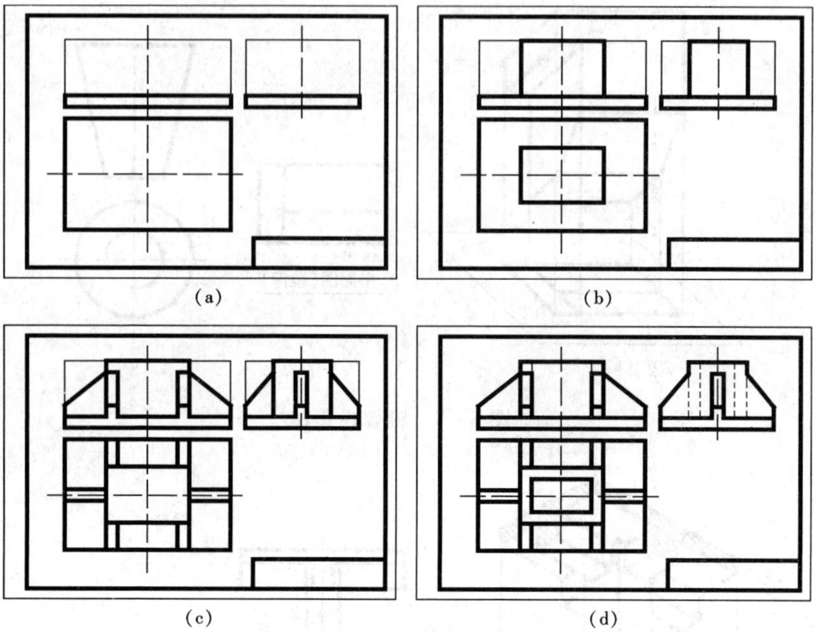

图 8-9　杯形基础画图步骤

(a) 布图、画底板；(b) 画中间四棱柱 (c) 画六块梯形肋板；

(d) 画杯口、擦去底稿线，完成全图

它们之间画一条分界线。例如左边肋板的左侧面和底板的左侧面，前左肋板的左侧面与中间四棱柱的左侧面，都处于同一个平面上，它们之间都不应画交线。

(4) 加深图线。经检查无误之后，按各类线型要求，进行加深。

六、尺寸标注

建筑形体的投影图，虽然已经清楚地表达形体的形状和各部分的相互关系，但还必须注写足够的尺寸，才能明确形体的实际大小和各部分的相对位置。在建筑形体的投影中，应标注如下三种尺寸：

(1) 定形尺寸（细部尺寸）。定形尺寸（细部尺寸）是建筑构配件细部的详细尺寸，如门窗尺寸。

(2) 定位尺寸（轴线尺寸）。定位尺寸（轴线尺寸）是确定建筑物承重构件位置的尺寸，如墙柱位置的尺寸。

(3) 总尺寸。是确定建筑物最外轮廓的尺寸，总长、总宽、总高等尺寸。

七、读图复核

复核有无对错漏和多余的线条，并借以提高读图能力。因此，首先应用形体分析法，逐个检查每个基本形体的投影是否完整，相对位置是否正确。然后根据所画的投影图想象建筑形体的空间形状，看看与原给出的形体是否相符。坚持读图与画图结合，有利于读图能力的不断提高。

八、最后填写标题栏内各项内容，完成全图

所画的仪器图，要求投影关系正确，尺寸标注齐全，布置均匀合理，图面清洁整齐，线型粗细分明，字体端庄无误。

第二节 剖 面 图

一、剖面图的形成

1. 剖面图的形成

在画多面正投影图时，要求可见轮廓线画实线，不可见轮廓线画虚线。但对于一些内部结构较复杂的形体，例如一幢房屋，内部有走廊，窗户、楼梯等，如果用虚线来表示这些不可见的部分，必然会形成虚实交错，内外部轮廓重叠，混淆不清，这样既不便看图，也不便标注尺寸。为此，工程上常采用剖面图的方法。假想将形体剖开，让它的内部构造暴露出来，将形体不可见的部分变成可见，使表达清晰，便于看图。假想用剖切面把形体剖开，移去观察者和剖切面之间的部分，将剩余的部分向投影面做投影所得的图样叫做剖面图（剖视图）。

如图 8－10 所示的杯型基础的三视图，在 V、W 面出现了虚线，图面不清楚，为了表达清楚内部的形状，假想用一个通过基础前后对称平面的剖切平面将杯型基础切开，然后将剖切平面连同它前面的部分移去，将剩余部分向 V 面做投影，所得到的投影图，就是杯型基础的剖面图，如图 8－11 所示。

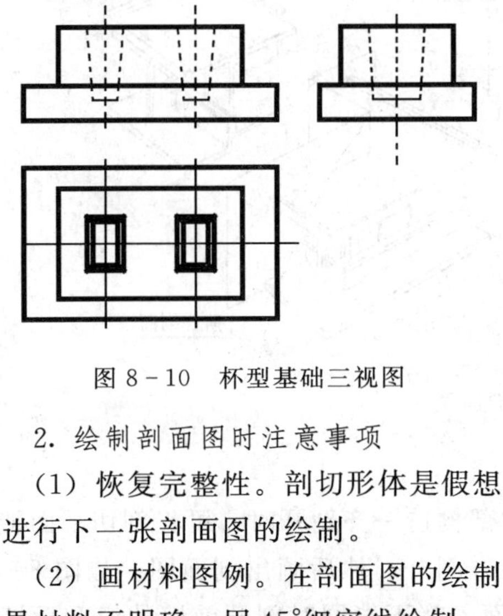

图 8－10　杯型基础三视图

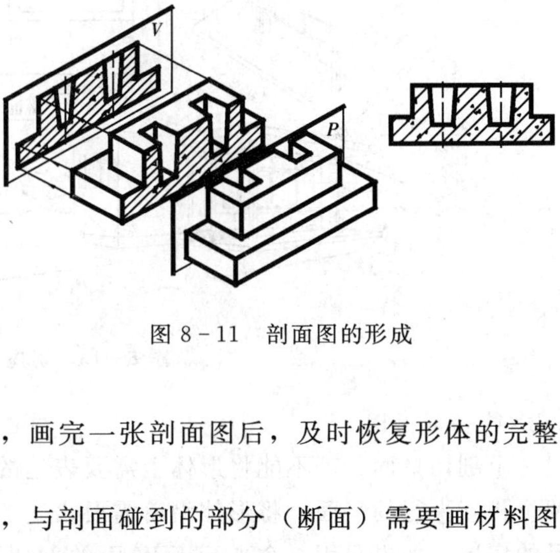

图 8－11　剖面图的形成

2. 绘制剖面图时注意事项

（1）恢复完整性。剖切形体是假想的，画完一张剖面图后，及时恢复形体的完整性，再进行下一张剖面图的绘制。

（2）画材料图例。在剖面图的绘制中，与剖面碰到的部分（断面）需要画材料图例。如果材料不明确，用 45°细实线绘制。

（3）剖面平行投影面。选择的剖切平面必须平行于投影面，否则，绘制的视图变形，不能使用。

（4）剖切平面必须通过隐蔽的孔、洞、槽及建筑形体复杂的部位。否则，剖面图没有意义。

二、剖面图的几种处理方式

画剖面图时，针对建筑形体的不同特点和要求，有如下几种处理方式。

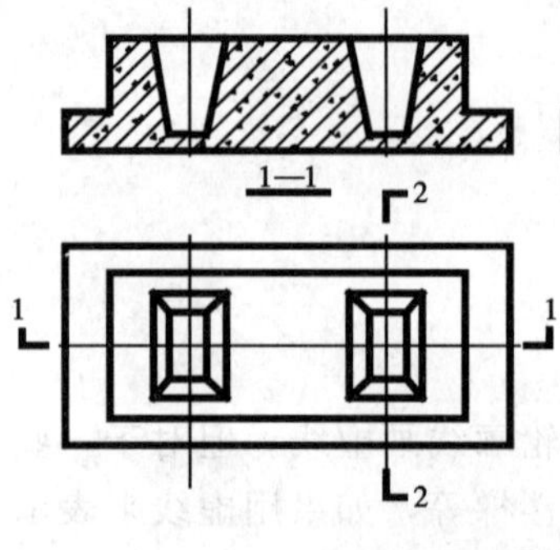

图 8－12　杯形基础的剖面图

1. 全剖面图

不对称的建筑形体，或虽然对称但外形比较简单，或在另一个投影中已将它的外形表达清楚时，可假想用一个剖切平面将形体全部剖开，然后画出形体的剖面图。这种剖面图称为全剖面图，如图 8－12 所示。

如图 8－13 所示的房屋，为了表示它的内部布置，假想用一水平的剖切平面，通过门、窗洞将整幢房屋剖开，如图 8－13（a）所示，然后画出其整体的剖面图。这种水平剖切的剖面图，在房屋建筑图中，称为平面图，如图 8－13（b）所示。

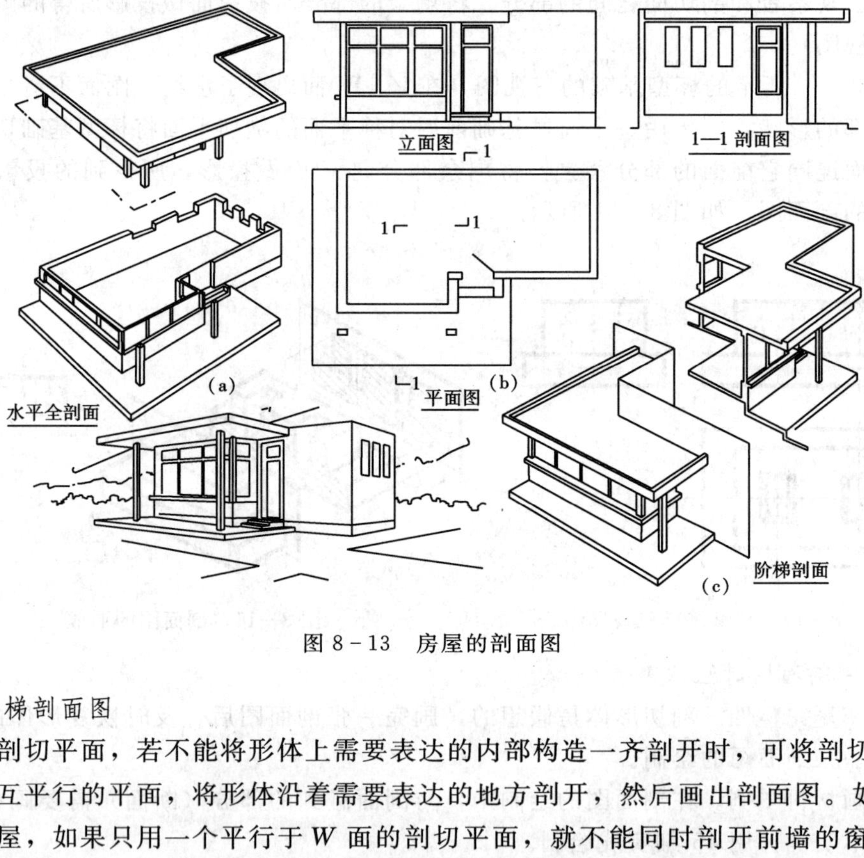

图 8－13　房屋的剖面图

2. 阶梯剖面图

一个剖切平面，若不能将形体上需要表达的内部构造一齐剖开时，可将剖切平面转折成两个相互平行的平面，将形体沿着需要表达的地方剖开，然后画出剖面图。如图 8－13 所示的房屋，如果只用一个平行于 W 面的剖切平面，就不能同时剖开前墙的窗和后墙的窗，这时可将剖切平面转折一次，如图 8－13（c）所示，即使一个平面剖开前墙的窗，另一个与其平行的平面剖开后墙的窗，这样就满足了要求。所得到的剖面图，称为阶梯剖面，如图 8－13（b）所示的 1—1 剖面图。

画阶梯剖面图的注意事项：

（1）画阶梯剖面图时，在剖切面的起、迄和转折处均应标注，如图 8－14（a）所示。

（2）由于剖切面是假想的，所以在剖面图上，剖切平面的转折处不应画线，如图 8－

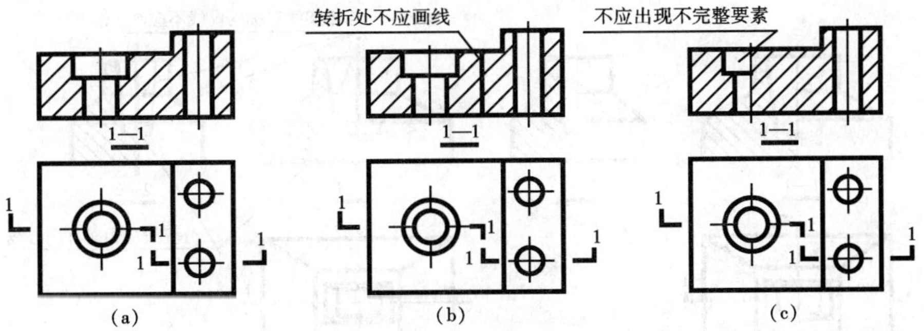

图 8-14　阶梯剖面图的对错
(a) 正确；(b) 错误之一；(c) 错误之二

14 (b) 所示。

(3) 一般情况下图形内不应出现不完整的要素，如图 8-14 (c) 所示。

3. 局部剖面图

当物体的部分结构尚未表达清楚但又不必做全剖时，或当物体的内外形状需同时表达但物体又不对称时，均可采用局部剖切的方法，所得到的剖面图叫做局部剖面图，如图 8-15所示。

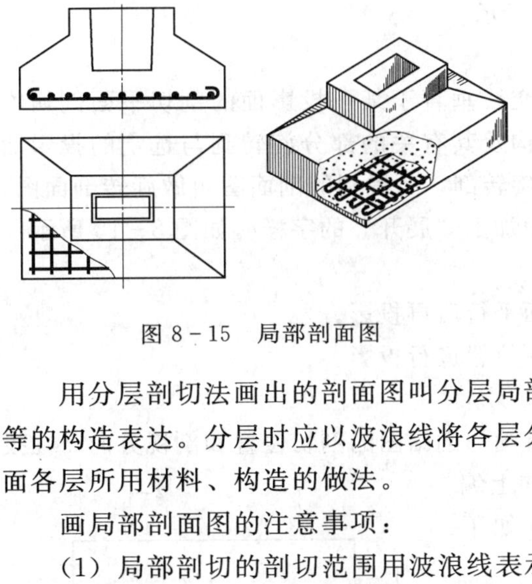

图 8-15　局部剖面图

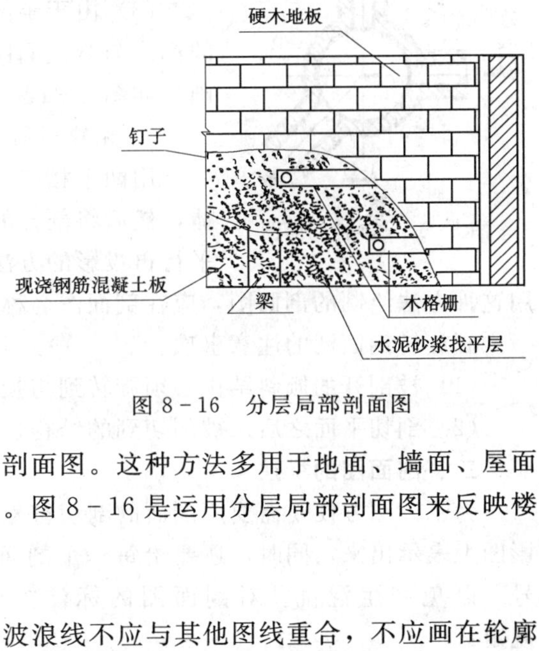

图 8-16　分层局部剖面图

用分层剖切法画出的剖面图叫分层局部的剖面图。这种方法多用于地面、墙面、屋面等的构造表达。分层时应以波浪线将各层分开。图 8-16 是运用分层局部剖面图来反映楼面各层所用材料、构造的做法。

画局部剖面图的注意事项：

(1) 局部剖切的剖切范围用波浪线表示，波浪线不应与其他图线重合，不应画在轮廓线的延长线上，不应超出视图的轮廓线，也不应画在孔洞处。

(2) 局部剖面图不需要进行剖面图的标注。

4. 半剖图

当物体具有对称面时，可以以对称中心线为界，一半画视图（外部形状），一半画剖面图（内部形状），这种剖面图叫做半剖面图，如图 8-17 (a) 所示。

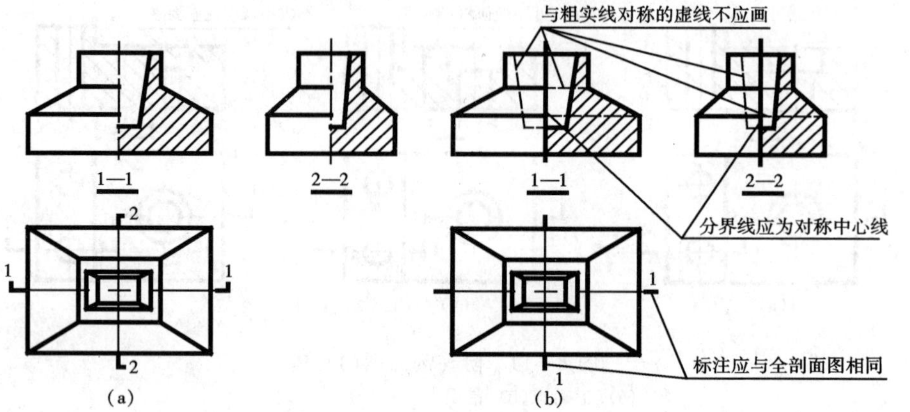

图 8-17 半剖面图

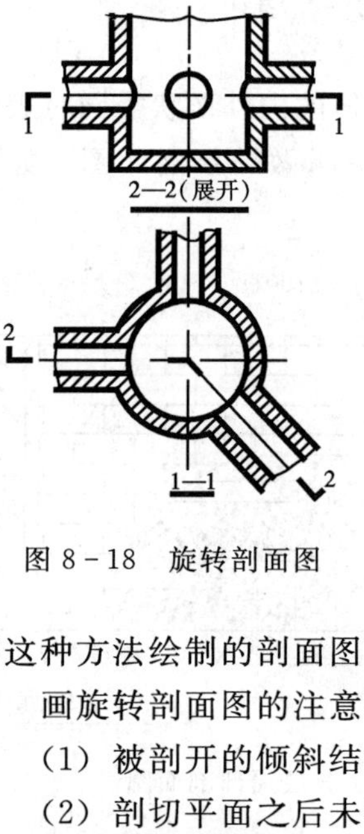

图 8-18 旋转剖面图

画半剖面图注意事项：

(1) 剖面图与视图的分界线应是图形的对称线（细点画线），不应画成粗实线，见图 8-17 (b)。

(2) 由于半剖面图的图形是对称的，所以对于已经表达清楚的内外轮廓，在另一半视图中就不应再画虚线。

(3) 由于半剖视图的剖切方法同全剖面图，所以半剖视图的标注与全剖面图相同，见图 8-17 (a)。常见半剖视图的错误画法如图 8-17 (b) 所示。

5. 旋转剖面图

用两个相交，且交线垂直于某一投影面的剖切平面剖切物体，然后将剖开的结构及其有关的部分旋转到与选定的投影面平行再投影的方法叫旋转剖，所得到的剖面图叫做旋转剖面图。用这种方法绘制的剖面图，应在剖面图名称后面加上“展开”的字样，如图 8-18 所示。

画旋转剖面图的注意事项：

(1) 被剖开的倾斜结构必须旋转到与投影面平行后再投影。

(2) 剖切平面之后未被剖切到的结构仍按原位置进行投影。

三、剖面图的标注

为了读图方便，需要用剖面的剖切符号把所画的剖面图的剖切位置和剖视方向，在投影图上表示出来，同时，还要给每一个剖面图加上编号，以免产生混乱。对剖面图的标注方法有如下规定：

(1) 剖切位置线。剖切位置线实质是剖切平面的积聚投影。不过规定它只用两小段粗实线表示，长度为6～10mm，并且不宜与图面上的图线相接触，如图 8-19 所示。

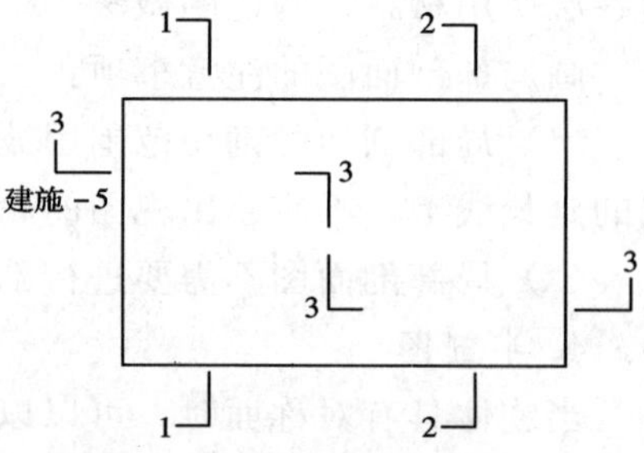

图 8-19 剖切符号和编号

(2) 剖视方向线。剖切后的剖视方向用垂直于剖切位置线的短粗线来表示，长度为 4～6mm，如画在剖切位置线的左边表示向左边投影，如图 8－19 所示。

(3) 剖切位置编号。剖切位置编号宜采用阿拉伯数字，按顺序由左至右，由下至上连续编排，并注写在剖视方向线的端部。如剖切位置线需转折时，在转折处如与其它图线发生混淆，应在转角的外侧加注与该符号相同的编号，如图 8－19 中的“3－3”所示。

(4) 剖面图如与被剖切图样不在同一张图纸内，可在剖切位置线的另一侧注明其所在图纸的图纸号，如图 8－19 中的 3—3 剖切位置线下侧注写“建施－5”，即表示 3—3 剖面图画在“建施”第 5 张图纸上。

(5) 对习惯使用的剖切符号（如画房屋平面图时，通过门、窗洞的剖切位置），以及通过构件对称平面的剖切符号，可以不在图上作任何标注。

(6) 在剖面图的下方或一侧，写上与该图相对应的剖切符号的编号，作为该图的图名，如“1—1”、“2—2”、…，并应在图名下方画上一等长的粗实线，如图 8－13 (b) 中的 1—1 剖面图。

第三节　断　面　图

一、断面图的形成

假想用一个平行于某投影面的剖切面把形体剖切开，仅画出剖切面与形体的接触部分的图形，该图形称为断面图（简称断面）。

从概念上可看出剖面图与断面图的区别：剖面图是形体被剖切后剩余部分的投影，而断面图是形体内剖切后剖切平面与形体的接触部分（剖切区域）的投影，也可以说，剖面图是体的投影，断面图是面的投影，如图 8－20 所示。

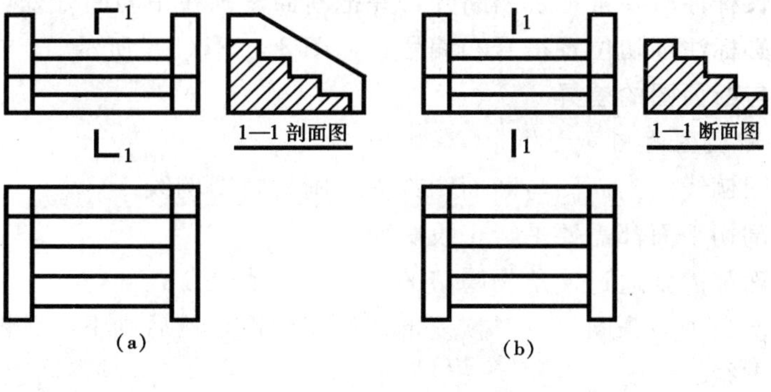

图 8－20　剖视图与断面图的区别

二、断面图的几种表达方法

根据断面图在视图中的配置不同，分为移出断面图，重合断面图和中断断面图三种。

1. 移出断面图

断面图绘制在视图以外，这种断面图叫做移出断面图。移出的断面轮廓线用粗实线绘制，配置在视图外其他的适当位置。

移出断面图一般应标注剖切符号和断面名称。剖切位置线是粗实线，长度宜为 6～

10mm，投影方向是通过编号的注写位置来表示的，一律水平书写，如编号在剖切线的下方，表示向下投影，编号在剖切线的左侧，表示向左投影。在相应断面图的下方注写对应的阿拉伯数字注出断面名称“×—×”，如图 8－21 所示。

当形体有多个断面图时，断面图应按剖切顺序排列，如图 8－21 所示。

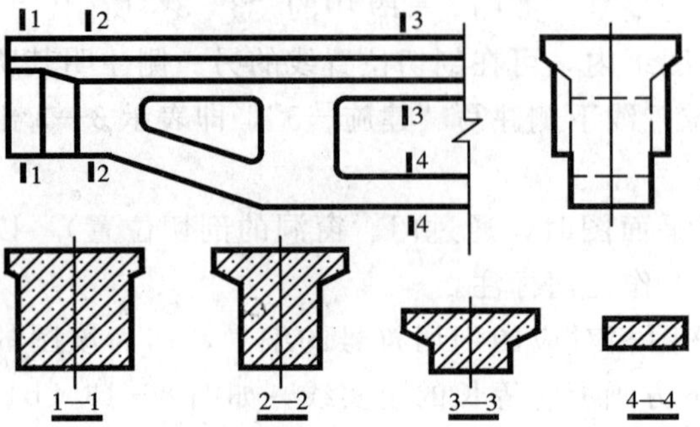

图 8－21　空腹吊车梁的移出断面图

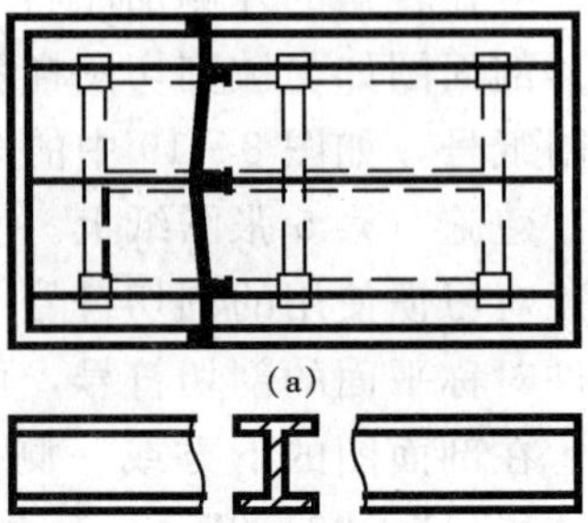

图 8－22　重合断面图、中断断面图

2. 重合断面图

断面图重合在视图之内，这种断面图称为重合断面图。重合断面图轮廓线用细实线绘制。

如图 8－22（a）所示为某厂房屋面结构的梁板断面重合在结构平面图上的情况，是假想把剖切得到的断面图，旋转使其重合在视图内而成。这时可不加标注，只要在断面图的轮廓线内沿轮廓线边缘画上材料符号。如果断面图形较窄，不易画上材料符号，可将其涂黑表示。

3. 中断断面图

画等截面细长杆件时，常把视图断开，并把断面图画在中间断开处，这种断面图叫做中断断面图，不必标注剖切位置符号和编号，如图 8－22（b）所示。

三、剖面图与断面图的差异

1. 剖面图与断面图的相同之处

（1）画材料图例线。剖面图与断面图都需要画材料图例线。

（2）选择的剖切平面都需要平行于投影面。

（3）剖切平面都需要通过建筑物隐蔽的孔、洞、槽及复杂部位。

（4）剖切一次只画一张图，及时恢复形体的完整性，然后画下一张图。

（5）均不画虚线。

2. 剖面图与断面图的不同之处

（1）剖面图绘制时，是将剩余的形体进行投影，因此是“体”投影。断面图是绘制剖切平面截切到部分，因此是“面”投影。

（2）剖面图有阶梯剖面图，断面图没有阶梯断。断面图只能用一个剖切平面剖切绘图。

（3）剖切符号不同。剖面图既有剖切位置线又有剖视方向线；断面图只有剖切位置线，如图 8－20 所示。

第四节　简　化　画　法

为了减少绘图的工作量，按照国家标准规定可采用以下简化画法。

一、对称物体的简化画法

当物体是对称图形时，可只画该图形的 1/2 或者是 1/4，如图 8－23 所示，并画出对称符号。也可超出图形的对称线，此时不需要画出对称符号。

对称符号是用细实线绘制的两条平行线，其长度宜为 6～10mm，平行线间距宜为 2～3mm，画在对称线的两端，且平行线在对称线两侧的长度相等，如图 8－23 所示。

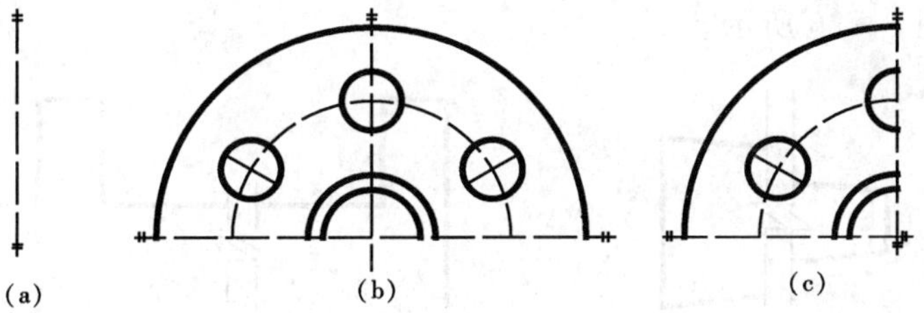

图 8－23　对称图形的简化画法

(a) 对称符号；(b) 1/2 对称；(c) 1/4 对称

二、相同结构的简化画法

若物体上具有多个相同的图形要素，如孔，槽等，并呈规律分布时，可仅在两端或适当位置画出其完整形状，其余部分以中心线或中心线交点表示，如图 8－24 (a)、(c)、(d) 所示。如果相同构造要素少于中心线交点，则其余部分应在相同构造要素位置的中心线交点处用小圆点表示，如图 8－24 (b) 所示。

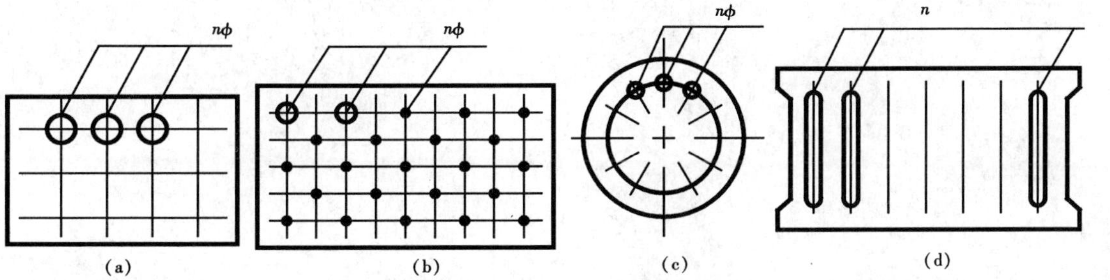

图 8－24　相同结构的省略画法

三、剖面材料符号的简化画法

在画剖面图、断面图时，如剖面区域比较大，允许沿着剖面区域的轮廓线或某一局部画出部分剖面材料符号。

四、折断省略画法

当只需画出物体某一部分的形状时，可以只画出该部分的图形，其余部分折去不画，并在折断处画上折断线，如图 8－25 所示。

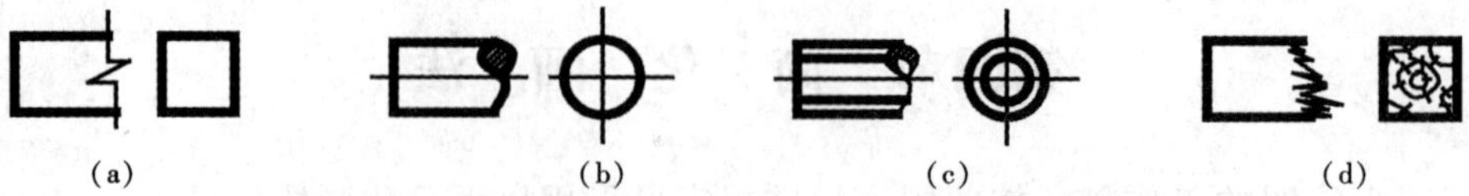

图 8-25　折断省略画法

(a) 通用折断画法；(b) 实心圆构件折断画法；
(c) 空心圆构件折断画法；(d) 木材折断画法

对于较长的物体，如果沿长度方向的形状相同或者是按一定规律变化，可断开省略绘制，只画物体的两端，而将中间折断部分省略不画，并在折断处画上折断线，其尺寸应按原长度标注，如图 8-26 所示。

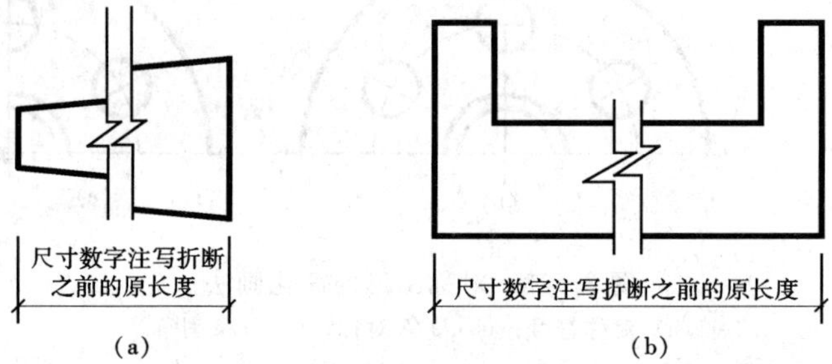

图 8-26　折断省略画法

第九章　建 筑 施 工 图

第一节　概　　述

将一幢拟建房屋的内外形状和大小，以及各部分的结构、构造、装修、设备等内容，按照“国家标准”的规定，用正投影方法，详细地准确地绘制出的图样（一套图纸），称为“房屋建筑图”，它是用以指导施工的唯一的依据。所以又称为“施工图”。房屋施工图有“工程技术语言”之称誉。每个工程技术人员都必须掌握相关的国家规范及标准，掌握图样的图示原理，并具备一定的绘图与读图能力。

一、房屋的组成及其作用

房屋是供人们生活、生产、工作、学习和娱乐的场所，与人们关系非常密切，人们根据房屋使用功能的不同，将其分为工业建筑与民用建筑两大类。虽然不同的房屋在使用要求、空间组合、外部造型、结构形式、构造方式以及规模的大小等各个方面都有各自的特点，但构成房屋的基本部分是相同的。房屋一般由基础、墙或柱、门窗、楼地面、屋顶、楼梯等主要部分组成，如图 9-1 所示。

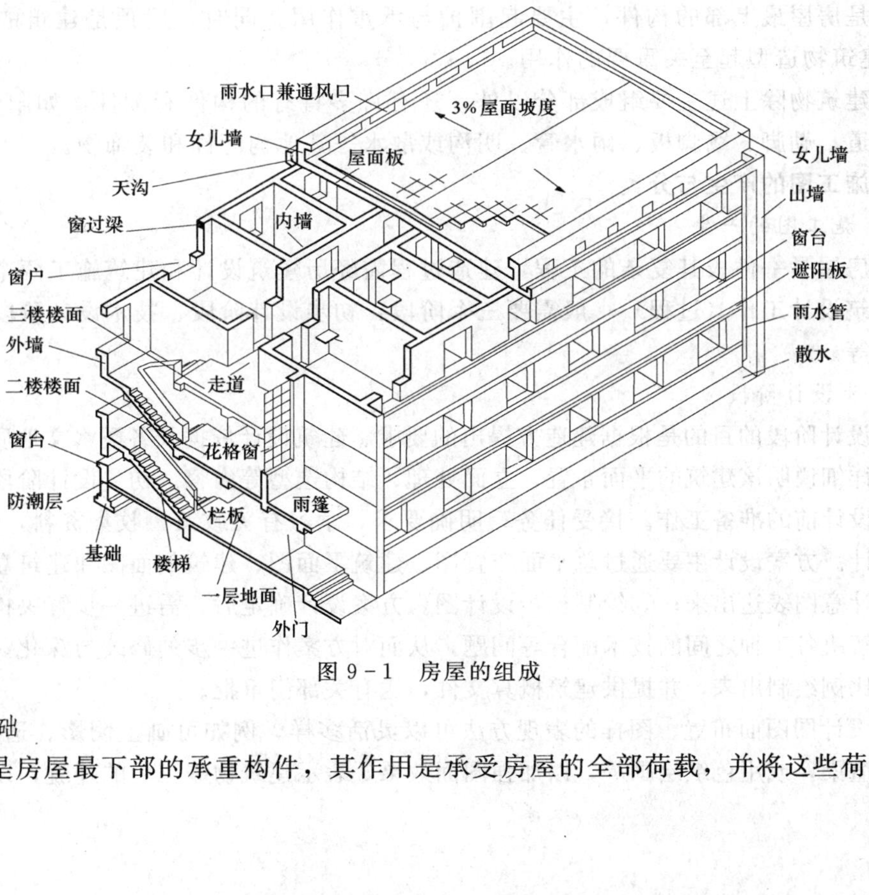

图 9-1　房屋的组成

1. 基础

基础是房屋最下部的承重构件，其作用是承受房屋的全部荷载，并将这些荷载传给地基（地基是基础下面的土层，不是房屋的组成部分）。常见的基础形式有条形基础、独立基础和桩基础等。

2. 墙（或柱）

墙可以分为承重墙与非承重墙。承重墙将梁板的荷载向下传递给基础；非承重墙起围护作用，阻挡风、霜、雨、雪对室内的侵害。墙也可以分为内墙与外墙。内墙有分隔内部空间的作用。

3. 门窗

门窗均属非承重构件。主要起内外连通作用与分隔空间的作用。窗的作用主要是通风、采光、分隔、眺望。此外，有时门、窗还具有保温、隔声、防火的能力，是建筑外观的一部分，门窗对建筑立面处理和室内装饰有一定的影响。

4. 楼面和地面

楼面和地面是房屋的水平承重和分隔构件，是按房间层高将整幢建筑物沿水平方向分为若干层；其主要作用是承受家具、设备和水平荷载以及本身的自重，并将这些荷载传给墙或柱；同时对墙体起着水平支撑的作用。其中楼面是指二层及其以上各层的水平部分，地面是指第一层使用的水平部分。

5. 楼梯

楼梯是建筑物上、下楼层的垂直连通构件。要求具有足够的强度和刚度，同时具有足够的疏散能力和防火能力。

6. 屋顶

屋顶是房屋最上部的构件，主要起围护与承重作用。同时，屋顶是建筑的“第五立面”，对建筑物造型起至关重要的作用。

一座建筑物除上述主要组成部分以外，还有许多特有的构件和配件，如阳台、雨篷、台阶或坡道、勒脚、踢脚板、雨水管、明沟或散水等其他构配件和装饰物。

二、施工图的产生与分类

（一）施工图的产生

建造房屋是一件极其复杂的工程，建造过程需经历建筑设计和建筑施工两个重要的过程，而建筑设计工作（过程）一般需要三个阶段：初步设计阶段、技术设计阶段和施工图设计阶段等。

1. 初步设计阶段

初步设计阶段的目的是根据建造方提出的要求、建筑设计依据及各类水文地质资料，提出方案，详细说明该建筑的平面布置、立面处理、结构选型等内容。初步设计阶段的主要工作有：①设计前的准备工作。接受任务，明确要求，学习有关政策，收集资料，调查研究；②方案设计。方案设计主要通过总平面布置图、建筑平面图、建筑剖面图和建筑立面图等图样，把设计意图表达出来；③绘制初步设计图。方案设计确定后，需进一步解决构件的选型与布置，解决各工种之间的技术配合等问题，从而对方案作进一步的修改与深化。最后，图样按一定比例绘制出来，并提供建筑概算文件，送有关部门审批。

初步设计图图面布置、图样的表现方法可以灵活多样。例如可画上阴影、透视、配景，或用色彩渲染，或用色纸绘画等，以加强图面效果，表示建筑物竣工后的外貌，以便比较和审查。必要时还可做出小比例的模型来表达。如图 9－2 所示为初步设计图的示例。

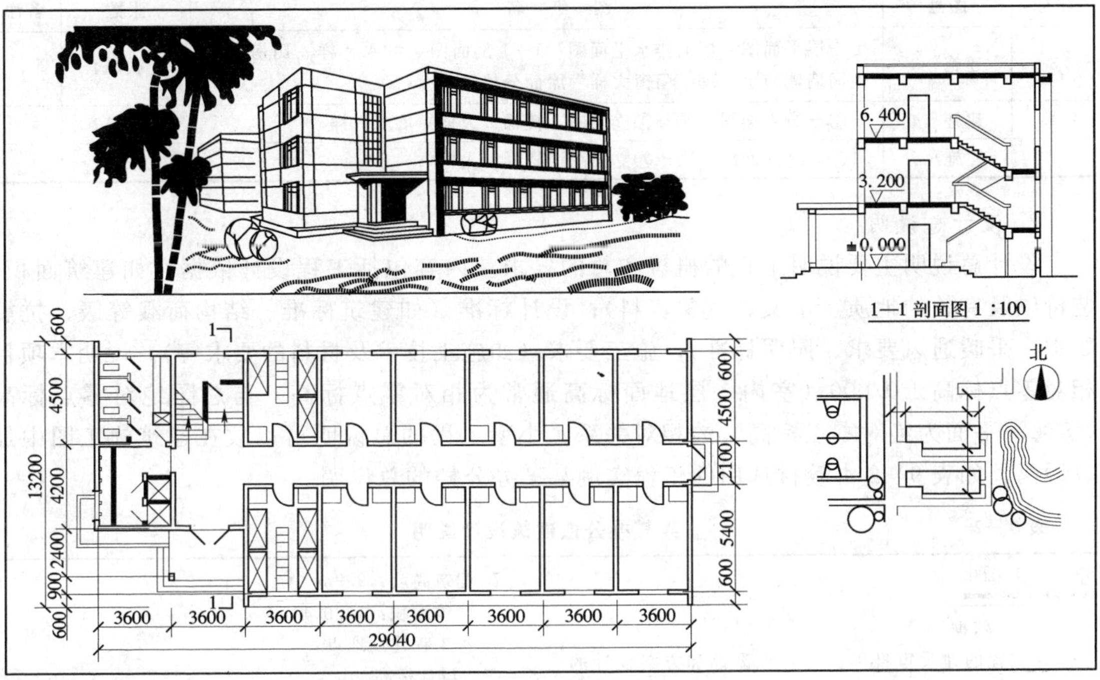

图 9－2 初步设计图

2. 技术设计阶段

技术设计阶段的主要目的是解决各工种之间的技术问题，协调各工种之间的矛盾，达到统一协调的目的，为绘制施工图打下基础。小型工程的技术设计阶段工作可以放在初步设计阶段完成。

3. 施工图设计阶段

施工图设计阶段是建筑设计的最后阶段。它的主要任务是将已经批准的初步设计图，从满足施工的要求予以具体化。为施工安装，为编制施工图预算，为安排材料、设备和非标准构配件的制作提供完整的、正确的图纸依据。

（二）施工图的分类

一套完整的施工图，根据其专业内容或作用的不同，一般分为：

1. 图纸目录

图纸目录先列出新绘制的图纸，后列出所选用的标准图纸或重复利用的图纸。必须列出每张图的编号、张数、图纸大小及图纸绘制的内容。如表 9－1 所示为本教材选用的工程实例某某办公楼建筑施工图图纸目录。

表 9－1　　某某办公楼目录

序号	图号	图 纸 名 称	张数	备注
1	建施－1	设计说明 工程做法一览表 门窗表 保温节能设计 门窗大样	1 张 A1	
2	建施－2	一层平面图 二层平面图 卫生间大样 2—2 剖面图 3—3 剖面图 飘窗大样	1 张 A1	

续表

序号	图号	图纸名称	张数	备注
3	建施－3	三层平面图　屋面排水平面图　1—1剖面图　散水大样　厨房、卫生间墙体防水处理　门窗大样　屋面分格缝	1张A1	
4	建施－4	①－⑩立面图　⑩－①立面图　楼梯2大样　墙身大样	1张A1	
5	建施－5	Ⓐ－Ⓕ立面图　Ⓕ－Ⓐ立面图　楼梯1大样	1张A2	

2. 设计总说明

设计总说明主要说明工程的概貌和总的要求。内容包括工程设计依据（如建筑面积、造价以及有关的地质、水文、气象资料）；设计标准（如建筑标准、结构荷载等级、抗震要求、采暖通风要求、照明标准）；施工要求（如施工技术及材料的要求等）。说明本项目相对零点标高±0.000（室内一层地面标高通常为相对零点标高）与总图绝对零点标高（黄海海平面为绝对零点标高）的相对关系。小型工程的总说明可以放在建筑施工图中加以说明。如表9－2本教材选用的工程实例某某办公楼的总说明。

表9－2　　某某办公楼建筑设计说明

建筑设计说明

一、设计依据

1. 本工程的建设审批单位对初步设计和方案设计的批复；

2. 城市建设规划管理部门对本工程初步设计方案设计的审批意见；

3. 消防、人防、园林等有关主管部门对本工程初步设计和方案设计的审批意见；

4. 经批准的本工程初步设计或方案设计文件，建设方的意见；

5. 国家及自治区现行的各项设计规范和规定：

《房屋建筑制图统一标准》（GB/T 50001—2001）

《总图制图标准》（GB/T 50103—2001）

《建筑制图标准》（GB/T 50104—2001）

《建筑模数协调统一标准》（GBJ 2—86）

《公共建筑节能设计标准》（GB 50189—2005）

《建筑楼梯模数协调标准》（GBJ 10—87）

《民用建筑设计通则》（GB 50352—2005）

《建筑设计防火规范》（GB 50016—2006）

《办公建筑设计规范》（JGJ 67—89）

《建筑抗震设计规范》（BJ 11—89—2001）

《城市道路和建筑物无障碍设计规范》（JGJ 50—2001）

二、工程概述

1. 建筑工程等级：小型

2. 建筑使用年限：50年

3. 建筑耐火等级：二级

4. 建筑结构类型：框架结构

5. 建筑抗震设防裂度：八度

6. 建筑层数：3层

7. 建筑高度：9.9m

8. 建筑面积：1086.44m²

9. 本工程建设地点：

三、设计标高

1. 各层标注标高为完成面标高（建筑面标高），屋面标高为结构面标高；

2. 本工程标高以m为单位，总平面尺寸以m为单位，其他尺寸以mm为单位。

四、砌体工程

1. 墙体的基础部分见结施。

2. 外墙250厚、内墙200厚小型混凝土空心砌块砌筑，详见图中标示。

A. 门窗洞口靠柱边的墙垛尺寸小于240者均用C20素混凝土整体浇捣成型。

B. 门垛尺寸除注明外均为100。

3. 墙身防潮层：在室内地坪下约60厚处1：2.5水泥砂浆内加5%防水剂做防潮层，并在高低差埋土一侧墙身做20厚1：2.5水泥砂浆防潮层，如埋土侧为室外，还应刷1.5厚聚氨酯防水涂料（或其他防潮材料）。

4. 卫生间、厨房四周墙脚均做200高素混凝土翻边与墙同宽（与梁板整体浇捣），遇门断开。

5. 所有外墙（梁柱等热桥）保温选用60厚聚苯板保温板（参见02J12－2－7表三第4项）。聚苯保温板燃烧性能达到B2级。

A. 每层应设置水平防火隔离带。设置防火隔离带时，应沿楼板位置设置宽度不小于300mm的A级保温材料。防火隔离带与墙面应进行全面积粘贴。

B. 外保温系统应采用不燃或难燃材料作防护层，防护层应将保温材料完全覆盖，首层的防护层厚度不应小于6mm，其他层不应小于3mm。

续表

施工中应严格按照宁 02J12－1 的相关墙身节点要求施工。

五、屋面工程

1. 本工程的屋面防水等级为Ⅲ级，防水层合理使用年限为 10 年，为柔性防水屋面，屋面防水采用 4 厚 SBS 改性沥青防水卷材。

2. 屋面排水组织见屋面平面图，外排雨水斗、雨水管采用 UPVC，除图中另有注明者外，雨水管的公称直径均为 100。

3. 屋面保温选用 100 厚聚苯板保温板。聚苯保温板燃烧性能达到 B2 级。

4. 屋顶与外墙交界处、屋顶开口部位四周的保温层，应采用宽度不小于 500mm 的 A 级保温材料设置水平防火隔离带。

5. 屋顶防水层或可燃保温层应采用不燃烧材料进行覆盖。

六、楼地面工程

1. 房心土、还槽土：除注明外，均用原槽土或黏土逐步填垫夯实，对其中掺杂的垃圾、草根、杂物应筛除干净。

2. 楼板预留孔洞要求位置准确，严禁事后剔凿、断筋、孔洞应采用套管穿孔并用 C20 细石混凝土浇灌严密，并做闭水实验，要求 24 小时无渗漏方为合格。

3. 凡卫生间楼地面门口处，均应低于相邻房间、走道地面 20mm，并向地漏处找泛水，$i=1\%$，要求做地面蓄水试验，经检查无渗漏，无积水为合格，防水层和墙面、竖管相交处，均加 300。

4. 室外入口平台，雨篷，空调板等排水坡度均为 1%。

5. 施工单位应在楼地面明确标志其垫层内已铺设管线位置，并由相关部门告知用户，以免损坏。

七、外装修工程

1. 外装修设计和做法索引见“立面图”及外墙详图。

2. 外墙粉刷面积较大时应按立面图所示分格，分格缝宽为 10 毫米，深同粉刷层厚。

3. 建筑外墙的装饰层，除采用涂料外，当采用不燃材料。当建筑外墙采用可燃保温材料时，不宜采用着火后易脱落的瓷砖等材料。

八、内装修工程

1. 楼地面构造交接处和地坪高度变化处，除图中另有注明者外均位于齐平门扇开启面处。

2. 凡设有地漏房间应做防水层，图中未注明整个房间做坡度者，均在地漏周围 1m 范围内做 1%～2% 坡度坡向地漏；有水房间的楼地面应低于相邻房间≥20mm 或做挡水门槛。屋面及卫生间防水层施工完毕后，应进行蓄水或淋水实验。

3. 所有埋入墙内，混凝土内的木（金属）构件，均须涂刷氯化钠、防锈漆。

九、油漆涂料工程

1. 门窗预埋在墙（柱）中的预埋木（铁）件应作防腐（防锈）处理。

2. 室内外各项露明金属件的油漆为刷防锈漆 2 道后再做同室内外部位相同颜色的漆。

3. 所有预埋木砖及铁件均作防腐防锈处理，木砖刷氟化钠防腐剂两道，预埋铁件刷防锈红丹两道，外露铁件均刷防锈漆两道，涂与所在部位相同颜色油漆地。

十、室外工程

所有室外檐口、窗口、雨棚及其他伸出墙面构件须做滴水线条。

十一、建筑节能设计

1. 本工程建筑物的体形系数为 0.30，建筑物耗热量指标计算见热工计算表。

2. 本工程建筑物的窗墙面积比见下表。

建筑物朝向	窗墙面积比	
	规范值	设计值
南	0.4	0.26
北	0.4	0.23
西	0.4	0.05
东	0.4	0.03

3. 本工程建筑物的窗均采用中空玻璃塑钢窗，$k=2.7\text{W/m}^2\text{k}$，中空玻璃规格为 6＋12A＋6。

4. 本工程建筑的外墙均采用聚苯乙烯泡沫塑料板为保温材料，保温层厚度为 60mm，具体做法详见宁 02J12－1，$k=0.59\text{W/m}^2\text{k}$。聚苯板容重：贴砖部分为 22kg/m^3，刷涂料部分为 18kg/m^3。

5. 本工程屋面采用 100mm 厚聚苯乙烯泡沫塑料板为保温材料，$k=0.44\text{W/m}^2\text{k}$。聚苯板容重为 18kg/m^3。

6. 本工程建筑物的外墙、勒脚、窗洞口、女儿墙及檐口保温做法均见宁 02J12。

十二、其他

1. 图中所选用标准图中有对结构工种的预埋件、预留洞，如楼梯、平台钢栏杆、门窗、建筑配件等，本图所标注的各种留洞与预埋件应与各工种密切配合后，确认无误方可施工。

2. 两种材料的墙体交接处，应根据饰面材质在做饰面前加钉金属网或在施工中加贴玻璃丝网格布，防止裂缝。

3. 预埋木砖及贴邻墙体的木质面均做防腐处理，露明铁件均做防锈处理。

4. 楼板留洞的封堵：待设备管线安装完毕后，用 C20 细石混凝土封堵密实，管道竖井每二层进行封堵。

5. 施工中应严格执行国家各项施工质量验收规范。

6. 图纸因故需要修改时，应会同设计、质检、甲方、施工单位商定后，由设计单位出具更改通知单后方可施工。

7. 本工程设计有关屋面、顶棚、内墙面、楼面、地面、外墙面等做法，除图中另有注明外，均见“建筑构造用料做法”的有关编号及做法。

8. 本工程采用宁 02 系列标准图集。

9. 图中未尽事宜，须严格按照国家现行施工操作规程及暂行规定办理。

10. 凡图中结构柱位置大小以结施图为准。

11. 室外坡道、散水、台阶下均设 300 厚中砂防冻胀层，做法见工程做法一览表。

12. 配电箱：所有配电箱均暗装，位置及尺寸详见电气图，施工时应与电气配合留洞。

3. 建筑施工图（简称“建施”）

建筑施工图包括总平面图、平面图、立面图、剖面图和详图。本章重点研究这些图样的读法和画法。

4. 结构施工图（简称“结施”）

结构施工图包括结构平面布置图和各构件的结构详图。本教材第十章将重点研究结施图的读图和画图。

5. 设备施工图（简称“设施”）

设备施工图包括给水排水图、采暖通风图、电气施工图等。本教材第十一章将重点研究设备施工图的读图和画图。

三、建筑施工图的图示特点

1. 施工图中的图样是根据正投影原理绘制的

通常，在 H 面上作平面图，在 V 面上作正立面图、在 W 面上作剖面图或侧立面图。平、立、剖面图一般按投影关系画在同一张图纸上，以便阅读。如房屋体形较大、层数较多、图幅过小，平、立、剖面图可分别单独画在几张图纸上。

2. 施工图中线型多样化

施工图中的多种线型表示了不同的含义，这样能使所绘的图样重点突出、活泼美观。

3. 施工图一般采用缩小比例绘制

由于房屋体形较大，图纸小，施工图常用缩小比例绘制，如绘制平面图、立面图、剖面图。但是当房屋内部各部分构造比较复杂，在小比例的平、立、剖面图中无法表达清楚时，还需要配以较大比例的详图将房屋内部详细的构造表达清楚。

4. 施工图内采用多种图例、符号

施工图（平、立、剖面图）绘制比例较小，如实反映构件有困难，因此，“制图标准”规定了一系列的图形符号来代表建筑构配件、卫生设备、建筑材料等，这种图形符号称为图例。使用图例能方便绘图及读图。

四、建筑施工图制图标准

我国现行的建筑施工图制图标准，各专业除应遵守《房屋建筑制图统一标准》（GB/T 50001—2001）的规定外，还应遵守各专业的制图标准。为便于查阅，本节集中介绍相关的制图标准。

（一）房屋建筑制图统一标准（GB/T 50001—2001）

本标准是房屋建筑制图的基本规定，适用于总图、建筑、结构、给排水、暖通空调、电气等各专业制图。

1. 定位轴线符号

定位轴线是确定承重构件（基础、墙、柱和屋架等）位置的一组网格线，是建造房屋时砌筑墙身、浇筑梁柱、安装构配件等施工定位的重要依据。

定位轴线采用细单点长画线绘制，并在其端部绘制一个直径为 8mm 的细实线圆圈（详图中该圆直径可增至 10mm）。轴线编号注写在圆圈内。该圆圆心应位于定位轴线的延长线上。

平面图上定位轴线的编号，宜标注在图样的下方与左侧。横向编号应用阿拉伯数字，从左至右顺序编写；竖向编号应用大写拉丁字母，自下而上顺序编号；如图 9-3 所示。为了避免与数字 1、0、2 混淆，I、O、Z 不得用做轴线编号。

对于非承重的分隔墙、次要的承重构件等，可采用附加定位轴线表示，有时也可以不编绘附加轴线，而直接注明其与附近的定位轴线之间的尺寸。

附加轴线的编号常用分数形式表示。编号规则是：两根轴线之间的附加轴线，分母表示前一轴线的编号，分子表示附加轴线的编号，中间用 45°方向的直径细线分隔。附加轴线的编号用阿拉伯数字顺序编号。例如：(1/2)表示②号轴线后附加的第一根轴线；(2/C)表示©号轴线后附加的第二根轴线。①轴和Ⓐ轴之前的附加轴线分母分别用 01、0A 表示。例如：(1/01)表示①号轴线之前附加的第一根轴线；(3/0A)表示Ⓐ号轴线之前附加的第三根轴线，如图 9-4 所示。

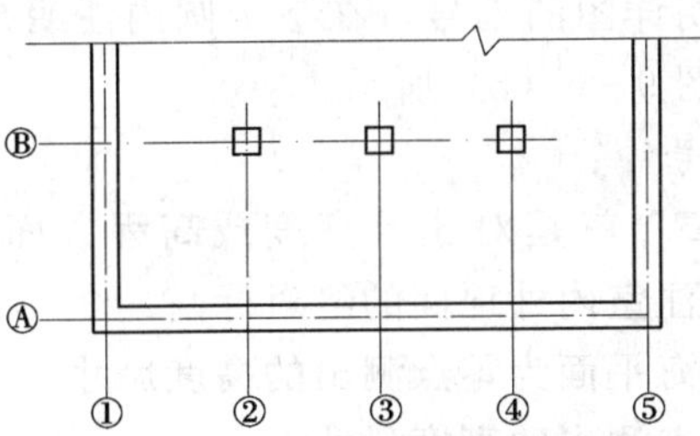

图 9-3　定位轴线的编号顺序

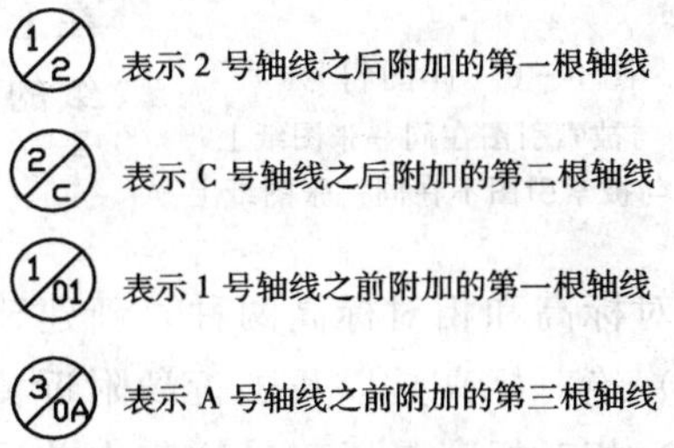

图 9-4　附加定位轴线的形式

2. 索引符号与详图符号

由于建筑平、立、剖面图采用的绘图比例较小，使得建筑物中的某些细部构造无法表达清楚，需采用较大的绘图比例单独绘制出这些部位的建筑详图。各种图样之间，通过索引符号和详图符号建立联系，以方便查阅。

(1) 索引符号。图样中的某一局部或构件，如需另见详图，应以索引符号索引，如图 9-5 (a) 所示，索引符号中圆及水平直径线均用细实线绘制，且圆的直径为 10mm。

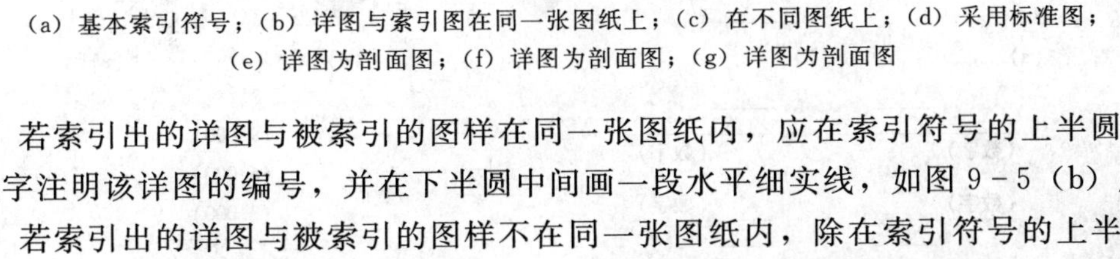

图 9-5　详图索引符号

(a) 基本索引符号；(b) 详图与索引图在同一张图纸上；(c) 在不同图纸上；(d) 采用标准图；(e) 详图为剖面图；(f) 详图为剖面图；(g) 详图为剖面图

1) 若索引出的详图与被索引的图样在同一张图纸内，应在索引符号的上半圆中用阿拉伯数字注明该详图的编号，并在下半圆中间画一段水平细实线，如图 9-5 (b) 所示；

2) 若索引出的详图与被索引的图样不在同一张图纸内，除在索引符号的上半圆中用阿拉伯数字注明该详图的编号外，还应在下半圆中用阿拉伯数字注明该详图所在图纸的页码，如图 9-5 (c) 所示；

3）若索引出的详图采用的是标准图集，应在索引符号水平直径的延长线上加注该标准图册的编号，如图 9－4（d）所示；

4）索引符号如用于索引剖面详图，应在被剖切部位绘制剖切位置线，并以引出线引出索引符号，投影方向自剖切位置线所在一侧指向引出线所在一侧，如图 9－4（e）、（f）、（g）所示。

（2）详图符号。详图的位置和编号，应以详图符号表示。详图符号的圆应以直径为 14mm 的粗实线绘制，水平直径线以细实线绘制。

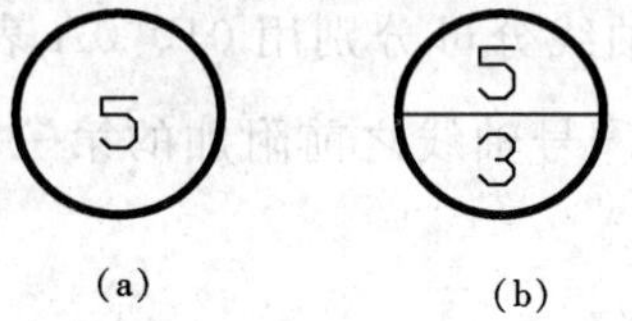

图 9－6　详图符号

（a）与被索引图在同一张图纸上；
（b）与被索引图不在同一张图纸上

1）若详图与被索引的图样在同一张图纸内，直接在详图符号内用阿拉伯数字注明详图的编号，如图 9－6（a）所示；

2）当详图与被索引的图样不在同一张图纸内时，在上半圆中注明详图的编号，在下半圆内注明被索引图纸的页码，如图 9－6（b）所示。

3. 标高符号

所谓“标高”就是对建筑高度或高程方面的标注，分为绝对标高和相对标高两种，新建建筑物应标注室内外地面的绝对标高：

（1）绝对标高是以我国青岛附近黄海的平均海平面为零点测出的高度尺寸。

（2）相对标高是以建筑物室内首层地面为零点测出的高度尺寸。

房屋各部分的标高还有建筑标高和结构标高的区别：

（1）建筑标高是指包括粉刷层在内的，装修完成后的标高。

（2）结构标高则是不包括构件表面粉刷层厚度的构件表面的标高。

标高符号一律采用等腰直角三角形的图形表示。平面图上采用如图 9－7（a）所示形式用细实线绘制。如标注位置不够，也可按如图 9－7（h）形式绘制。标高符号的具体画法如图 9－7（e）所示；立面图、剖面图采用如图 9－7（b）所示形式用细实线绘制；在总平面图中的室外地坪标高标注，宜用涂黑的三角形表示，如图 9－7（c）所示，具体画法如图 9－6（d）所示。标高符号的尖端应指至被注的高度，尖端可向上，也可向下；标高数字应注写在标高符号的左侧或右侧，如图 9－7（f）、（g）所示。标高数字应以米为单位，一般注至小数点后三位数（总平面图中为二位数），零点标高注写成±0.000，正数标

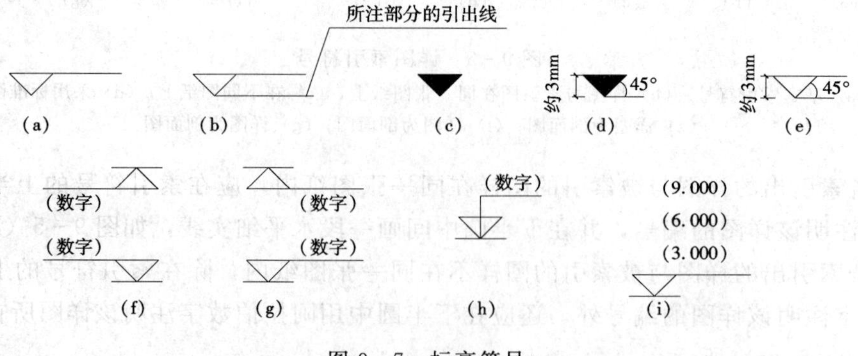

图 9－7　标高符号

高不注“+”，负数标高应注“-”。如同一位置表示几个不同标高时，标高数字可重叠放置，如图 9-7（i）所示。

4. 指北针符号

指北针是建筑施工图中表明房屋朝向的符号。常在建筑总平面图和建筑底层平面图的适当位置绘制。指北针由圆和指针组成。宜用细实线绘制，圆的直径为 24mm，指北针尾宽为 3mm，在指针尖端处，国内工程注“北”，涉外工程注“N”字，需用较大直径绘制时，指针尾部宽度宜为直径的 1/8，如图 9-8（a）所示。

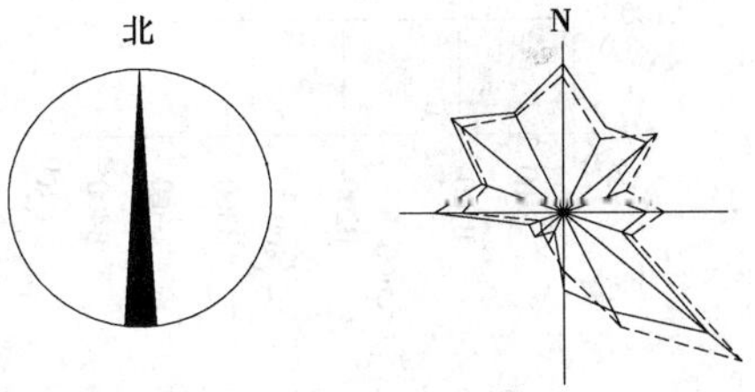

(a)　　(b)

图 9-8　指北针与风玫瑰

5. 风玫瑰图

风向频率玫瑰图简称风玫瑰图，它是根据该地区多年统计的各个方位上刮风次数的平均百分率绘制，一般画出十六个方向从端点到中心的距离（刮风频率），用线连接而成，其中粗实线表示全年风向频率，细实线表示冬季风向频率，虚线表示夏季风向频率。由各方位端点指向中心的方向为刮风的方向，如图 9-8（b）所示。

6. 引出线

建筑工程图中，经常遇到需要用文字或符号说明的地方，为了不影响图形的清晰性，这些文字或符号需用引出线引至图形的空白处。引出线可按如图 9-9 所示形式，用细实线绘制。

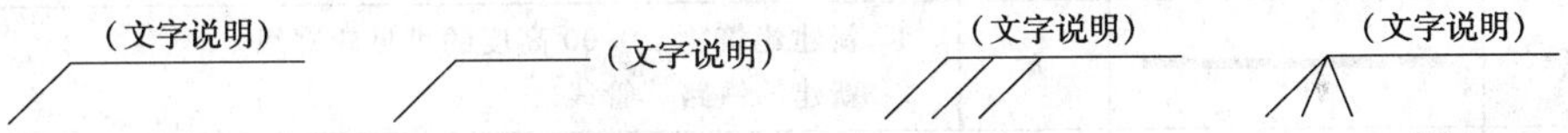

(a)　　(b)　　(c)　　(d)

图 9-9　引出线

(a) 文字写在上方；(b) 文字写在旁边；(c) 同时引出几个相同部分；(d) 同时引出几个相同的部分

7. 多层构造引出线

多层构造引出线，应通过被引出的各层。文字说明宜注写在水平线的上方，或注写在水平线的端部，说明的顺序应由上至下，并应与被说明的层次相互一致；如层次为横向排序，则由上至下的说明顺序应与左至右的层次相互一致。如图 9-10 所示。

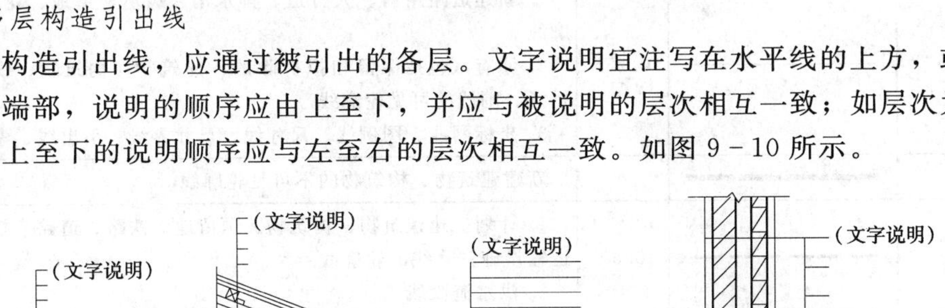

(a)　　(b)　　(c)　　(d)

图 9-10　多层构造引出线

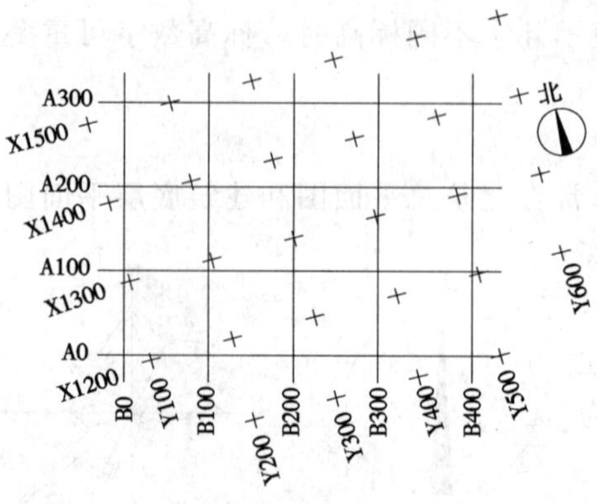

图 9－11　坐标网格

（二）总图制图标准（GB/T 50103—2001）

1. 坐标注法

总图应按上北下南方向绘制，根据场地形状或布局，可向左或向右偏转，但不宜超过45°。总图中应绘制指北针或风玫瑰图，如图 9－11 所示。

坐标网格应以细实线表示。测量坐标应画成交叉十字线，坐标代号宜用“*X*、*Y*”表示；建筑坐标网应画成网格通线，坐标代号宜用“*A*、*B*”表示，如图 9－11 所示。坐标值为负数时，应注“－”号，为正数时，“＋”号可省略。

表示建筑物、构筑物位置的坐标，宜注其三个角的坐标，如建筑物、构筑物与坐标轴线平行，可注其对角坐标。

2. 比例

绘制总平面图、竖向布置图、管线综合图、土方图、排水图、铁路、道路平面图、绿化平面图等，一般采用 1∶500、1∶1000、1∶2000 等比例。

3. 图线

总图制图，应根据图纸功能，按表 9－3 规定的线型选用。

表 9－3　　总 图 制 图 图 线

备注	线型	线宽	一 般 用 途
粗实线	━━━━━━	*b*	1. 新建建筑物±0.00 高度的可见轮廓线 2. 新建的铁路、管线
中实线	——————	0.5*b*	1. 新建构筑物、道路、桥涵、边坡、围墙、露天堆场、运输设施、挡土墙的可见轮廓线 2. 场地、区域分界线、用地红线、建筑红线、尺寸起止符号、河道蓝线 3. 新建建筑物±0.00 高度以外的可见轮廓线
细实线	——————	0.25*b*	1. 新建道路路肩、人行道、排水沟、树丛、草地、花坛的可见轮廓线 2. 原有（包括保留和拟拆除的）建筑物、构筑物、铁路、道路、桥涵、围墙的可见轮廓线 3. 坐标网线、图例线、尺寸线、尺寸界线、引出线、索引符号等
粗虚线	━ ━ ━ ━	*b*	新建建筑物、构筑物的不可见轮廓线
中虚线	— — — —	0.5*b*	1. 计划扩建建筑物、构筑物、预留地、铁路、道路、桥涵、围墙、运输设施、管线的轮廓线 2. 洪水淹没线
细虚线	— — — —	0.25*b*	原有建筑物、构筑物、铁路、道路、桥涵、围墙的不可见轮廓线
粗单点长画线	━━ ━━ ━━	*b*	露天矿开采边界线
中单点长画线	—— —— ——	0.5*b*	土方填挖区的零点线
细单点长画线	—— ——	0.25*b*	分水线、中心线、对称线、定位轴线

建筑红线：各地方国土管理局提供给建设单位的地形图为蓝图，在蓝图上用红色笔划定的土地使用范围的线称为建筑红线。任何建筑物在设计和施工中均不能超出此线。

4. 常用图例

总平面图例应符合表 9－4 的规定。

表 9－4　　总 平 面 图 例

序号	名称	图例	备　注
1	新建建筑物	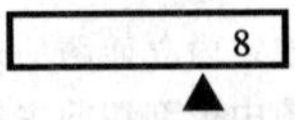	1. 需要时，可用▲表示出入口，可在图形内右上角用点数或数字表示层数； 2. 建筑物外形（一般以±0.00 高度处的外墙定位轴线或外墙面线为准）用粗实线表示。需要时，地面以上建筑用中粗实线表示，地面以下建筑用细虚线表示
2	原有建筑物	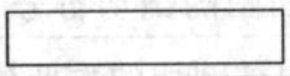	用细实线表示
3	计划扩建的预留地或建筑物		用中粗虚线表示
4	拆除的建筑物	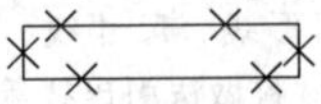	用细实线表示
5	新建的道路	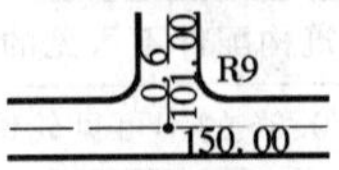	“R9”表示道路转弯半径为 9m，“150.00”为路面中心控制点标高，“0.6”表示 0.6%的纵向坡度，“101.00”表示变坡点间距离
6	原有的道路	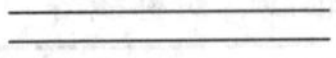	
7	计划扩建的道路	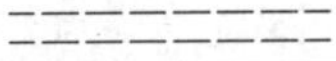	
8	拆除的道路	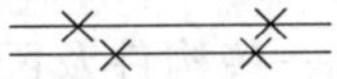	
9	人行路	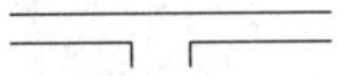	
10	围墙及大门	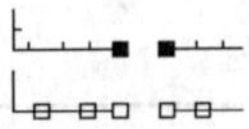	上图为实体性质的围墙，下图为通透性质的围墙，若仅表示围墙时不画大门。
11	挡土墙		被挡土在“突出”的一侧
12	坐标	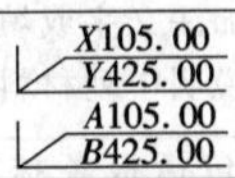	上图表示测量坐标，下图表示建筑坐标
13	填挖边坡	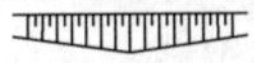	1. 边坡较长时，可在一端或两端局部表示； 2. 下边线为虚线时表示填方
14	护坡	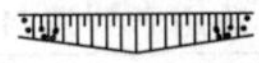	

（三）建筑制图标准（GB/T 50104—2001）

1. 比例

建筑施工图中常用的比例，如表 9－5 所示。

表 9－5　　建筑施工图中的常用比例

图　名	比　例
建筑物或构筑物的平面图、立面图、剖面图	1∶50、1∶100、1∶200
建筑物或构筑物的局部放大图	1∶10、1∶20、1∶50
配件及构件详图	1∶1、1∶2、1∶5、1∶10、1∶20、1∶50

2. 图线

由于在建筑施工图上要表示的内容较多，为了分清主次和增加图面效果，常选用不同的线宽和线型来表示不同的内容。在《建筑制图标准》（GB/T 5001—2001）中规定，建筑施工图中常用的图线，如表 9-6 所示。

表 9-6 建筑施工图常用图线

备注	线型	线宽	一般用途
粗实线		b	1. 平、剖面图中被剖切的主要建筑构造（包括构配件）的轮廓线 2. 建筑立面图或室内立面图的外轮廓外 3. 建筑构造详图中被剖切的主要部分的轮廓线 4. 建筑构配件详图中的外轮廓线 5. 平、立、剖面图的剖切符号
中实线		$0.5b$	1. 平、剖面图中被剖切的次要建筑构造（包括构配件）的轮廓线 2. 建筑平、立、剖面图中建筑构配件的轮廓线 3. 建筑构造详细及建筑构配件详图中的一般轮廓线
细实线		$0.25b$	小于 $0.5b$ 的图形线、尺寸线、尺寸界线、图例线、索引符号、标高符号、详图材料做法引出线等
中虚线		$0.5b$	建筑构造及建筑构配件不可见的轮廓线
细虚线		$0.25b$	图例线、小于 $0.5b$ 的不可见轮廓线
点划线		$0.25b$	中心线、定位轴线、对称线等

3. 图例

由于绘制建筑施工图采用较小比例，图样中的一些构件及配件只需按国家标准规定的图例绘制。常用构配件图例，如表 9-7 所示。

表 9-7 构造及配件图例

序号	名称	图例	备注
1	墙体	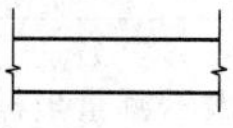	应加注文字或填充图例表示墙体材料，在项目设计图纸说明中列材料图例表给予说明
2	隔断	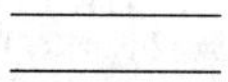	1. 包括板条抹灰、木制、石膏板、金属材料等隔断 2. 适用于到顶与不到顶隔断
3	楼梯	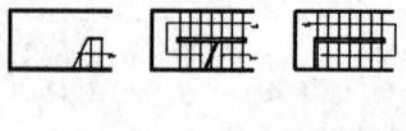	1. 左图为底层楼梯平面，中图为中间层楼梯平面，右图为顶层楼梯平面 2. 楼梯及栏杆扶手的形式和梯段踏步数应按实际情况绘制
4	坡道	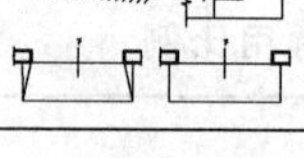	上图为长坡道，下图为门口坡道
5	检查孔		左图为可见检查孔（实线），右图为不可见检查孔（虚线）
6	孔洞		阴影部分可以涂色代替

续表

序号	名称	图 例	备 注
7	坑槽		
8	墙预留洞	宽×高或ϕ 底(顶或中心)标高××,××× 	1. 以洞中心或洞边定位 2. 宜以涂色区别墙体和留洞位置
9	墙预留槽	宽×高或ϕ 底(顶或中心)标高××,××× 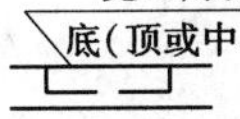	
10	烟道	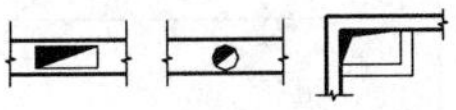	1. 阴影部分可以涂色代替 2. 烟道与墙体为同一材料，其相接处墙身线应断开
11	通风道	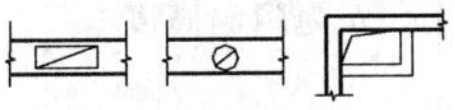	
12	单扇门（包括平开或单面弹簧）	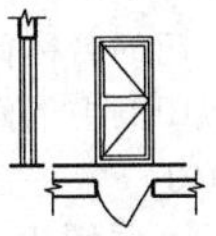	1. 门的名称代号用M 2. 图例中剖面图左为外、右为内，平面图下为外、上为内 3. 立面图上开启方向线交角的一侧为安装合页的一侧。实线为外开，虚线为内开 4. 平面图上门线应为90°或45°开启，开启弧线宜绘出 5. 立面图上的开启线在一般设计图中可不表示，在详图及室内设计图上应表示 6. 立面形式应按实际情况绘制
13	双扇门（包括平开或单面弹簧）	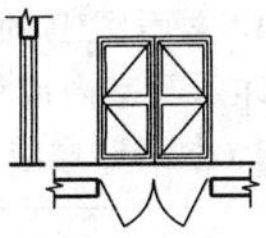	
14	对开折叠门	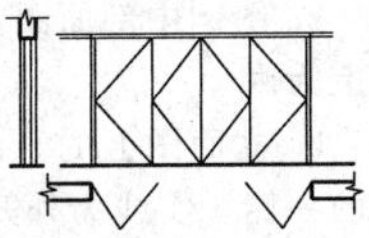	
15	推拉门	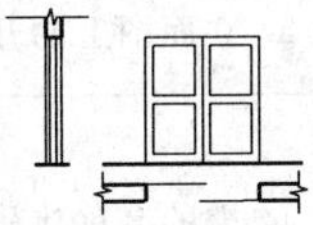	1. 门的名称代号用M 2. 图例中剖面图左为外、右为内，平面图下为外、上为内 3. 立面形式应按实际情况绘制
16	单扇双面弹簧门	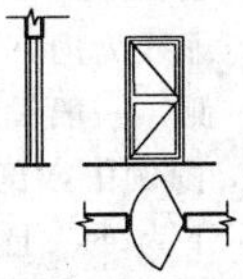	1. 门的名称代号用M 2. 图例中剖面图左为外、右为内，平面图下为外、上为内 3. 立面图上开启方向线交角的一侧为安装合页的一侧，实线为外开，虚线为内开 4. 平面图上门线应90°或45°开启，开启弧线宜绘出 5. 立面图上的开启线在一般设计图中可不表示，在详图及室内设计图上应表示 6. 立面形式应按实际情况绘制
17	双扇双面弹簧门	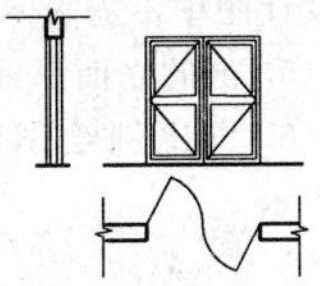	

续表

序号	名称	图例	备注
18	单扇内外开双层门（包括平开或单面弹簧）	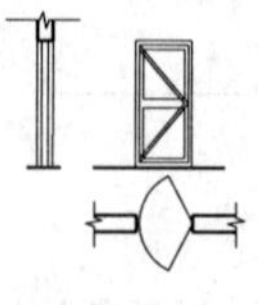	
19	双扇内外开双层门（包括平开或单面弹簧）	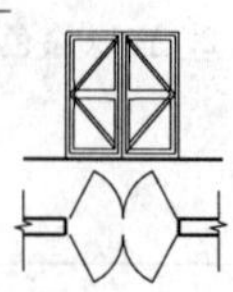	
20	空门洞	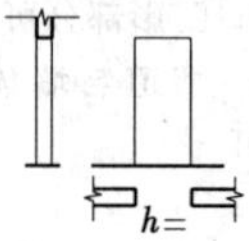	h 为门洞高度
21	转门	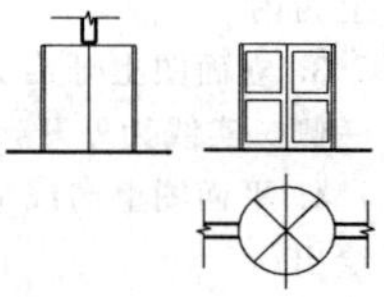	1. 门的名称代号用 M 2. 图例中剖面图左为外、右为内，平面图下为外、上为内 3. 平面图上门线应 90°或 45°开启，开启弧线宜绘出 4. 立面图上的开启线在一般设计图中可不表示，在详图及室内设计图上应表示 5. 立面形式应按实际情况绘制
22	折叠上翻门	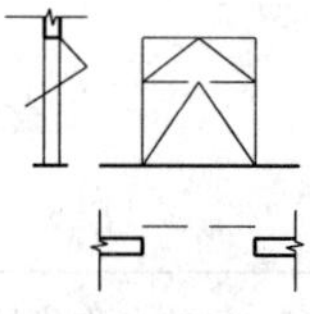	1. 门的名称代号用 M 2. 图例中剖面图左为外、右为内，平面图下为外、上为内 3. 立面图上的开启方向线交角的一侧为安装合页的一侧，实线为外开，虚线为内开 4. 立面形式应按实际情况绘制 5. 立面图上的开启线设计图中应表示
23	单层固定窗	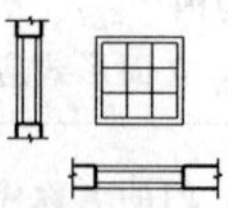	1. 窗的名称代号用 C 表示 2. 立面图中的斜线表示窗的开启方向，实线为外开，虚线为内开，开启方向线交角的一侧为安装合页的一侧，一般设计图中可不表示 3. 图例中，剖面图所示左为外，右为内，平面图所示下为外，上为内 4. 平面图和剖面图上的虚线仅说明开关方式，在设计图中不需表示 5. 窗的立面形式应按实际绘制 6. 小比例绘图时平、剖面的窗线可用单粗实线表示
24	单层外开上悬窗	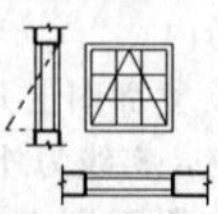	
25	单层中悬窗	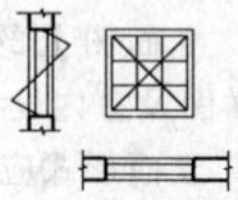	

续表

序号	名称	图例	备注
26	单层内开 下悬窗	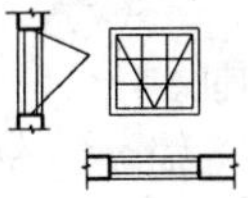	
27	单层外开 平开窗	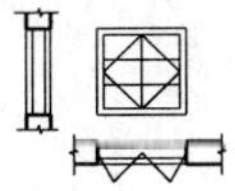	
28	推拉窗	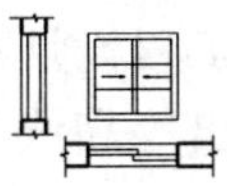	1. 窗的名称代号用C表示 2. 图例中，剖面图所示左为外，右为内，平面图所示下为外，上为内 3. 窗的立面形式应按实际绘制 4. 小比例绘图时平、剖面的窗线可用单粗实线表示
29	上推窗	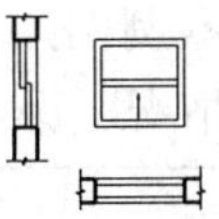	1. 窗的名称代号用C表示 2. 图例中，剖面图所示左为外，右为内；平面图所示下为外，上为内 3. 窗的立面形式应按实际绘制 4. 小比例绘图时平、剖面的窗线可用单粗实线表示
30	高窗	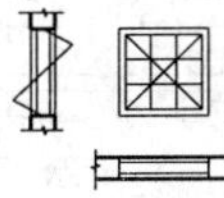 $h=$	1. 窗的名称代号用C表示 2. 立面图中的斜线表示窗的开启方向，实线为外开，虚线为内开；开启方向线交角的一侧为安装合页的一侧，一般设计图中可不表示 3. 图例中，剖面图所示左为外，右为内，平面图所示下为外、上为内 4. 平面图和剖面图上的虚线仅说明开关方式，在设计图中不需表示 5. 窗的立面形式应按实际绘制 6. h为窗底距本层楼地面的高度

第二节　总　平　面　图

一、总平面图的形成及作用

将拟建工程四周一定范围内的新建、拟建、原有和待拆除的建筑物、构筑物及其周围的地形地物地貌，在画有等高线的地形图上或加上坐标方格网的地形图上，以图例形式用水平投影的方法画出的图样，称为总平面图，或称总平面布置图。总平面图反映新建建筑物的平面形状、位置、朝向和与周围环境的关系，因此成为新建建筑物施工定位、土方施工及做施工总平面设计的重要依据。

二、总平面图的图示内容

(1) 标出新建建筑物的测量坐标网（坐标代号宜用“X”、“Y”表示）或建筑坐标网

（坐标代号宜用“A”、“B”表示）。或绘制等高线地形图确定新建建筑物的位置。

（2）新建建筑物（隐蔽工程用虚线表示）及其定位坐标（或相互关系尺寸）、名称（或编号）、层数、朝向及室内外标高。

（3）原有建筑、待拆除建筑的位置、层数及范围。

（4）附近的地形地物。如等高线、道路、水沟、河流、池塘、土坡等。

（5）道路（铁路）和明沟等的起点、变坡点、转折点、终点的标高与坡向箭头。

（6）指北针或风玫瑰。

（7）建筑物使用编号时，应列出名称编号表。

（8）绿化规划、管道布置。

（9）补充图例。

上面所列内容，既不是完美无缺，也不是任何工程设计都缺一不可，而应根据工程的特点和实际情况而定。对一些简单的工程，可不画出等高线、坐标网、绿化规划和管道的布置。

三、识读总平面图示例

现以图 9－12 为例，说明阅读总平面图的步骤：

（1）先看图样的比例、图例及有关文字说明。本例图用 1∶500 的比例绘制。

（2）了解工程的性质、用地范围和地形地物等情况。从图 9－12 的图名和图中各房屋

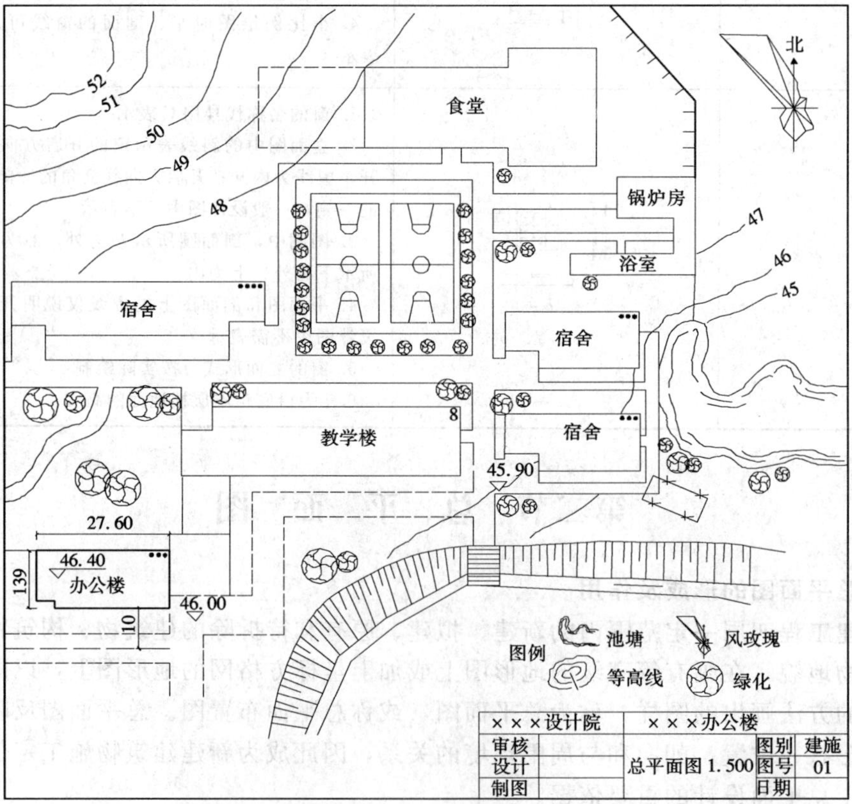

图 9－12　总平面图

所标注的名称，可知新建工程是某学校内的办公楼。从图中等高线所注写的数值，可知该地势是自西北向东南倾斜。

(3) 从图中所注写的室内（底层）地面和等高线的标高，可知该地的地势高低、雨水排水方向，并可计算填挖土方的数量。房屋底层室内地面的绝对标高为 46.40m，是根据拟建房屋所在位置的前后等高线（图中是 46m 和 47m），并估算到填挖土方基本平衡而决定。如果图上没有等高线，可根据原有房屋或道路的标高来确定。注意室内外地坪标高标注符号的不同，如图 9-7 所示。

(4) 明确新建房屋的位置和朝向。房屋的位置可用定位尺寸或坐标确定。定位尺寸应注写出与原建筑物或道路中心线的联系尺寸，如图中的 10m。从图上所画的风玫瑰图，可确定该房屋的朝向。图中所示该地区全年最大的风向频率为西北风。新建办公楼坐北朝南。

(5) 从图中可了解到周围环境的情况。如新建筑的东边是拟建的道路，拟建道路的东边是坡地。新建筑的北面是一片绿地。新建建筑物的南边拟建新的道路。

第三节 建筑平面图

一、建筑平面图的形成和作用

假想用一个水平的剖切平面，在房屋窗台略高一点位置水平剖开整幢房屋，把剖切平面以上的部分移去，将剩余部分自上而下投影，形成的投影图，即为建筑平面图，简称平面图。它反映房屋的平面形状、大小和房间的布置，墙（柱）的位置、厚度和材料，门窗的类型和位置等情况。这是施工图中最基本的图样之一。

一般来说，房屋有几层，就应画出几个平面图，并在图的下方注明相应的图名，如底层平面图、二层平面图……，此外还有屋面平面图是房屋顶部的水平投影，一般可适当缩小比例绘制（对于较简单的房屋可不画出）。习惯上，如上下各层的房间数量、大小和布置都一样时，则相同的楼层可用一个平面图表示，称为标准层平面图。

平面图的方向宜与总图的方向保持一致。平面图的长边宜与横式幅面图纸的长边一致。

在同一张图纸上绘制多于一层的平面图时，各层平面图宜按层数由低向高的顺序从左至右或从下至上布置。

平面较大的建筑物，可分区绘制平面图，但每张平面图均应绘制组合示意图。各区应分别用大写拉丁字母编号。在组合示意图中要提示的分区，应采用阴影线或填充的方式表示。详细的标注见《建筑制图标准》（GB/T 50001—2001）。

平面图上的断面，当比例大于 1∶50 时，应画出其材料图例和抹灰层的面层线。如比例为 1∶100～1∶200 时，抹灰层面层线可不画，而断面材料图例可用简化画法（如砖墙涂红色，钢筋混凝土涂黑色等）。

二、图示内容

(1) 定位轴线。图示墙、柱、墩位置及厚度。

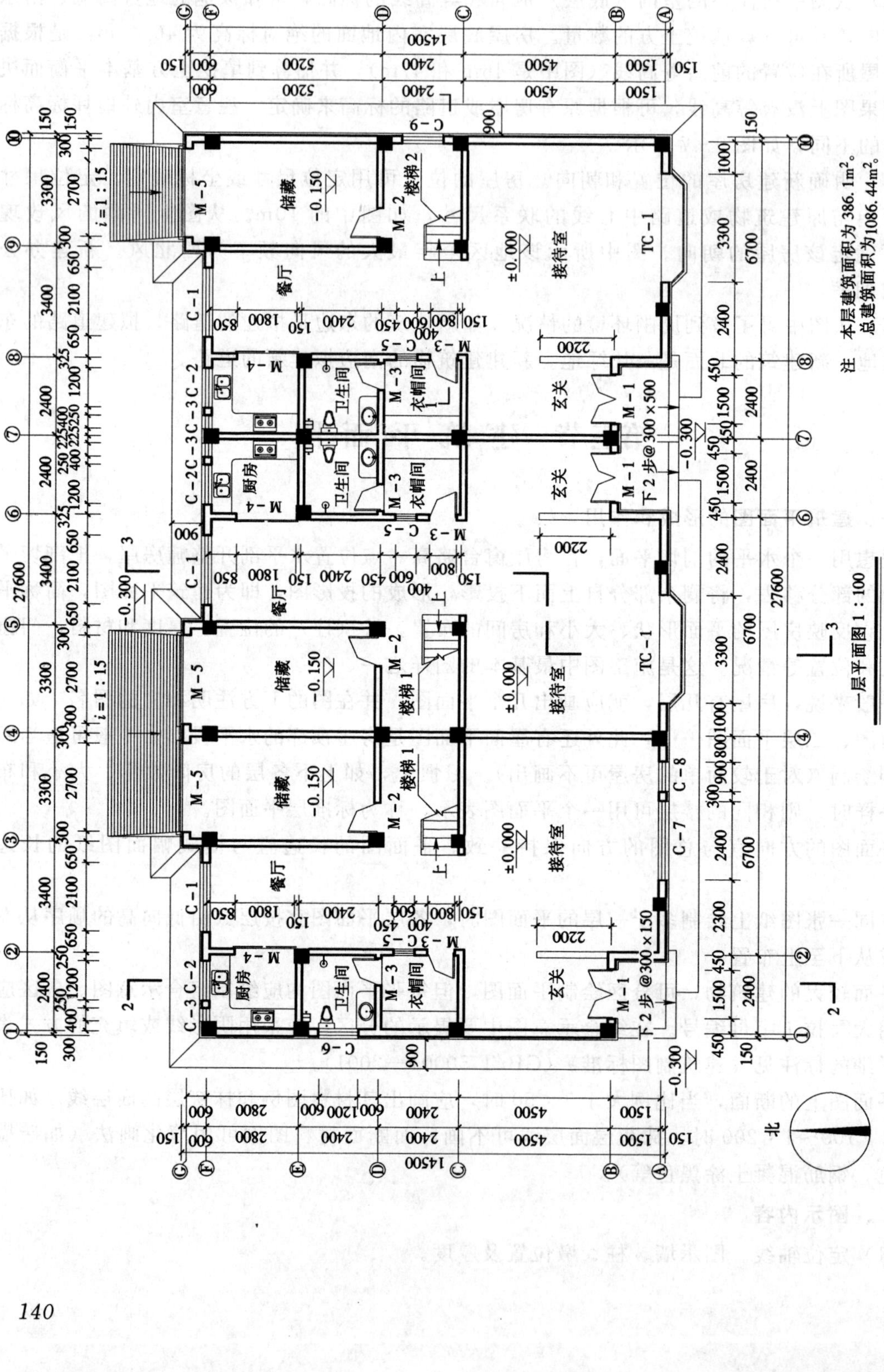

注 本层建筑面积为386.1m²。
总建筑面积为1086.44m²。

图 9－13 某某办公楼一层平面图

(2) 标注尺寸。注写出室内外的有关尺寸及室内楼、地面的标高（底层地面为±0.000）。

(3) 楼梯。表示电梯、楼梯位置及楼梯上下方向及主要尺寸。

(4) 室外构件。表示阳台、雨篷、踏步、斜坡、通气竖道、管道竖井、烟囱、消防梯、雨水管、散水、排水沟、花池等位置及尺寸。

(5) 室内构件。画出卫生器具、水池、工作台、橱柜、隔断及重要设备位置。

(6) 隐蔽构件。表示地下室、地坑、地沟、各种平台、阁楼（板）、检查孔、墙上留洞、高窗等位置尺寸与标高。如果是隐蔽的或在剖切平面以上的构件，应用虚线表示。

(7) 剖切位置。画出剖切平面的剖切符号及编号（一般只注写在底层）。

(8) 索引符号。标注有关部位上节点详图的索引符号。

(9) 指北针。在底层平面图画出指北针。

(10) 备注。注写需要集中说明的内容。

以上内容可根据具体项目的实际情况进行取舍。

三、阅读建筑平面图示例

现以本书工程实例某办公楼底层平面图 9-13 为例，说明平面图的内容及阅读方法。

(1) 从图名可了解该图是属于那一层的平面，以及该图的比例是多少。本例画的是底层平面图，比例是 1∶100。

(2) 在此底层平面图形外，画有一个指北针的符号，说明房屋的朝向。从图中可知，本例房屋坐北朝南。

(3) 从平面图的形状与总长度总宽度尺寸，可计算出房屋的用地面积。本层建筑面积 386.1m^2。

(4) 从图中墙的分隔情况和房间的名称，可了解到房屋内部各房间的配置、用途、数量及其相互间的联系情况。

(5) 从图中定位轴线的编号及其间距，可了解到各承重构件的位置及房间的大小。本例的横向轴线为①～⑩，竖线轴线为Ⓐ～Ⓖ。

(6) 图中注写有外部和内部尺寸。从各道尺寸的标注，可了解到各房间的开间、进深、外墙与门窗及室内设备的大小和位置。本例阳面进深 6m(4.5m+1.5m)，阴面进深为 5.2m。

(7) 从图中门窗的图例及其编号，可了解到门窗的类型、数量及其位置。一般情况下，在首页图或在与平面图同页图纸上，附有门窗表，如本书工程实例某某办公楼门窗表 9-8 所示，表中列出了门窗的构造详图。

要注意的是，门窗虽然用图例表示，但门窗洞的大小及其形式都应按投影关系画出。如窗洞有凸出的窗台时，应在窗的图例上画出窗台的投影。门窗立面图图例按实际情况绘制。

(8) 从图中还可了解其他细部（楼梯、墙洞和各种卫生设备等）的配置和位置情况。有关卫生设备图例如图 9-14 所示，其余可参看“国标”有关规定。

表 9-8　　某某办公楼门窗表

类别	设计编号	所在图集编号	洞口尺寸（mm）宽×高	层数 一层	二层	三层	数量	备注
门	M-1	防盗保温门选用公安厅指定产品	1500×2100	3			3	钢制保温防盗门
	M-2	宁 02J6—1	900×2100	3	12	6	21	成品实木门
	M-3	宁 02J6—1	800×2100	6	9	9	24	普通木门
	M-4	宁 02J6—3	1800×2800	3			3	80 系列白色塑钢推拉门（中空玻璃）
	M-5	样式甲方自定	2700×3000	3			3	卷帘门
	M-6	宁 02J6—3	2400×2400		3		3	80 系列白色塑钢推拉门（中空玻璃）
凸窗	TC-1	宁 02J6—3	3300×2150	2			2	80 系列墨绿色塑钢窗（中空玻璃）
	TC-1a	宁 02J6—3	3300×1850		2		2	
窗	C-1	详大样	2100×2100	3			3	80 系列墨绿色塑钢窗（中空玻璃）
	C-1a		2100×1500		6		6	
	C-1b		2100×1900			3	3	
	C-2		1200×1800	3			3	
	C-3		400×400	3			3	
	C-4		900×900		3	3	6	
	C-5		600×900	3			3	
	C-6		1200×900	1	2	2	5	
	C-7		2400×2150	1			1	
	C-7a		2400×1850		3		3	
	C-8		900×2150	1			1	
	C-8a		900×1850		1		1	
	C-8b		3600×1950			1	1	
	C-9		1200×1250	1	1	1	3	
	C-10		3000×1200				1	
组合门窗	ZJC-1	(1250+3570) ×1850			1		1	80 系列墨绿色塑钢窗（中空玻璃）
	ZHMC-1	样式甲方自定	5000×2900			1	1	80 系列墨绿色门联窗（中空玻璃）
	ZHMC-2	样式甲方自定	3550×3600			1	1	
	ZHMC-3	样式甲方自定	3600×3600			1	1	
	ZHMC-4	样式甲方自定	4950×2900			1	1	
	ZHMC-5	样式甲方自定	3500×3600			1		

注　1. 外窗均设纱扇
2. 外墙门窗玻璃均为中空玻璃
3. 外窗及阳台门气密性等级为建筑外窗空气渗透性能的三级
4. 门窗数量与实际有出入时以实报实际数量计
5. 外窗及阳台门保温性等级为建筑外窗保温性能分级的Ⅴ级水平
6. 一层所有外窗加铁艺防盗栏，材料及样式由甲方定
7. 制作门窗时先实测后制作

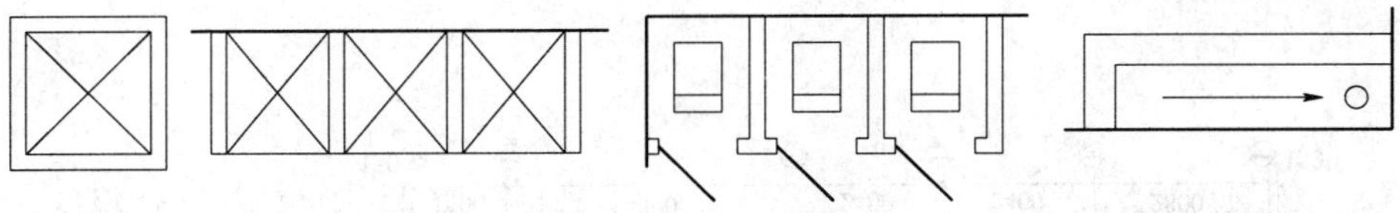

图 9-14　卫生设备图例

(a) 污水池；(b) 淋浴小间；(c) 厕所间；(d) 小便槽

(9) 图中还表示出室外台阶、花池、散水和雨水管的大小与位置。有时散水（或排水沟）在平面图上可不画出，或只在转角处部分表示。

(10) 在底层平面图，还画出剖面图的剖切符号，如图 9-13 中的 1—1，2—2，3—3 等，以便与剖面图对照查阅。

四、其他楼层的平面图

本书工程实例某某办公楼二、三层平面图，如图 9-15、图 9-16 所示。

五、本书工程实例某某办公楼屋面平面图

屋面平面图主要表示三个方面的内容。①屋面排水情况。如排水分区、天沟、屋面坡度、雨水口的位置等；②突出屋面的物体。如电梯机房，楼梯间、水箱、天窗、烟囱、检查孔、屋面变形缝等位置；③细部做法。屋面的细部做法包括墙体的泛水、天沟、变形缝、雨水口等。

阅读屋顶平面图应注意下列两点内容：①屋面的排水方向、排水坡度及排水分区；②结合有关详图阅读。弄清楚分格缝、女儿墙泛水、高出屋面部分的防水、泛水的做法。如某某办公楼屋面的平面图 9-17 所示。

六、绘制建筑平面图的步骤

画平面图常用的比例为 1：50、1：100、1：200，其绘图步骤如图 9-18 所示。

(1) 先画出定位轴线。按所选比例根据轴线间尺寸绘制轴线网，如图 9-18 (a) 所示。

(2) 画出墙身线及门窗位置线。根据墙厚尺寸绘制出内外墙轮廓线，如图 9-18 (b) 所示。

(3) 画出楼梯、台阶、门窗、卫生设备、雨篷等细部，如图 9-18 (c) 所示。

(4) 标注尺寸、文字说明、剖切位置线、轴线编号、详图索引符号，图名、比例及其他文字说明等。

(5) 检查无误后，按平面图的图线要求上墨，图线上墨的要求和顺序如下：

上墨的图线线宽应遵照建筑平面图的图线要求，其他的各种符号的图线应符合前面所述的各项规定（例如剖切符号、轴线、索引符号等）。上墨顺序一般为先整体，后细部，最后画材料图例或在图纸反面分别用红铅笔涂红、用墨水涂黑墙与柱的断面，经复查无误后，完成全图，如图 9-13 所示。

(6) 擦去作图线，使图面整洁。

由于计算机辅助设计在建筑制图上的普及，大大减轻了设计制图的工作强度，也方便建筑工作者的设计与修改。但手工制图是基础，只有掌握手工制图的方法，才能在计算机上得心应手。

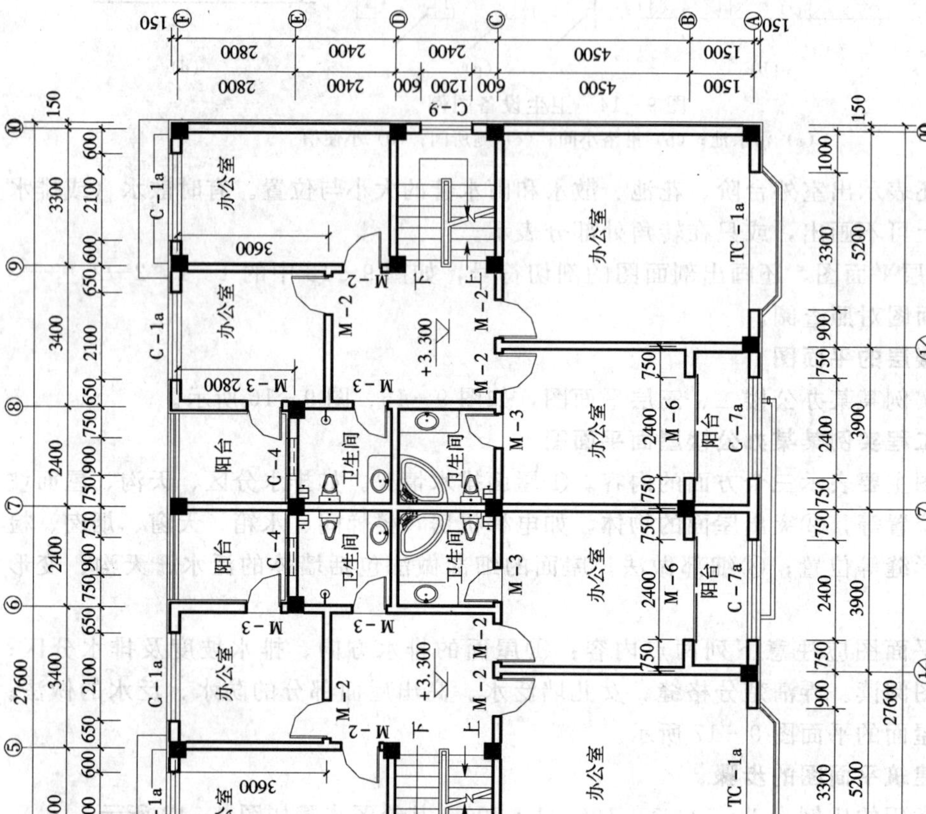

二层平面图 1:100

注　1. 二层通向阳台的 M-3 均为钢制保温防盗门。

2. 本层建筑面积为 370.6m²，总建筑面积为 1086.44m²。

图 9-15　某办公楼二层平面图

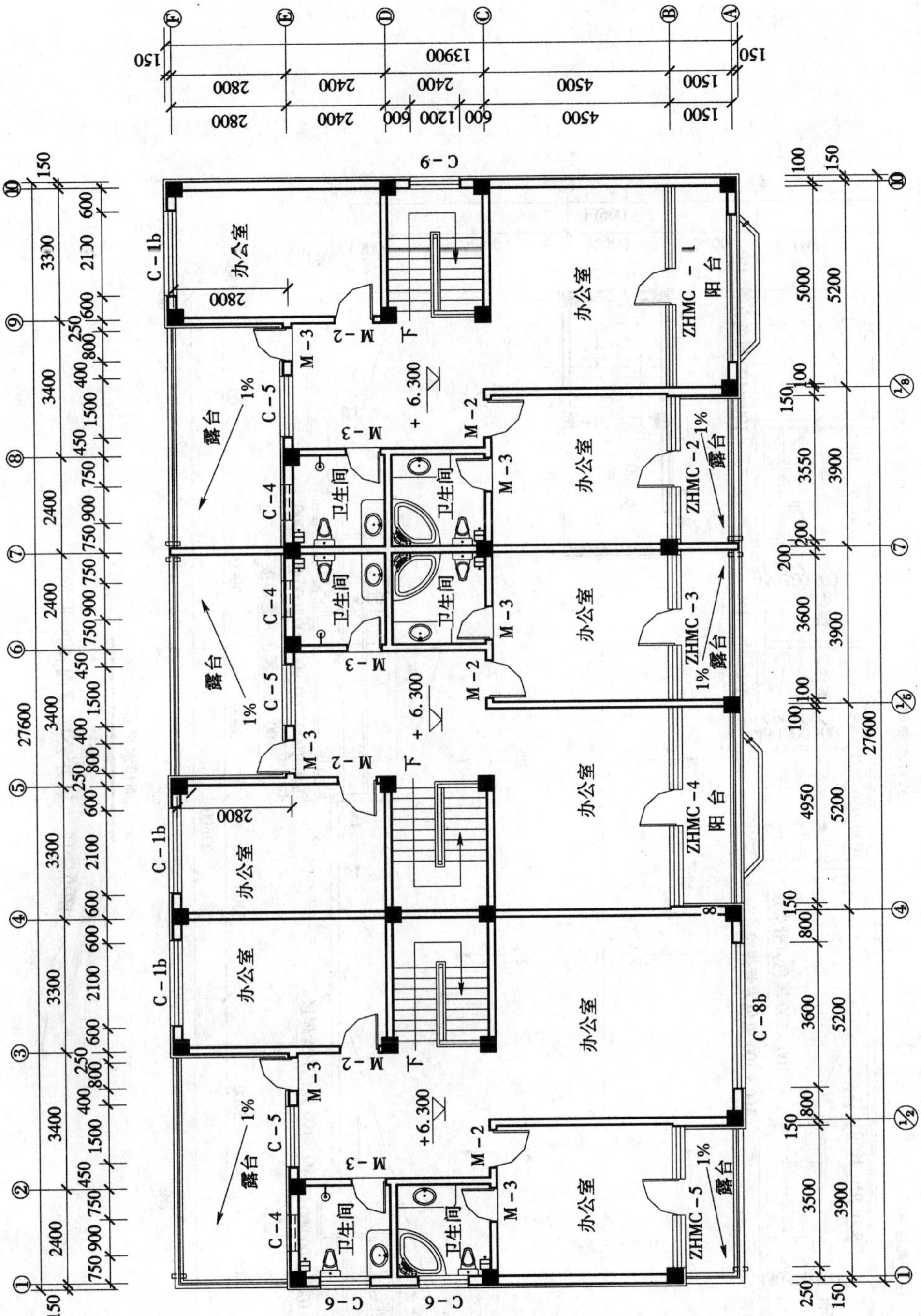

注　1. 三层通向露台的 M-3 均为钢制保温防盗门。
2. 本层建筑面积为 317.8m²，总建筑面积为 1086.44m²。

图 9-16　某办公楼三层平面图

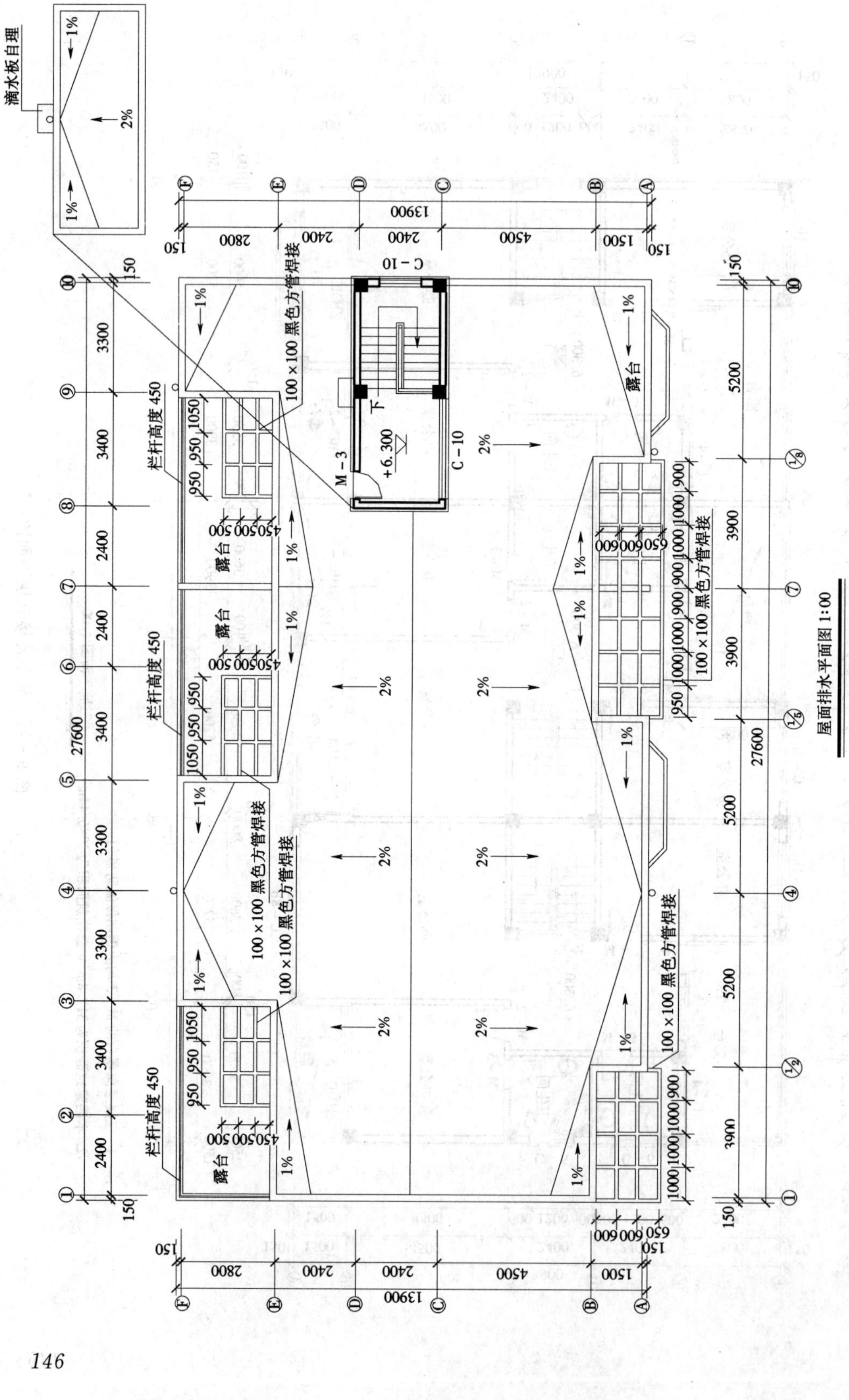

图 9-17 某办公楼屋面排水平面图

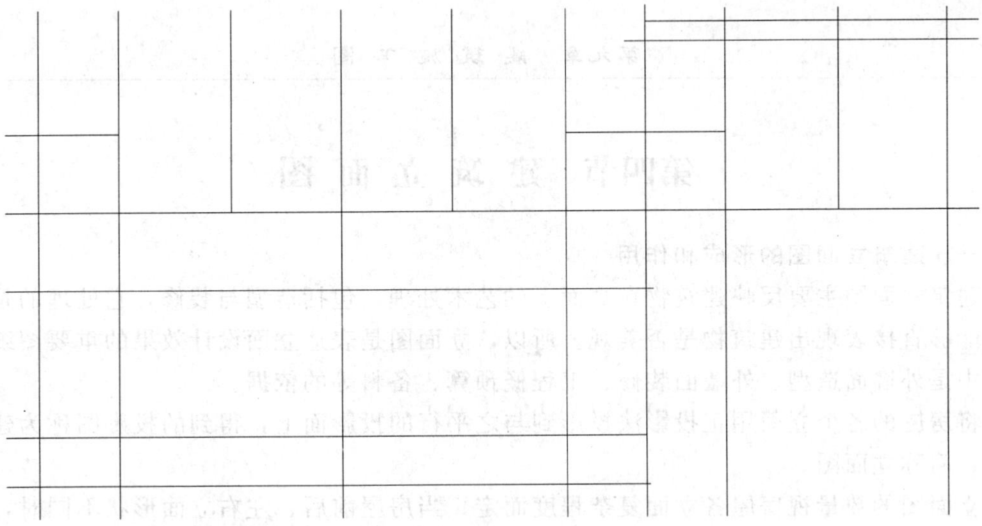

(a)

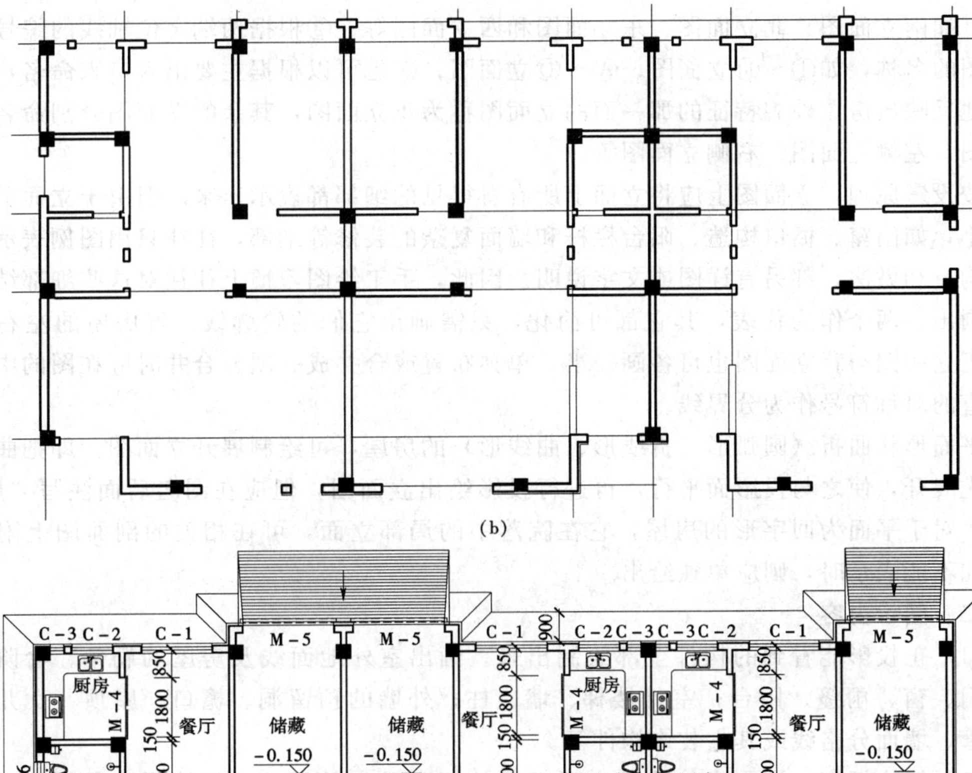

(b)

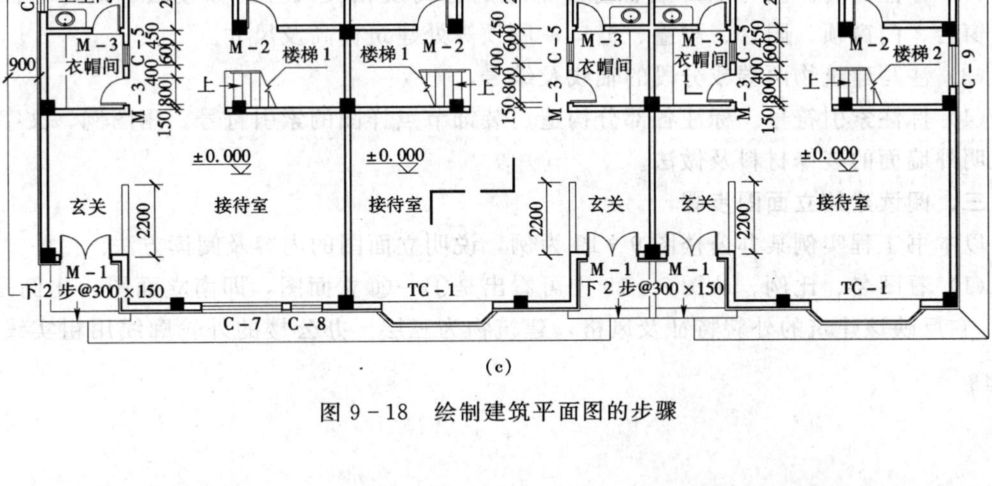

(c)

图 9－18　绘制建筑平面图的步骤

第四节 建筑立面图

一、建筑立面图的形成和作用

建筑立面图主要反映建筑物在立面上的艺术处理，包括造型与装修，它处理的是否得当，能够直接表现出建筑物是否美观。所以，立面图是表达立面设计效果的重要图纸，在施工中是外墙面造型、外墙面装修、工程概预算、备料等的依据。

将房屋的各个立面用正投影法投影到与之平行的投影面上，得到的投影图称为建筑立面图，简称立面图。

立面图的数量视房屋各立面复杂程度而定。当房屋前后、左右立面形状不同时，应画出每个方向的立面图。立面图的命名方式通常有以下几种：①根据平面图各面的朝向确定名称，如南立面图、北立面图、东立面图和西立面图等；②根据两端定位轴线的编号编注立面图的名称，如①～⑩立面图、Ⓐ～Ⓓ立面图；③也可以根据主要出入口来命名，比较显著地反映出房屋外貌特征的那一面的立面图称为正立面图，其余的立面图分别命名为背立面图、左侧立面图、右侧立面图等。

按投影原理，立面图上应将立面上所有看得见的细部都表示出来。但由于立面图的比例较小，如门窗、檐口构造、阳台栏杆和墙面复杂的装修等细部，往往只用图例表示。它们的构造和做法，都另有详图或文字说明。因此，手工绘图习惯上往往对这些细部结构只分别画出一两个作为代表，其它都可简化，只需画出它们的轮廓线。若房屋的左右对称时，正立面图与背立面图也可各画一半，单独布置或合并成一图。合并时应在图的中间画一铅直的对称符号作为分界线。

平面形状曲折（圆弧形、折线形、曲线形）的房屋，可绘制展开立面图。即把曲折的部分先展开，使之与投影面平行，再进行投影绘出立面图，但应在图名后面注写“展开”两字。对于平面为回字形的房屋，它在院落中的局部立面，可在相关的剖面图上附带表示。如不能表示时，则应单独绘出。

二、图示内容

（1）正投影能看到的构件全部绘制出来。画出室外地面线及房屋的勒角、台阶、花池、门、窗、雨篷、阳台；室外楼梯、墙、柱；外墙的预留洞、檐口、屋顶（女儿墙）、雨水管、墙面分格线或其它装饰构件等。

（2）标注标高。注写出外墙各主要部位的标高及相关尺寸。如楼层、室外地面、台阶、窗台、门窗顶、阳台、雨篷、檐口、屋顶等处建筑标高及尺寸。

（3）注写建筑物两端或分段的轴线及编号。

（4）标注索引符号。标注各部分构造、装饰节点详图的索引符号。用图例、文字或列表说明外墙面的装修材料及做法。

三、阅读建筑立面图步骤

以本书工程实例某办公楼图 9－19 为例，说明立面图的内容及阅读方法。

（1）看图名、比例。从图 9－19 中可看出是①～⑩立面图，即南立面图，比例是 1∶100，它反映该建筑的外貌特征及风格，建筑物为三层。办公楼的外轮廓线用粗实线，室

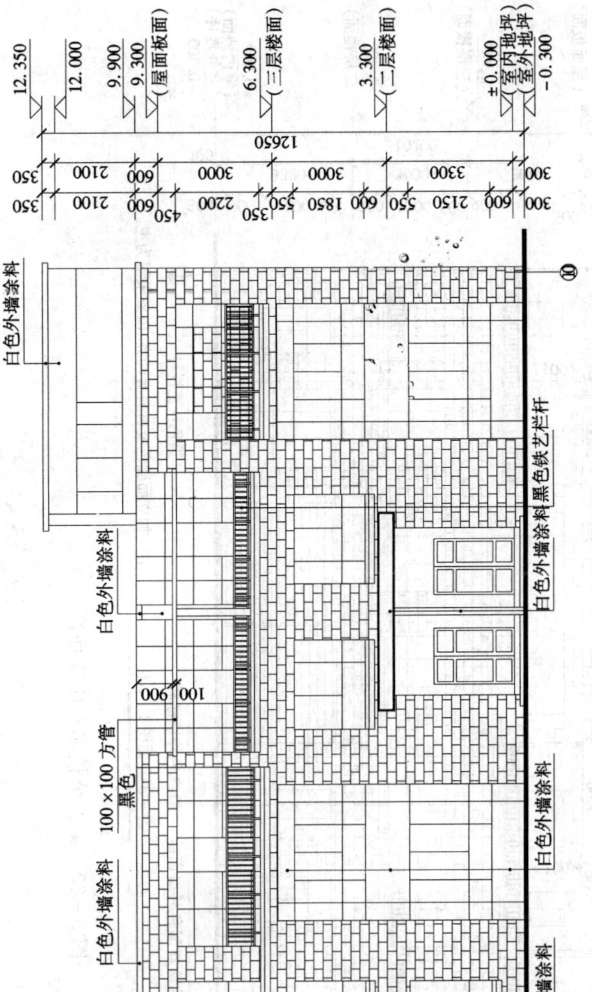

注 如立面颜色及材料有冲突，以效果图为主。

①~⑩立面图 1:100

图 9-19 某办公楼①~⑩立面图

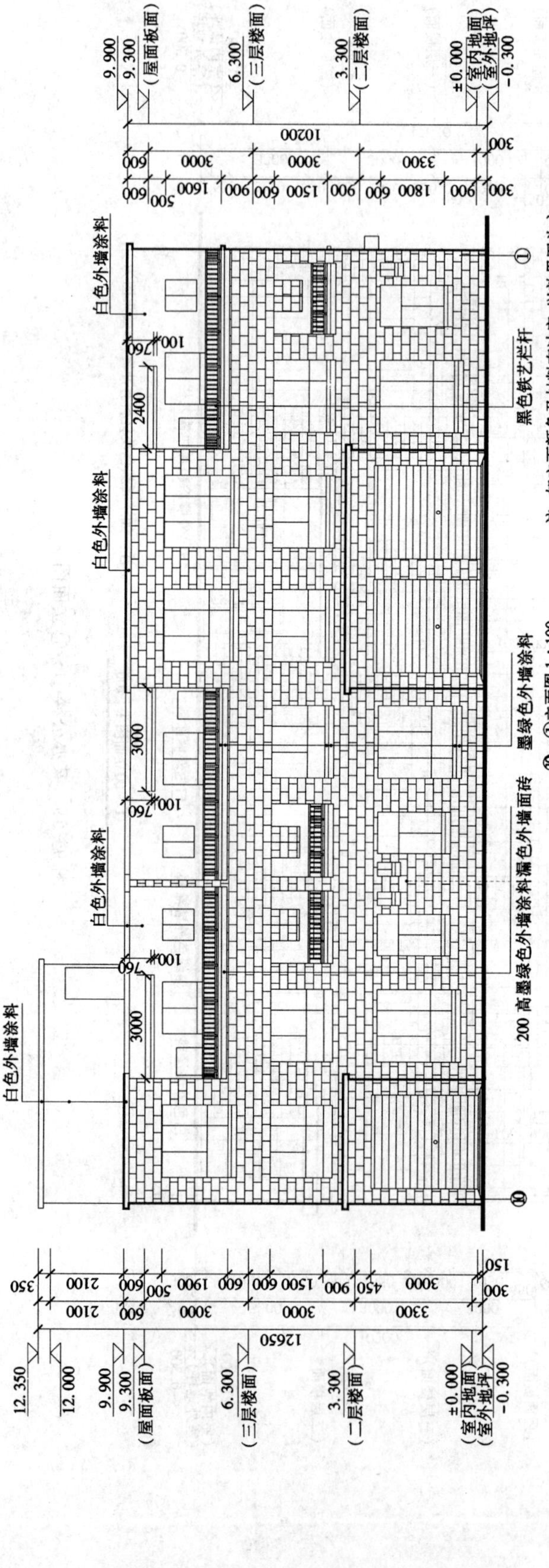

注 如立面颜色及材料有冲突，以效果图为主。

图 9－20 某办公楼⑩～①立面图

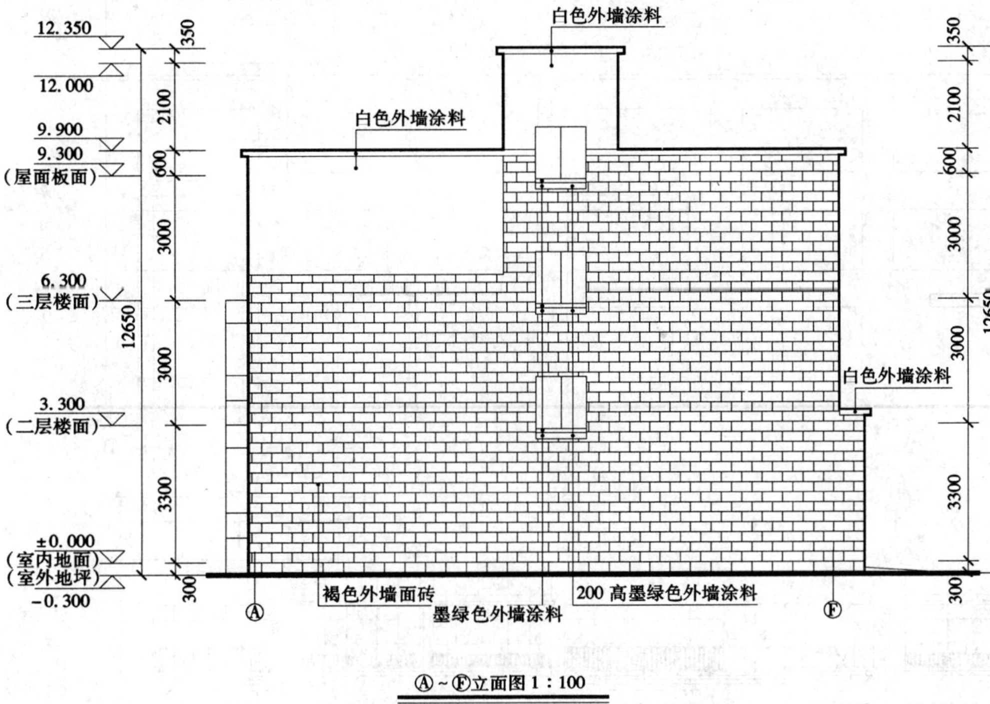

图 9-21　某办公楼Ⓐ～Ⓕ立面图

注　如立面颜色及材料有冲突，以效果图为主。

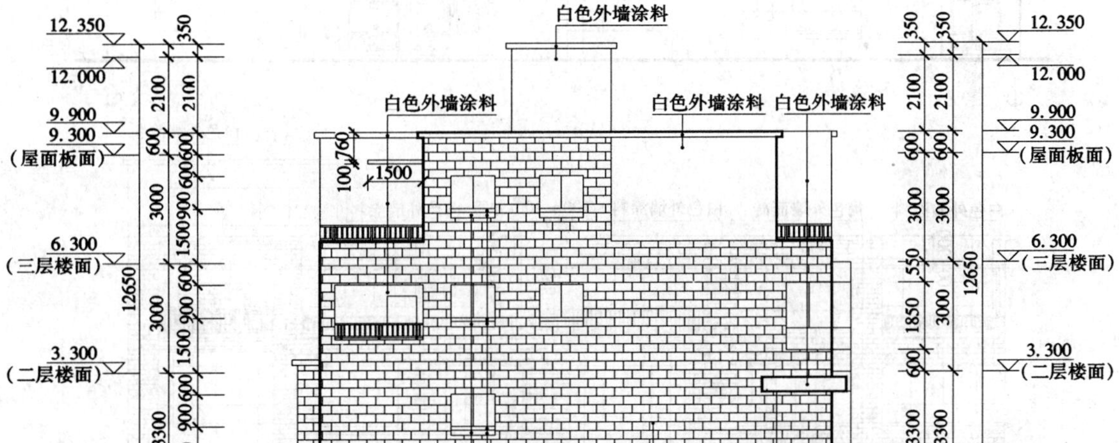

图 9-22　某办公楼Ⓕ～Ⓐ立面图

注　如立面颜色及材料有冲突，以效果图为主。

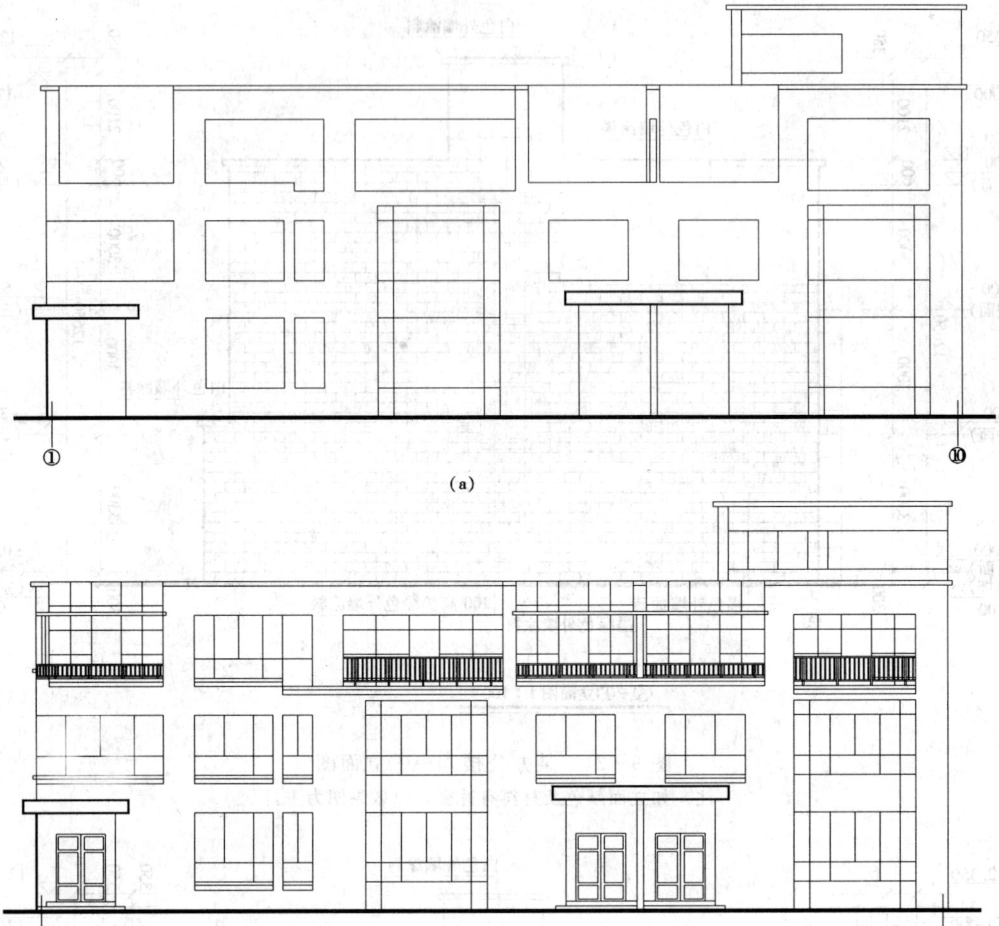

图 9-23 建筑立面图绘制的步骤

外地坪线用加粗线，整个建筑典雅、秀气，显得十分有个性。

(2) 了解房屋外部特征。与平面图对照读立面图，了解房屋的外形、屋顶形式以及门、窗、阳台、台阶和檐口等的形状、位置等。从图中可看出，该办公楼三扇大门，分属三个单元，门前有2步台阶。室外标高为－0.300m。

(3) 了解立面各部位的装修作法。该办公楼立面装修较简单。主要墙面为褐色外墙面砖，庄重大方。其他墙面配以白色外墙涂料和墨绿色的外墙涂料。阳台使用黑色铁艺栏杆。

(4) 由标高了解建筑物的总高和各楼层高度。由线性尺寸了解窗户上、下沿的高度。总高度9.9m，局部高度12.350m。

四、其他立面图

本书工程实例某办公楼其他立面图如图9-20～图9-22所示。

五、绘制建筑立面图的步骤

(1) 定基准线。画出外墙定位轴线、室外地坪线、轮廓线、挑檐线、屋顶线、勒脚线。如图9-23 (a) 所示。

(2) 定门窗位置，画细部。如檐口、门窗洞、窗台、雨篷、阳台、花池、花格窗、雨水管等，如图9-23 (b) 所示。

(3) 经过检查无误后，擦去多余作图线，按施工图的要求加深图线，画出门窗扇、装饰、墙面分格线、轴线、并标注标高，写图名、比例及有关文字说明，如图9-23 (c) 所示。

为了加强图面效果，使外形清晰，重点突出和层次分明，在立面图上往往选用各种不同的线性。习惯上屋脊和外墙等最外轮廓线用粗实线；勒脚、窗台、门窗洞、檐口、阳台、雨篷、柱、台阶和花池等轮廓线用中实线；门窗扇、栏杆、雨水管和墙面分格线等均用细实线；地坪线用特粗实线。完成后的立面图如图9-19所示。

第五节 建筑剖面图

一、建筑剖面图的形成和作用

建筑剖面图是假想用一个或多个垂直于外墙轴线的铅垂剖切面将房屋剖开，移去与剖视方向相反的一部分，将剩余部分向投影面投影，所得到的剖面图称为建筑剖面图，简称剖面图。剖面图用以表示房屋内部的结构或构造方式、屋面形状、分层情况和各部位的联系、材料及高度等。是与平面图、立面图互相配合不可缺少的重要图样之一。

剖面图的数量是根据房屋的具体情况和施工实际需要而决定的。剖切位置通常选在能显露出房屋内部结构和构造比较复杂、有变化、有代表性的部位，例如应通过门、窗洞、楼梯等。若为多层房屋，应选择在楼梯间或层高不同、层数不同的部位。

剖面图的图名应与平面图上所标注剖切位置线的编号一致。如1—1剖面图、2—2剖面图等。习惯上在剖面图上不画出基础的大放脚，而在基础墙部位用折断线断开。剖面图上的材料图例与图中线型应与平面一致，也可把剖到的断面轮廓线用粗实线而不画任何图例。

二、图示内容

1. 定位轴线

表示墙柱位置及厚度。

2. 图示剖切后投影所看到的所有内容

如室内底层地面、地坑、地沟、各层楼面、顶棚、屋顶（包括檐口、女儿墙、隔热层或保温层、天窗、烟囱、水池等）、门、窗、楼梯、阳台、雨篷、留洞、墙群、踢脚板、防热层、室外地面、散水、排水沟及其他装修等。

3. 标出各部位建筑标高和高度方向尺寸

（1）标高内容。室内外地面、各层楼面与楼梯平台、檐口或女儿墙顶面、高出屋面的水池顶面、烟囱顶面、楼梯间顶面、电梯间顶面等处的标高。

（2）高度尺寸内容。外部尺寸：门、窗洞口（包括洞口上沿和窗台）高度，层间高度及总高度（室外地面至檐口或女儿墙顶）。内部尺寸：地坑深度和隔断、搁板、平台、墙群及室内门、窗等的高度。

注写标高及尺寸时，注意与立面图和平面图相一致。

4. 表示楼、地面各层构造

一般可用多层构造引出线说明。引出线指向所说明的部位，并按其构造的层次顺序，逐层加以文字说明。如果另画有详图，或已有“构造说明一栏表”时，在剖面图中可用索引符号引出说明（如果是后者，习惯上不作任何说明）。

5. 表示需画详图之处的索引符号

三、阅读建筑剖面图工程实例

以本书工程实例某办公楼图 9 - 24 为例，说明剖面图的内容及阅读方法。

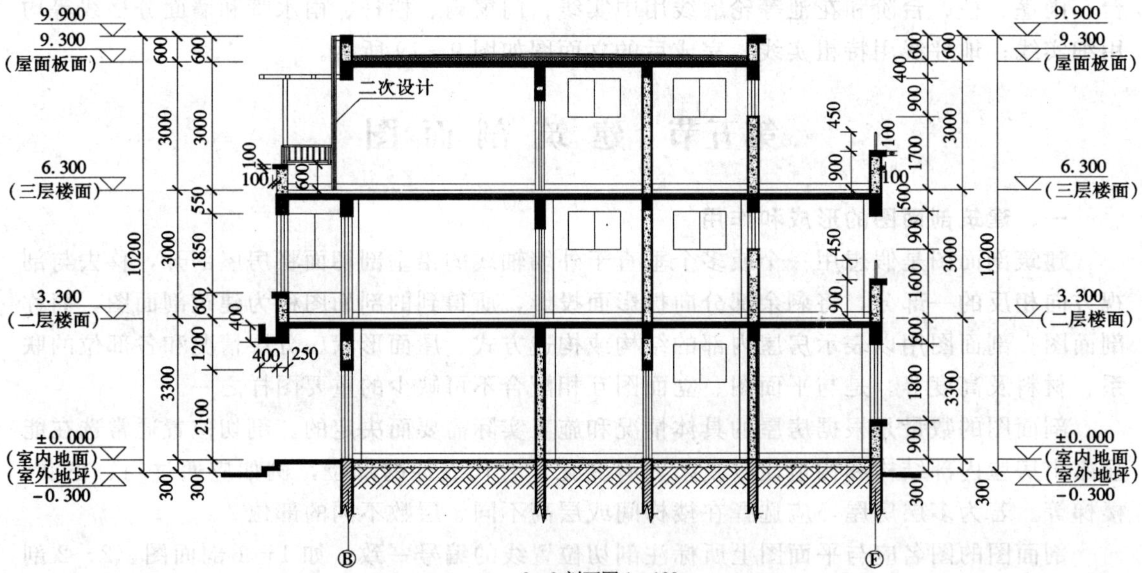

图 9 - 24 某办公楼 2—2 剖面图

（1）对照剖面图与平面图的轴线编号及剖切位置，可知 2-2 剖面图是一个剖切平面通过门窗、台阶的剖面图。一楼雨篷是二楼的阳台；一楼厨房上面也是二楼的阳台。

（2）从图中画出房屋地面至屋顶的结构形式和构造内容，可知此房屋的垂直方向承重构件是柱，而水平方向承重构件（梁和板）是用钢筋混凝土浇筑的，所以是框架结构的房屋。板与墙、梁与柱及梁的搁置方向，可从图中一目了然。

（3）图中标高都是表示为与±0.000 的相对尺寸。如三层楼面标高是从底层地面算起为 6.3m，而它与二楼楼面的高差（层高）仍为 3.0m。标高是一重要标志，必须注意其准确性及标注方法。图中还标注了门窗洞的高度尺寸。水平方向的轴线间距尺寸，在民用建筑中可不标注。

（4）根据索引符号、图例阅读节点构造。剖面图中表示出楼、地面各层构造。一般可用引出线说明。引出线指向所说明的部位，并按其构造的层次顺序，逐层加以文字说明。若另画有详图，或已有“构造说明和装修表”时，在剖面图中可用索引符号引出说明，也可不作任何标注，这时若要知道构造可查阅首页图中构造表。本例图中屋面、楼面做法详见工程做法表及设计总说明。

此外，散水、排水口、出入口的坡道在剖面图上也应用箭头表示其坡度，并在其上标注坡度值。本例中均在设计说明加以说明。

四、其他剖面图

图 9-25 是某办公楼 3—3 剖面图。

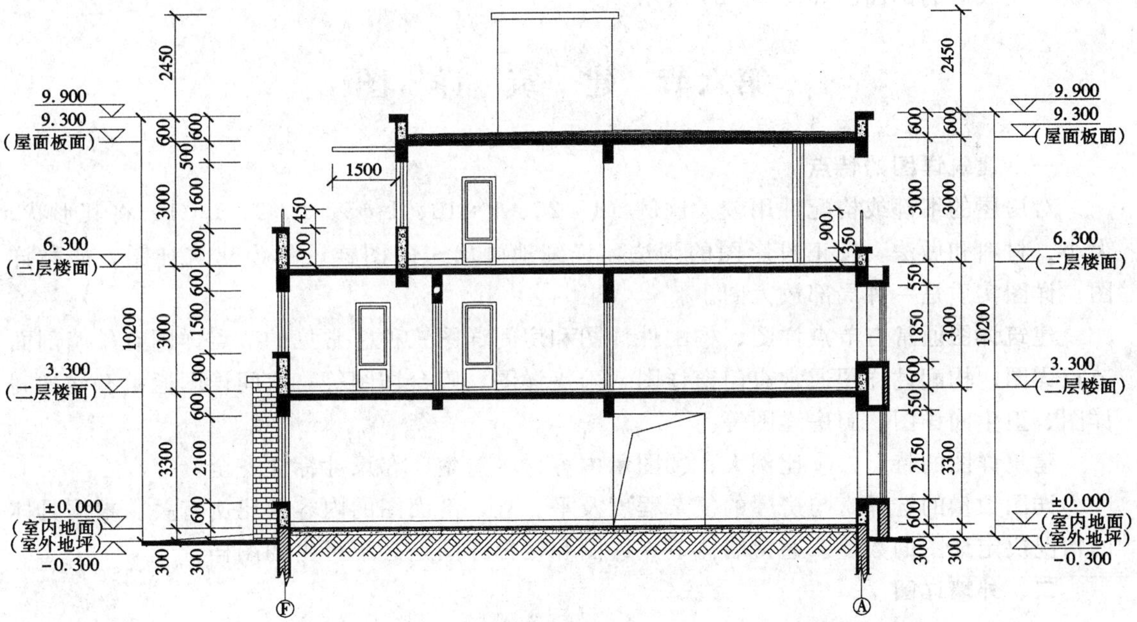

图 9-25　某办公楼 3—3 剖面图

五、绘制建筑剖面图的步骤

(1) 绘制墙体的定位轴线及墙身厚度，楼层高度及顶棚、屋顶高度线等［图 9－26 (a)］。

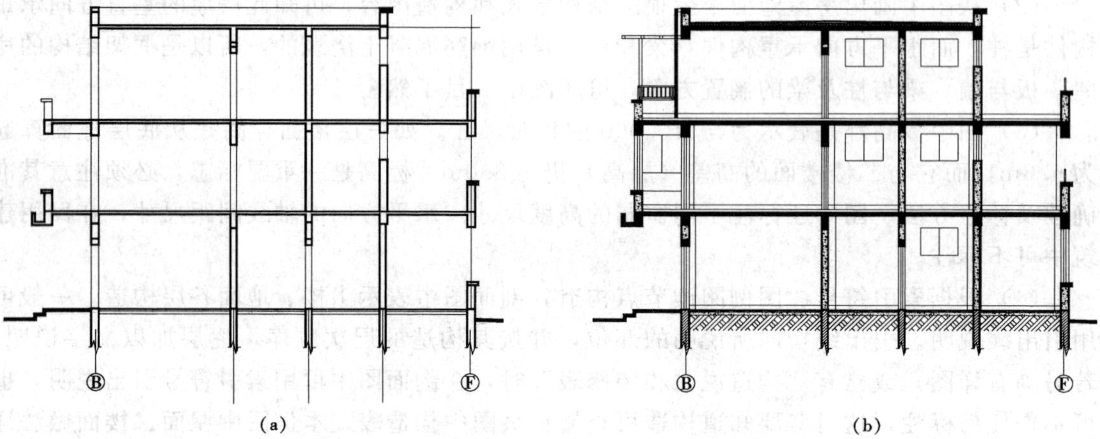

图 9－26　剖面图的绘制步骤

(2) 绘制细部。如门窗洞、窗台、楼梯、梁板、雨篷、阳台、檐口、屋面、台阶等，剖切后投影所能看到的构件，都需要绘制出来，如图 9－26 (b) 所示。

(3) 按施工图要求加深图线。画材料图例，注写标高、尺寸、图名、比例及有关文字说明。完成后的剖面图如图 9－24 所示。

第六节　建　筑　详　图

一、建筑详图的特点

对房屋的细部或构配件用较大比例（1：20、1：10、1：5、1：2、1：1）将其形状、大小、材料和做法，按正投影图的画法，详细地画出来的图样，称为建筑详图，简称详图。详图实质是一种局部放大图。

建筑详图通常有节点详图、构配件详图和房间详图三种。常见的节点详图有外墙剖面节点详图；构配件详图通常有门窗详图、雨篷详图、阳台详图等；房间详图通常有楼梯间详图、卫生间详图、厨房详图等。

建筑详图的特点：①比例大；②图示内容详尽清楚；③尺寸标注齐全。

详图数量的选择，与房屋的复杂程度及平、立、剖面图的内容及比例有关。根据具体的情况决定详图的数量。通常墙体节点详图和楼梯详图是必不可少的图样。

二、外墙详图

1. 外墙详图的形成及作用

外墙详图是建筑剖面图中某一面外墙的局部放大图。它表达房屋的屋面、楼层、地面和檐口构造、楼板与墙的连接、门窗顶、窗台和勒脚、散水等处构造的情况，所以外墙详图是砌墙、安装门窗、室内外装修等施工和编制工程预算的重要依据。

2. 图示内容

（1）图示定位轴线。从定位轴线中可知绘制的是那面墙。

（2）绘制墙身剖切后的局部放大图。凡剖切到的构件均需要图示、未剖切到但可见的构件轮廓线也需要图示。剖切到的构配件轮廓线用粗实线 b，未剖切到但可见的构件轮廓线用细实线 0.25b。

（3）图示构造节点。由于墙身较高且绘图比例较小，画图时，常在窗洞口处将其折断成几个节点。若多层房屋的各层构造相同时，则可只画底层、中间层、顶层的构造节点。这些节点可以组合成整个墙身的详图，但要在中间层楼面和墙洞上下皮的标高处用插号加注省略层的标高。当房屋的檐口、屋面、楼面、窗台、散水等配件节点详图直接在建筑标准图集中选用时，需在建筑平面图、立面图、或剖面图中的相应部位标出索引符号，并注明标准图集名称、编号和详图号。

（4）尺寸标注。在墙身剖面详图中，应以线性尺寸标注垂直分段尺寸和室外地面、窗口上下皮、外墙顶部等处的标高。应以标高的形式标注室内地面、楼面和顶棚的标高。这些高度尺寸和标高应与剖面图中所标尺寸一致。

墙身剖面详图中的门窗过梁、楼板和屋面板等构件，其详细尺寸均可省略不注，施工时，可在相应的结构施工图中查找到。

3. 阅读墙身详图工程实例

现以本书工程实例图 9－27 为例，说明外墙身详图的内容与阅读方法：

（1）阅读图名、比例、定位轴线。本章实例墙身详图一（图 9－27）是Ⓐ轴墙身详图，比例 1：25。

（2）阅读各个节点构造。下节点（一楼窗户之下部分）重点阅读散水（见宁 02J9 标准图集 48 页详图 4）、防潮层（见设计说明）、踢脚（见宁 02J12—1 标准图集第 109 页踢 2）、勒脚、变形缝、室内地面做法（见宁 02J1 标准图集第 20 页地 19）等内容。中节点重点阅读楼板的搁置情况；窗洞口与墙面的安装情况及滴水的做法；上节点（最上层窗户以上部分）主要阅读屋顶［见宁 02J1—145（屋 1）—平屋 1］、檐口、圈梁等构造。

（3）阅读索引符号。通过索引符号的指引，仔细阅读标准图集，掌握相关构件的工程做法。

（4）尺寸标注。墙身详图线性尺寸三道，第一道细部尺寸，标注门窗洞的上、下尺寸，如图中窗台高度 600；窗洞高度一层 2150、二层 1850、三层 1950；第二道尺寸标注楼板高度尺寸一层 3300、二层 3000、三层 3000；第三道尺寸标注总高度 10200。墙身详图同时以标高的形式标注楼板高度（3.300m、6.300m、9.300m）和总高度（9.900m）。还应注出轴线与墙身的关系（150、100），散水的宽度，踢脚板的高度，窗过梁的高度，挑檐板的高度，挑檐板伸出轴线的距离等。

（5）阅读外墙详图注意事项。①在±0.000 或防潮层以下的墙称为基础墙，施工做法应以基础图为准。在±0.000 或防潮层以上的墙，施工做法以建筑施工图为准，并注意连接关系及防潮层的做法；②地面、楼面、屋面、散水、勒脚、女儿墙、天沟等的细部做法应结合建筑设计说明或材料做法表阅读；③注意建筑标高与结构标高的区别。

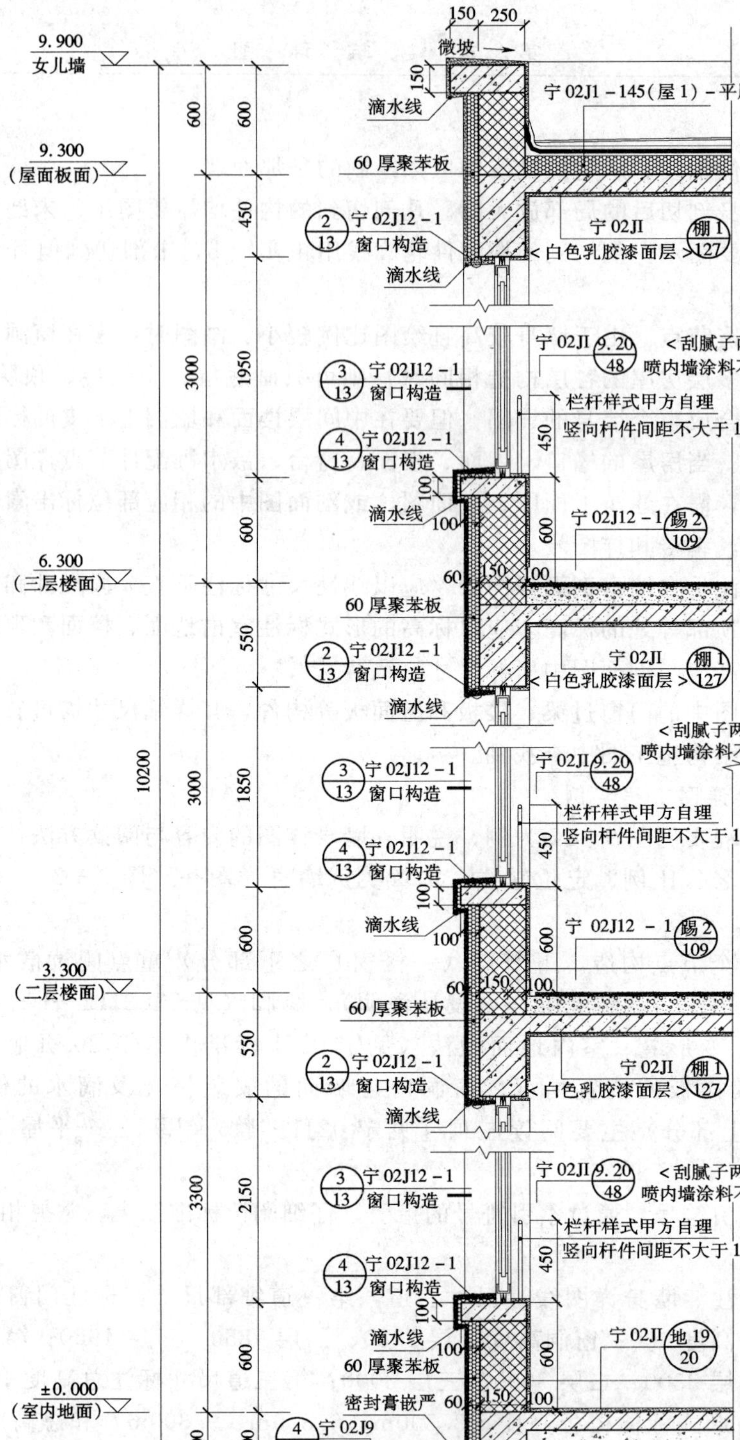

150 250
微坡
9.900
女儿墙
150
滴水线
宁 02J1－145(屋 1)－平屋 1
60 厚聚苯板
9.300
(屋面板面)
2/13 宁 02J12－1
窗口构造
宁 02JI 棚 1/127
<白色乳胶漆面层>
滴水线
宁 02JI 9.20/48 <刮腻子两道
喷内墙涂料不做>
3/13 宁 02J12－1
窗口构造
栏杆样式甲方自理
竖向杆件间距不大于 110
4/13 宁 02J12－1
窗口构造
滴水线
宁 02J12－1 踢 2/109
6.300
(三层楼面)
60 厚聚苯板
3.300
(二层楼面)
宁 02JI 地 19/20
60 厚聚苯板
±0.000
(室内地面)
密封膏嵌严
4/48 宁 02J9
散水
(室外地坪)
－0.300
防潮层
10200
600 450 3000 600 550 3000 600 550 3300 600 300
600 450 1950 450 600 550 1850 450 600 550 2150 450 600 300
100 60 150 100
150 100
Ⓐ
墙身大样一1∶25

图 9－27 墙身节点详图

三、楼梯详图

（一）楼梯概述

楼梯是房屋上下交通的主要设施，它除了应满足行走方便、人流疏散畅通外，还应有足够的坚固耐久性。

楼梯按材料分为木楼梯、钢楼梯、钢筋混凝土楼；按施工方式不同分为预制钢筋混凝土楼梯和现浇钢筋混凝土楼梯；现浇的钢筋混凝土楼梯应用最为广泛。现浇钢筋混凝土楼梯根据结构形式不同有板式（梯段就是踏步板，踏步板直接搁置在两端的楼梯平台梁上）楼梯和梁板式（梯段由踏步板及楼梯斜梁组成，踏步板搁置在斜梁上，斜梁搁置在梯段两端的楼梯平台梁上）。按照楼梯布置形式不同有单跑（两个楼层之间以一个梯段连接）楼梯、双跑、多跑楼梯（两个楼层间有两个、多个梯段连接）、双分双合式楼梯、螺旋楼梯、剪刀式楼梯等。平行双跑楼梯应用的最多。

楼梯通常由梯段、平台和栏板（或栏杆）等组成。

梯段（或称梯跑）是联系两个不同标高平台的倾斜构件，一般是由踏步和梯梁（或梯段板）组成。踏步是由踏板和踢板组成，踏步的水平面称踏面，踏步的竖直面称踢面。休息平台是供行走时调节疲劳和转换梯段方向用的。栏杆扶手是设在梯段及平台边缘上的保护构件，以保证楼梯交通安全。通常在房屋入口处设置的踏步，称为台阶。一个梯段步级数不宜超过 18 步，超过 18 步容易疲劳；步级数也不宜小于 3 步，小于 3 步行走时容易忽视，对人体造成伤害，如扭伤脚。

由于楼梯间的细部及构造较为复杂，为了便于说明，一般需用较大的比例单独绘制局部的平面、立面、剖面和节点详图，并详细标注尺寸。楼梯详图一般分为建筑楼梯详图和结构楼梯详图，并分别绘制，分别编入“建施”和“结施”中。但对一些构造和装修较简单的现浇混凝土楼梯，也可将建筑详图与结构详图合并绘制，或编入建筑施工图中，或编入结构施工图中。

楼梯间详图一般包括楼梯间平面详图、剖面详图、栏杆或栏板、扶手、踏步大样图等图样，这些详图应尽可能画在同一张图纸内。平面、剖面详图比例要一致（如 1：20、1：30、1：50），以便对照阅读。踏步、栏杆扶手详图比例要大些，以便更详细、清楚地表达该部分构造情况。

楼梯详图主要表明楼梯形式、结构类型、楼梯间各部位的尺寸及装修做法，它是建筑施工图中的重要组成部分，是结构专业进行结构设计的依据，也是楼梯施工放样的重要依据。

（二）楼梯平面图

1. 楼梯平面图的形成

用假想的剖切平面，沿着第一梯段（距每层楼地面 1m 左右）剖开（尽可能剖到楼梯间的门窗），从上往下投影得到的平面图称为楼梯平面详图。3 层以上的楼梯，当中间各层的楼梯位置、梯段数、踏步数大小都相同时，通常只画出底层、中间层和顶层三个平面图即可。

2. 图示内容

楼梯平面图一般包括以下内容，如图 9－28 所示：

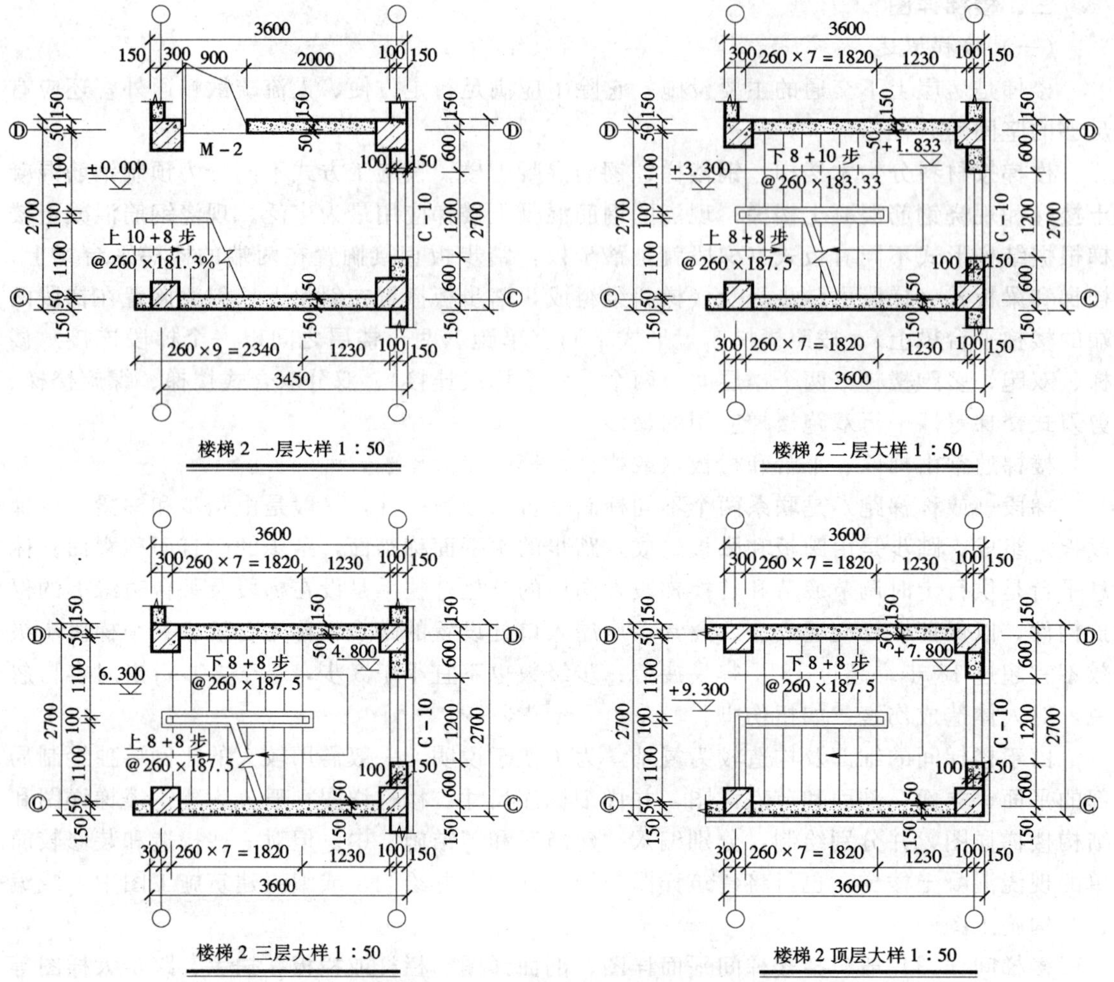

图 9－28　本章实例楼梯 2 平面图

（1）图名与比例。通常楼梯平面图的比例为 1：50，以便于识读。

（2）轴线编号、开间及进深尺寸。楼梯平面图的轴线编号必须与建筑平面图中所表示的楼梯间的轴线编号相同，若编号不标，则代表通用。开间、进深尺寸也与建筑平面图中所表示的楼梯间的尺寸相等。图中轴线编号Ⓒ～Ⓓ；开间 3600－2×150＝3300；进深 2700－2×150＝2400；与平面图相一致。

（3）楼地面及休息平台标高。楼梯平面图所表示的每一部分的高度不同，而水平投影图不能表示高度。因此，用标高表示出楼地面及休息平台这些重要部位的高度。图中楼层平台标高 3.300m、6.300m、9.300m；中间休息平台标高 1.833m、4.800m、7.800m。

（4）楼梯段宽度及梯井宽度。梯段宽度 1100；梯井宽度 100。

（5）楼梯段水平投影长度、休息平台宽度及各细部的详细尺寸。通常把梯段长度尺寸与踏面数、踏面宽的尺寸合并写在一起，如图中 260×7＝1820 所示。休息平台宽度

(1230) 应大于等于楼梯段宽 (1100)。一层踏面宽为 260×183.33；二层、三层、顶层为 260×187.5。

(6) 楼梯走向。在楼梯段中部，用带箭头的细实线"→"表示楼梯走向，并注有"上"或"下"的字样。上下两字的标注意义是：人站在该层的地面（楼面）上，从该层往上或往下走到楼层平台。需特别注意的是，由于步级最上一级的踏面与休息平台或楼层平台重合，因此平面图中的每一梯段画出的踏面（格）数，总比上的台阶步数数少一格。对照楼梯剖面图中的梯段就可以发现这一现象。各层被剖切到的楼梯段用 45°细折断线表示，45°线沿上行的箭头越走越靠墙。

(7) 楼梯间的墙体厚度 (200)，门窗、构造柱、垃圾道等的位置。

(8) 索引符号。对于更为详细的细部做法，如踏步、扶手等，采用索引符号表示另绘有详图。

(9) 剖切符号。在首层楼梯平面图用剖切符号表示楼梯剖面图的剖切位置、投影方向及剖面图的编号。本图例中在楼梯平面图中没有剖切符号，楼梯 2 的 1—1 剖面（剖切符号在底层平面图中）就是楼梯剖面图。

3. 楼梯平面图的画法

以本书工程实例楼梯 1 中间平面图为例，说明楼梯平面图的画法：

(1) 首先绘出楼梯间的定位轴线，画出墙和楼梯井，定出楼梯平台宽度，梯段宽度和长度，如图 9-29 (a) 所示。

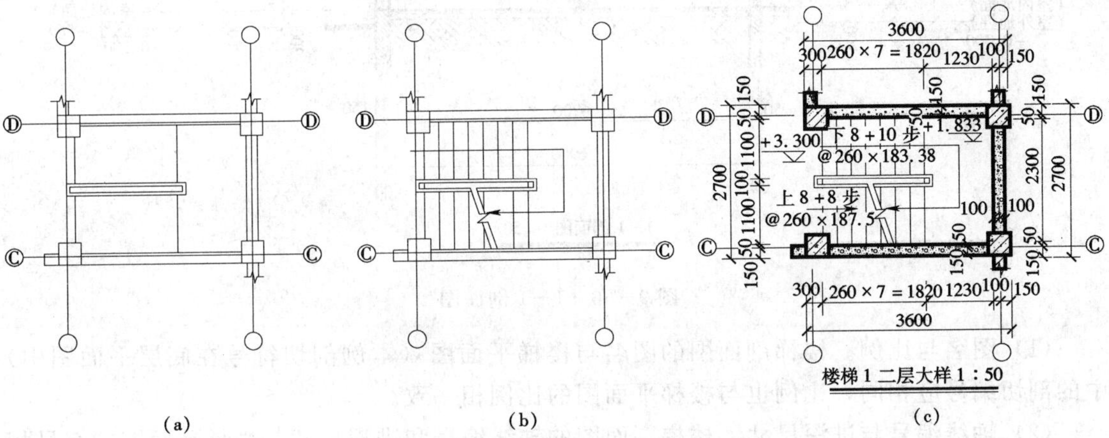

图 9-29 楼梯平面图的画法

(2) 等分梯段的踏面数，踏面数为 $n-1$。画出扶手。如图 9-29 (b) 所示。

(3) 标注尺寸，写好图名、比例，并加深图线，如图 9-29 (c) 所示。

(三) 楼梯剖面图

1. 楼梯剖面图的形成

假想用一个铅垂面，通过建筑物各层的梯段和窗洞，将楼梯剖开，向未剖到的另一梯段方向投影，所得到的垂直剖面图就是楼梯剖面图。楼梯剖面图应能完整地、清晰地表达出房屋的层数、楼梯梯段数、步级数以及楼梯的类型及其结构形式。

2. 楼梯剖面图图示内容

楼梯剖面图重点表明楼梯间的竖向关系，具体内容包括，如图 9-30 所示。

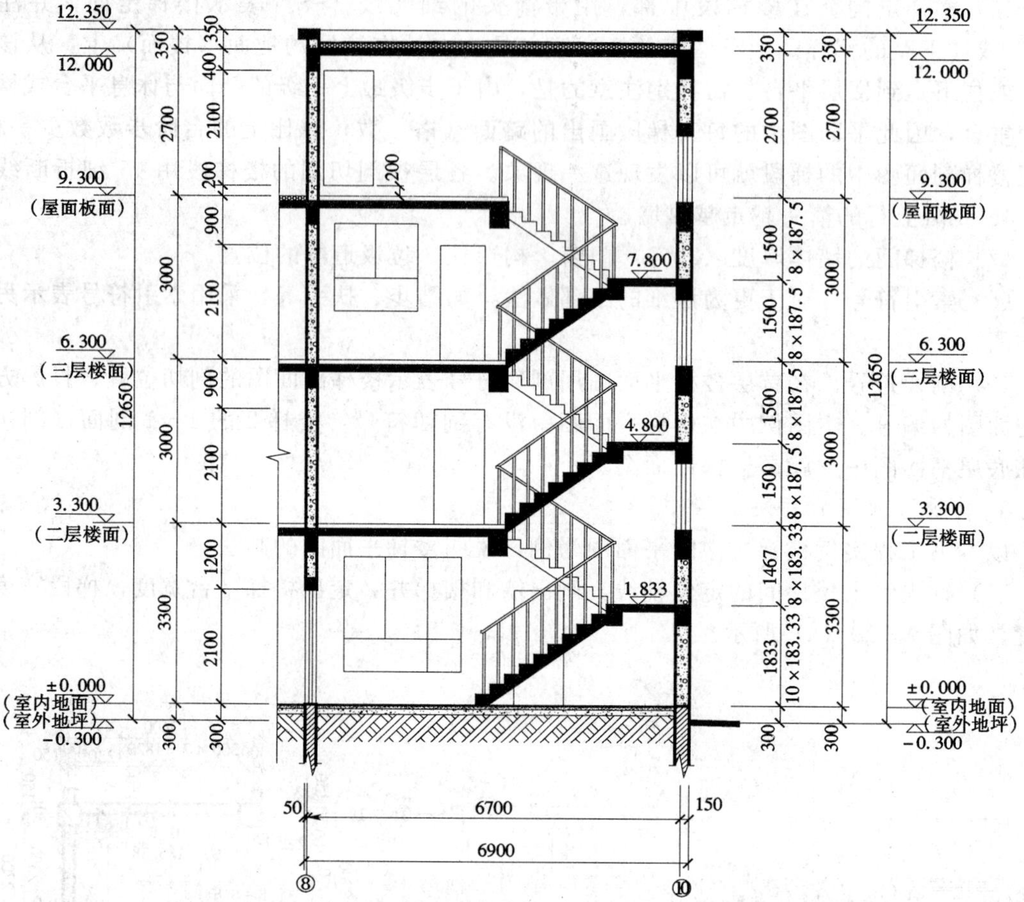

1—1 剖面图 1：50

图 9-30　1—1 剖面图

（1）图名与比例。楼梯剖面图的图名与楼梯平面图（本例剖切符号在底层平面图中）中的剖切编号应相同，比例也与楼梯平面图的比例相一致。

（2）轴线编号与进深尺寸。楼梯剖面图的轴线编号和进深尺寸与楼梯平面图的编号相同、尺寸相等。本图中轴线编号⑧～⑩。

（3）楼梯的结构类型和形式。本图中，楼梯每层有两个梯段，是平行双跑楼梯，从图中可以看出是现浇钢筋混凝土板式楼梯。楼梯梯段投影长度小于 3m 的时候可考虑使用现浇钢筋混凝土板式楼梯。

（4）其他细部构造做法。建筑物的层数、楼梯段数及每段楼梯踏步个数和踏步高度（又称踢面高度）；室内地面、各层楼面、休息平台的位置、标高及细部尺寸；楼梯间门窗、窗下墙、过梁、圈梁等位置及细部尺寸；楼梯段、休息平台及平台梁之间的相互关系；若为预制装配式楼梯，则应写出预制构件代号；栏杆或栏板的位置及高度，楼梯栏杆的表示可在局部梯段详细准确画出，并在其他梯段上简略示意即可。规范规定“室内楼梯扶手高度自踏步前缘线到扶手顶面不宜小于0.90m”；投影后所看到的构件轮廓线，如门窗、垃圾道等。本图中梯段踏步数、踢面高度及梯段高度合并标注，如一层第二梯段：8×183.33＝1467；二层以上梯段：8×187.5＝1500。

(5) 索引符号。节点细部的构造做法用索引符号标出，表示另外绘有详图。

3. 楼梯剖面图的画法

楼梯剖面图绘制的比例与楼梯平面图的比例相同或选更大的比例，绘制的内容是按在底层楼梯平面图中标明的剖切位置和剖视方向，画出剖切到的楼地面、梯段、楼梯休息平台及墙身断面，画出可见的梯段、栏杆、扶手以及楼梯间可见墙身上的踢脚线、门、墙身转折线等。

在选择剖切位置时应使剖面图能完整地、清晰地表示出各梯段、休息平台、楼梯间各层楼面栏杆等的构造及他们的相互关系情况。并使每层的两端楼梯，一段被剖到，另一段可看到。在多层房屋中，若中间各层的楼梯构造相同时，则剖面图可只画出底层、中间层和顶层剖面图，中间用折断线分开。

以本书实例图9－30，1—1剖面图为例，说明绘图的步骤：

(1) 根据1—1剖面图的剖切位置，画出与楼梯平面图相对应的轴线及墙厚。确定各层楼面、休息平台、室外地面等高度位置。并确定楼面板厚、楼梯梁的位置、休息平台宽、平台板厚、平台梁的位置、大小等，确定各梯段的位置。如图9－31 (a) 所示。

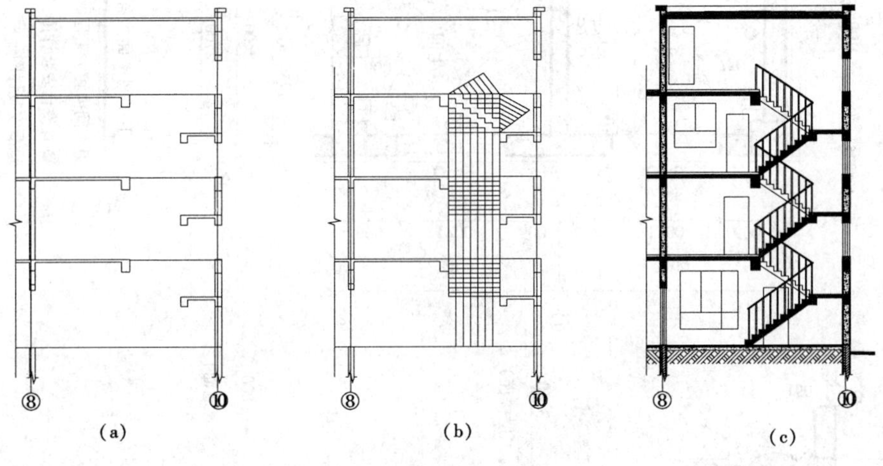

图9－31　楼梯剖面图的画法

(2) 绘制楼梯步级。绘制时可在水平方向等分梯段的踏面数和竖直方向等分梯段的踏步数后做成的网格状。如图9－31 (b) 所示。

(3) 绘制细部。加出梯段的厚度，完成其他各部分的投影，如图9－31 (c) 所示，标注出定位轴线、标高、尺寸、图名、比例等最后完成楼梯剖面图，如图9－30所示。

(四) 楼梯节点详图

对照楼梯平面图和楼梯剖面图阅读节点详图。节点详图表示梯段的厚度、踏面宽、踢面高，表示楼梯梁、平台梁与梯段、楼面平台的相对位置、材料做法和标高、尺寸等，表

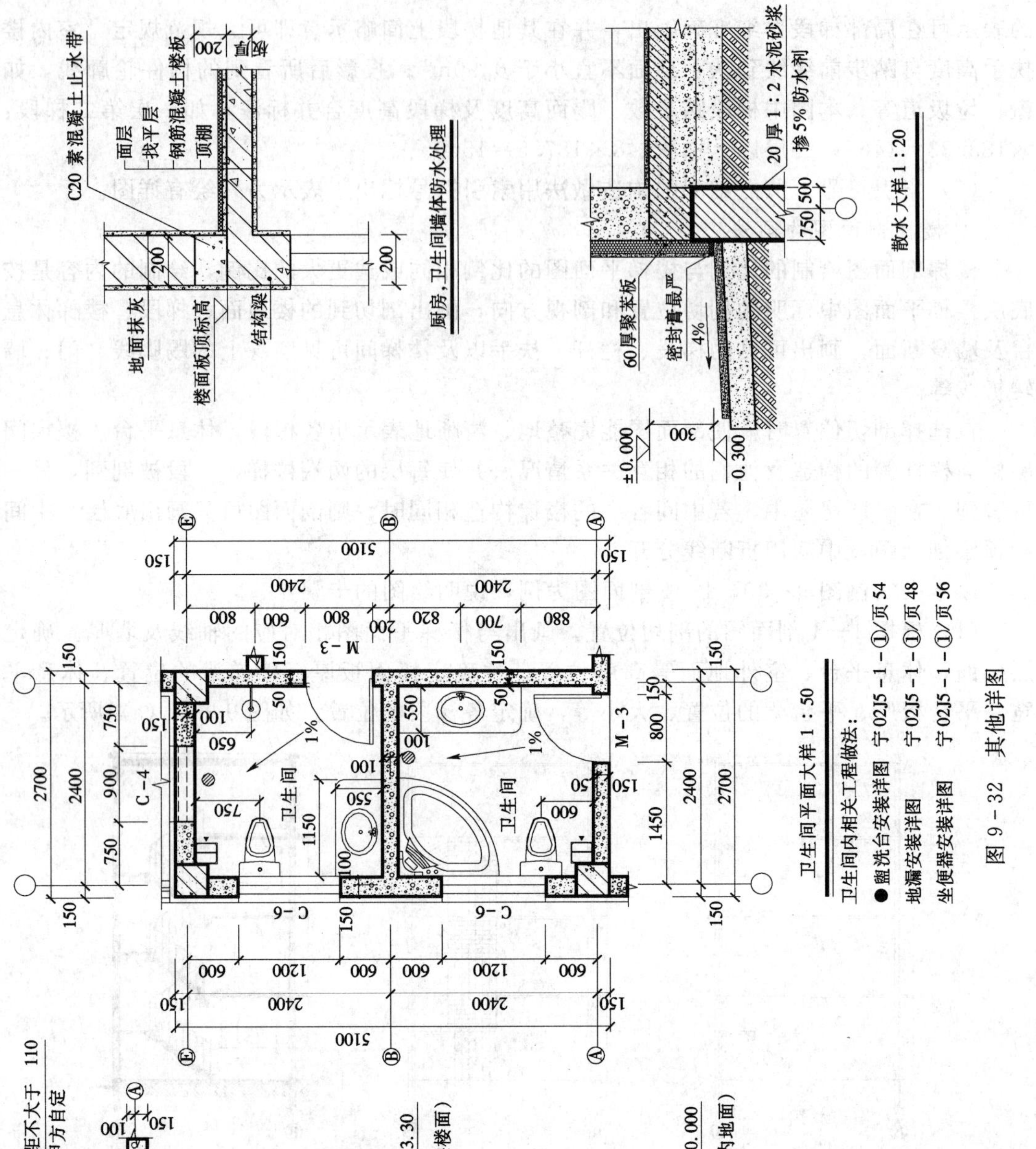
C20 素混凝土止水带
面层
找平层
钢筋混凝土楼板
顶棚
地面抹灰
楼面板顶标高
结构梁
厨房，卫生间墙体防水处理
20 厚 1:2 水泥砂浆
掺 5% 防水剂
60 厚聚苯板
密封膏嵌严
4%
散水大样 1:20
卫生间
M-3
C-4
C-6
卫生间平面大样 1:50
卫生间内相关工程做法：
●盥洗台安装详图　宁 02J5-1-①/页 54
地漏安装详图　宁 02J5-1-①/页 48
坐便器安装详图　宁 02J5-1-①/页 56
护窗栏杆，1050 高，纵向间距不大于 110
样式甲方自定
TC-1
飘窗板
飘窗
飘窗大样 1:50
3.30
（二层楼面）
±0.000
（室内地面）
120 厚砖墙
60 厚聚苯板
滴水线
固定扇
1050 高铁艺护窗栏杆
240 厚砖墙
a—a 1:50

图 9-32　其他详图

示栏杆，或栏板、扶手、防滑条等的做法。比例较大，常用 1∶20、1∶10、1∶5、1∶4 甚至 1∶1 等。因为图样比例较大，故图线用三种。剖切到的构件轮廓线用粗实线 b，可见的轮廓线用中实线 $0.5b$，其余用细实线 $0.25b$。本工程实例图中没有这部分的内容，这部分的内容参见设计说明与标准图集。

四、其他详图

在建筑设计中，常常有一些特别的构件和配件（如建筑外墙饰物、卫生间固定构件等），如果它们没有现成的标准图可供选用，则必须绘制设计详图。此时应绘制能完整表达设计意图的三视图或节点剖面图等。如图 9－32 所示为建筑室内卫生间、淋浴房等的详图。

第十章 结构施工图

第一节 概 述

在房屋设计过程中，不但要进行建筑设计，而且还要进行结构设计。所谓结构设计，指的是结构工程师依据建筑设计的要求、结构工程设计规范、相应的国家标准或行业标准，首先进行结构选型和承重构件的布置，再通过力学计算选择房屋各承重构件（如图 10－1 所示的梁、板、柱、墙体及基础）的材料、形状、尺寸以及内部构造等，最后将设计结果按照国家制图标准要求绘制成图样，用于指导现场施工，这种图样称为结构施工图，简称“结施”。结构施工图是进行施工放线、开挖基槽、支模板、绑扎钢筋、设置预埋件、构件制作安装、编制概预算和施工组织设计的重要依据。

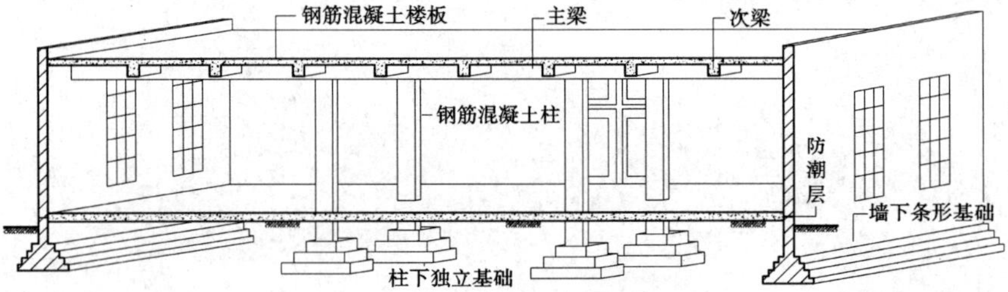

图 10－1 钢筋混凝土结构示意图

承重构件所用的建筑材料主要有以下几种：钢筋混凝土、钢、木、砖石等。房屋结构按承重构件材料的不同，一般可以分为：钢筋混凝土结构、钢结构、混合结构、砖结构以及木结构等；按结构形式不同，一般可以分为砖混结构、框架结构、桁架结构、空间结构、剪力墙结构等。砖混结构是混合结构的一种，竖向承重（墙、砖柱）用砖或砌块，水平承重（楼板和屋面）用钢筋混凝土，由于是两种材料混合承重（砖和混凝土），因此称为砖混结构。框架结构是梁、柱都用钢筋混凝土承重的结构形式。

房屋结构基本上都是由上部结构和下部结构两部分组成。上部结构一般由墙体，梁、板、柱及屋架等组成；下部结构有基础和地下室。

一、结构施工图包括的内容

1. 结构设计说明

结构设计说明是结构施工图的纲领性文件，它结合现行规范的要求，针对工程结构的特殊性，将设计的依据、对材料的要求、选用的标准图和对施工的特殊要求等，用文字的表述方式形成的设计文件。

结构设计说明一般包括以下内容：

（1）工程概况。如建设地点、抗震设防烈度、结构抗震等级、荷载选用、结构形式、结构设计使用年限、砌体结构质量控制等级等。

（2）选用材料的情况。如混凝土的强度等级，钢筋的等级以及砌体结构中砌块和砌筑砂浆的强度等级等。

（3）上部结构的构造要求。如混凝土保护层厚度、钢筋的锚固、钢筋的接头。

（4）地基基础的情况。如地质情况，不良地基的处理方法和要求；对地基持力层的要求；基础的形式；地基承载力特征值以及地基基础的施工要求等。

（5）施工要求。如对施工顺序、方法、质量标准的要求，与其他工种配合施工方面的要求等。

（6）选用的标准图集。

（7）其他必要的说明。

表 10-1 是本教材选用的工程实例的结构设计说明。

表 10-1　　　　　　　　　某办公楼结构设计说明

<u>结构设计说明</u>

一、工程概况

1. 本工程为培训中心办公楼工程。

2. 建筑层数：地上三层，总高度 9.300m。

3. 本工程建筑及抗震设防类别均为标准设防类，建筑安全等级二级，设计合理使用年限为 50 年。

4. 本工程结构计算采用 PKPM（2008 年版）系列结构计算软件：SATWE JCCAD。

5. 本工程单位尺寸以 mm 计，标高以 m 计。

二、设计依据

（一）自然条件

1. 工程所在地抗震设防烈度为八度，设计地震分组为第一组；设计基本地震加速度为 0.20g。

2. 基本风压：0.65kN/m^2；基本雪压：0.20kN/m^2。

3. 建筑场地类别为Ⅱ类，混凝土结构的环境类别，基础为二（b）类，其余均为一类。

环境类别	最大水灰比	最小水泥用量（kg/m^3）	最低混凝土强度等级	最大氯离子含量（%）	最大碱含量（kg/m^3）
一类	0.65	225	C20	1.0	不限制
二类（b）	0.50	300	C30	0.10	3.0

4. 本工程根据 2010 年 7 月宁夏工程物探勘察研究院编制的岩土工程勘察报告地下水平均埋深在自然地面下 1.90～3.10m，地基土对混凝土结构具微腐蚀性对钢筋混凝土结构中钢筋具微腐蚀性，对钢结构就 pH 值而言具微腐蚀性。

5. 场地土层自上而下为：

第①层：素填土，承载力特征值为 110kPa；

第①－1 层：素填土，杂填土，结构松散，不均匀，以建筑垃圾为主，应挖除；

第②层：粉质黏土层承载力特征值为 140kPa；

第③层：粉细砂层，承载力特征值 $f_{aK}=130$kPa；

第④层：粉细砂层，承载力特征值 $f_{aK}=150$kPa；

第⑤层：细砂层，承载力特征值 $f_{aK}=190$kPa。

6. 本地区标准冻深 1.00m。

（二）设计遵循规范、规定、图集

1.《建筑工程抗震设防分类标准》（GB 50223—2008）。

2.《建筑结构可靠度设计统一标准》（GB 50068—2001）。

3.《建筑地基基础设计规范》（GB 5007—2002）。

4.《建筑结构荷载规范》（GB 50009—2001）（2006 年版）。

5.《混凝土结构设计规范》（GB 50010—2002）。

6.《建筑抗震设计规范》（GB 50011—2001）（2008 年版）。

7.《砌体结构设计规范》（GB 50003—2001）。

8.《建筑地基处理技术规范》（JGJ 79—2002）。

9.《工业建筑防腐蚀设计规范》（GB 50046—2008）。

10.《钢筋混凝土结构施工图平面整体表示方法制图规则和构造详图》（03G101-1）。

11.02 系列结构标准设计图集。

（三）主要施工及验收规范

1.《混凝土结构工程施工质量验收规范》（GB 50204—2002）。

2.《地基与基础工程施工质量验收规范》（GB 50202—2002）。

3.《钢筋焊接及验收规范》（JGJ 18—2003）。

4.《砌体工程施工质量验收规范》（GB 50203—2002）。

（四）设计要求

1. 屋面和楼面均布活荷载。

2. 施工荷载不大于 3.0kN/m^2。

荷载值＼荷载类别＼楼层	活荷（kN/m^2）			恒荷（kN/m^2）
	办公室	阳台	楼梯间	楼板自重程序自动计算
楼面	2.0	2.5	2.5	2.5
屋面	0.50（不上人）			平屋面 3.5

三、结构设计

（一）结构形式：采用钢筋混凝土框架结构，框架抗震等级二级。

（二）基础形式：钢筋混凝土柱下独立基础，基础设计等级：丙级。

（三）回填土质量的要求：房心回填土压实系数不得小于 0.94。

（四）主要结构材料：

1. 混凝土强度等级：

（1）基础垫层：C20；基础及地梁均：C30。

（2）主体部分：＋3.200m 以下梁，板，柱为：C30；＋3.200m以上梁，板，柱为 C25。

（3）楼梯混凝土标号为 C25。

（4）次要构件（如圈梁、过梁、构造柱等）：C20。

2. 钢筋：Φ表示 HPB235 级钢筋；Φ表示 HRB335 级钢筋；Φ表示 HRB400 级钢筋。

钢材材质要求：HRB400 级和 HRB335 级钢筋见《钢筋混凝土用热轧带肋钢筋》（GB 1499）；HPB235 级钢筋见《钢筋混凝土用热轧光圆钢筋》（GB 13103），本工程要求所用钢筋符合建筑规范对钢材的材质要求。

（1）按一、二级抗震等级设计的各类框架中的纵向受力钢筋，当采用普通钢筋时，其检测所得的强度实测值应符合下列要求：

续表

(2) 钢筋的抗拉强度实测值与屈服强度实测值的比值不应小于 1.25。

(3) 钢筋的屈服强度实测值与强度标准值的比值不应大于 1.30。

(4) 纵向受力钢筋在最大拉力下的总伸长率实测值不应小于 9%。

3. 型钢、钢板：Q235。

4. 焊条：E43 系列用于 HPR235 级钢筋，E50 系列用于 HRB335 级钢筋。

5. 填充墙：为 M5 混合砂砌 MU5 小型混凝土空心轻质砌块（容重不大于 $8kN/m^3$）。

四、构造要求

(一) 纵向受力钢筋混凝土保护层最小厚度 (mm)

环境类别		构、墙、壳		梁		柱	
		≤C20	C25～C45	≤C20	C25～C45	≤C20	C25～C45
一		20	15	30	25	30	30
二	a	—	20	—	30	—	30
	b	—	25	—	35	—	35
三		—	30	—	40	—	40

注 1. 基础中纵向受力钢筋的保护层厚度不应小于 50mm；当无垫层时不应小于 70mm。
2. 保护层厚度不应小于钢筋的直径。
3. 梁、柱中箍筋和构造钢筋的混凝土保护层厚度不应小于 15mm。
4. 机械连接接头连接件的混凝土保护层厚度宜满足纵向受力钢筋最小保护层厚度的要求，连接件之间的横向净间距不宜小于 25mm。

(二) 钢筋锚固

1. 纵向受拉钢筋最小锚固长度。

混凝土强度等级与抗震等级 / 钢筋级别与直径			抗震构件的锚固长度 L_{ae}					
			C20		C25		C30	
			一、二级抗震等级	三级抗震等级	一、二级抗震等级	三级抗震等级	一、二级抗震等级	三级抗震等级
HPB235 (Φ)	普通钢筋	$d \leqslant 25$	36d	33d	31d	28d	27d	25d
HRB335 (Φ)	普通钢筋	$d \leqslant 25$	44d	41d	38d	35d	34d	31d
HRB400 (Φ)	普通钢筋	$d \leqslant 25$	53d	49d	46d	42d	41d	37d
HRB400 (Φ)	普通钢筋	$d > 25$	58d	53d	51d	46d	45d	41d

注 1. 当 HRB335、HRB400 级钢筋的直径大于 25mm 时，其锚固长度应乘以修正系数 1.1。
2. HRB335、HRB400 级的环氧树脂涂层钢筋，其锚固长度应乘以修正系数 1.25。
3. 当钢筋在混凝土施工过程中宜受扰动时，其锚固长度应乘以修正系数 1.1。
4. 当带肋钢筋在锚固区内的混凝土保护层厚度大于钢筋直径的三倍且有箍筋时，其锚固长度可乘以修正系数 0.8。
5. 在任何情况下，纵向受拉钢筋的锚固长度抗震设计时不应小于 300，非抗震设计时不应小于 250。
6. 在采用机械锚固措施时，其锚固长度乘以修正系数 0.7。
7. 纵向受压钢筋最小锚固长度：抗震设计时 $L_{ae}=0.7L_{ae}$，且不应小于 250mm；非抗震设计时 $L_a=0.7L_a$，且不应小于 200mm。
8. 施工图中没有注明者均按受拉钢筋锚固长度施工。

(三) 纵向受力钢筋的最小搭接长度：

1. 纵向受拉钢筋绑扎搭接头的搭接长度应根据位于同一连接区段的钢筋搭接，接头面积百分率按下式计算：抗震设计时 $L_{1E}=\S L_{ae}$，且不应小于 350mm；非抗震设计时 $L_1=\S L_a$，且不小于 300mm。

纵向钢筋搭接接头面积百分率 (%)	≤25	50	100
纵向钢筋搭接长度修正系数 §	1.2	1.4	1.6

2. 纵向受压钢筋绑扎搭接接头的搭接长度应根据位于同一连接区段内的钢筋搭接，接头面积百分率按下式计算：抗震设计时 $Le'=0.7LIe$，且不小于 300mm；非抗震设计时 $Ll'=0.7Ll$，且不小于 250mm。

(四) 纵向受力钢筋的连接

1. 纵向受力钢筋连接接头设置原则：

(1) 钢筋连接可分为两类：绑扎搭结和机构连接或焊接。

(2) 受力钢筋接头宜设置在受力较小处，在同一根钢筋上宜少设接头。

(3) 纵向受力钢筋连接接头位置宜避开梁端，柱端加密区；无法避开时，应选用高质量机械连接接头，且钢筋接头面积百分率不宜超过 50%。

(4) 同一构件中相邻纵向钢筋的接头宜相互错开。

(5) 机械连接接头和焊接接头的类型及质量应符合现行国家有关标准的规定。

2. 钢筋接头连接区段按以下原则确定：凡接头中点位于该连接区段长度内的接头均属于同一连接区段，钢筋绑扎搭接接头连接区段的长度为 1.3 倍搭接长度，详见 SZ 图一；钢筋机械连接接头区段为 35d（d 为纵向受力钢筋中较大的直径），钢筋焊接接头区段长度为纵向受力钢筋中较大的直径且不小于 500。

3. 位于同一连接区段内的钢筋接头面积百分率按下标执行。

构件类型	绑扎搭接		机械连接		焊接连接	
	受拉区	受压区	受拉区	受压区	受拉区	受压区
梁、板及墙	不宜>25%	不宜>50%	不宜>50%	/	不宜>50%	/
柱及暗柱	不宜>50%	不宜>50%	不宜>50%	/	不宜>50%	/
	注 1. 轴心受拉及小片心受拉杆件的纵向受力钢筋不得采用。					

4. 施工图中没有注明者均按受拉钢筋的要求连接。

(五) 钢筋混凝土现浇板

1. 板的中间支座上部钢筋（负筋）两端设直钩。

2. 双向板的底部钢筋，短跨钢筋下排，长跨钢筋置上排。

3. 现浇板受力钢筋伸入支座不小于 120mm。

4. 未注明的现浇板负筋的分布筋均为Φ6@250。

5. 跨度大于 3.5m 的板按短跨的 0.3%起拱，悬挑板按 0.5%起拱。

6. 板上孔洞应该预留，避免后凿，一般结构平面图中只标示出洞口尺寸大于 250mm 之孔洞，施工时各工种必须根据各专业图纸配合土建预留全部孔洞。当孔洞尺寸≤250mm 时，洞边不再另加钢筋，板内钢筋由洞边绕过，不得截断。当洞口尺寸大于 250mm 时，应设洞边加固筋，按平面图示出的要求施工。当平面图未交代时，一律按如下要求：洞口每侧各 2 根，其截面积不得小于被洞口截断之钢筋面积，且不小于 $2\phi12$，长度为单向板受力方向及双向板的两个方向沿跨度通长，并锚入梁内，单向板的非受力方向洞口加筋长度为洞宽加两侧 $30d$。

7. 管道井在施工时应预留Φ 8@200 双层钢筋网，待管道安装完成后封堵。

（六）钢筋混凝土梁

1. 悬臂构件按 0.5%起拱，跨度大于 4.0m 的两端支撑梁按 0.3%起拱。

2. 梁内采用封闭式箍筋，箍筋及拉筋弯勾构造见 03G101。梁的第一根箍筋离墙边、柱边或主梁边 50mm。

3. 主次梁标高相同时，次梁底筋必须位于主梁之上。主次梁交接处箍筋加密做法见 03G101-1。

4. 梁的构造做法，本图不够明确的均按 03G101 施工。

5. 构造柱做法见 02G01-1～17 及 02G01-1 设计说明；构造柱边不大于 120 墙垛可与构造柱一起浇注；梁或悬挑梁上的构造柱应在梁强度达 100%后二次浇注。

6. 现浇板短边尺寸大于 4000 时，板上部需增设温度钢筋网，做法见图六。

7. 电气埋管应置于板断面的中部，当板内电气埋管处板面没有钢筋时，应增设Φ 6@200 的双向钢筋网于板面。

8. 各露天现浇混凝土板内埋塑料电线管时，管的混凝土保护层不应小于 30mm。

五、填充墙

1. 砌体施工质量控制等级为 B 级。

2. 为增强砌体与砂浆之间的黏结强度，各种砖和砌块必须在砌筑前隔夜浇水湿润，随铺砂浆随砌筑。

3. 圈梁钢筋不允许在门窗洞及门窗洞两侧 500m 范围内搭接。

4. 填充墙及内隔墙均应后砌，并符合砌体结构的有关规定，所有墙身的顶部必须用砌块嵌紧。TTF 斜砌密实，不得与上面的梁板脱空，做法详见（钢筋混凝土结构构造）详图 02G02-44。

5. 当墙净高大于 4m 时，应在墙高的中部或门洞顶部增设一道与柱连接且沿墙全长贯通的水平圈梁，圈梁钢筋应锚入柱 $35d$，做法详见 02G02-43。

6. 当墙长超过 5m 或当墙长超过层高的两倍时，应增设构造柱。除此外墙的自由端，墙与墙交接处设构造柱。构造柱配筋及锚固做法见 02G02-44。

7. 填充墙应沿混凝土墙，柱的相应部位设置墙身拉结筋 2Φ 6@500（或砌体皮数的倍数），伸入砌体墙内的长度，当抗震等级为一、二级时沿填充墙全长设置，所有砌体墙在相互连接处及转角处，以及构造柱与砌体相互连接处，以及独立墙头均应设置上述拉结筋，做法见 02G02-44。

8. 外墙填充墙墙面粉刷前，在填充墙与混凝土构件内外周边接缝处应固定设置镀锌铅丝网片，宽度不小于 200。

9. 当需设置门、窗顶过梁时，其尺寸和配筋见下图（可用 C20 混凝土现浇或预制）；当门窗洞无墙体可搁置过梁时，应在相应洞顶位置的墙、柱上预留钢筋。

10. 门窗过梁（GL）表（梁长＝洞净宽 L_0＋500；括号内值用于 100 左右厚的墙上过梁）见下图。

续表

L_0	≤1200	≤1500	≤1800	≤2400	≤3000
h	120	150	150	180	240
①	2Φ8	2Φ8	2Φ8	2Φ8	2Φ8
②	2Φ10	2Φ12	2Φ14	2Φ16	2Φ18

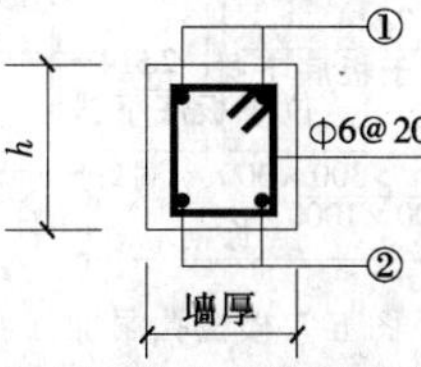

11. 当用 200 左右厚的砖砌筑屋面女儿墙时，应在女儿墙中设置构造柱，构造柱可从框架柱顶及屋面梁上伸出，墙高小于 1.20m 时，构造柱的间距应不大于 2.0m，墙高大于 1.2m 时，构造柱间距应不大于 1.2m，构造柱的纵筋底部应锚入梁柱中，顶部应锚入女儿墙压顶。构造柱与女儿墙的拉结筋做法见 02G01-1（23～25 页）。

12. 小型混凝土空心砌块或其他轻质砌块材料做墙体，其构造等应符合有关规定。

六、其他

（一）施工应遵照现行《混凝土结构工程施工及验收规范》（GB 50204—2002）。

（二）埋件：建筑吊顶，门窗安装，钢架，楼梯栏杆，阳台栏板，电缆桥架，管道支架等与结构构件相连时，各工种应密切配合，将本专业需要的埋件留全，不得遗漏。

（三）主体结构某些部位钢筋密集，且又是要害部位不得削弱。某些部位钢筋较少因此规定设置及禁止设置膨胀螺栓部位。

1. 可设置膨胀螺栓部位：

（1）除梁宽范围外的楼板。

（2）梁高（h）中部 $h/3$ 的梁侧面。

2. 禁止设置膨胀螺栓部位：

（1）柱。

（2）梁底部、顶部、梁高（h）的上、下 $h/3$ 范围。

上述禁止设置膨胀螺栓部位如需要连接时，必须预留埋件。

（四）本设计混凝土结构未明构造做法均按 03G101 施工。

（五）本工程采用 PMPK-2009 程序计算。

（六）本工程未经设计许可，不得增层及增减任何墙体，不得改变设计使用性质。

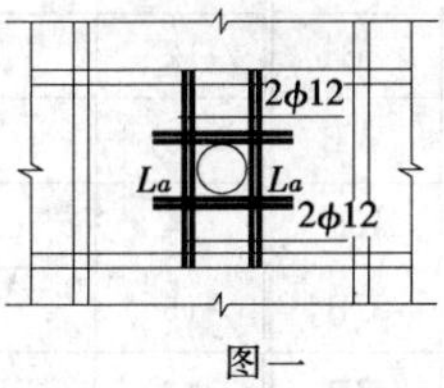

图一

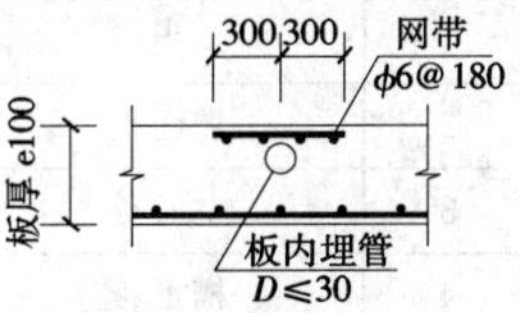

图二

1000≥孔洞最长边或直径≥300 时

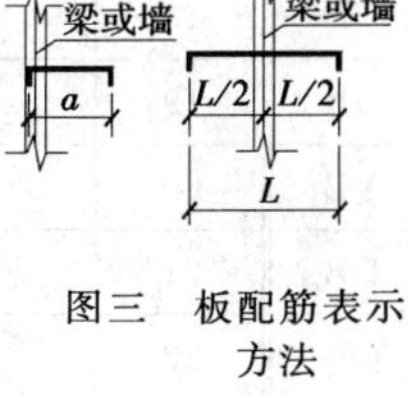

图三 板配筋表示方法

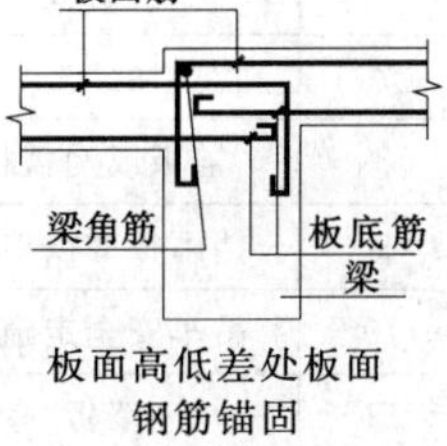

图四 板面高低差处板面钢筋锚固

续表

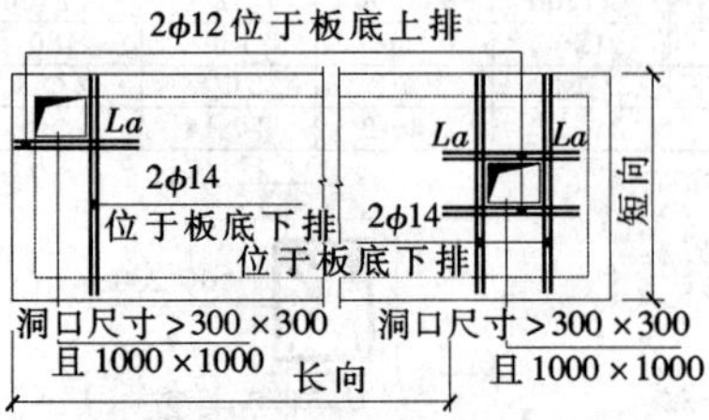

图五　楼板孔洞加强筋

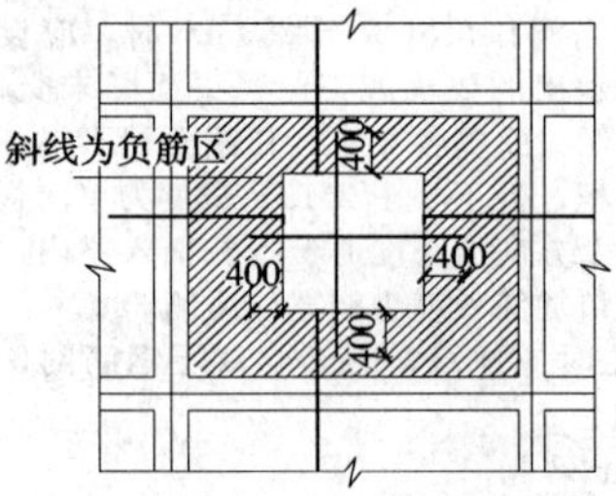

图六　现浇板上部设置温度钢筋做法图

2. 结构平面图，内容主要包括

（1）基础平面布置图。工业建筑中还有设备基础布置图、基础梁平面布置图。

（2）楼层结构平面布置图，主要表示结构构件的位置、数量，尺寸及相互关系等内容，在工业建筑中还有柱网、吊车梁、支撑及联系梁布置图。

（3）屋面结构平面布置图，包括屋面板，屋架、天沟架、天沟板及屋面支撑系统布置图。

3. 构件详图，内容主要包括

（1）梁、板、柱及基础详图。

（2）楼梯结构详图、阳台、雨篷结构详图。

（3）屋架结构详图。

（4）其他详图。如预留孔洞配筋详图、支撑详图；结构特殊部位的结构处理，例如卫生间的降板处理等。

二、常用结构构件代号

房屋结构构件种类繁多，布置复杂，为了使图示布置简明扼要，清晰，便于阅读，国标规定了常用构件代号，如表 10－2 所示。

表 10－2　　**常用构件代号**　　（选自 GB/T 50105—2010）

序号	名　称	代号	序号	名　称	代号	序号	名　称	代号
1	板	B	12	天沟板	TGB	23	楼梯梁	TL
2	屋面板	WB	13	梁	L	24	框架梁	KL
3	空心板	KB	14	屋面梁	WL	25	框支梁	KZL
4	槽形板	CB	15	吊车梁	DL	26	屋面框架梁	WKL
5	折板	ZB	16	单轨吊车梁	DDL	27	檩条	LT
6	密肋板	MB	17	轨道连接	DGL	28	屋架	WJ
7	楼梯板	TB	18	车挡	CD	29	托架	TJ
8	盖板或沟盖板	GB	19	圈梁	QL	30	天窗架	CJ
9	挡雨板或檐口板	YB	20	过梁	GL	31	框架	KJ
10	吊车安全走道板	DB	21	连系梁	LL	32	钢架	GJ
11	墙板	QB	22	基础梁	JL	33	支架	ZJ

续表

序号	名 称	代号	序号	名 称	代号	序号	名 称	代号
34	柱	Z	41	地沟	DG	48	阳台	YT
35	框架柱	KZ	42	柱间支撑	ZC	49	预埋件	M—
36	构造柱	GZ	43	垂直支撑	CC	50	天窗端壁	TD
37	承台	CT	44	水平支撑	SC	51	钢筋网	W
38	设备基础	SJ	45	梯	T	52	钢筋骨架	G
39	桩	ZH	46	雨篷	YP	53	基础	J
40	挡土墙	DQ	47	梁垫	LD	54	暗柱	AZ

注 预应力钢筋混凝土构件的代号，应在上列构件代号前加“Y—”，例如 Y—GL 表示预应力钢筋混凝土过梁。

三、结构施工图制图的一般规定

绘制结构施工图，不但要遵守《房屋建筑制图统一标准》(GB/T 50001—2001)、《总图制图标准》(GB/T 50103—2001)、《建筑制图标准》(GB/T 50104—2001) 规定外，还要遵守《建筑结构制图标准》(GB/T 50105—2010 中) 的有关规定。

1. 图线

图线宽度 b，应按《房屋建筑制图统一标准》(GB/T 50001—2001) 中“图线”的规定选用，每个图样应根据复杂程度与比例大小，先选用适当基本线宽度 b，再选用相应的线宽组。结构施工图中各种图线的用法如表 10-3 所示。

表 10-3　结构施工图中图线选用　(选自 GB/T 50105—2010)

图线名称	线宽	一 般 用 途
粗实线	b	螺栓、钢筋线、结构平面图中的单线结构构件线及钢木支撑及系杆线，图名下横线、剖切线
中粗实线	0.7b	结构平面图中及详图中剖切到或可见的墙身轮廓线、基础轮廓线、钢木结构轮廓线、钢筋线
中实线	0.5b	结构平面图中及详图中剖切到或可见的墙身轮廓线、基础轮廓线、可见的钢筋混凝土构件轮廓线、钢筋线
细实线	0.25b	尺寸线、标注引出线、标高符号线、索引符号线
粗虚线	b	不可见的钢筋、螺栓线，结构平面图中不可见的单线结构构件线及钢、木支撑线
中粗虚线	0.7b	结构平面图中不可见的构件，墙身轮廓线及不可见的钢、木构件轮廓线，不可见的钢筋线
中虚线	0.5b	结构平面图中不可见的构件，墙身轮廓线及不可见的钢、木构件轮廓线，不可见的钢筋线
细虚线	0.25b	基础平面图中管沟轮廓线，不可见的钢筋混凝土构件轮廓线
粗单点长画线	b	垂直支撑、柱间支撑，设备基础轴线图中的中心线
细单点长画线	0.25b	中心线、对称线、定位轴线、重心线
粗双点长画线	b	预应力钢筋线
粗双点长画线	0.25b	原有结构轮廓线
折断线	0.25b	断开界线
波浪线	0.25b	断开界线

2. 比例

在绘制结构施工图时，可以参照表 10-4 所示比例绘制，当构件的纵、横向断面尺寸相差悬殊时，可在同一详图中的纵、横向选用不同的比例绘制。轴线尺寸与构件尺寸也可选用不同的比例绘制。

表 10-4　**结构施工图比例**　（选自 GB/T 50105—2010）

图　名	常用比例	可用比例
结构平面图、基础平面图	1∶50、1∶100、1∶150	1∶60、1∶200
圈梁平面图，总图中管沟、地下设施等	1∶200、1∶500	1∶300
详图	1∶10、1∶20、1∶50	1∶5、1∶25、1∶30

四、钢筋混凝土基本知识

（一）钢筋混凝土构件

混凝土是由水泥、砂子、石子和水按一定的比例拌和而成后，把它灌入定形的模板内，经振捣、密实及养护凝固后坚硬如石的一种建筑材料。混凝土的受压能力强，但受拉能力弱，容易因受拉产生裂缝而断裂，如图 10-2（a）所示，如果在混凝土受拉区域内或相应部位加入一定数量的钢筋后，使两种材料黏结成一个整体，共同承受外力，就能够充分发挥混凝土的受压能力强和钢筋受拉能力强的优势，进而解决工程实际问题。这种配有钢筋的混凝土，称为钢筋混凝土，如图 10-2（b）所示，没有配置钢筋的混凝土结构构件通常称为素混凝土构件，如图 10-2（a）所示。用钢筋混凝土制成的梁、板、柱、基础等构件，称为钢筋混凝土构件。

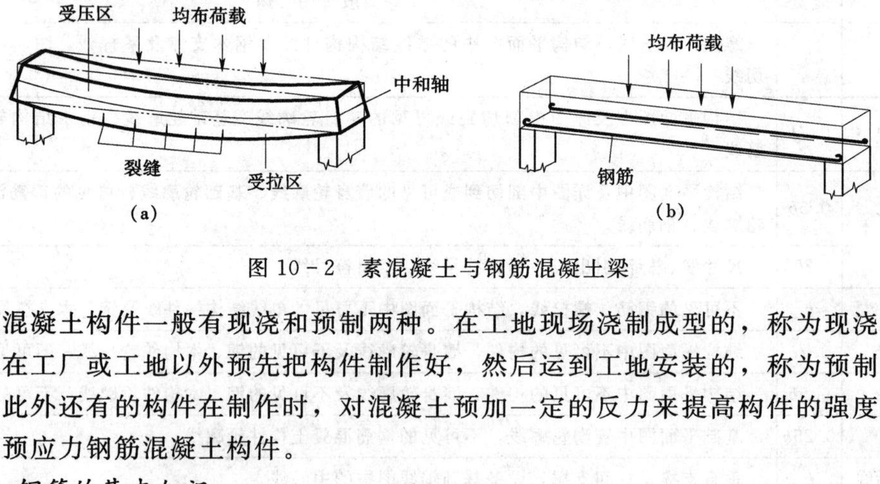

图 10-2　素混凝土与钢筋混凝土梁

钢筋混凝土构件一般有现浇和预制两种。在工地现场浇制成型的，称为现浇钢筋混凝土构件，在工厂或工地以外预先把构件制作好，然后运到工地安装的，称为预制钢筋混凝土构件。此外还有的构件在制作时，对混凝土预加一定的反力来提高构件的强度和抗裂性能，称为预应力钢筋混凝土构件。

（二）钢筋的基本知识

1. 钢筋的作用和分类

配置在钢筋混凝土构件中的钢筋，按其作用可分为以下几种，如图 10-3 所示：

（1）受力筋——又称为构件中的纵向钢筋或主筋，是构件中的主要受力钢筋，承受拉力（如梁、板底部的受力筋）或承受压力（如柱子中的受力筋）。如果纵向钢筋的一部分弯起，则称为弯起钢筋，弯起段可以承受剪力。

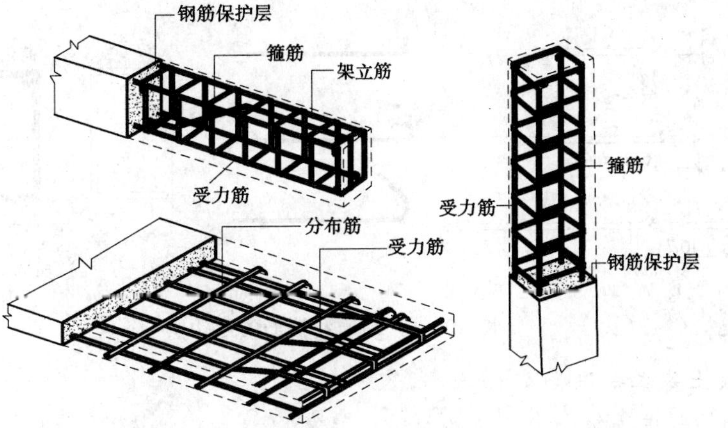

图 10－3　钢筋混凝土梁、板、柱配筋示意图

（2）箍筋——固定受力筋的位置，并承受一部分斜拉应力、部分剪力或扭力的钢筋，多用于梁和柱内。

（3）架立筋——在梁截面的上部处，与梁内的受力筋、箍筋共同构成梁内钢筋骨架。

（4）分布筋——用于屋面板、楼板内，与板的受力筋垂直布置，将承受的荷载均匀地传给受力筋，并固定受力筋的位置，以及抵抗热胀冷缩引起的温度变形。

（5）其他构造钢筋——因构件构造要求或施工安装需要而配置的构造筋，如腰筋、梁侧的构造钢筋、拉结筋和预埋锚固筋、吊环等。

2. 钢筋的强度

配置在钢筋混凝土构件中的钢筋，按其强度可分为以下几种，如表 10－5 所示。

表 10－5　钢筋代号及强度标准值 f_{YK}　（选自混凝土结构设计规范 GB 50010—2010）

钢筋种类	符号	公称直径 d（mm）	屈服强度标准值 f_{YK}	外形	备　注
HPB300	Φ	6～22	300	光圆钢筋	HRB500—强度级别为 500N/mm² 的普通热轧带肋钢筋； HRBF400—强度级别为 400N/mm² 的细晶粒热轧带肋钢筋； RRB400—强度级别为 400N/mm² 的余热处理带肋钢筋； HPB300—强度级别为 300N/mm² 的热轧光圆钢筋； HRB400E—强度级别为 400N/mm²，且有较高抗震性能要求的普通热轧带肋钢筋
HRB335 HRBF335	Φ Φ^{F}	6～50	335	带肋钢筋	
HRB400 HRBF400 RRB400	Φ Φ^{F} Φ^{R}	6～50	400	带肋钢筋	
HRB500 HRBF500	Φ Φ^{F}	6～50	500	热处理钢筋	

3. 钢筋弯钩

如果受力筋采用光圆钢筋，则钢筋两端要做成弯钩，来增强钢筋与混凝土的黏结力，避免钢筋在受拉时滑动。带肋钢筋与混凝土黏结力强，两端不必做成弯钩。钢筋端部的弯钩常用三种形式：半圆弯钩（180°弯钩）、直角弯钩（90°弯钩）和斜弯钩（135°弯钩），如图 10－4 所示。

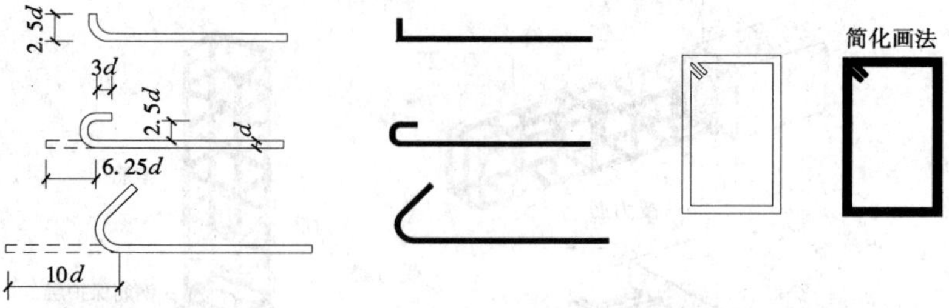

图 10-4 钢筋和箍筋的弯钩

(三) 混凝土基本知识

1. 混凝土的强度等级

混凝土的强度等级应按立方体抗压强度标准值确定，立方体抗压强度标准值指的是在按照标准方法制作养护（温度 20℃±2℃、相对湿度 95%以上）的边长为 150mm 的立方体试件，在 28d 龄期用标准试验方法测得的具有 95%保证率的抗压强度。按抗压强度的不同，一般将普通混凝土分为 14 个强度等级，即：C15、C20、C25 、C30、C35、C40、C45、C50、C55 、C60、C65、C70 、C75、C80。混凝土轴心抗压 f_{ck}，轴心抗拉强度标准值 f_{tk} 应按表 10-6 采用。

表 10-6 混凝土强度标准值（选自混凝土结构设计规范 GB 50010—2010） 单位：N/mm²

强度种类	混凝土强度等级													
	C15	C20	C25	C30	C35	C40	C45	C50	C55	C60	C65	C70	C75	C80
f_{ck}	10	13.4	16.7	20.1	23.4	26.8	29.6	32.4	35.5	38.5	41.5	44.5	47.4	50.2
f_{tk}	1.27	1.54	1.78	2.01	2.2	2.39	2.51	2.64	2.74	2.85	2.93	2.99	3.05	3.11

2. 混凝土结构一般的应用要求

素混凝土结构的混凝土强度等级不应低于 C15；钢筋混凝土结构的混凝土强度等级不应低于 C20；采用强度级别 400MPa 及以上的钢筋时，混凝土强度等级不应低于 C25。承受重复荷载的钢筋混凝土构件，混凝土强度等级不应低于 C30。预应力混凝土结构的混凝土强度等级不宜低于 C40，且不应低于 C30。

3. 混凝土保护层

为了防止钢筋受到腐蚀、便于防火和加强钢筋与混凝土的黏结力，钢筋在构件中要留有一定厚度的混凝土作为保护层。根据钢筋混凝土结构设计规范规定（设计使用年限为 50 年），梁、柱的保护层厚度为 20～50mm，板和墙的保护层厚度为 15～40mm，如表 10-7 所示。

表 10-7 混凝土保护层厚度（选自混凝土结构设计规范 GB 50010—2010） 单位：mm

环境等级	板墙壳	梁柱	环境等级	板墙壳	梁柱
一	15	20	三 a	30	40
二 a	20	25	三 b	40	50
二 b	25	35			

同时混凝土保护层也有下列要求：

（1）构件中受力钢筋的保护层厚度不应小于钢筋的直径 d。

（2）混凝土强度等级不大于 C25 时，表中保护层厚度数值应增加 5mm。

（3）钢筋混凝土基础宜设置混凝土垫层，其受力钢筋的混凝土保护层厚度应从垫层顶面算起，且不应小于 40mm。

（4）当有充分依据并采取下列有效措施时，可适当减小混凝土保护层的厚度。

1）构件表面有可靠的防护层。

2）采用工厂化生产的预制构件，并能保证预制构件混凝土的质量。

3）在混凝土中掺加阻锈剂或采用阴极保护处理等防锈措施。

4）当对地下室墙体采取可靠的建筑防水做法或防腐措施时，与土壤接触一侧钢筋的保护层厚度可适当减少，但不应小于 25mm。

（5）当梁、柱、墙中纵向受力钢筋的保护层厚度大于 50mm 时，宜对保护层采取有效的构造措施。可在保护层内配置防裂、防剥落的焊接钢筋网片，网片钢筋的保护层厚度不应小于 25mm，并应采取有效的绝缘、定位措施。

五、钢筋混凝土结构图的图示特点

1. 钢筋混凝土结构图的图示特点

为了表示钢筋的配置状况，在构件的立面图和断面图上，构件的可见轮廓线用细实线画出，图内不画材料图例，而用粗实线（在立面图中）和黑圆点（在断面图中）表示钢筋。并要对钢筋加以说明标注。

钢筋的一般表示法，如表 10-8 所示。

表 10-8 **钢筋表示方法** （选自混凝土结构设计规范 GB 50010—2010）

一般钢筋			
序号	名称	图例	说明
1	钢筋横断面		
2	无弯钩的钢筋端部	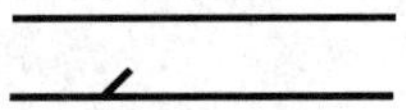	下图表示长、短钢筋投影重叠时，短钢筋的端部用 45°斜划线表示
3	带半圆形弯钩的钢筋端部		
4	带直钩的钢筋端部		
5	无弯钩的钢筋搭接		
6	带半圆形弯钩的钢筋搭接		
7	带丝扣的钢筋端部		
8	带直弯钩的钢筋搭接		
9	花篮螺丝钢筋搭接		
10	机械连接钢筋接头		用文字说明机械连接方式

续表

预 应 力 钢 筋			
序号	名　称	图　例	说　明
11	预应力钢筋或钢绞线	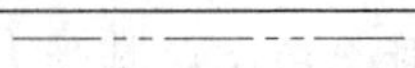	
12	后张法预应力钢筋横断面 无黏结预应力钢筋横断面		
13	单根预应力钢筋断面		
14	张拉端锚具	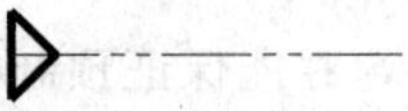	
15	固定端锚具	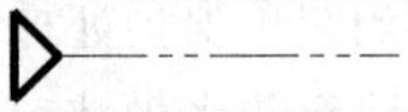	

2. 钢筋的标注方法

钢筋（或钢丝束）的标注应包括钢筋的编号、数量或间距、代号、直径及所在位置，通常应沿钢筋的长度方向标注或标注在相关钢筋的引出线上。梁、柱的箍筋和板的分布筋，一般应注出间距，不注数量。简单的构件，钢筋可不编号。具体标注方式如图 10-5 所示。其含义：1 号钢筋、2 根、Ⅱ级钢筋、直径 16mm、每间隔 120mm 布置一根（@是均匀间布符号）。

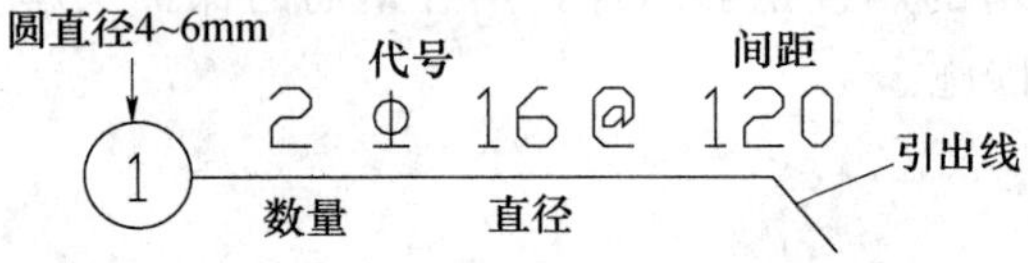

图 10-5　钢筋标注方法

3. 钢筋的常规画法

钢筋的常规画法如表 10-9 所示。

表 10-9　　钢 筋 的 常 规 画 法　（选自混凝土结构设计规范 GB 50010—2010）

序号	说　明	图　例
1	在结构平面图中配置双层钢筋时，底层钢筋的弯钩应向上或向左，顶层钢筋的弯钩则向下或向右	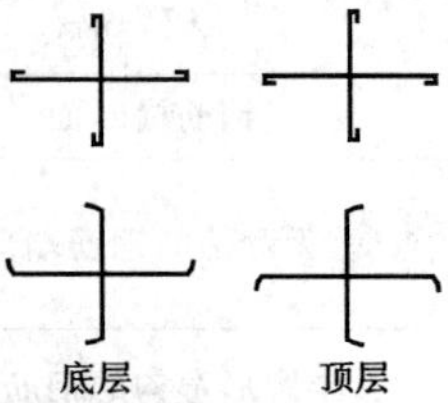
2	钢筋混凝土墙体配双层钢筋时，在配筋立面图中，远面钢筋的弯钩应向上或向左，近面钢筋的弯钩向下或向右（*JM* 近面；*YM* 远面）	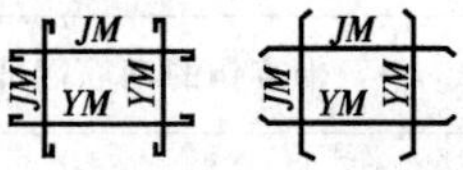
3	若在断面图中不能清楚表达的钢筋布置，应在断面外增加钢筋大样图（如：钢筋混凝土墙，楼梯图等）	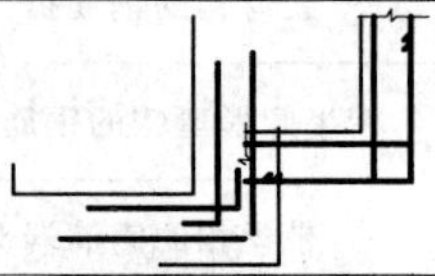
4	图中所表示的箍筋，环筋等的布置复杂时，可加画钢筋大样及说明	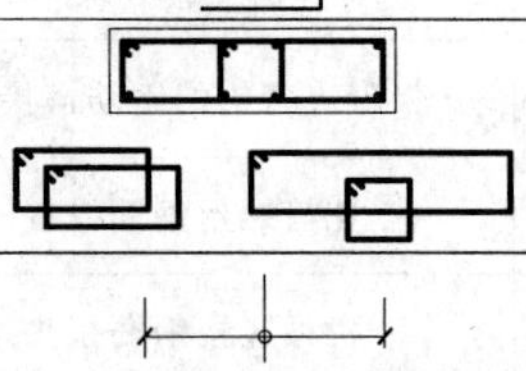
5	每组相同的钢筋、箍筋或环筋，可用一根粗实线表示，同时用一两端带斜短划线的横穿细线，表示其余钢筋及起止钢筋	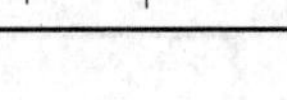

4. 其他相关规定

(1) 当构件纵横向尺寸相差悬殊时，可在同一详图中纵横向选用不同比例绘制，如钢屋架图。

(2) 结构图中的构件标高，一般标注出构件完成面的结构标高（不包括建筑装修层在内的标高）。

(3) 构件配筋较简单时，可在其模板图的一角用局部剖面的方式，绘出其钢筋布置。构件对称时，在同一图中可以一半表示模板，一半表示钢筋。

第二节　楼层结构平面布置图

一、楼层结构平面布置图的图示方法及作用

楼层结构平面布置图是假想用水平剖面沿楼板面将房屋剖开，从上往下投影所作的楼层结构水平投影图，主要用来表示楼层的梁、板、柱、墙等承重构件的平面布置，现浇楼板的构造与配筋，以及它们之间的结构关系。对多层建筑，一般应分层绘制。若一些楼层构件的布置情况、形状大小、数量均相同时，也可只画一个楼层结构平面布置图，但是需在图名上注明“x 层－ x 层”，或“标准层”的楼层结构平面布置图，或在本页图纸中的文字说明上面加以说明。

二、图示内容

(1) 标注出与建筑施工图一致的定位轴线及墙、柱、梁等构件的定位尺寸、平面布置及编号。

(2) 在现浇板的平面图上，画出其现浇板位置，钢筋配置，现浇板编号，并标注预留孔洞的位置及定形尺寸。

(3) 注明门窗洞过梁、圈梁，梁，柱的代号及编号。

(4) 注出各种梁、板的结构标高及连接构造，有时还可注出梁的断面尺寸及板厚。

(5) 标注有关剖切符号或详图索引符号。

(6) 标注预制板的代号、跨度、型号及数量等，预制构件的标准图集编号及特殊说明。

(7) 必要的文字说明，如说明各种材料强度等级，板内分布筋的代号、直径、间距及其他要求等。

三、预制板的表示方法

现行的规范，抗震区预制板已经不再使用，但预应力板还在使用，因此，需要掌握预制板的表示方法。

现以图 10－6 学生宿舍的楼层为例，说明楼层结构平面布置图（预制板）的内容及读图方法。

从图 10－6 的图名得知此图为二层的楼层结构平面布置图，图中虚线为不可见构件的轮廓线。从图中的图示方法及内容可知，此房屋为一幢砖墙承重、钢筋混凝土梁板的混合结构，其中有现浇和预制两种制作形式。从③～⑦轴线及阳台都是预制梁板构件。阳台处有两根 PL_{205} 悬臂梁和一根 L_{201} 梁。全楼层有 11 条同一编号（GL_3）的窗过梁和四种不同

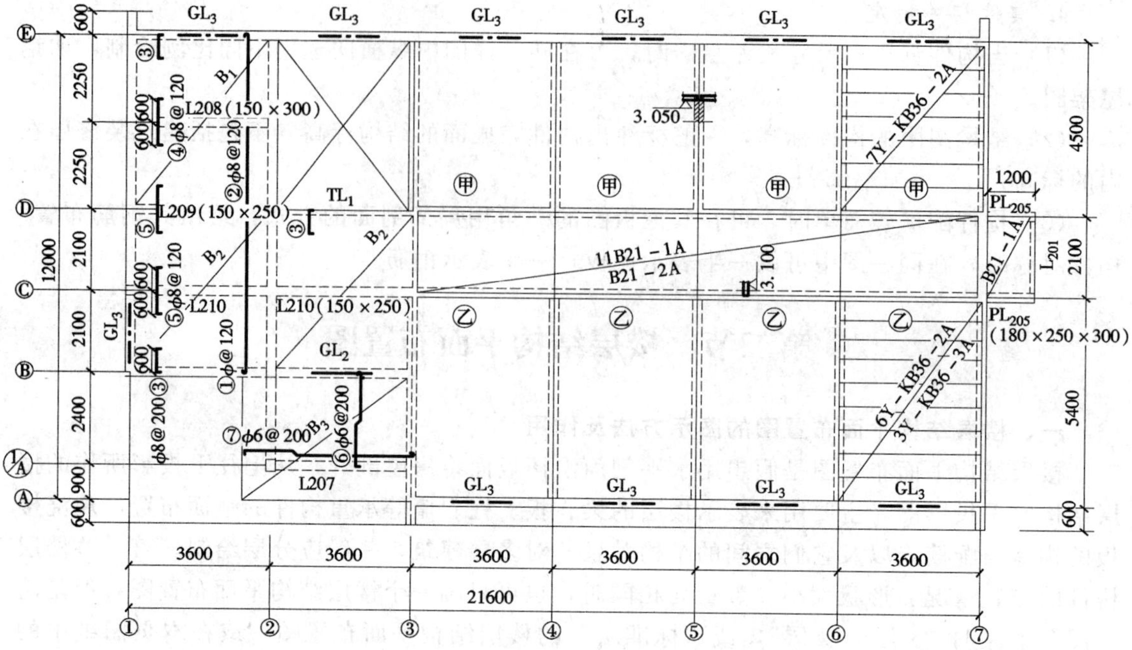

图 10-6　二楼楼层结构平面布置图

标注的预制板。其中 B_{21-1A} 为走廊上的预制平板和阳台上的预制平板。而各房间中的板为预应力钢筋混凝土空心板。从这些板的标注中，可知板的类型、尺寸及数量。目前各地区的标注方式有些不同，如图 10-7 所示为广州地区的标注法，其内容说明如下：

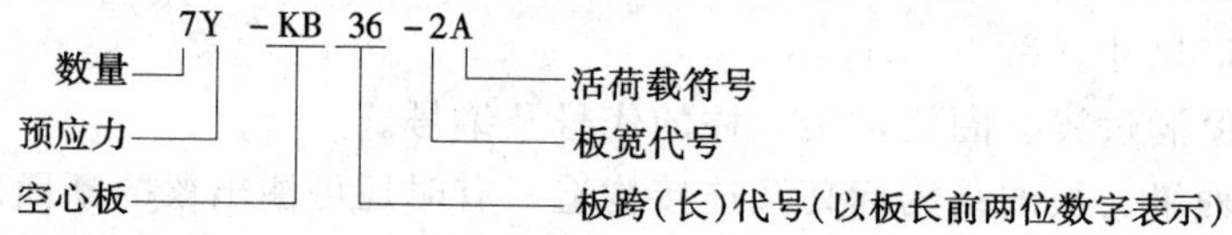

图 10-7　广州地区的标注法

板宽有 1200、600、500 三种，分别以“1”、“2”、“3”为代号。活荷载分 1.5kPa、2.0kPa、2.5kPa、3.0kPa（$1kPa=100kg/m^2$）四级，分别用“A”、“B”、“C”、“D”为代号。因此上述标注表示为 7 块预应力空心板，板长为 3600mm。板宽为 600mm，荷载为 $150kg/m^2$。从图中知Ⓐ～Ⓒ和Ⓓ～Ⓔ轴线间的房间分别是同一类型，同一数量，同一铺设方向的。

四、现浇板的传统表示方法

如图 10-6 所示，从①～③轴线为现浇部分。画有交叉对角线处为楼梯间。在这部分图中，每根梁边都有一代号、编号及断面尺寸。如 $L_{210(150\times250)}$，表明此梁为二层的第 10 号梁，梁高为 250mm，梁宽为 150mm。板内画有钢筋的平面布置及形状，一共有七种受力筋。在每一编号的标注中，可知每一类钢筋的具体情况，如③Φ8@200 表示第 3 号钢筋是Ⅰ级钢筋，直径 8mm，每条钢筋的中距为 200mm，顶部钢筋其弯钩向下。其他相同的只注写出编号，其余都可省略。

五、现浇板的平面整体表示法

1. 平面整体表示法的简介

2003年2月25日，中华人民共和国建设部批准由中国建筑标准研究所修订和编制的《混凝土结构施工图平面整体表示方法制图规则和构造详图—现浇混凝土框架、剪力墙、框架—剪力墙、框支剪力墙》(03G101－1) 标准图集，作为国家建筑标注设计图集之一，在全国范围内推广使用。这种所谓“平法”的表达方法，是把结构构件的尺寸和配筋等，整体直接表达在该构件的结构平面布置图上，再配合标准构造详图，构成完整的结构施工图。这种表示方法已经被设计单位和施工单位广泛使用。

在平面图上表示各构件尺寸和配筋值的方式，有平面注写方式（标注梁）、列表标注方式（标注柱和剪力墙）和截面注写方式（标注柱、剪力墙和梁）等三种。此外，这几年，国家陆续推出《混凝土结构施工图平面整体表示方法制图规则和构造详图—现浇混凝土板式楼梯》(03G101－2)，《混凝土结构施工图平面整体表示方法制图规则和构造详图—筏形基础》(04G101－3)，《混凝土结构施工图平面整体表示方法制图规则和构造详图—现浇混凝土楼面与屋面板》(04G101－4)，《混凝土结构施工图平面整体表示方法制图规则和构造详图—独立基础、条形基础、桩基承台》(06G101－6)，《混凝土结构施工图平面整体表示方法制图规则和构造详图—箱形基础和地下室结构》(08G101－5)，《混凝土结构施工图平面整体表示方法制图规则和构造详图—现浇混凝土框架、剪力墙、框架—剪力墙、框支剪力墙》(09G901－2)，《混凝土结构施工图平面整体表示方法制图规则和构造详图—筏形基础、箱形基础、地下室结构、独立基础、条形基础、桩基承台》(09G901—3)，《混凝土结构施工图平面整体表示方法制图规则和构造详图—现浇混凝土楼面与屋面板》(09G901—4)，《混凝土结构施工图平面整体表示方法制图规则和构造详图—现浇混凝土板式楼梯》(09G901—5) 等标准图集，国家建设相关部门每隔一段时间，都会对图集进行修改，以满足形势发展的需要。

2.“平法”与传统表示法的比较

(1) 板的传统表示方法。如图10－8 (a) 所示，编号为B1的现浇钢筋混凝土板的传统表示法配筋图，图纸中的B1表示现浇板的编号为1，图中的$h=110$表示板的厚度为110mm，板顶部沿①轴线设有直径为8mm的HPB300级的钢筋，间距为200mm；板顶沿②轴线设有直径为8mm的HPB300级的钢筋，间距为150mm，伸入右侧现浇板内；板顶沿Ⓐ、Ⓑ轴线均设有直径为8mm的HPB300级钢筋，间距为200mm；板底在两个方向均配有直径为8mm的HPB300级钢筋，间距为100mm。图中可见的板下构件轮廓线用细实线绘制，不可见的用细虚线绘制。定位轴线、尺寸、柱等与建筑平面图相对应。

如图10－8 (a) 所示的钢筋弯钩方向，按照《建筑结构制图标准》中规定：水平方向钢筋弯钩向上的和竖直方向钢筋弯钩向左的，表示靠近板底部配置的钢筋；水平方向钢筋弯钩向下的和竖直方向钢筋弯钩向右的，表示靠近板顶部配置的钢筋。

(2) 板的平面整体表示法。如图10－8 (b) 所示的是钢筋混凝土楼板的平法配筋图。板平面注写方式主要包括：板块集中标注和板支座原位标注。

板块集中标注的内容为：板块编号、板厚、贯通纵筋以及当板面标高不同时的标高高差。如图10－8 (b) 所示，板中注写的“B1”表示此板是编号为1的楼板，“$h=110$”表示板厚为 110mm；贯通纵筋按板块的下部和上部分别注写，以 B 表示下部，以 T 代表上部；为方便设计表达和施工识图，规定当定位轴网正交布置时，图面从左至右为 X 向，从下至上为 Y 向；图中“B：Xϕ8@100；Yϕ8@100”表示板下部配置的贯通纵筋 X 向为直径 8mm 的 HPB300 级钢筋，间距 100mm，Y 向为直径为 8mm 的 HPB300 钢筋，间距为 100mm；图中没有注写板上部贯通筋，说明此板上部未配置贯通纵筋。

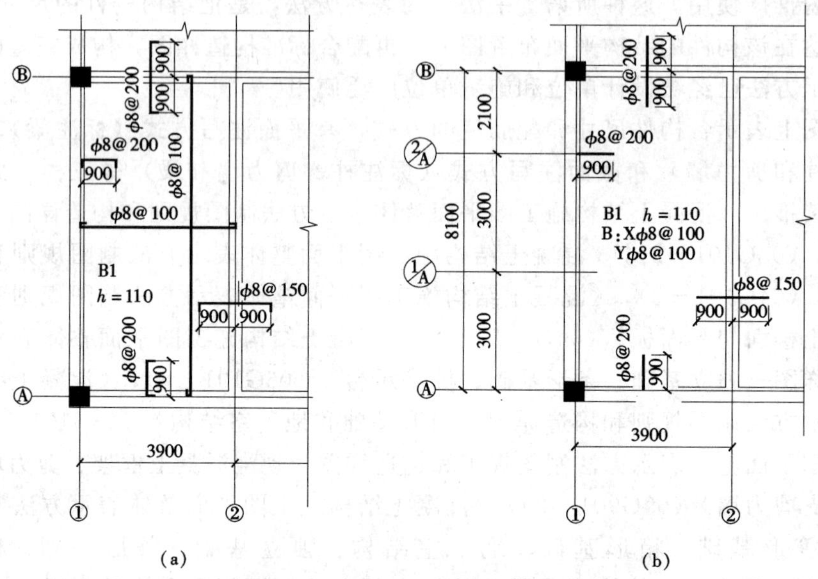

图 10-8　钢筋混凝土结构示意图

(a) 板配筋传统标注；(b) 板配筋平法标注

板支座原位标注的内容为板支座上部的非贯通纵筋。在垂直板支座（梁或墙）处绘制一段中实线，用该线段代表板支座上部非贯通筋，并在线段上方注写钢筋编号，配筋情况等。如图 10-8（b）所示，B1 的四周支座上部均配置了非贯通筋，在表示钢筋的线段上方或左侧分别对钢筋编号，注明钢筋的直径、等级、间距，线段下方或右侧注写钢筋的数字表示该钢筋自支座中线向跨内的延伸长度。其中编号为②轴线的板支座上部的非贯通纵筋向支座两侧延伸，对称延伸时，可仅在支座一侧线段下方标注延伸长度，另一侧不注（本图对称延伸，但两侧均注写了延伸长度）；非对称延伸时，应分别在支座两侧线段下方标注延伸长度。

六、阅读楼层结构平面图工程实例

现以图 10-9 某办公楼楼层结构平面图为例，说明楼层结构平面图的内容及阅读方法。

如图 10-9 所示是用传统的表示方法表达的某办公楼楼层结构平面图。从图中可知，钢筋没有进行编号（简单的楼面可以不编号），但每块板配筋清晰明了，例如Ⓔ轴到Ⓕ轴与①轴到②轴组成的板，板底两个方向均配置 ϕ8@150 的贯通筋（在图的下方注解中阅读），在板顶沿①轴、Ⓔ轴、Ⓕ轴配置 ϕ8@200 的非贯通筋，沿②轴配置 ϕ10@180 的非贯通筋，两侧各伸出 1000mm。

图 10-10、图 10-11 是工程实例某办公楼的二层楼面、屋面的配筋图。

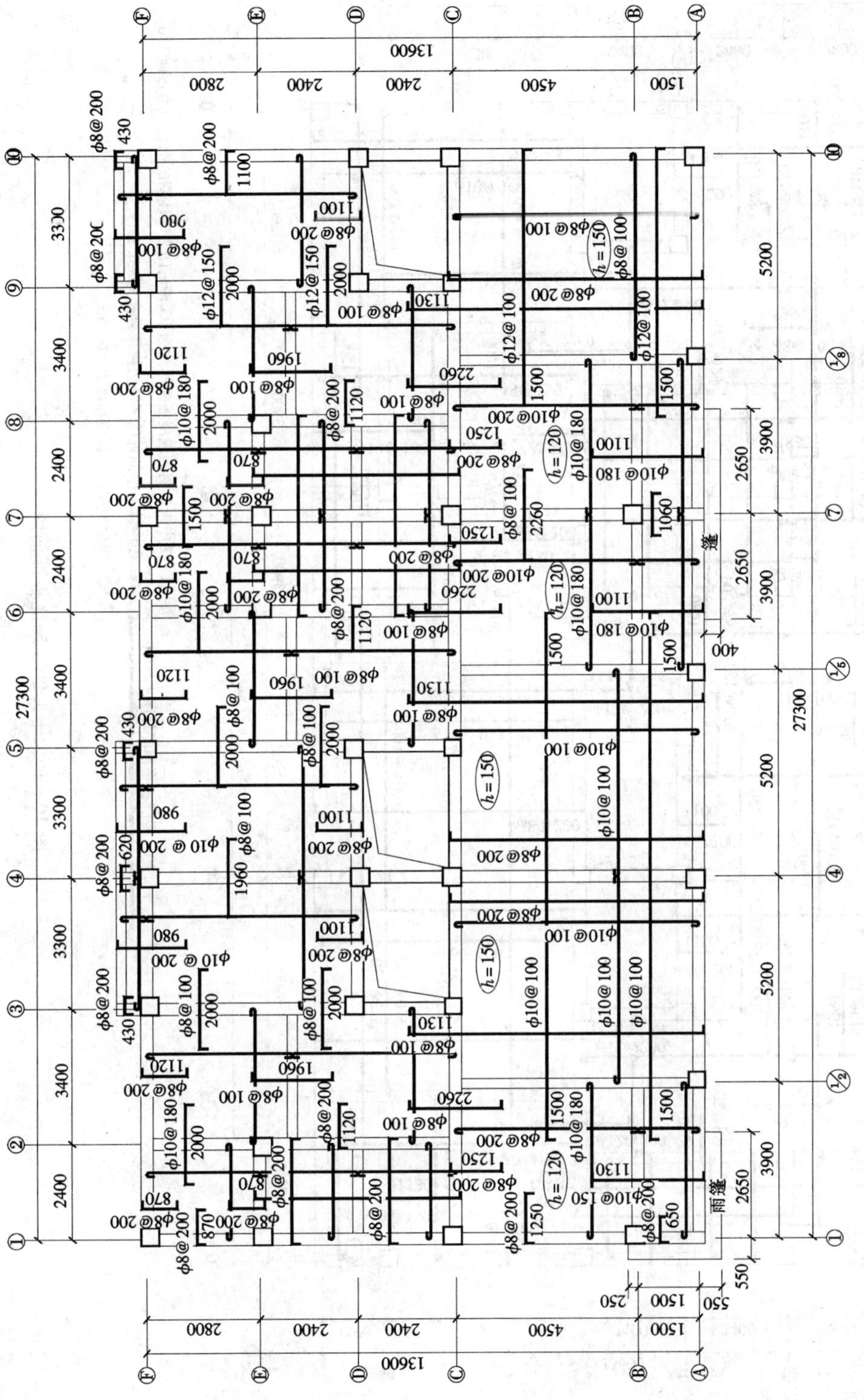

+3.20m 现浇板平面配筋图 1 : 100

注 1. 图中未注明的现浇板厚均为100mm，图中未注明的钢筋均为φ8@150。
2. 图中除卫生间外的现浇板板顶标高为+3.20m。
3. 卫生间现浇板板顶标高为+3.16m。

图 10-9　+3.20m 现浇板平面配筋图

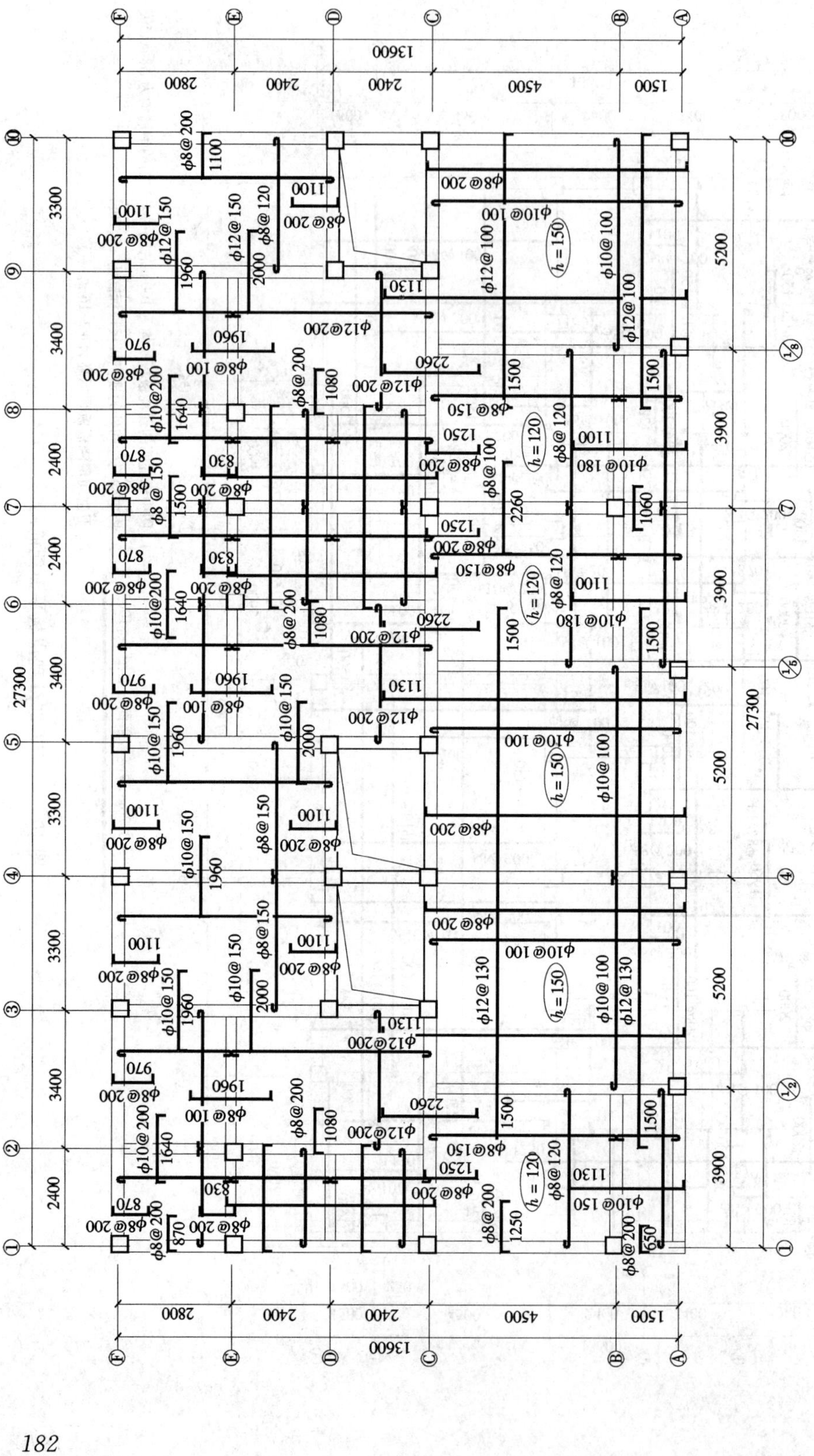

+6.20m 现浇板平面配筋图 1:100

注 1. 图中未注明的现浇板厚均为100mm，图中未注明的钢筋均为φ8@180。
2. 图中除卫生间外的现浇板顶标高为+6.20m。
3. 卫生间现浇板顶标高为+6.16m。

图10－10 +6.20m现浇板配筋图

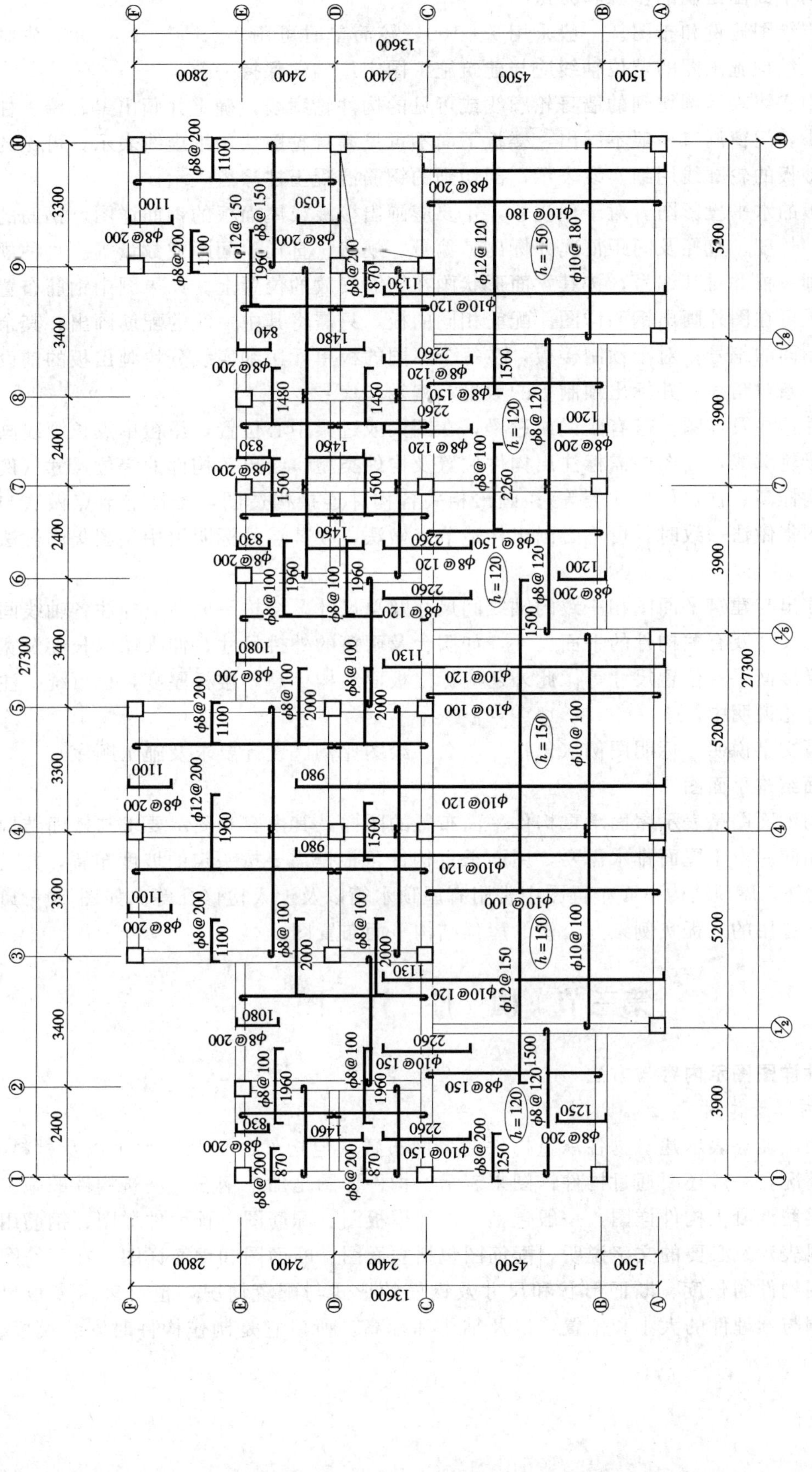

注　1. 图中未注明的现浇板板厚均为100mm，图中未注明的钢筋均为ϕ8@180。

2. 图中现浇板顶标高为+9.30m。

+9.30m 现浇板平面配筋图 1∶100

图 10－11　+9.30m 现浇板配筋图

七、结构平面图绘制的步骤和方法

（1）确定绘图比例和布图。一般采用1∶100，较简单时可用1∶150、1∶200。先画出定位轴线，结构施工图的定位轴线应与建筑施工图定位轴线保持一致。

（2）用中实线表示剖切到的墙身轮廓线或可见的构件轮廓线，确定并画出梁、墙、柱的位置及大小。门窗洞口一般不画出，楼板下面不可见墙身轮廓线用细虚线表示，可见的钢筋混凝土楼板的轮廓线用细实线表示，剖切到的钢筋混凝土柱涂黑表示。

（3）画板的水平投影图。对于现浇板，主要应画出楼板或屋面板的钢筋详图，钢筋的形状和种类、长度、直径及间距情况并标出其编号、规格、直径、间距或数量等。每种规格的钢筋只画一根并对其编号，按其立面形状画在钢筋安放的位置上。如果图中钢筋布置表示不清时，可在图外画出钢筋详图。配筋相同的板，只需将其中一块的配筋画出，其余相同板编上相同的编号；对于预制楼板，在每个不同的板单元用细实线分块画出板的铺设方向和画上一条对角线，并标出预制板的数量、编号和代号。

（4）构件标注及详图。若有圈梁或过梁，在圈梁或过梁中心位置，用粗单点长画线画出圈梁或过梁轮廓线，在图中需标注出构件位置及构件类型，绘出各构件的定位尺寸（例如板厚，结构标高、柱定位尺寸等等）；画出相关各构件连接构造图，若构造节点做法与地方或国标图集做法一致时，可不必画出构造节点做法，在节点处标明引用某图集的做法即可。

（5）标注出与建筑平面图相一致的轴线间尺寸及总尺寸。结构平面图应标注各轴线间尺寸，轴线总尺寸及有关构件的平面尺寸，如阳台及雨篷的外挑尺寸，伸入墙内长度及宽度尺寸；楼梯楼面平台位置尺寸等。此外还应标出板面结构标高，楼板厚度，也可统一注写在结构设计总说明中。

（6）注写文字说明，标明图例（包括写图名、绘图比例、设计要求及施工顺序）。

八、屋面结构平面图

屋顶结构平面图是表示屋面承重构件平面布置的图样，其内容和图示要求与楼面结构平面布置图相同。由于屋面排水需要，屋面承重构件可根据需要按一定的坡度布置，并设置天沟板。此外，屋顶结构平面布置图中常附有屋顶水箱以及上人检修孔等。如图10－11所示是本教材选用的工程实例某办公楼的屋顶结构平面布置图。

第三节　构　件　详　图

一、构件详图图示内容与方法

1. 图示内容及作用

结构平面图能够表示建筑物各承重构件的平面布置，但构件的形状、大小以及材料、构造及连接情况，一般还要通过构件详图来表示。构件详图是加工钢筋、浇筑构件的施工依据。对于钢筋混凝土构件详图，一般包括：构件模板图、配筋图、预埋件详图、钢筋用量表（或材料表）及必要的文字说明。配筋图包括立面图、断面图和钢筋详图。在配筋图中，主要表明构件的长度、断面形状和尺寸及钢筋的形式与配置情况，也可表示模板尺寸，预留孔洞与预埋件的大小和位置，以及轴线和标高。所以它是制作构件时安装模板、钢筋加工和绑扎等工序的依据。现浇构件还应表明构件与支座及其他构件的连接关系。

2. 图示方法

钢筋混凝土构件详图在一般情况主要绘制配筋图，对较复杂的构件才画出模板图和预埋件详图。配筋图中的立面图，是假想构件为一透明体而画出的一个纵向投影图。它主要表明构件内部钢筋的布置情况，钢筋数量、形状及规格。配筋图中的断面图，是构件的横向剖切投影图，表示钢筋的上下和前后排列的情况、箍筋的形状及与其他钢筋的连接关系。一般在构件断面形状或钢筋数量和位置有变化之处，都需画出断面图。

钢筋混凝土详图常用 1∶50、1∶20、1∶10 比例绘出。构件详图中的钢筋用粗实线表示，钢筋断面用小黑圆点表示。钢筋与构件的轮廓线之间的距离由保护层厚度决定。在混凝土构件立面或断面图中，所有的钢筋均应编号。当配筋较复杂时，通常在立面图的正下（或上）方用同一比例画出钢筋详图。同一编号的钢筋只画一根，并详细注出它的编号、数量（或间距）、类别、直径及各段的长度与总尺寸。对简单的构件，钢筋详图不必画出，可在钢筋用量表中用简图表示。

二、钢筋混凝土梁

（一）钢筋混凝土梁的传统表示方法

钢筋混凝土梁结构详图，如图 10－12 所示。读图时先看图名（可以知道图纸表示的

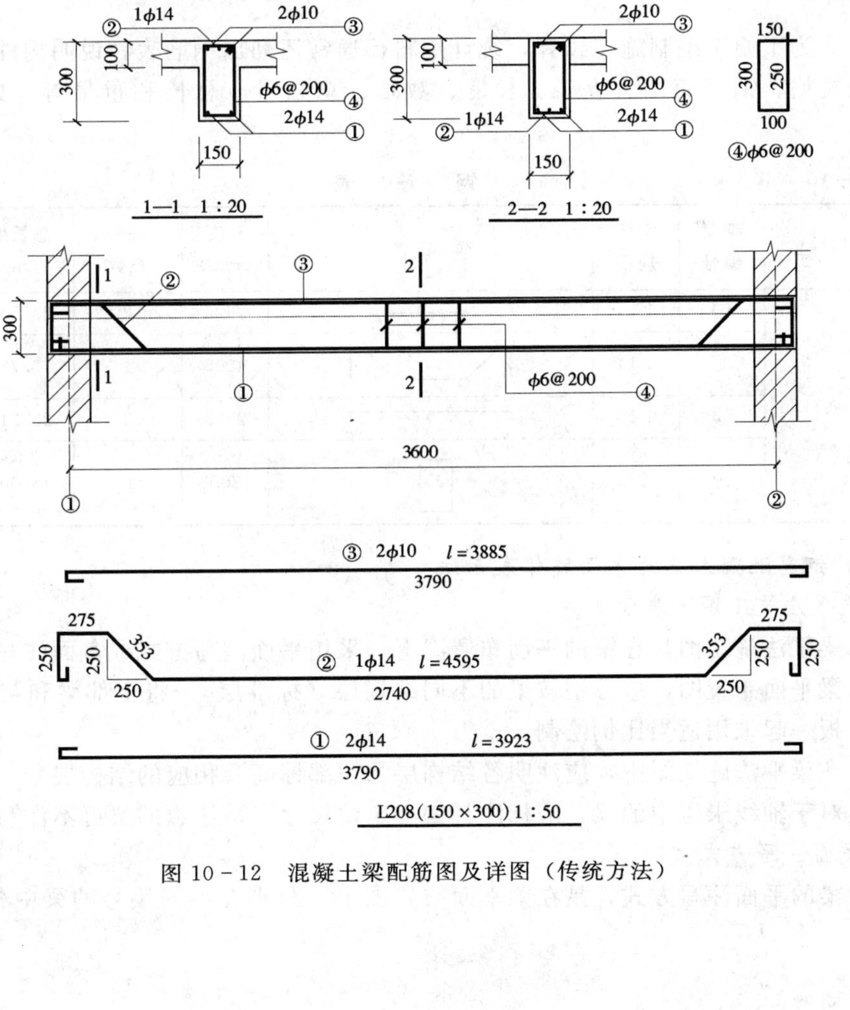

图 10－12　混凝土梁配筋图及详图（传统方法）

具体内容)，再看立面图和断面图，后看钢筋详图和钢筋表。从图名“L_{208}（150×300)”得知它是二层第八号梁如图 10-6 所示，其断面尺寸是宽 150mm、高 300mm。对照阅读立面图和断面图，可知此梁为矩形断面的现浇梁，楼板厚 100mm，梁两端支承在砖墙上。梁长为 3840(3790＋50）mm，梁下方配置了三根受力筋，其中在中间的②号筋为弯起筋，尽管②号筋直径、类别与①号筋相同，但因形状不同，尺寸不一，故分别编号。从 1—1 断面可知梁上方有两根架立筋，其编号为③，直径是 10mm 的 HPB300 钢筋。同时也可知箍筋④的立面形状，它是直径为 6mm 的 HPB300 钢筋，每隔 200mm 放置一个。

立面图下方是钢筋详图，详细画出每种钢筋的根数、直径、编号、各段设计长度和下料长度以及弯起角度，方便下料加工。通常梁高小于 800mm 时弯起角度为 45°，大于 800mm 时弯起角度为 60°。但近年来考虑抗震要求，已大多采用在支座处放置面筋和支座边加密箍筋以代替弯起钢筋。

如图 10-12 所示：①号筋下面的数字 3790，表示该钢筋从一端弯钩外沿到另一端弯钩外沿的设计长度，它等于梁的总长减去两端保护层的厚度（25mm)。钢筋上面的 l＝3923，是该钢筋的下料长度，它等于钢筋的设计长度加上两端弯钩扳直后（2×6.25ϕ）减去其延伸率（2×1.5ϕ）所得的数值；②号筋的弯起角度以直角三角形两直角边的长度(250，250）表示。数值 250 是指钢筋的外皮尺寸，而④号钢箍各段长度应指钢箍里皮尺寸。

此外，为了便于编制施工预算，统计用料，通常还列出钢筋表，说明构件的名称、数量、钢筋规格、钢筋简图、直径、长度、数量、总数量、总长和重量等，如表 10-10 所示。

表 10-10　　　　　　　　　　钢　　筋　　表

构件名称	构件数	钢筋编号	钢筋规格	简　　图	长度(mm)	每件根数	总长度(m)	重量总和(kg)
L_{208}	3	①	Φ14		3923	2	23.538	28.6
		②	Φ14		4595	1	13.785	16.7
		③	Φ10		3885	2	23.310	14.4
		④	Φ6	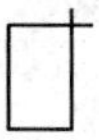	800	20	48.000	10.5

（二）钢筋混凝土梁的平面整体表示法

1. 梁平法施工图的表示方法

(1）梁平法施工图是在梁的平面布置图上，采用平面注写方式或截面注写方式表达。

(2）梁平面布置图，应分别按梁的不同结构层（标准层)，将全部梁和与其相关联的柱、墙、板一起采用适当比例绘制。

(3）在梁平法施工图中，应注明各结构层的顶部标高及相应的结构层号。

(4）对于轴线未居中的梁，应标注其偏心定位尺寸（贴柱边的梁可不注写)。

2. 平面注写方式

(1）梁的平面注写方式，是在梁平面布置图上，分别在不同编号的梁中各选一根梁，在其上注写截面尺寸和配筋具体数值的方式来表达梁平法施工图。

平面注写包括集中标注和原位标注，集中标注表达梁的通用数值，原位标注表达梁的特殊数值。当集中标注中的某项数值不适用于梁的某部位时，则将该项数值原位标注，施工时，原位标注取值优先，如图 10－13 所示。

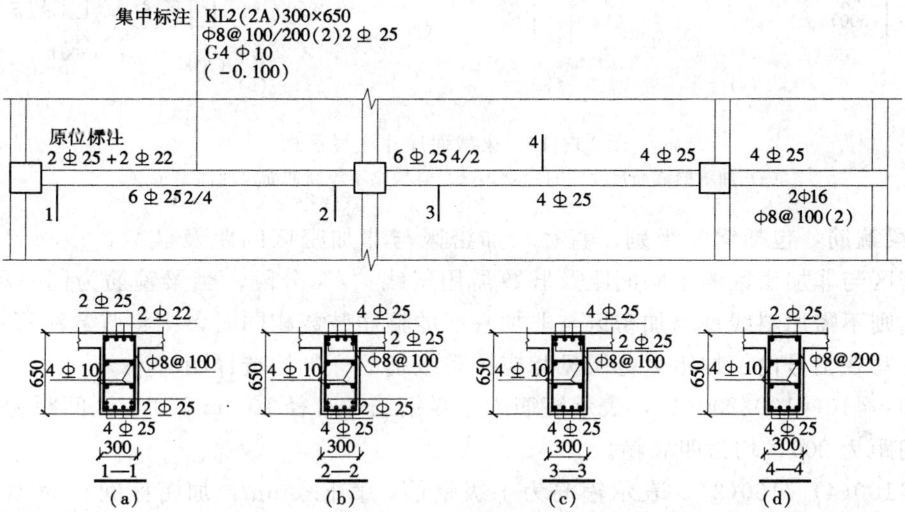

图 10－13　混凝土梁配筋图及详图（平法）

如图 10－13 所示梁的四个截面是采用传统表示方法绘制的，用于对比按平面注写方式表达的同样内容。实际采用平面注写方式表达时，不需绘制梁截面配筋图和图中的相应截面号。

（2）梁编号由梁类型代号、序号、跨数及有无悬挑代号几项组成，应符合表 10－11 的规定。

表 10－11　　梁 编 号

梁类型	代号	序号	跨数及是否带有悬挑	梁类型	代号	序号	跨数及是否带有悬挑
楼层框架梁	KL	XX	(XX)、(XXA) 或 (XXB)	非框架梁	L	XX	(XX)、(XXA) 或 (XXB)
屋面框架梁	WKL	XX	(XX)、(XXA) 或 (XXB)	悬挑梁	XL	XX	
框支梁	KZL	XX	(XX)、(XXA) 或 (XXB)	井字梁	JZJ	XX	(XX)、(XXA) 或 (XXB)

注　(XXA) 为一端有悬挑，(XXB) 为两端有悬挑，悬挑不计入跨数。
KL7 (5A) 表示第 7 号框架梁，5 跨，一端有悬挑。
L9 (7B) 表示第 9 号非框架梁，7 跨，两端有悬挑。

（3）梁集中标注的内容，有五项必注值及一项选注值（集中标注可以从梁的任意一跨引出），规定如下：

1）梁编号，如表 10－11 所示，该项为必注值。

2）梁截面尺寸，该项为必注值。当为等截面梁时，用 $b \times h$ 表示；当为加腋梁时，用 $b \times h$ $YC_1 \times C_2$ 表示，其中 C_1 为腋长，C_2 为腋高，如图 10－14（a）所示；当有悬挑梁且根部和端部的高度不同时，用斜线分隔根部和端部的高度值，即为 $b \times h_1/h_2$，如图 10－

14（b）所示。

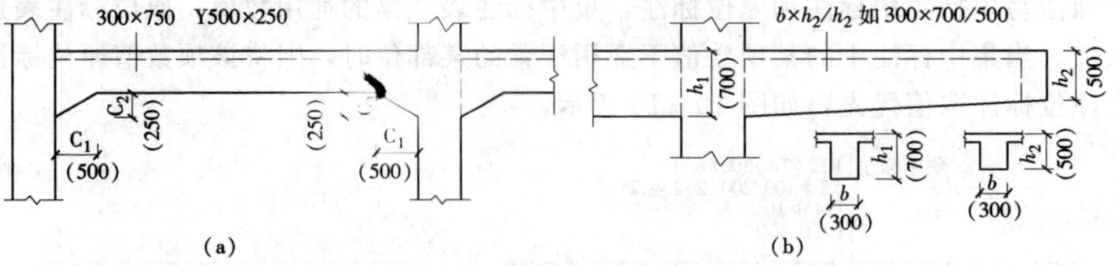

图 10－14　梁截面尺寸注写示意

(a) 加腋梁截面尺寸注写示意；(b) 悬挑梁不等高截面尺寸注写示意

3）梁箍筋，包括钢筋级别、直径、加密区与非加密区间距及肢数，该项为必注值。箍筋加密区与非加密区的不同间距及肢数需用斜线“/”分隔；当梁箍筋为同一种间距及肢数时，则不需用斜线；当加密区与非加密区的箍筋肢数相同时，则将肢数注写一次；箍筋肢数注写在括号内。加密区范围见相应抗震级别的标准构造详图。

例如：ϕ10@100/200(4)，表示箍筋为Ⅰ级钢筋，直径 10mm，加密区间距为 100，非加密区间距为 200，均为四肢箍。

ϕ8@100(4) /150(2)，表示箍筋为Ⅰ级钢筋，直径 8mm，加密区间距为 100，四肢箍；非加密区间距为 150，两肢箍。

当抗震结构中的非框架梁、悬挑梁、井字梁，及非抗震结构中的各类梁采用不同的箍筋间距及肢数时，也用斜线“/”将其分隔开来。注写时，先注写梁支座端部的箍筋（包括箍筋的箍数、钢筋级别、直径、间距与肢数），在斜线后注写梁跨中部分的箍筋间距及肢数。

例如：13ϕ10@150/200(4)，表示箍筋为Ⅰ级钢筋，直径 10mm；梁的两端各有 13 个四肢箍，间距为 150；梁跨中部分间距为 200，四肢箍。

18ϕ12@150(4) /200(2)，表示箍筋为Ⅰ级钢筋，直径 12mm；梁的两端各有 18 个四肢箍，间距为 150；梁跨中部分，间距为 200，双肢箍。

4）梁上部通长筋或架立筋配置（通长筋可为相同或不同直径采用搭接连接、机械连接或对焊连接的钢筋），该项为必注值。所注规格与根数应根据结构受力要求及箍筋肢数等构造要求而定。当同排纵筋中既有通长筋又有架立筋时，应用加号“＋”将通长筋和架立筋相连。注写时须将角部纵筋写在加号的前面，架立筋写在加号后面的括号内，以示不同直径及与通长筋的区别。当全部采用架立筋时，则将其写在括号内。

例如：2ϕ22 用于双肢箍；2ϕ22＋（4ϕ12）用于六肢箍，其中 2ϕ22 为通长筋，4ϕ12 为架立筋。

当梁的上部纵筋和下部纵筋为全跨相同，且多数跨配筋相同时，此项可加注下部纵筋的配筋值，用分号“;”将上部与下部纵筋的配筋值分隔开来，少数跨不同者，按原位标注处理。

例如：3ϕ22；3ϕ20 表示梁的上部配置 3ϕ22 的通长筋，梁的下部配置 3ϕ20 的通长筋。

5）梁侧面纵向构造钢筋或受扭钢筋配置，该项为必注值。当梁腹板高度 $h_W \geqslant 450$mm

时，须配置纵向构造钢筋，所注规格与根数应符合规范规定。此项注写值以大写字母 G 打头，接续注写设置在梁两个侧面的总配筋值，且对称配置。

例如：G4ϕ12，表示梁的两侧共配置 4ϕ12 的纵向构造钢筋，每侧各配置 2ϕ12。

当梁侧面需配置受扭纵向钢筋时，此项注写值以大写字母 N 打头，接续注写配置在梁两个侧面的总配筋值，且对称配置。受扭纵向钢筋应满足梁侧面纵向构造钢筋的间距要求，且不再重复配置纵向构造钢筋。

例如：N6ϕ22，表示梁的两个侧面共配置 6ϕ22 的受扭纵向钢筋，每侧各配置 3ϕ22。

6）梁顶面标高高差，该项为选注值。梁顶面标高高差，是指相对于结构层楼面标高的高差值，对于位于结构夹层的梁，则指相对于结构夹层楼面标高的高差。有高差时，须将其写在括号内，无高差时不注写。

（4）梁原位标注的内容规定。

1）梁支座上部纵筋，该部位含通长筋在内的所有纵筋：①当上部纵筋多于一排时，用斜线“/”将各排纵筋自上而下分开。例如：梁支座上部纵筋注写为 6 Φ 25 4/2，则表示上一排纵筋为 4 Φ 25，下一排纵筋为 2 Φ 25；②当同排纵筋有两种直径时，用加号“＋”将两种直径的纵筋相连，注写时将角部纵筋写在前面。例如：梁支座上部有四根纵筋，2 Φ 25 放在角部，2 Φ 22 放在中部，在梁支座上部应注写为 2 Φ 25＋2 Φ 22；③当梁中间支座两边的上部纵筋不同时，须在支座两边分别标注；当梁中间支座两边的上部纵筋相同时，可仅在支座的一边标注配置值，另一边省去不注，如图 10－15 所示。

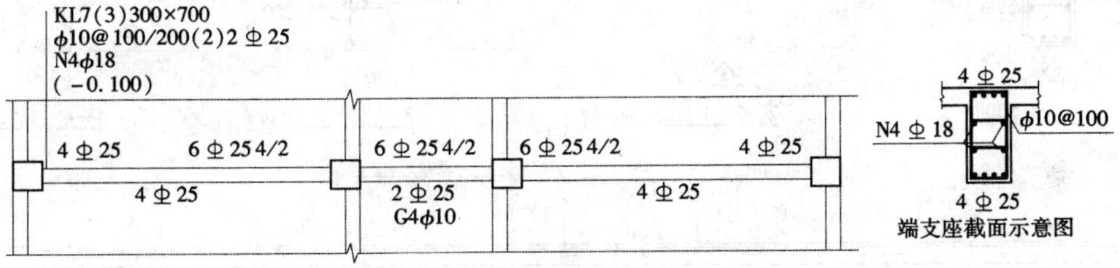

图 10－15　大小跨梁的注写示例

2）梁下部纵筋：①当下部纵筋多于一排时，用斜线“/”将各排纵筋自上而下分开。例如：梁下部纵筋注写为 6 Φ 25 2/4，则表示上一排纵筋为 2 Φ 25，下一排纵筋为 4 Φ 25，全部伸入支座；②当同排纵筋有两种直径时，用加号“＋”将两种直径的纵筋相连，注写时角筋写在前面；③当梁下部纵筋不全部伸入支座时，将支座下部纵筋减少的数量写在括号内。例如：梁下部纵筋注写为 6 Φ 25 2(－2)/4，则表示上排纵筋为 2 Φ 25，且不伸入支座；下一排纵筋为 4 Φ 25，全部伸入支座。

梁下部纵筋注写为 2 Φ 25＋3 Φ 22(－3)/5 Φ 25，则表示上排纵筋为 2 Φ 25 和 3 Φ 22，其中 3 Φ 22 不伸入支座；下一排纵筋为 5 Φ 25，全部伸入支座。

3）附加箍筋或吊筋，将其直接画在平面图中的主梁上，用线引注总配筋值（附加箍筋的肢数注写在括号内），如图 10－16 所示，当多数附加箍筋或吊筋相同时，可在梁平法施工图上统一注明，少数与统一注明值不同时，再原位引注。

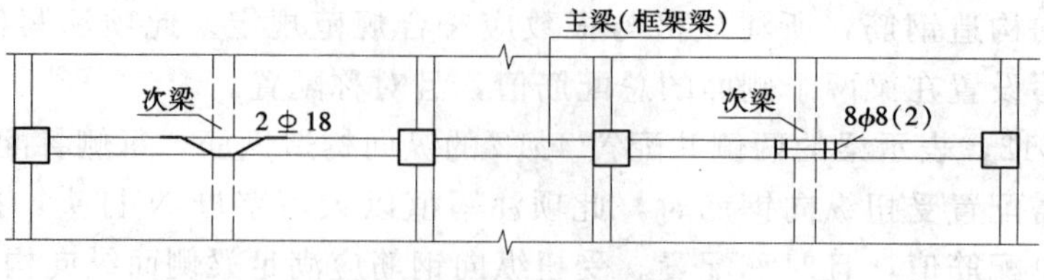

图 10－16　附加箍筋和吊筋的画法示例

3. 梁的截面注写方式

(1) 截面注写方式，是在分标准层绘制的梁平面布置图上，分别在不同编号的梁中各选择一根梁用剖面号引出配筋，并在其上注写截面尺寸和配筋具体数值的方式来表达梁平法施工图，如图 10－13 所示。

(2) 在截面配筋详图上注写截面尺寸 $b \times h$、上部筋、下部筋、侧面构造筋或受扭筋以及箍筋的具体数值时，其表达形式与平面注写方式相同。

(3) 截面注写方式既可以单独使用，也可与平面注写方式结合使用。

(三) 梁的"平法"与传统方法的比较

如图 10－17 所示，是用传统表达方式画出的一根两跨钢筋混凝土框架梁的配筋图从该图可以知道该混凝土梁的支承情况、跨度、断面尺寸，以及各部分钢筋的配置状况。

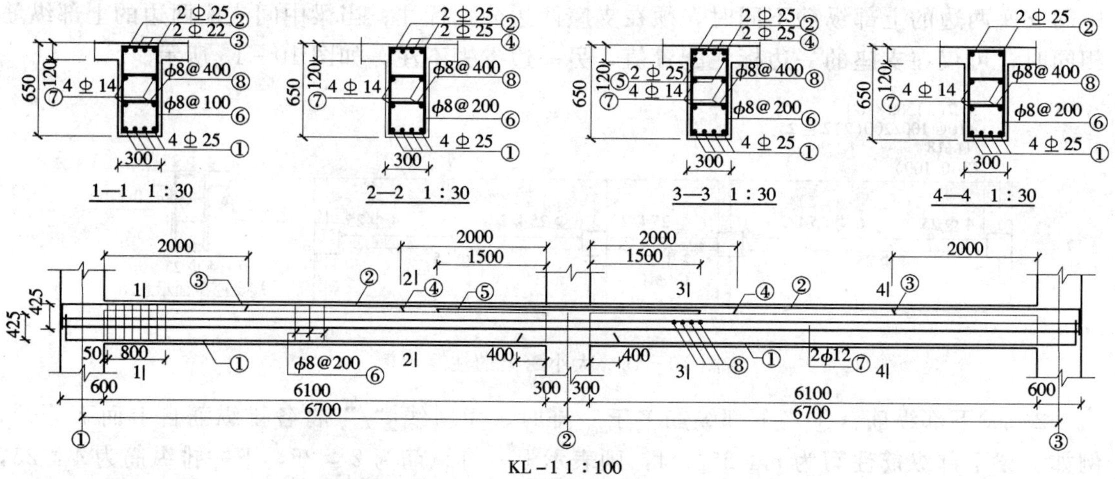

图 10－17　两跨框架梁配筋详图（传统方式）

如果采用平面注写方法表达如图 10－17 所示的两跨框架梁，可在该梁的平面布置图上标注梁的截面尺寸和配筋具体数量，如图 10－18 所示。

图 10－18 中并无标注各类钢筋的长度及伸入支座长度等尺寸，这些尺寸都由施工单位的技术人员查阅图集 03G101－1 中的标准构造详图，对照确定。

图 10－19 所示是图集中画出的二级抗震等级楼层框架梁 KL 纵向钢筋构造图。图中画出该梁面筋、底筋，端支座筋和中间支座筋等的伸入（支座）长度和搭接要求。图中 l_{ae} 是抗震结构中梁的纵向受拉钢筋的最小锚固长度，可在图集中有关表格查出。如图 10－18 所示的梁，混凝土强度等级为 C30，受力筋为 HRB335 级钢筋，直径为 25mm，从表中查得 $l_{ae}=34d=850\text{mm}$（03G101－1，P34 查的）。图中 l_{n1} 和 l_{n2} 为该跨的净跨尺寸，如

果 $l_{n1} \neq l_{n2}$，则中间跨处的 l_n 取其大者。h_c 为柱截面沿框架方向的高度。

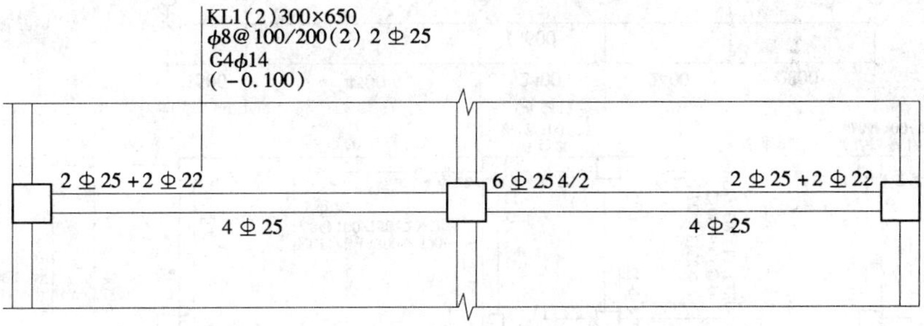

图 10-18　两跨框架梁配筋详图（平法）

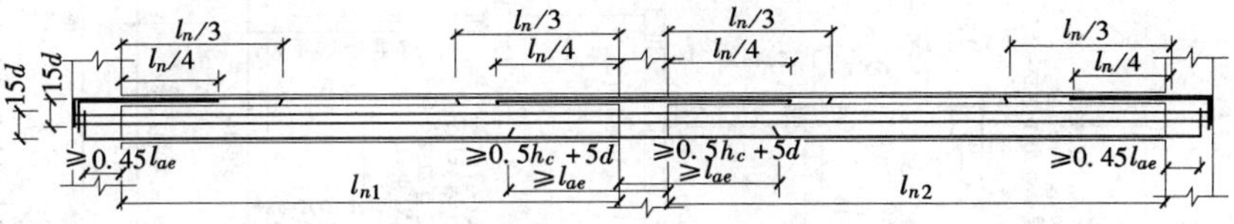

图 10-19　钢筋混凝土梁标注

（四）阅读钢筋混凝土梁的工程实例

现以图 10-20 某办公楼钢筋混凝土梁的平面整体表示法为例，说明梁的表示内容与读法。集中标注 24 处。如 KL20（⑥～⑦轴之间）标明了适用范围为 6 跨、截面尺寸 300mm×500mm；箍筋为Ⅰ级钢筋、直径 8mm、加密区间距 100、非加密区间距 150mm、双肢箍；梁上部 2 根Ⅱ级通长钢筋，直径为 20mm。支座两侧，两根通长筋，两根端支座筋。

例如 L3（②～③轴之间）标明了适用范围为 1 跨、截面尺寸 250mm×350mm；箍筋为Ⅰ级钢筋、直径 8mm、间距 200mm、双肢箍；梁上部 2 根Ⅱ级通长钢筋，直径为 16mm；梁下部 2 根Ⅱ级钢筋，直径为 18mm；梁中间部位有 2 根抗扭钢筋，一侧各一根，对称布置，Ⅱ级钢筋。

如图 10-21、图 10-22 所示是某办公楼的二楼楼面梁和屋顶梁的平法配筋图。

三、钢筋混凝土柱

（一）钢筋混凝土柱传统表示方法

预制钢筋混凝土柱结构详图的图示方法，基本上和梁的相同，但对一些复杂的柱，如工业厂房的钢筋混凝土柱（牛腿柱），除画出其配筋图外，还应画出其模板图和预埋件详图，便于指导现场施工和安装。现以某工业厂房的预制柱 BZ9—1 为例，说明牛腿柱详图的读图方法及图示特点。

模板图如图 10-23 左图所示主要表示柱的外形、尺寸、标高以及预埋件的位置等，以此作为构件制作、安装模板和安置预埋件的依据。从图中可以看出，该柱分为上柱、牛腿和下柱三部分，上柱支承屋架，上下柱之间突出的牛腿，用来支撑吊车梁。柱总高为 10.550m，柱顶标高为 9.300m，牛腿面标高为 6.000（7.250－1.250）m，与断面图对照，可以看出上柱是钢筋混凝土矩形柱，其断面尺寸为 400mm×400mm。下柱断面尺寸为 400mm×600mm。柱顶处的 M—1 表示 1 号预埋件，它准备与屋架焊接。牛腿顶面处的 M—2 预埋件，将与吊车梁焊接。预埋件的构造做法，另用详图表示。

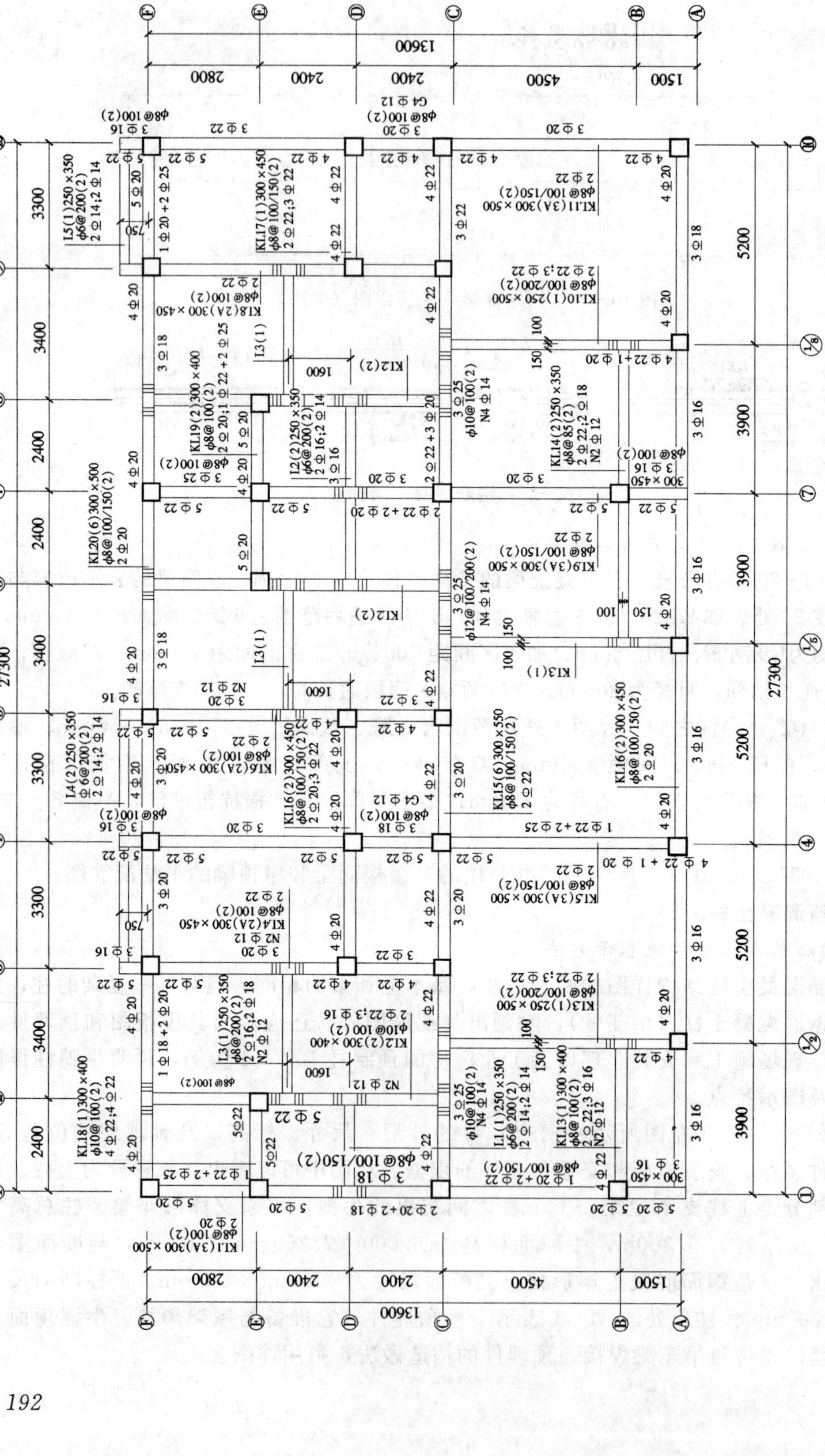

+3.20m 楼面梁平法配筋图 1：100

注　梁的编号仅用于本层，除注明外梁均居轴线中布置。

图 10-20　+3.20m 楼面梁平法配筋图

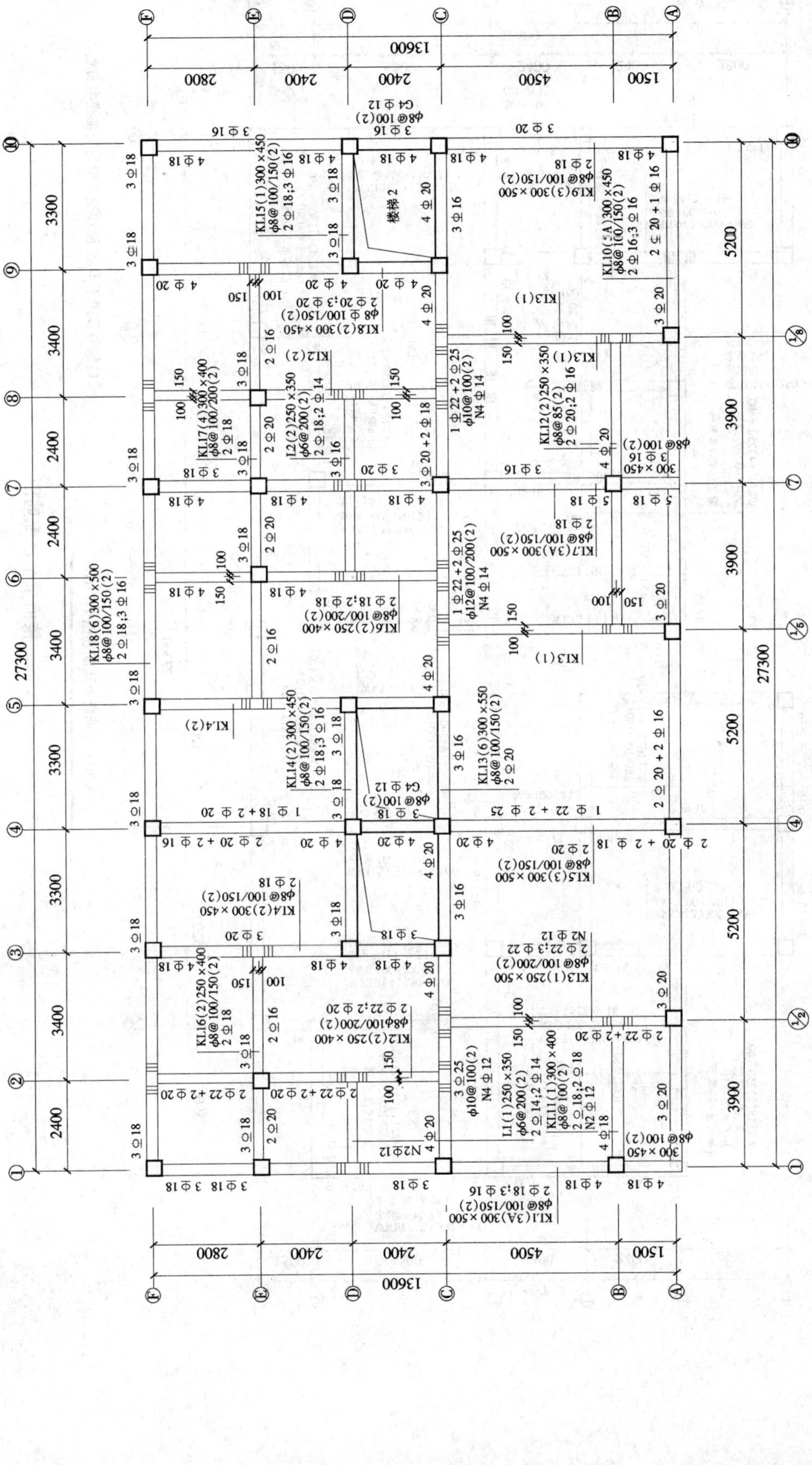

注 梁的编号仅用于本层,除注明外梁均居轴线中布置。

图 10-21 +6.20m 楼面梁平法配筋图

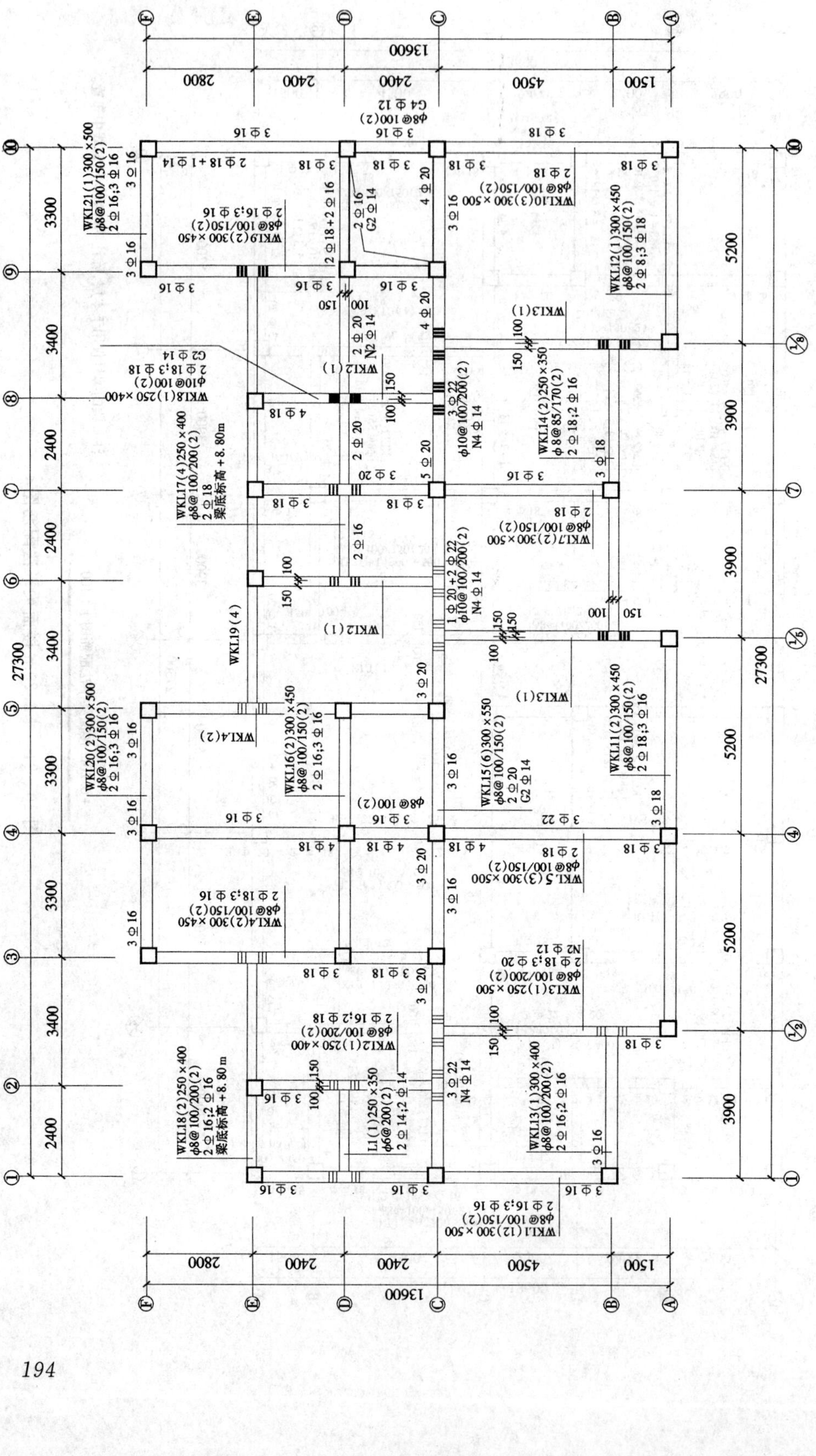

注　梁的编号仅用于本层,除注明外梁均居轴线中布置。

+9.30m屋面梁平法配筋图 1:100

图 10-22　+9.30m 楼面梁平法配筋图

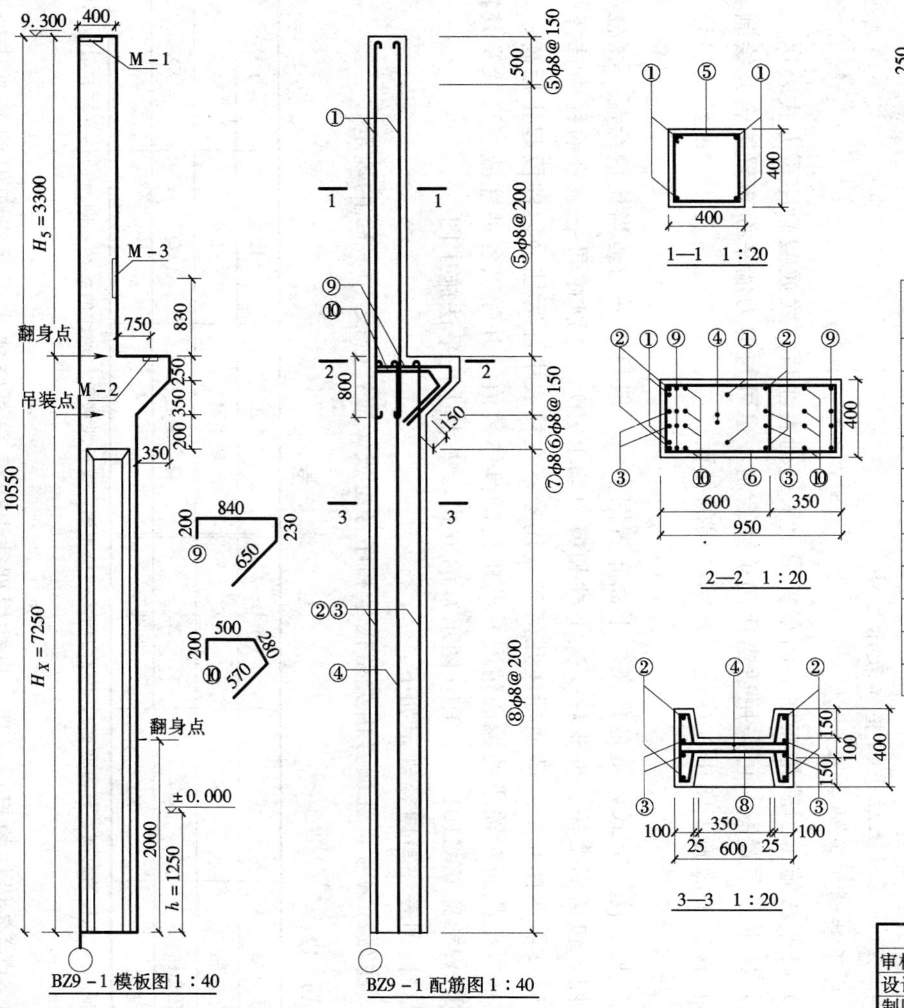

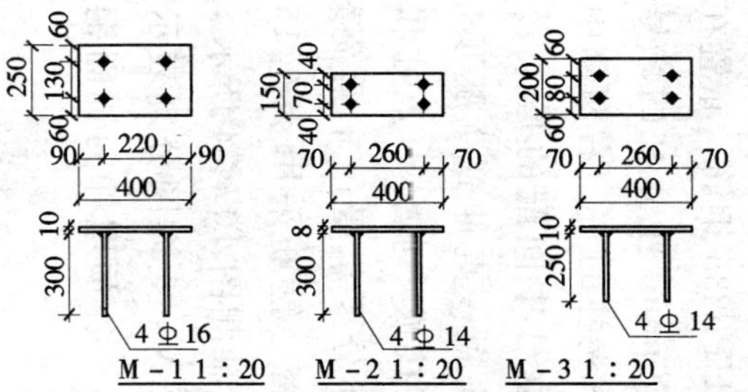

钢筋编号	钢筋规格	简图	数量	长度(mm)	钢材(kg)	混凝土体积(m^3)
①	ϕ22		4	4330		
②	ϕ18		4	7430		
③	ϕ16		4	7400		
④	ϕ10		2	7300		
⑤	ϕ8		14	1500		
⑥	ϕ8		5	2280		
⑦	ϕ8		2	1900		
⑧	ϕ8		33	2700		
⑨	ϕ12		4	1900		
⑩	ϕ12		4	1600		
共计					29.9	1.60

说明：

1. 预制钢筋混凝土柱采用 C30 混凝土。
2. 钢筋 ϕ 为 HPB235 钢，Φ 为 HRB335，预制件均采用Ⅰ级钢板。
3. 焊条用 E4303，焊缝取 $h_e=8mm$。

×××设计院	×××通用机械厂机修车间		
审核	BZ9－1 模板图及配筋图	图别	结施
设计		图号	3
制图		日期	

图 10－23　钢筋混凝土柱配筋及详图（传统方法）

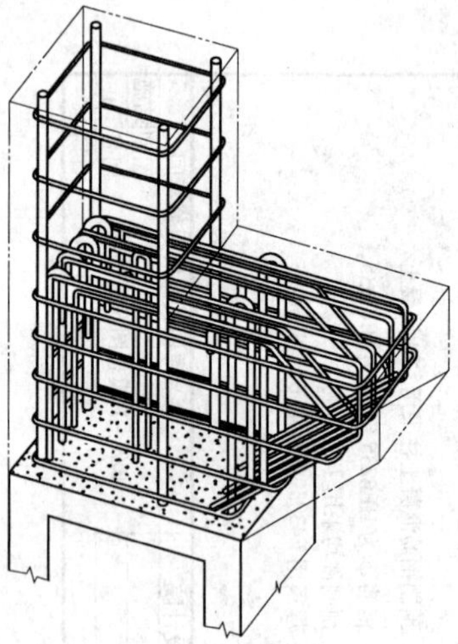

图 10-24 牛腿配筋示意图

配筋图如图 10-23 中间图所示包括立面图、断面图和钢筋表。根据立面图、断面图和钢筋表可以看出，上柱的①号钢筋是 4 根直径为 22mm 的 HPB235 钢筋，布置在柱的四角，从柱顶一直伸入牛腿内 800mm。下立柱的②号钢筋是 4ϕ18 的钢筋，布置在四角。下立柱的左、右两侧中间各安放 2 根 ϕ16 的③号钢筋。下立柱中间配的是④号筋 2ϕ10。②号、③号和④号筋都从柱底一直伸到牛腿顶部。柱左边的①号和②号筋在牛腿处搭接成一整体。上柱和下柱的箍筋均为 ϕ8@200，在牛腿部分要承受吊车梁荷载，此处的配筋较复杂，箍筋需要加密，箍筋采用 ϕ8@150。牛腿的钢筋布置比较复杂，可参看轴测图 10-24 所示。

预埋件详图。M—1、M—2 及 M—3 详图分别表示预埋钢板的形状和尺寸，图中还表示了各预埋件的锚固钢筋的位置、数量、规格以及锚固长度等。

（二）钢筋混凝土柱平面整体表示方法

1. 柱平法施工图的表示方法

（1）柱平法施工图就是在柱平面布置图上采用列表注写方式或截面注写方式表达。

（2）柱平面布置图，可采用适当比例单独绘制，也可与剪力墙平面布置图合并绘制。

（3）在柱平法施工图中，应注明各结构层的楼面标高、结构层高及相应的结构层号。

2. 列表注写方式

（1）列表注写方式，就是指在柱平面布置图上（一般只需采用适当比例绘制一张柱平面布置图，包括框架柱、框支柱、梁上柱和剪力墙上柱），分别在同一编号的柱中选择一个（有时候需选择几个）截面标注几何参数代号；在柱表中注写柱号、柱段起止标高、几何尺寸（含柱截面对轴线的偏心情况）与配筋的具体数值，并配以各种柱截面形状及其箍筋类型图（参见 03G101-1，P10 图示）的方式，来表达柱平法施工图。

（2）柱列表注写内容规定如下：

1）注写柱编号，柱编号由类型代号和序号组成。应符合表 10-12 的规定。

表 10-12　　柱　编　号

柱类型	代号	序号	柱类型	代号	序号
框架柱	KZ	XX	梁上柱	LZ	XX
框支柱	KZZ	XX	剪力墙上柱	QZ	XX
芯柱	XZ	XX			

注　编号时，当柱的总高、分段截面尺寸和配筋均对应相同，仅分段截面与轴线的关系不同时，仍可将其编为同一柱号。

2）注写各段柱的起止标高，自柱根部往上以变截面位置或截面未变但配筋改变处为界分段注写。框架柱和框支柱的根部标高系指基础顶面标高；芯柱的根部标高系指根据结构实际需要而定的起始位置标高；梁上柱的根部标高系指梁顶面标高；剪力墙上柱的根部标高分两种：当柱纵筋锚固在墙顶部时，其根部标高为墙顶面标高；当柱与剪力墙重叠一层时，其根部标高为墙顶面往下一层的结构层楼面标高。

3）对于矩形柱，注写柱截面尺寸 $b\times h$ 及与轴线关系的几何参数 b_1、b_2 和 h_1、h_2 的具体数值，须对应于各段柱分别注写。其中 $b=b_1+b_2$，$h=h_1+h_2$。

4）注写柱纵筋。

5）注写箍筋类型及箍筋肢数。具体工程所设计的各种箍筋类型图以及箍筋复合的具体方式，须画在表的上部或图中的适当位置。并在其上标注与表中相对应的 b、h 和编上类型号。

6）注写柱箍筋，包括钢筋级别、直径与间距。

3. 柱截面注写方式

（1）截面注写方式，系在分标准层绘制的柱平面布置图的柱截面上，分别在同一编号的柱中选择一个截面，以直接注写截面尺寸和配筋具体数值的方式来表达柱平法施工图，如图 10－25 所示。

⑥	19.470	3.60
⑤	15.870	3.60
④	12.270	3.60
③	8.670	3.60
②	4.470	4.20
①	－0.030	4.50
层号	标高(m)	层高(m)

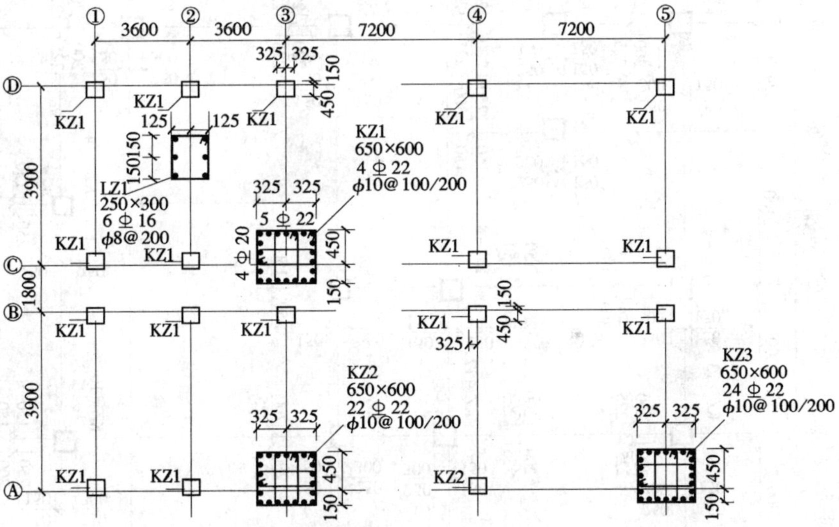

图 10－25　柱平法标注截面注写法

（2）截面注写时，按另一种比例原位放大绘制柱截面配筋图。

如图 10－25 框架柱 KZ_1 所示，柱宽 $b=b_1+b_2=325+325=650$，柱高 $h=h_1+h_2=150+450=600$。柱中配置 22 根的纵筋（角筋是 4 根直径 22mm 的Ⅱ级钢筋；b 边 $2\times5=10$ 根直径 22mm 的Ⅱ级钢筋；h 边 $2\times4=8$ 根直径 20mm 的Ⅱ级钢筋），箍筋直径 φ10，加密区间距 100，非加密区间距 200。

（三）阅读钢筋混凝土柱的工程实例

如图 10－26 所示为某办公楼框架柱列表表达的图样。框架柱编号从 KZ－1 到 KZ－25。图中每种框架柱，均表明了柱截面的尺寸及与定位轴线的偏心尺寸。如 KZ－1 表明是变截面柱子，一层 450×450；二、三层 400×400；柱子偏心尺寸：一层 150＋300，二、三层 150＋250。

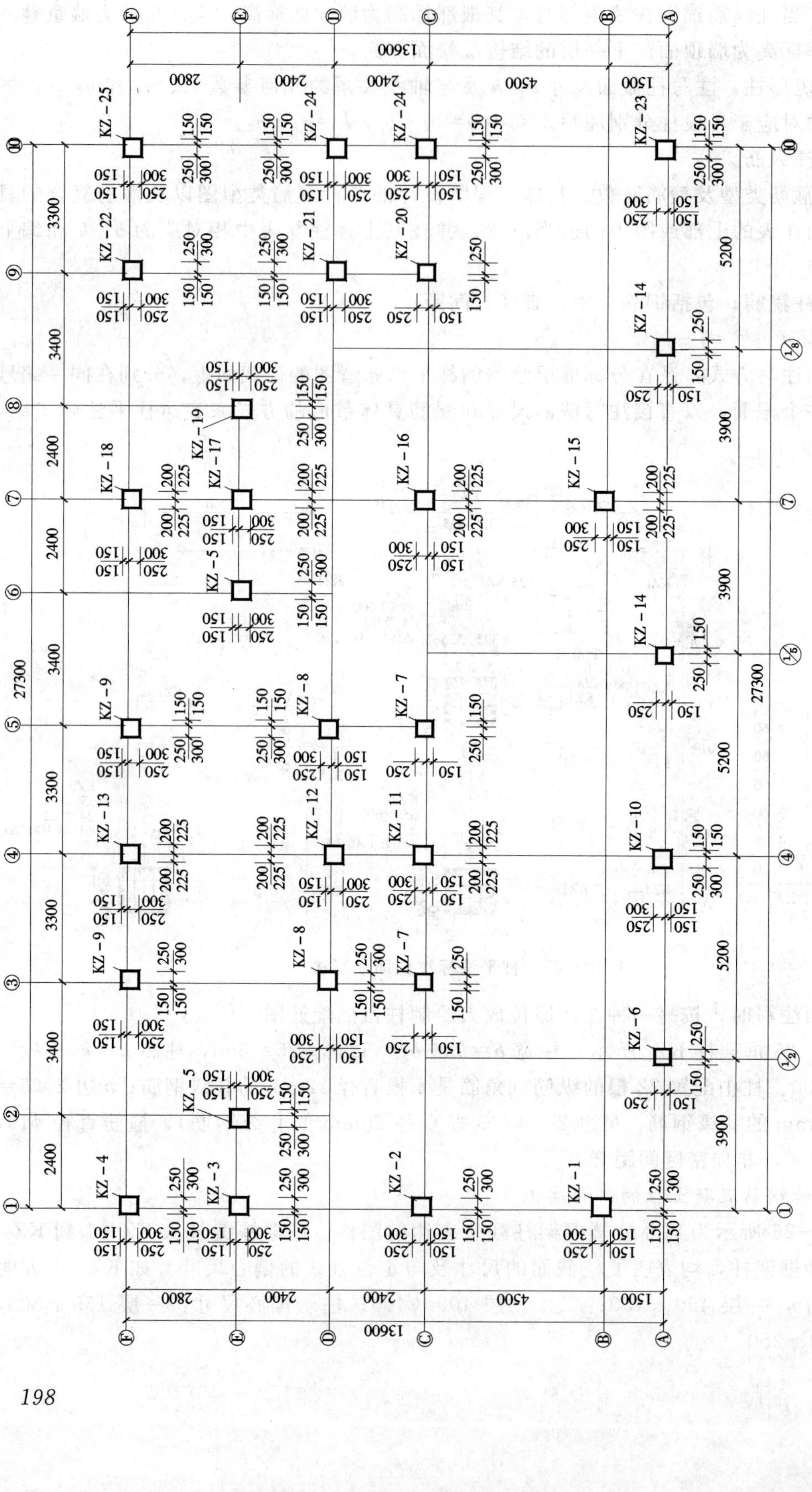

框架柱 KZ 平面布置图 1：100

图 10－26　钢筋混凝土柱配筋及详图（截面注写法）

图 10－26 中画出了与建筑图相一致的定位轴线及定位尺寸。此图与柱列表如表 10－13 所示对照阅读，如 KZ—1，基础至 3.200m 高，截面尺寸 450mm×450mm，角部钢筋为 4Φ25，b 边一侧中部 3Φ25，h 边一侧中部 2Φ20，共 14 根 HRB335（钢筋级别在结构设计说明里看）纵筋。箍筋类型为 1，两个方向均为四肢箍，箍筋直径为 ϕ8 的钢筋（HPB235），间距 100mm。

表 10－13　　　　某办公楼柱表

柱表（一）

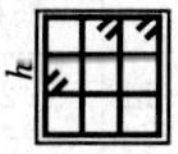

b

箍筋类型 1（$m\times n$）

柱号	标　高	$b\times h$	角筋	b 边一侧中部筋	h 边一侧中部筋	箍筋类型号	箍筋	核心加密区箍筋
KZ—1	基础－3.200	450×450	4Φ25	3Φ25	2Φ20	1.(4×4)	ϕ8@100	
	3.200－6.200	400×400	4Φ20	2Φ16	2Φ16	1.(4×4)	ϕ8@100	
	6.200－9.300	400×400	4Φ18	1Φ16	1Φ16	1.(3×3)	ϕ8@100	
KZ—2	基础－3.200	450×450	4Φ22	2Φ22	2Φ22	1.(4×4)	ϕ8@100/200	
	3.200－6.200	400×400	4Φ20	1Φ20	1Φ20	1.(3×3)	ϕ8@100/200	
	6.200－9.300	400×400	4Φ20	1Φ16	1Φ16	1.(3×3)	ϕ8@100/150	
KZ—3	基础－3.200	450×450	4Φ25	2Φ25	2Φ20	1.(4×4)	ϕ8@100/200	ϕ10@100
	3.200－6.200	400×400	4Φ20	2Φ18	1Φ16	1.(4×3)	ϕ8@100/150	
	6.200－9.300	400×400	4Φ18	1Φ16	1Φ16	1.(3×3)	ϕ8@100	
KZ—4	基础－3.200	450×450	4Φ25	3Φ22	2Φ20	1.(4×4)	ϕ8@100	
	3.200－6.200	400×400	4Φ20	2Φ18	2Φ18	1.(3×3)	ϕ8@100	
KZ—5	基础－3.200	450×450	4Φ25	2Φ22	2Φ20	1.(4×4)	ϕ8@100/200	ϕ12@100
	3.200－6.200	400×400	4Φ20	1Φ18	1Φ18	1.(3×3)	ϕ8@100/150	
	6.200－9.300	400×400	4Φ16	1Φ16	1Φ16	1.(3×3)	ϕ8@100/150	
KZ—6	基础－3.200	400×400	4Φ25	2Φ25	2Φ20	1.(4×4)	ϕ8@100	
	3.200－6.200	400×400	4Φ22	2Φ20	2Φ20	1.(4×4)	ϕ8@100	
	6.200－9.300	400×400	4Φ20	1Φ20	1Φ20	1.(3×3)	ϕ8@100	
KZ—7	基础－3.200	400×400	4Φ20	2Φ20	2Φ20	1.(4×4)	ϕ8@100/200	
	3.200－6.200	400×400	4Φ20	2Φ16	2Φ20	1.(4×4)	ϕ8@100/150	
	6.200－9.300	400×400	4Φ18	1Φ16	1Φ18	1.(3×3)	ϕ8 Φ 100/150	
KZ—8	基础－3.200	450×450	4Φ25	2Φ22	2Φ20	1.(4×4)	ϕ8@100/200	ϕ12@100
	3.200－6.200	400×400	4Φ20	2Φ20	1Φ16	1.(4×3)	ϕ8@100/150	
	6.200－9.300	400×400	4Φ18	1Φ16	1Φ16	1.(3×3)	ϕ8@100/150	
KZ—9	基础－3.200	450×450	4Φ20	2Φ22	2Φ22	1.(4×4)	ϕ8@100/200	
	3.200－6.200	400×400	4Φ20	1Φ18	2Φ16	1.(3×4)	ϕ8@100/150	
	6.200－9.300	400×400	4Φ18	1Φ16	1Φ16	1.(3×3)	ϕ8@100	

续表

柱号	标　高	$b \times h$	角筋	b 边一侧中部筋	h 边一侧中部筋	箍筋类型号	箍筋	核心加密区箍筋
KZ—10	基础—3.200	450×450	4Φ22	2Φ22	2Φ22	1.(4×4)	ϕ8@100/200	
	3.200—6.200	400×400	4Φ20	1Φ20	1Φ18	1.(3×3)	ϕ8@100/150	
	6.200—9.300	400×400	4Φ20	1Φ20	1Φ16	1.(3×3)	ϕ8@100/150	
KZ—11	基础—3.200	450×450	4Φ25	2Φ25	2Φ20	1.(4×4)	ϕ8@100	ϕ12@100
	3.200—6.200	400×400	4Φ22	2Φ22	2Φ18	1.(4×4)	ϕ8@100	
	6.200—9.300	400×400	4Φ20	1Φ18	1Φ16	1.(3×3)	ϕ8@100/150	
KZ—12	基础—3.200	450×450	4Φ25	2Φ25	2Φ20	1.(4×4)	ϕ8@100	ϕ10@100
	3.200—6.200	400×400	4Φ20	2Φ20	1Φ16	1.(4×3)	ϕ8@100	
	6.200—9.300	400×400	4Φ18	1Φ18	1Φ16	1.(3×3)	ϕ8@100/150	
KZ—13	基础—3.200	450×450	4Φ22	2Φ22	2Φ22	1.(4×4)	ϕ8@100/200	
	3.200—6.200	400×400	4Φ18	2Φ18	2Φ16	1.(4×4)	ϕ8@100/150	
	6.200—9.300	400×400	4Φ18	1Φ16	1Φ16	1.(3×3)	ϕ8@100/150	
KZ—14	基础—3.200	400×400	4Φ22	2Φ20	2Φ18	1.(4×4)	ϕ8Φ100/150	
	3.200—6.200	400×400	4Φ18	2Φ18	2Φ16	1.(4×4)	ϕ8@100/150	
	6.200—9.300	400×400	4Φ18	2Φ18	2Φ16	1.(4×4)	ϕ8@100	
KZ—15	基础—3.200	450×450	4Φ25	2Φ20	2Φ20	1.(4×4)	ϕ8@100/200	
	3.200—9.300	400×400	4Φ20	1Φ20	1Φ16	1.(3×3)	ϕ8@100/150	
KZ—16	基础—3.200	450×450	4Φ22	2Φ22	2Φ20	1.(4×4)	ϕ8@100/200	
	3.200—6.200	400×400	4Φ20	1Φ20	1Φ16	1.(3×3)	ϕ8@100/150	
	6.200—9.300	400×400	4Φ18	1Φ16	1Φ16	1.(3×3)	ϕ8@100/150	
KZ—17	基础—3.200	450×450	4Φ25	2Φ25	2Φ20	1.(4×4)	ϕ8@100/200	ϕ12@100
	3.200—6.200	400×400	4Φ20	2Φ20	1Φ16	1.(4×3)	ϕ8@100/150	
	6.200—9.300	400×400	4Φ20	1Φ20	1Φ16	1.(3×3)	ϕ8@100/150	
KZ—18	基础—3.200	450×450	4Φ25	3Φ25	2Φ20	1.(4×4)	ϕ8@100	
	3.200—6.200	400×400	4Φ20	2Φ20	1Φ20	1.(3×3)	ϕ8@100/200	
KZ—19	基础—3.200	450×450	4Φ25	2Φ22	2Φ20	1.(4×4)	ϕ8@100/200	ϕ12@100
	3.200—9.300	400×400	4Φ20	1Φ20	1Φ16	1.(3×3)	ϕ8@100/150	
KZ—20	基础—3.200	400×400	4Φ20	2Φ20	2Φ20	1.(4×4)	ϕ8@100/200	
	3.200—6.200	400×400	4Φ20	2Φ16	2Φ20	1.(4×4)	ϕ8@100/150	
	6.200—9.300	400×400	4Φ18	1Φ16	1Φ18	1.(3×3)	ϕ8@100/150	
	9.300—12.000	400×400	4Φ16	1Φ16	1Φ16	1.(3×3)	ϕ8@100/150	
KZ—21	基础—3.200	450×450	4Φ25	2Φ25	2Φ20	1.(4×4)	ϕ8@100/200	ϕ12@100
	3.200—6.200	400×400	4Φ20	2Φ20	1Φ16	1.(4×3)	ϕ8@100/150	
	6.200—12.000	400×400	4Φ16	1Φ16	1Φ16	1.(3×3)	ϕ8@100/150	

续表

柱号	标　　高	$b\times h$	角筋	b 边一侧中部筋	h 边一侧中部筋	箍筋类型号	箍筋	核心加密区箍筋
KZ—22	基础－3.200	450×450	4Φ25	2Φ20	2Φ20	1.(4×4)	ϕ8@100/200	
	3.200－6.200	400×400	4Φ20	1Φ20	1Φ20	1.(3×3)	ϕ8@100/200	
	6.200－9.300	400×400	4Φ18	1Φ16	1Φ16	1.(3×3)	ϕ8@100	
KZ—23	基础－3.200	450×450	4Φ25	2Φ25	2Φ20	1.(4×4)	ϕ8@100	
	3.200－9.300	400×400	4Φ20	1Φ20	1Φ20	1.(3×3)	ϕ8@100	
KZ—24	基础－3.200	450×450	4Φ25	3Φ22	2Φ20	1.(4×4)	ϕ8@100	ϕ12@100
	3.200－6.200	400×400	4Φ22	2Φ20	1Φ18	1.(4×3)	ϕ8@100	
	6.200－9.300	400×400	4Φ20	1Φ20	1Φ16	1.(3×3)	ϕ8@100	
	9.300－12.000	400×400	4Φ18	1Φ16	1Φ16	1.(3×3)	ϕ8@100	
KZ—25	基础－3.200	450×450	4Φ25	3Φ22	2Φ20	1.(4×4)	ϕ8@100	
	3.200－6.200	400×400	4Φ20	1Φ20	1Φ20	1.(3×3)	ϕ8@100	
	6.200－9.300	400×400	4Φ18	1Φ16	1Φ16	1.(3×3)	ϕ8@100	
KZ—26	9.300－12.000	250×300	4Φ16	1Φ16	1Φ16	1.(3×3)	ϕ8@100	

四、构件详图的绘制步骤及要求

（1）确定图样数量，选择比例，布置图样。配筋立面图应布置在主要位置上，其比例一般为1：50、1：40、1：20。断面图可布置在任何位置上，但排列要整齐，其比例可与立面图相同，也可适当放大，如1：20、1：10。钢筋详图一般在立面图的下（上）方，但箍筋的位置可灵活些。钢筋表一般布置在图纸的右下角。

（2）画配筋立面图。定轴线，画构件轮廓，画钢筋，绘支座，用中虚线表示与梁有关的板及次梁（如为预制梁，后两部分可不画），标注剖切符号。

（3）画断面图。根据立面图的剖切符号，分别画出各断面图。先画轮廓，后画钢筋。在画钢筋的横断面时，黑圆点要圆、大小适当且一致，位置要准确（要紧靠箍筋）。

（4）画钢筋详图。将各类不同的钢筋单独抽出，画在与立面图相对应的地方，而且钢筋的排列应与在立面图中的相一致。

（5）标尺寸、注标高。立面图中应标注轴线间距、支座宽、梁高及弯起筋起弯点到支座边等的尺寸。梁和板要注出其结构标高。断面图只标注梁高及梁宽尺寸。保护层厚度一般不作标注。钢筋详图应沿各钢筋边标注各段设计长度及总的下料长度。

（6）标注钢筋的编号、数量（或间距）、类别和直径。如前所述的这些内容一般标注在引出线的上方。引出线可转折，但要清楚，避免交叉，方向及长短要整齐，如图10－27所示。有时，这些内容也可直接注在钢筋的上方。如立面图、断面图及钢筋详图都同时画出，这些内容应标注在钢筋详图上，在立面图、断面图中只标出编号，其余内容均可省略。

（7）编制钢筋表。钢筋表的内容及格式一般如表10－10所示，但也可视具体情况，增减一些内容。例如，配筋图中已有钢筋详图，表格中的钢筋简图一项可省略。

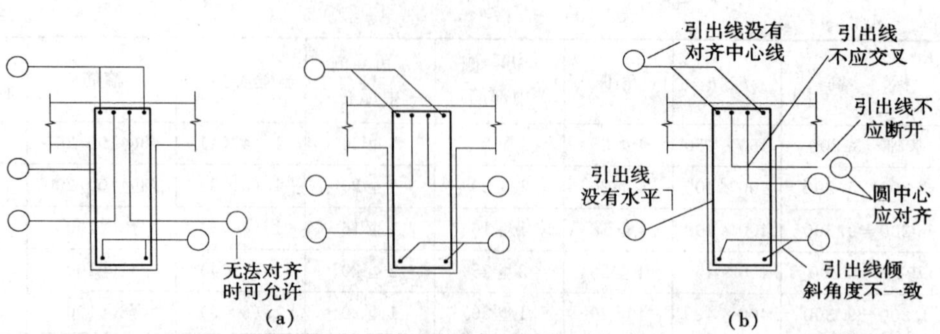

图 10-27　钢筋的正确标注方法

(a) 标注较好；(b) 标注不好

(8) 注写有关混凝土、砖、砂浆的强度等级及技术要求等说明。

第四节　楼梯结构详图

楼梯构造一般比较复杂，需用较大比例（1：50）分别画出楼梯的建筑详图和结构详图。但对于比较简单的小型楼梯，可将建筑详图和结构详图合并。

为满足施工要求，楼梯详图应表明楼梯的形式、结构类型、楼梯及楼梯间的平面图、剖面尺寸和构造做法等。

楼梯结构详图由结构平面图、结构剖面图和构件详图组成。

一、楼梯结构详图的形成和图示内容

1. 楼梯结构平面图

楼梯结构平面图与楼层结构平面图一样，也是水平剖面图。对于多层房屋应每层都画楼梯结构平面图，如果中间层相同，可绘制标准层平面图。

楼梯结构平面图的主要内容：

(1) 楼梯间平面布置的详图情况，如楼梯间的定位轴线及编号，楼梯间墙身的厚度。

(2) 楼梯段和平台的位置，楼梯段的长度和宽度。

(3) 踏面数和踏面宽度。

(4) 标注地面、平台顶面的结构标高（不含抹灰面），以便结构施工时作为定位依据。

(5) 表明楼梯结构剖面图的剖切符号。

2. 楼梯结构剖面图

楼梯结构剖面图是用假想的竖直剖切平面沿楼梯段方向剖切后得到的剖面图。它反映了楼梯结构沿竖向的布置和构造关系，主要内容包括：

(1) 与剖切位置及投影方向相对应的定位轴线及编号。

(2) 休息平台与楼梯段的相对位置，楼梯段的长度、踏步级数和踢面高度。

(3) 楼梯段和平台的结构形式、结构厚度和材料，若为现浇钢筋混凝土楼梯还应表明配筋情况；对于装配式楼梯要注明各构件的结构代号。

（4）标注各部分标高，若为现浇楼梯应注明结构标高；对于装配式楼梯应标注结构顶面标高，如平台板顶面。

（5）如有详图应标明详图索引符号。

3. 构件详图

现浇钢筋混凝土楼梯的配筋图都是直接画出结构平面图和结构剖面图上；对于装配式楼梯如果所有构件均为通用构件，只需注明构件结构代号和所用的通用图集名称；若为非通用图集还应画出构件的配筋图，以便施工时现场制作。

二、板式楼梯“平法”简介

1. 板式楼梯平法施工图的表示方法

（1）板式楼梯平法施工图是在楼梯平面布置图上，采用平面注写方式表达。

（2）楼梯平面布置图，应按照楼梯标准层，采用适当比例集中绘制，或按标准层与相应标准层的梁平法施工图一起绘制在同一张图上。

（3）为方便施工，在集中绘制的楼梯平法施工图中，宜注明各结构层的楼面标高、结构层高及相应的结构层号。

2. 楼梯类型

（1）楼梯分两组，第一组板式楼梯有 5 种类型，分别为 AT、BT、CT、DT、ET 型。第二组板式楼梯有 6 种类型，分别为 FT、GT、HT、JT、KT、LT 型。两组共 11 种楼梯类型的截面形状与支座位置。

（2）梯梁的制图规则和标准构造详图应按梁的平法标注执行。当梯梁以梁、构造柱或砌块为支座时，按“非框架梁”设计；当梯梁以框架柱或剪力墙为支座时，应按“框架梁”设计。

（3）梯板下部纵向钢筋由设计者按照楼梯平面注写方式注明；梯板支座端上部纵向钢筋按梯板下部纵向钢筋的 1/2 配置，且不小于 $\phi8$@200；上部纵向钢筋自支座边缘向跨内延伸的水平投影长度统一取不小于 1/4 梯板净跨，设计不注；梯板的分布钢筋由设计者注写在楼梯平面图的图名下方。注意：本款规定仅适用于民用建筑楼梯。

3. 平面注写方式

（1）平面注写方式，是在楼梯平面布置图上注写截面尺寸和配筋具体数值的方法来表达楼梯平法施工图。

（2）平面注写内容，包括集中标注和外围标注。集中标注表达梯板的类型代号及序号、梯板的竖向几何尺寸和配筋；外围标注表达梯板的平面几何尺寸以及楼梯间的平面尺寸。

（3）梯板集中注写的内容有 4 项：第一项为梯板类型代号与序号，如 ATXX；第二项为梯板厚度 h；第三项为踏步段总高度 $H_s[=h_s\times(m+1)$，式中 h_s 是踏步高，$m+1$ 是踏步数目]；第四项为梯板配筋；梯板的分布钢筋注写在图名的下方。设计示例如图 10-28 所示。如 AT7，$h=120$ 是指 AT 型楼梯，编号为 7，楼板板厚 120mm；踏步段总高度为 1800mm，踏步数为 12 步，踏步高为 150mm；梯段板底部配筋为Ⅰ级钢筋，直径为 12mm，间距为 125mm；分布筋看图名下梯板分布钢筋：×××××。

（4）楼层、层间平台板注写的内容有 4 项：第一项平台板代号与序号，如 PTBXX；

第二项平台板厚度 h；第三项平台板下部短跨方向的配筋（S 配筋）；第四项平台板下部长跨方向配筋（L 配筋）。S 配筋与 L 配筋用斜线分隔。在板内四周原位注写的内容为构造配筋与伸入板内的长度。平台板的分布钢筋在楼梯梯板分布钢筋之后注写在图名的下方。如图 10－28 所示，平台板分布钢筋：×××××。

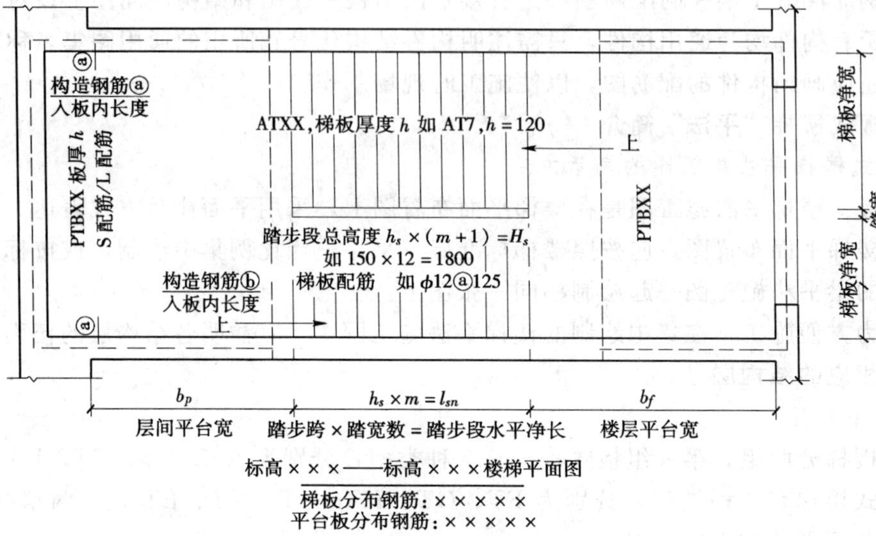

图 10－28　楼梯平法标注

平台板上部构造钢筋的配置及入板内长度，因其支座的不同而异，具体设计时应注意符合相应规范要求。平台板注写的内容可以标注在相同标高的楼梯平法施工图上。

三、楼梯结构详图的阅读

阅读楼梯结构详图应以楼梯结构平面图和结构剖面图为重点。首先弄清楚这两种图之间的投影关系，明确剖切位置、投影方向。先看结构平面图，再看结构剖面图，并相互对照阅读。此外，还要注意各部分的详细尺寸和材料，并根据各构件的构件代号。查明构件与墙体以及构件之间的搭接情况。

现以某办公楼的楼梯结构详图为例，说明楼梯结构详图的内容及阅读方法。

1. 阅读楼梯结构平面图

如图 10－29 所示，是某办公楼楼梯一的结构平面图。图中有一层、二层和三层的结构平面图。有三种梯板 TB1、TB2、TB3，有平台板一种 XB1，有 TL1、TL2、TL3 三种梯梁。XB1 板的配筋如下：顶部两个方向均为 $\phi8$@200 的钢筋，底部两个方向 $\phi8$@150 的钢筋。步级数、平台标高等内容的阅读方法与建筑图相同（踏步宽 260mm，梯段长 260×7＝1820mm；平台高度一层为 1.783m，为建筑标高 1.833－0.050＝1.783m）。图 10－30 是某办公楼的楼梯二，读者自行阅读。

2. 阅读楼梯结构剖面图

阅读楼梯结构剖面图，应先从结构平面图上了解它的剖切位置和投影方向，再根据剖面图中的材料图例了解各部分的构造情况，应重点看清楚每个楼梯段的结构形式、踏面和踢面的构造做法、构件的搭接关系等。至于图中的其他投影可见线，应在阅读“建施”图纸的基础上，对照楼梯结构平面图去理解。如果楼梯结构剖面图不配置钢筋，可参看“建施”图纸楼梯剖面图；如果直接在楼梯结构剖面图中配置钢筋，就可以不画梯板结构构件详图。

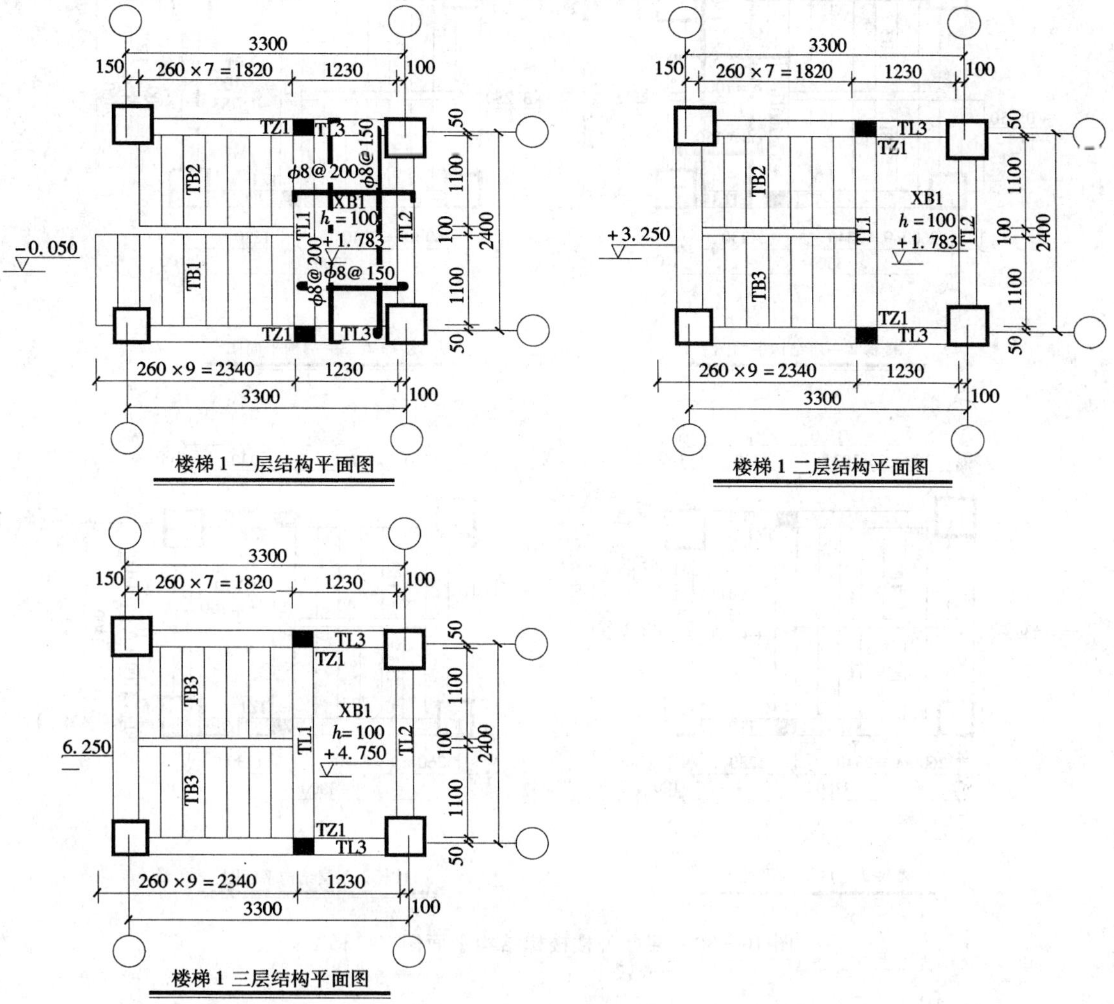

图 10-29 某办公楼楼梯结构平面图（楼梯 1）

3. 结构构件详图

在楼梯结构剖面图中，不能详细表示楼梯板和楼梯梁的配筋时，应另外用较大的比例画出其详图。如图 10-31 中 TB1 配筋图所示：楼梯板厚 100mm。楼梯板下层的受力筋采用 ϕ10@100 的筋。端支座筋采用 ϕ8@120 纵筋。分布钢筋在图名下为 ϕ8@200 的钢筋。

从图 10-32 所示的 TL1 配筋图中可以看出：梁内下面配有受力筋 3⌀16 的钢筋，上面配有 2⌀16 钢筋，梁箍筋为 ϕ8@200。图中也表明了梁的长度和断面尺寸 250mm×350mm。TL2 的配筋读者自行阅读。

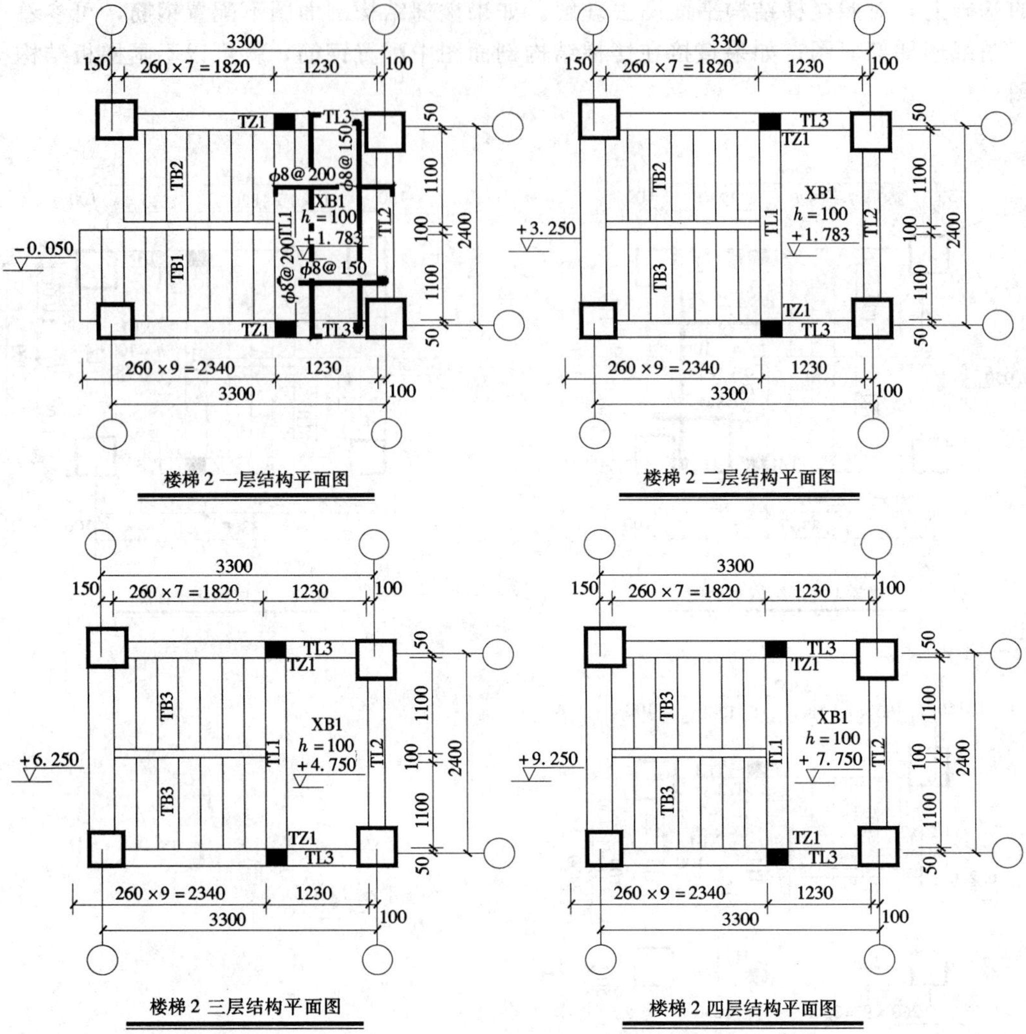

图 10-30　某办公楼楼梯结构平面图（楼梯 2）

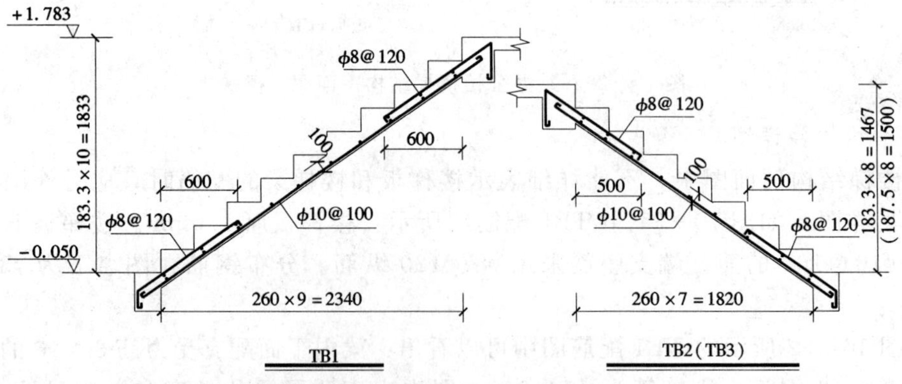

注　未注明的楼梯分布筋均为 ϕ8@200。

图 10-31　某办公楼的楼梯板配筋图

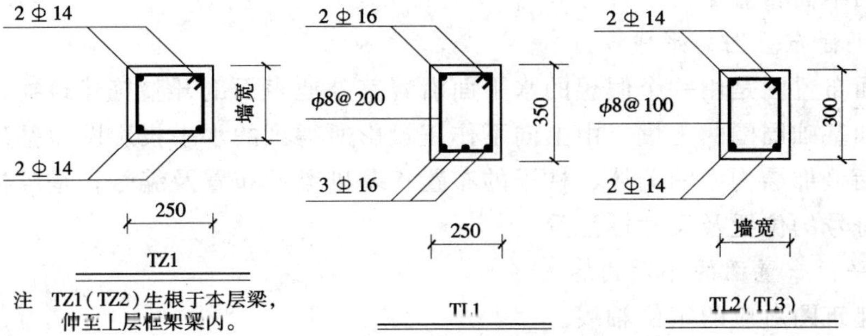

图 10-32　某办公楼的楼梯梁配筋图

第五节　基　础　图

一、基础简介

基础是建筑物地面以下的承重构件，主要作用是将上部结构承受的各种荷载传给地基。

基础的型式一般取决于上部承重结构的形式、荷载大小、地基土层的物理力学性能及厚度分布情况等条件。常用的基础型式有条形基础、独立基础、桩基础、筏板基础及箱型基础等，如图 10-33 所示。墙下一般采用条形基础；柱下一般采用独立基础。

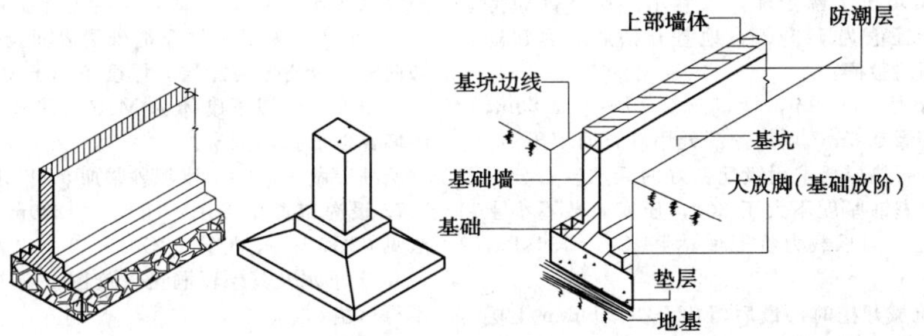

(a)　(b)　(c)

图 10-33　基础

(a) 条形基础；(b) 独立基础；(c) 基础各部分组成

地基是指建筑物下面支承基础的土体或岩体。作为建筑地基的土层分为岩石、碎石土、砂土、粉土、黏性土和人工填土。地基有天然地基和人工地基两类。天然地基是不需要人工加固的天然土层。人工地基是经过人工加固处理的地基。基坑是为基础施工而开挖的土坑，坑底就是基础底面。基础的埋置深度是指室外设计地面至基础底面的垂直距离。埋入地下的墙体称为基础墙。基础墙与垫层之间做成阶梯形的砌体称为基础大放脚或放阶。基坑边线是开挖基坑放线的灰线，基坑边线与坑底边线有一定护坡角度。防潮层是防止地下水沿墙体向上渗透的一层防潮材料。

基础图通常包括基础平面布置图和基础详图，它是表示建筑物室内地面以下基础部分的平面布置和详细构造的图样，是施工放线、开挖基坑、砌筑基础及施工预算的依据。

二、基础平面布置图

1. 基础平面布置图的形成

基础平面布置图是用一个假想的水平面沿着室外地表面剖开整栋建筑物，移开建筑物的上部结构和基础周围的土壤，由上向下作正投影所得到的水平投影图。基础平面布置图一般主要包括上部结构中的墙体、柱子的布置；基础梁的布置及编号；基础构件的轮廓及编号；剖切符号的位置及尺寸标注等。

2. 基础平面布置图的图示内容

（1）与建筑图对应的定位轴线。

（2）基坑边线及基础梁的布置、截面尺寸、基础底标高及定位尺寸，基础及基础梁的编号。

（3）结构承重墙、柱布置及尺寸编号。

（4）基础详图的剖切面位置及剖切面编号。

（5）地沟及设备基础的平面位置、尺寸、标高。

（6）有关基础施工的附加说明，主要包括基底及基坑回填土的处理措施与要求、施工的有关要求等，如表 10－14 所示。

表 10－14　　某办公楼基础设计说明

基础设计说明

1. 本图标高以 m 计，尺寸以 mm 计，除注明外基础均居轴线中。

2. 本工程将素填土上部挖除，以素填土层下部做持力层，承载力特征值为 110kPa，地基开槽后应通知勘察设计及相关部门验槽。

垫层范围：垫层厚 0.9m，标高－2.70～－1.80m，每边宽出基础外缘 0.6m，局部挖深处用砂石回填压实。

垫层要求：砂石垫层要求用级配良好的天然砂石分层碾压夯实，每层虚铺厚度不大于 300，压实系数不小于 0.97。处理后经检测承载力特征值达到 $f_{aK}=150$kPa，方可继续施工。

3. 地下基坑机械开挖时，最后留出至少 300mm 土层由人工挖掘，整修、开挖至设计标高。

4. 填充墙基础大样及基础连梁见基础大样图、无填充墙时地梁上砖基础不做，地梁没有标注偏心尺寸的均具轴线中布置。

5. 场区土对混凝土结构有微腐蚀性，故基础混凝土最大水灰比为 0.50，基础混凝土保护层厚度为 50mm，±0.000 以下基础、柱及基础梁表面及侧面均刷冷底子油两遍，沥青胶泥涂层，厚度不小于 300μm。

6. ＋0.00m 以下砌体为 M10 水泥砂浆砌 MU10 实心砖墙，双面抹防潮层。

防潮层做法：1∶2 水泥砂浆加 5%防水剂抹 20mm 厚。

7. 暖沟布置见暖图，净尺寸 1200mm×1200mm，做法见 02G04－9，配合 02G04－42 页出入口详图施工。

8. 上下水及其预留洞见设施图，施工前应仔细核对，不得后凿。

9. 本设计柱下基础边长大于 2500 单位时，该方向钢筋长度为基础边长的 0.9 倍且交错布置。

3. 基础平面整体表示方法

（1）独立基础平法施工图的一般规定。

1）独立基础平法施工图，有平面注写与截面注写两种表达方法，设计者可根据具体工程情况选择一种，或两种方式相结合进行独立基础的施工图设计。

2）当绘制独立基础平面图布置图时，应将独立基础平面与基础所支承的柱一起绘制。当设置基础连梁时，可根据图面的疏密情况，将基础连梁与基础平面布置图一起绘制，或将基础连梁布置图单独绘制。

3）在独立基础平面布置图上应标注基础定位尺寸；当独立基础的柱中心线或杯口中心线与建筑轴线不重合时，应标注其偏心尺寸。编号相同且定位轴线相同的基础，可仅选择一个进行标注。

（2）独立基础编号。

各种独立基础编号按表 10－15 规定编制。

表 10－15　　　　**独 立 基 础 编 号**

类型	基础底板截面形状	代号	序号	说　明
普通独立基础	阶形	DJ_J	XX	1. 单阶截面即为平板独立基础。 2. 坡形截面基础底板可为四坡、三坡、双坡及单坡
	坡形	DJ_P	XX	
杯口独立基础	阶形	BJ_J	XX	
	坡形	BJ_P	XX	

（3）独立基础的平面注写方式。

1）独立基础的平面注写方式，分为集中标注和原位标注两部分内容；

2）普通独立基础和杯口独立基础的集中标注，系在基础平面图上集中引注：基础编号、截面竖向尺寸、配筋三项必注内容，以及当基础底面标高与基础底面基准标高不同时的相对标高高差和必要的文字注解两项选注内容；

3）钢筋混凝土和素混凝土独立基础的原位标注，系在基础平面布置图上标注独立基础的平面尺寸。对相同编号的基础，可选择一个进行原位标注；当平面图形较小时，可将所选定进行原位标注的基础按比例适当放大；其他相同编号者仅注编号。

（4）普通独立基础采用平面注写方式的集中标注和原位标注综合设计表达示意，如图 10－34 所示。

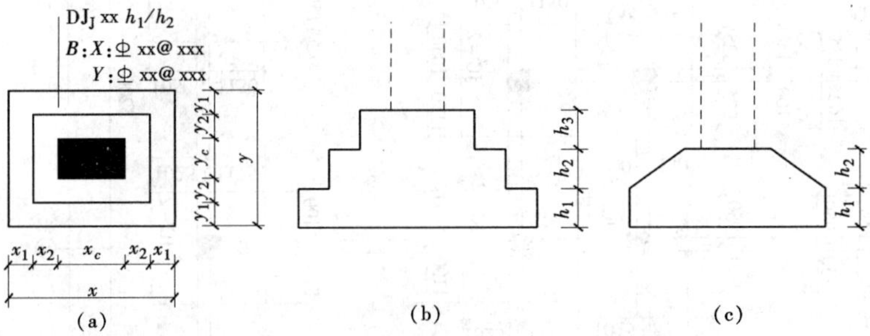

图 10－34　独立基础平面注写方式设计表达示意

如图 10－34（a）所示 DJ_J 是独立基础编号，阶梯型普通独立基础，如图 10－34（b）所示。以 B 代表各种独立基础底板的底部配筋。X 向（从左到右）配筋以 X 打头、Y 向（从下到上）配筋以 Y 打头。

关于基础的其他平面整体表示方法详见《混凝土结构施工图平面整体表示方法制图规则和构造详图—独立基础、条形基础、桩基承台》（06G 101－6）图集。

4. 基础平面布置图的阅读

现以图 10－35 某办公楼工程实例的基础为例，说明基础平面布置图内容与阅读方法。

如图 10－35 所示是某办公楼的基础平面图，图中涂黑的长方块是钢筋混凝土柱，柱外细线方框表示该独立柱基础的外轮廓线，基础沿定位轴线布置，分别编号为 JC—1 至 JC—9。基础和基础之间设置基础梁，以细线画出。图中标明每个基础的相关尺寸，如图中 JZ—1，柱宽 B＝975＋825，柱高 H＝825＋975。

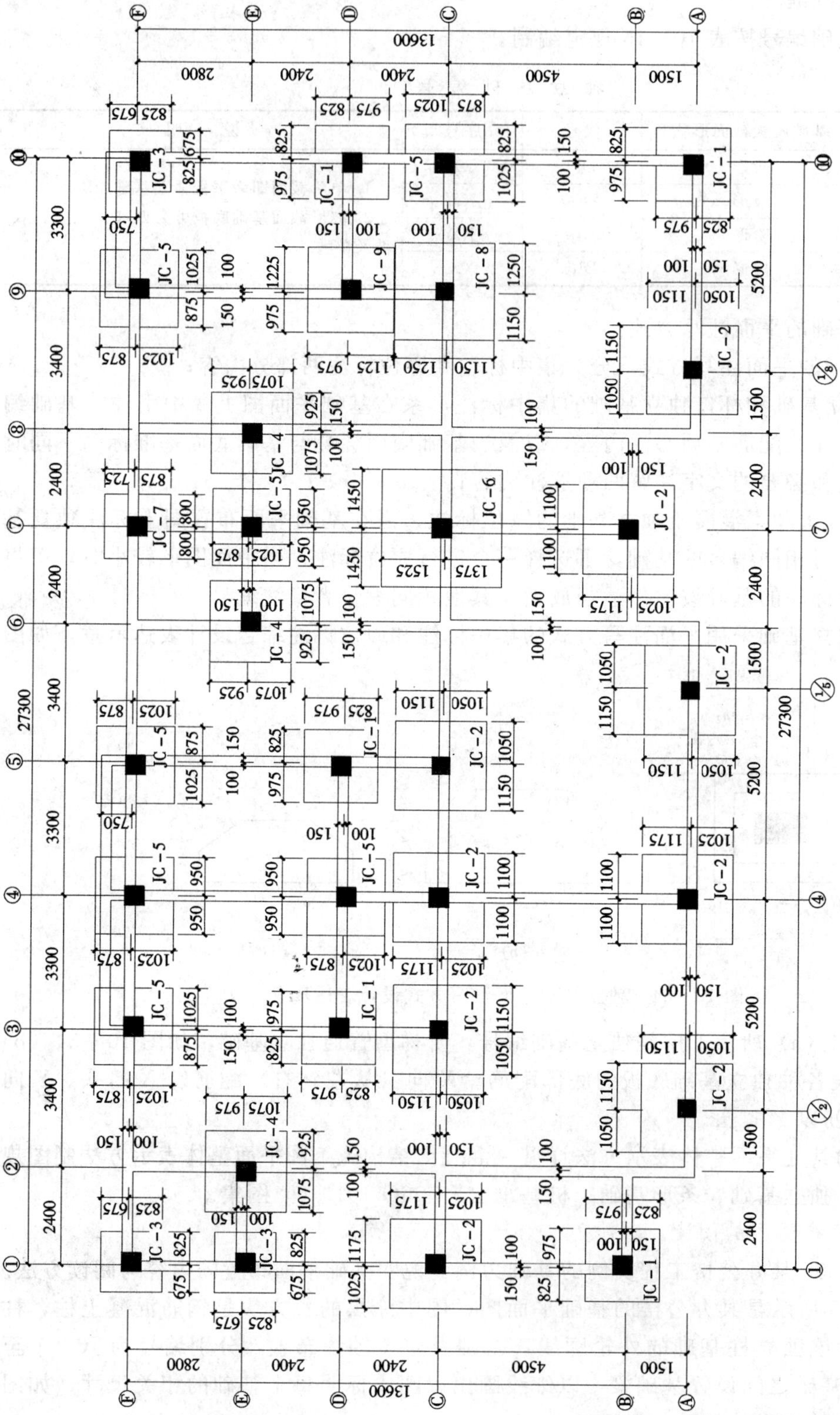

基础平面布置图 1:100

图 10-35　某办公楼基础平面布置图

5. 基础平面布置图的绘制步骤

（1）先按比例（常用比例为 1：100 或 1：200）画出与建筑平面图相对应的轴线及编号；

（2）用粗实线画出墙（或柱）的基础边线，用细实线画出基坑边线；

（3）画出不同断面的剖切符号，并分别编号；

（4）标注尺寸。主要标注纵向及横向各轴线之间的距离，轴线到基础底边及墙边的距离以及基坑宽和墙厚等；

（5）注写必要的文字说明，如混凝土、砖、砂浆的强度等级，基础埋置深度等。

设备较复杂的房屋，在基础平面图上还要配合采暖通风图，给水排水管道图，电气设备图等，用虚线画出管沟、设备孔洞等位置，注明其内径、宽、深尺寸和洞底标高。

三、基础详图

1. 基础详图的形成

基础详图的立面图采用全剖面、平面图采用局部剖面表示钢筋网的配置情况。

2. 基础详图的图示内容

基础详图主要表示基础构件的形状、材质、截面尺寸、埋置深度及基础配筋。

3. 基础详图的阅读

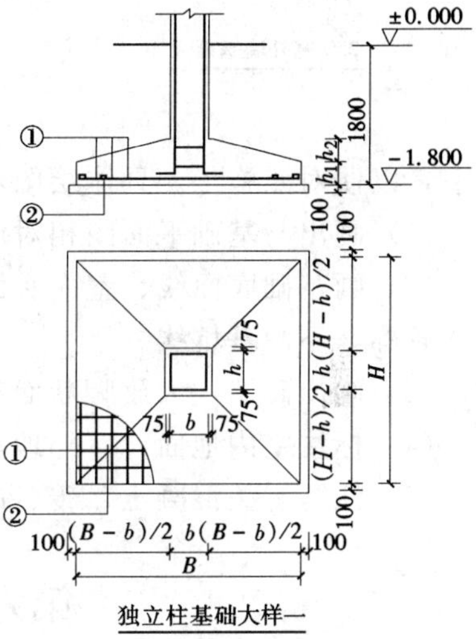

图 10-36　基础详图

如图 10-36 所示是独立柱基础的结构详图的通用图。基础底部通常浇注素混凝土垫层 100mm。柱的配筋在表 10-16 中阅读。如 JZ—1 尺寸为 1800×1800，①号筋⌀ 12@150 钢筋，②号筋为⌀ 12@150。对线型、比例等要求，与梁、柱结构详图相同。

表 10-16　　某办公楼基础配筋表

基础编号	基底尺寸		基础高度		钢筋①	钢筋②	基础编号	基底尺寸		基础高度		钢筋①	钢筋②
	B	H	h_1	h_2				B	H	h_1	h_2		
JC—1	1800	1800	300	200	⌀ 12@150	⌀ 12@150	JC—6	2900	2900	300	200	⌀ 14@200	⌀ 14@200
JC—2	2200	2200	300	200	⌀ 12@150	⌀ 12@150	JC—7	1600	1600	300	200	⌀ 12@150	⌀ 12@150
JC—3	1500	1500	300	200	⌀ 12@150	⌀ 12@150	JC—8	2400	2400	300	200	⌀ 12@150	⌀ 12@150
JC—4	2000	2000	300	200	⌀ 12@150	⌀ 12@150	JC—9	2100	2100	300	200	⌀ 12@150	⌀ 12@150
JC—5	1900	1900	300	200	⌀ 12@150	⌀ 12@150							

图 10-37 是基础梁的配筋图。基础梁配筋图读者自行阅读。

4. 基础详图绘制

基础详图常用 1：20 或 1：30 的比例画出，并要求尽可能与基础平面图画在同一张图

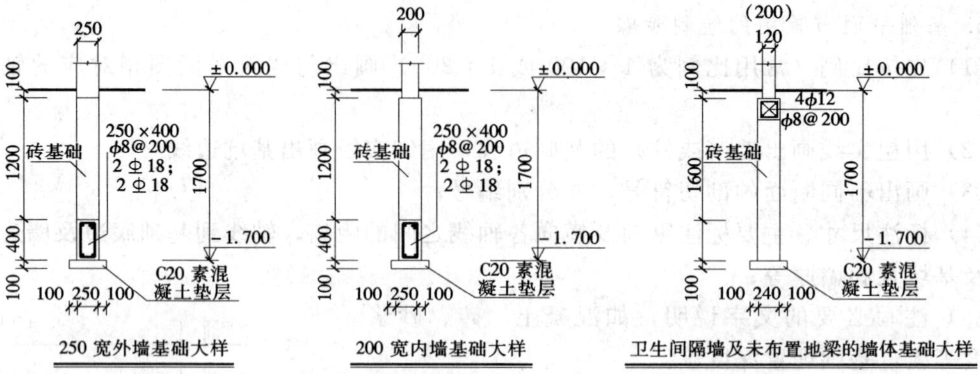

图 10-37　基础梁大样图

纸上，以便对照施工。具体绘图步骤为：

（1）画出与基础平面图相对应的定位轴线。

（2）画基础底面线、室内底面和室外地坪标高位置线。根据基础高、宽尺寸画出基础断面轮廓，不画基坑线。

（3）画出砖墙、大放脚断面和防潮层。

（4）标注室内地面、室外地坪、基础底面标高和其他尺寸。

（5）注写有关混凝土、砖、砂浆的强度等级和防潮层材料及施工技术要求等说明。

第六节　钢 结 构 图

钢结构是由各种形状的型钢组合连接而成的结构物，因为钢材具有强度高，自重轻、抗震性能好、施工周期短、外形美观等特点，在一些经济发达国家，钢结构建筑已经成为城市的主要建筑。在我国，钢结构建筑主要应用在大跨度建筑（如体育馆、剧场等）、高层建筑以及工业厂房。

一、常用型钢的标注方法

钢结构的钢材是由轧钢厂按标准规格（型号）轧制而成，通称型钢。常用型钢的标注方法应符合表 10-17 中的规定。

表 10-17　　常用型钢的标注方法

名称	界面代号	标注方法	立体图	名称	界面代号	标注方法	立体图
等边角钢	∟	∟ $b\times t$ / 1	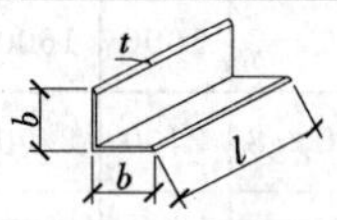	槽钢	[	[N / 1	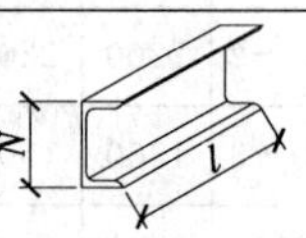
不等边角钢	∟	∟ $B\times b\times t$ / 1	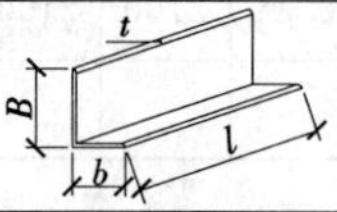	扁钢	—	$-b\times t$ / 1	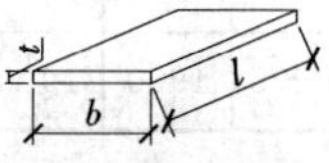
工字钢	I	I N / 1	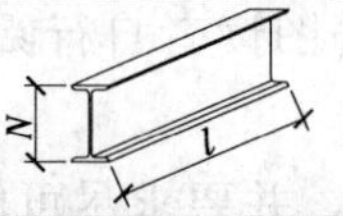	钢板	—	$-t$ / 1	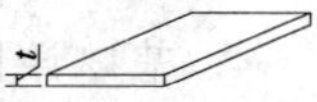

二、型钢的连接

在钢结构施工中，常用连接方式主要有螺栓、孔、电焊铆钉连接及焊接连接的方式。

1. 螺栓、孔、电焊铆接的表示方法

当采用螺栓、孔、电焊铆钉连接方式时，可以消除因焊接而产生的结构构件变形问题，所以这种方式多用于结构构件的固定连接，如钢结构厂房中采用地脚螺栓固定钢柱脚。在钢结构构件图中，螺栓、孔、电焊铆钉应按表 10－18 规定的图例来绘制，以指导施工。

表 10－18　　螺栓、孔、电焊铆钉的表示方法

序号	名称	图例	序号	名称	图例
1	永久螺栓	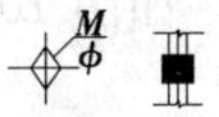	4	圆形螺栓孔	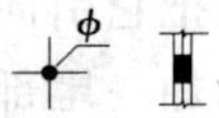
2	高强螺栓	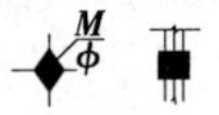	5	长圆形螺栓孔	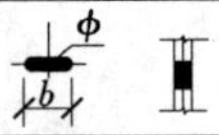
3	安装螺栓	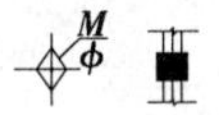	6	电焊铆钉	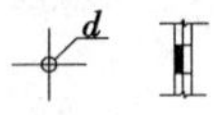

注　1. 细“＋”线表示定位线。
2. 必须标注螺栓孔、电焊铆钉的直径。
3. M 表示螺栓型号，表示螺栓孔直径，d 表示电焊铆钉直径。

2. 焊接和焊接代号

当采用焊接的处理方式时，因设计时对钢结构连接构件有不同的要求，会产生不同形式和尺寸的焊缝。在焊接的钢结构图纸上，必须把焊缝的位置、型式和尺寸标注清楚。

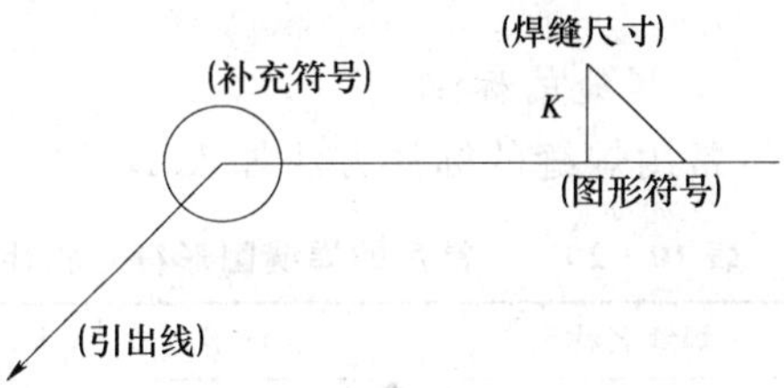

图 10－38　焊缝代号

焊缝要按“国标”规定，采用“焊缝代号”标注。焊缝代号主要由图形符号、焊缝尺寸、补充符号和引出线等部分组成，如图 10－38 所示。图形符号表示焊缝断面的基本型式，补充符号表示焊缝某些特征的辅助要求，引出线则表示焊缝的位置。几种常用的焊缝图形符号和补充符号，如表 10－19 所示。

表 10－19 中相同焊缝符号应按下列方法表示：

表 10－19　　常用的焊缝图形符号和补充符号

焊缝名称	示意图	图形符号说明	符号名称	名称	图例符号	图形符号说明
V 形焊缝	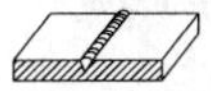		周围焊缝符号	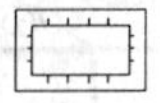	○	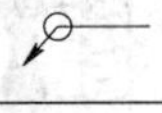
单边 V 形焊缝	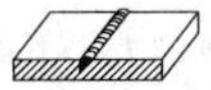		三面焊缝符号	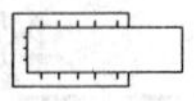	[	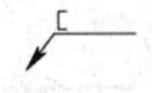
角焊缝	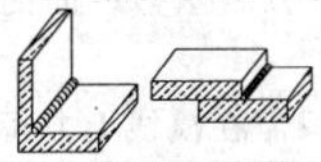		现场符号			
I 型焊缝	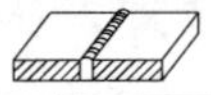		相同焊接符号			
塞焊缝槽焊缝	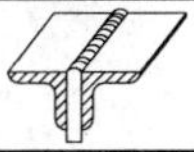	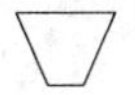				

（1）在同一张图纸上，当焊缝形式、断面尺寸和辅助要求均相同时，可只选择一处标注焊缝的符号和尺寸，并加注相同焊缝符号。相同焊缝符号 3/4 圆弧，绘在引出线的转折处。

（2）在同一图形上，当有数种相同焊接时，可将焊缝分类编号标注，在同一类焊缝中可选择一处标注焊缝的符号和尺寸，分类编号采用大写的拉丁字母 A、B、C、…，并写在横线尾部符号内。

一般引出线由箭头线和基准线组成，如图 10－39（a）所示。基准线一般画成横线，在它的上侧和下侧标注各种符号和尺寸等。箭头线指向焊缝，可画在横线的左端或右端，也可把它引向上方或下方，必要时允许转折一次，如图 10－39（b）所示。有时在横线的末端加一尾部符号来作为其他说明时用。

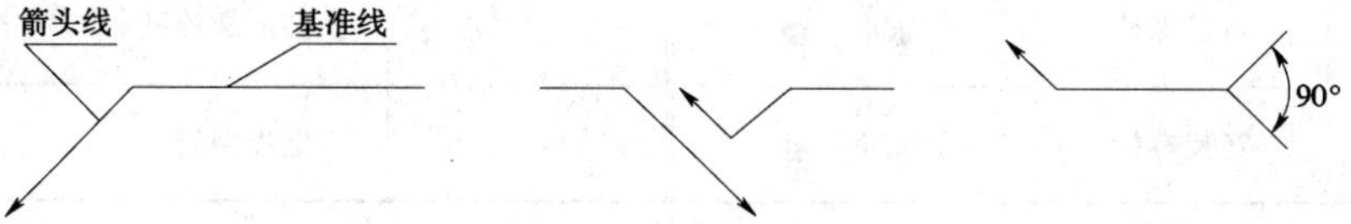

（a）　　（b）　　（c）

图 10－39　引出线

（a）引出线的组成；（b）箭头线的转折；（c）引出线的尾部

3. 焊缝的标注

常用焊缝的标注方法如表 10－20 所示。

表 10－20　常用的焊缝图形符号和补充符号（选自建筑结构制图标准 GB/T 50105—2010）

焊缝名称	示意图	说　明
单面焊缝 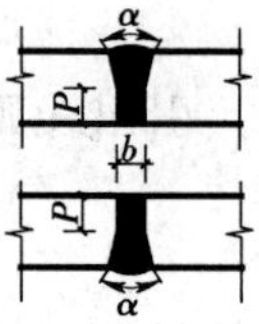	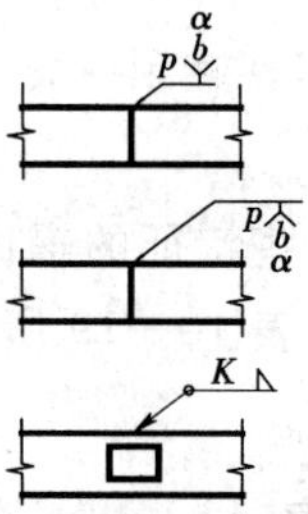	单面焊缝的标注方法应符合下列规定 1. 当箭头指向焊缝所在的一面时，应将图形符号和尺寸标注在横线的上方（示意图上方）；当箭头指向焊缝所在另一面（相对应的那面）时，应按（示意图中间）的规定执行，将图形符号和尺寸标注在横线的下方 2. 表示环绕工作件周围的焊缝时，应按示意图下方的规定执行，其围焊焊缝符号为圆圈，绘在引出线的转折处，并标注焊角尺寸 K
双面焊缝 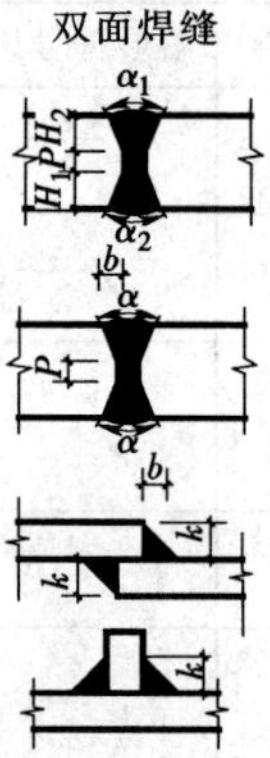	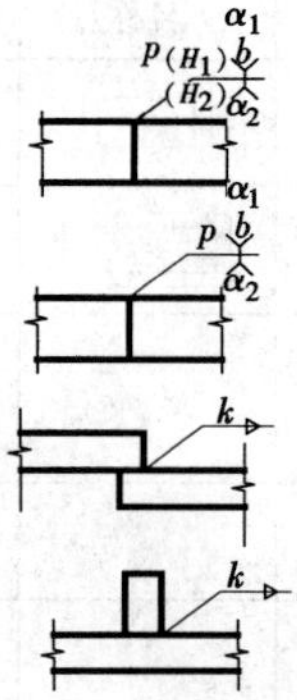	双面焊缝的标注 1. 当两面尺寸不相同时，应在横线的上、下都标注符号和尺寸。上方表示箭头一面的符号和尺寸，下方表示另一面的符号和尺寸（示意图上面的图） 2. 当两面的焊缝尺寸相同时，只需在横线上方标注焊缝的符号和尺寸（示意图下面的三张图）

续表

焊缝名称	示意图	说　　明
多个焊件焊接焊缝 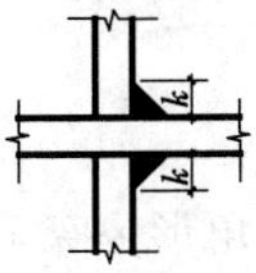	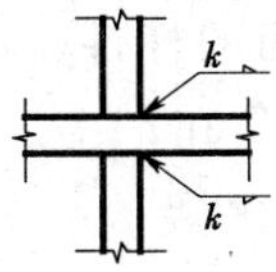	3个和3个以上的焊件相互焊接的焊缝，不得作为双面焊缝标注。其焊缝符号和尺寸应分别标注

注　1. 焊缝尺寸符号：α—坡口角度；b—根部间隙；p—钝边；H—坡口深度；k—焊角高度；l—焊缝长度。

2. 焊缝横断面上的尺寸（如 p、H、k 等）标在图形符号的左侧；焊缝长度方向的尺寸（如 l 等）标在图形符号的右侧；坡口角度、根部间隙尺寸（α、b）标注在图形符号的上侧或下侧；在图形符号右侧如无任何标注，且又无任何说明时，表示焊缝是连续的。

3. 当箭头指向在焊缝所在的一侧时，应将图形符号和尺寸标注在横线的上方，反之，应标注在横线的下方。

当焊缝分布不规则时，在标注焊缝代号的同时，宜在焊缝处加中实线（表示可见焊缝），或加栅线（表示不可见焊缝），如图 10-40 所示。

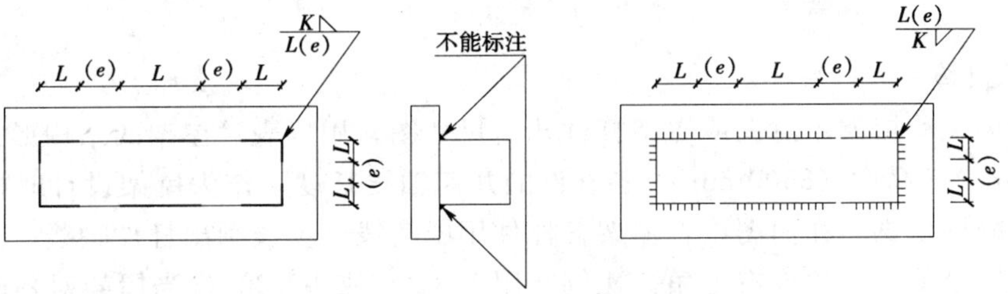

图 10-40　焊缝分布不规则时的画法和标注

三、尺寸标注

钢结构杆件的加工和连接安装要求较高，因此标注尺寸时应达到准确、清晰、完整。现将常见的标注方法列出，如图 10-41 所示。

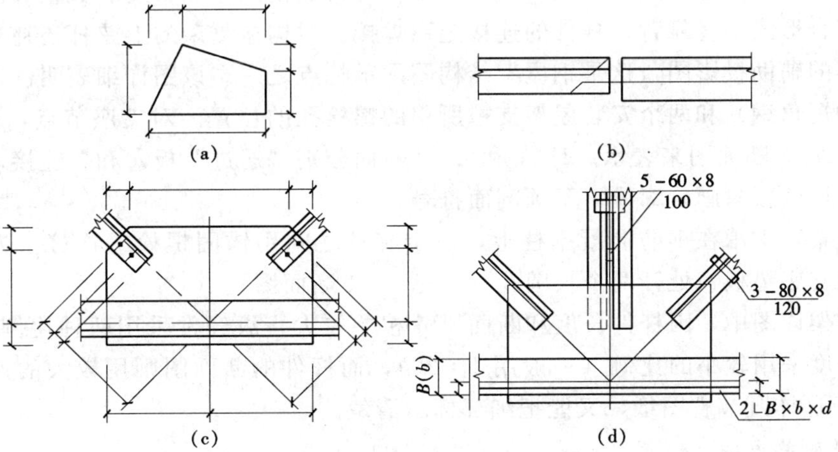

图 10-41　钢结构尺寸标注

如图 10 - 41（a）所示，切割的板材，应标明各线段的长度及位置。如图 10 - 41（b）所示，两构件的两根重心线很近，应在交汇处将其各自向外错开。如图 10 - 41（c）所示，节点尺寸，应标明节点板的尺寸和各杆件螺栓孔中心或中心距，以及杆件端部至几何中心线交点的距离。如图 10 - 41（d）所示双型钢组合断面的杆件，应注明连接板的数量及尺寸。不等边角钢杆件，必须注出角钢其中一肢的尺寸 B 和 b。

四、钢屋架结构图

钢屋架是在较大跨度建筑的屋盖处常用的结构形式，常用的钢屋架有三角形屋架和梯形屋架。

钢屋架一般由型钢通过节点板、以焊接或铆接的连接方法，将各个杆件汇集在一起制作而成的。屋架的下面水平杆称为下弦杆，上面的斜杆称为上弦杆，中间杆件统称为腹杆，有竖杆和斜杆之分。各杆件连接的部位称为节点。

钢屋架结构详图是表示钢屋架的形式、大小、型钢的规格、杆件的组合和连接情况的图样，其主要内容包括屋架简图、屋架详图（包括立面图和节点图）、杆件详图、连接板详图、预埋件详图以及钢材用量表等。现以某钢屋架结构详图，如图 10 - 42 所示为例，说明如下。

1. 屋架简图

屋架简图又称屋架示意图或屋架杆件几何尺寸图，用以表达屋架的结构形式，屋架跨度（13060mm），高度（2600mm），各杆件的几何轴线长度，作为屋架设计时杆件内力分析和施工放样的依据。在简图中，屋架各杆件用中实线（单线画出杆件轴线）画出，一般情况下放在图纸的左上角或右上角。比例常用 1 : 100 或 1 : 200。当屋架对称时，可采用对称画法。

2. 屋架详图

屋架的立面图一般用较大的比例画出。由于图 10 - 42 的屋架完全对称，所以只画出半个屋架，并将对称轴线上的节点结构画出，图中没有画对称符号。图中详细画出各杆件的组合、各节点的构造和连接情况，以及每个杆件的型钢型号、长度和数量等。图中所示各杆件的组合形式是背靠背。杆件的连接全用焊接。对构造复杂的上弦杆还补充画出上弦杆斜面实形的辅助投影图，这是钢屋架结构图图示特点之一。该图详细表明檩条托（用来托住檩条的短角钢）和两个安装屋架支撑所用的螺栓孔的位置。对支座节点，另作出 1—1 断面图和 2—2 断面图来表示。1—1 和 2—2 断面分别“通过”板⑳和⑭连接，在断面图上，按规定该两板只画轮廓线，不画剖面符号。

这个屋架，支承在钢筋混凝土柱上，屋架和柱之间用锚固螺栓㉓连接。为了便于安装，在左侧支座垫板⑳处开两个长圆孔（详见 1—1 断面图）。

在钢屋架详图中，因杆件长度和断面尺寸相差较大，故经常采用两种比例绘制图样。屋架轴线长度采用较小的比例（一般用 1 : 20），而杆件的断面图则用较大的比例（一般用 1 : 10）。这样既节省图纸，又能把细部标示清楚。

3. 钢屋架节点图

现以节点 2 为例（如图 10 - 43 所示），介绍钢屋架节点图的图示内容及方法。

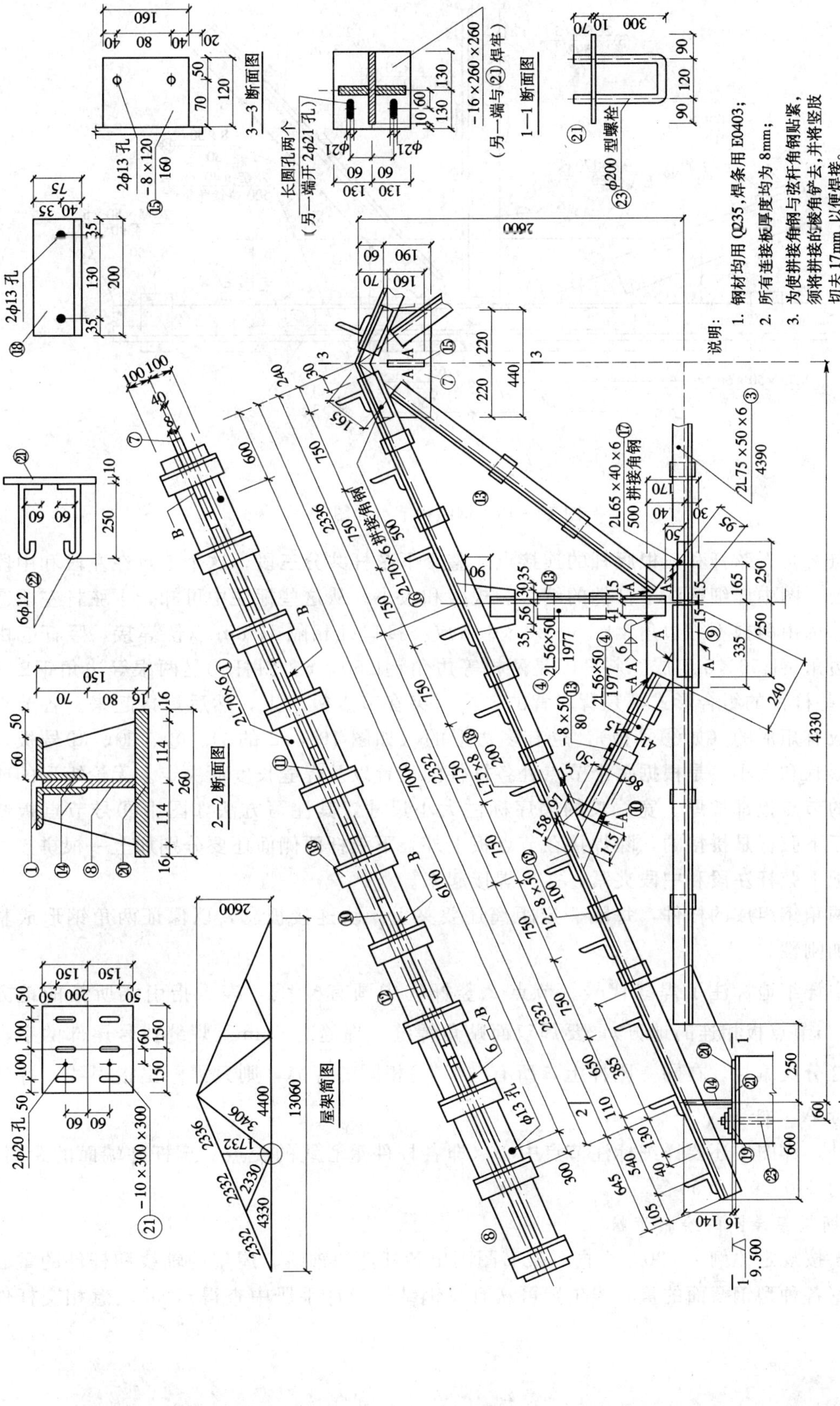

说明：

1. 钢材均用 Q235，焊条用 E0403；
2. 所有连接板厚度均为 8mm；
3. 为使拼接角钢与弦杆角钢贴紧，须将拼接角钢的棱角铲去，并将竖肢切去 17mm 以便焊接。

WJ 1∶20 1∶10

图 10－42　钢屋架详图

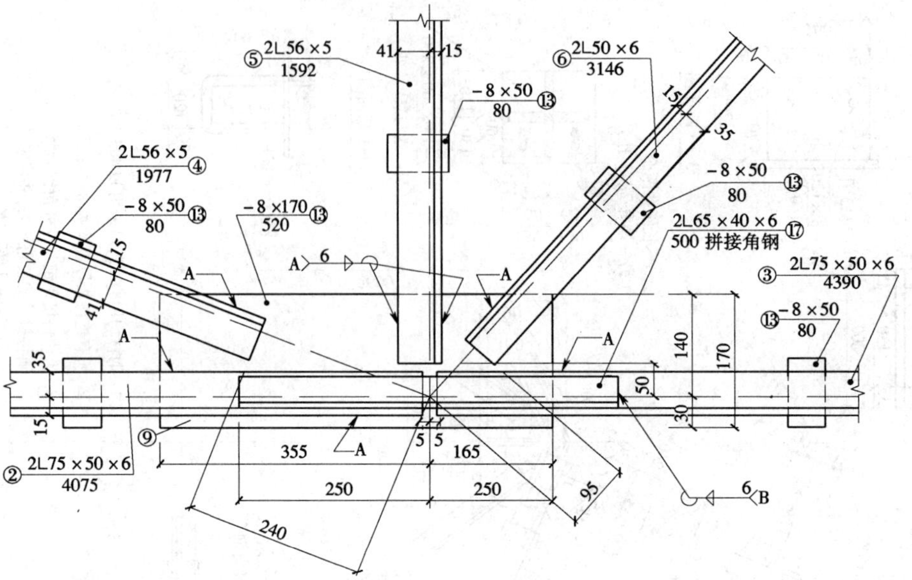

图 10-43　钢结构节点详图

节点 2 是下弦杆和三根腹杆的连接点。整个下弦杆共分三段，这个节点在左段和中段的连接处。图中详细标注了杆件的编号、规格和大小。从这些标注中可知，下弦杆左段②和中段③都由两根不等边角钢L75×50×6 组成，接口处相隔 10mm 以便焊接。竖杆⑤由两根等边角钢L56×5 组成。斜杆⑥是两根等边角钢L50×6。斜杆④是两根等边角钢L56×5。这些杆件的组合形式都是背对背的，同时夹在节点板⑨上，然后焊接起来。各节点的节点板有矩形的（如⑨号板），也有多边形的（如图 10-42 的⑦、⑧、⑩、⑪号板）。它们的形状和大小，是根据每个节点处各杆件的位置以及焊缝长度而决定。无论矩形的或多边形的节点板都按厚、宽、长的顺序标注大小尺寸，其注写方法如图中⑨号节点板所示。由于下弦杆是拼接的，除焊接在节点板上外，下弦杆两侧面还要分别加上一根拼接角钢⑰，把下弦杆左段和中段夹紧，并且焊接起来。

由两角钢组成的杆件，每隔一定距离还要夹上一块连接板⑬，以保证两角钢形成整体，增加刚性。

图中详细地标注了焊缝代号。节点 2 竖杆⑤中画有A>6▷◯，表示指引线所指的地方（即竖杆与节点板相连的地方），要焊双面贴角焊缝，焊缝高 6mm。焊缝代号尾部的字母 A 是焊缝分类编号。在同一图样上，所有与A>6▷◯相同的焊缝，则只需画出指引线，并注一个字母 A，如A—。

此外，详图中还要详细标注节点中心（即各杆件重心线的交点）至杆件端面的距离，如图中的 240、95 和 50 等。

4. 钢屋架详图的绘制步骤

（1）按规定比例 1∶20，根据屋架简图画出各杆件的轴线。屋架的轴线和杆件的重心线重合（各种型钢截面的重心线位置可从有关钢结构设计手册中查得），并注意相交杆件的轴线应相交于一点。

（2）根据杆件的型号、重心线位置和节点中心至杆件端面的距离，画出各杆件的轮廓线。然后画节点板、拼接角钢、连接板等。

（3）画出上弦杆的辅助投影图，支座、屋脊两节点的断面图和支座锚固螺栓详图。有时还要画出节点板的详图。

（4）标注焊缝代号、图形符号和尺寸。

（5）加粗线型，注写尺寸、材料代号、编号、比例以及有关的文字说明。

第十一章 设备施工图

第一节 给水排水工程图

一、概述

1. 给水排水工程简介

给水排水工程包括给水工程、排水工程和建筑给水排水工程三个方面。给水工程是指水源取水、水质净化、净水输送、配水使用等工程；排水工程是指污（废）水（生活、粪便、生产等污水）排除、污水处理、处理后的污水排入江河湖泊等工程；建筑给水排水工程是指建筑给水、建筑排水、热水供应、消防用水及屋面排水等工程。给水排水工程由各种管道及其构配件和水的处理、储存设备等构成。

2. 给水排水工程图的分类

给水排水工程的设计图，按其工程内容的性质来分，可分为下面三类图样。

（1）建筑给水排水工程图。建筑给水排水工程通常是指从室外给水管网引水到建筑物内的给水管道；建筑物内部的给水及排水管道；自建筑物内排水到窨井之间的排水管道以及相应的卫生器具和管道附件。一般包括：建筑内部的给水系统、排水系统、建筑消防系统、热水供应系统、建筑雨水排水系统等。建筑给水排水工程设计图一般包括管道系统平面图、管道系统轴测图、卫生设备或用水设备等安装详图。

（2）室外给水排水工程图。室外给水排水工程图主要显示敷设在室外地下的各种管道的平面及高程布置，一般有城镇街坊区内的街道干管平面图、工矿企业内的厂区管道平面图，以及相应的管道纵剖面图和横剖面图，此外还包括管道上附属设备如消火栓、闸门井、窨井、排放口等施工图。

（3）水处理工程图。水处理工程图主要包括水处理工程总图、水处理构筑物工艺图及其详图。水处理构筑物工艺图是指自来水厂和污水处理厂的设计图。如水厂内各个处理构筑物和连接管道的总平面布置图；反映高程布置的流程图；还有取水构筑物、投药间、泵房等单项工程平面、剖面等设计图；以及给水及污水的各种处理构筑物（如沉淀池、过滤池、曝气池等）的工艺设计图等。

3. 绘制给水排水施工图的一般规定

（1）图线。①在给水排水施工图中一般新建给水管道采用粗实线，排水管道采用粗虚线，雨水管道采用粗点划线；②给排水设备、原有给水排水管线采用中实线（可见）、中虚线（不可见）；③建筑物、构筑物的轮廓线，被剖切的建筑构造轮廓线采用细实线（可见）、细虚线（不可见）绘制；④尺寸、图例、标高、设计地面线等采用细实线；⑤细点划线、折断线、波浪线的使用与建筑图相同。

（2）比例。给水排水工程图的比例是根据管道和卫生器具布置的复杂程度和画图需要进行选择。

常见的比例见表 11－1。

表 11－1　　给水排水施工图常用的比例

名　　称	比　　例
厂区（小区）总平面图	1∶2000、1∶1000、1∶500、1∶200
管道纵剖面图	横向 1∶1000、1∶500；纵向 1∶200、1∶100、1∶50
室内管道平、剖面图	1∶300、1∶200、1∶100、1∶50
管道系统轴测图	1∶200、1∶100、1∶50 或不按比例
流程图或原理图	无比例
设备加工图	1∶100、1∶50、1∶40、1∶30、1∶20、1∶10、1∶2、1∶1
详图	1∶50、1∶40、1∶30、1∶20、1∶10、1∶5、1∶3、1∶2、1∶1、2∶1

（3）标高。①单位：米。一般标注至小数点后第三位。在总图中可标注至小数点后两位；②标注位置：应在管道的起讫点、转角点、连接点、变坡点、交叉点等处标注标高。压力管道宜标注管中心标高，室内外重力管道宜标注管内底标高；必要时，室内架空重力管道可标注管中心标高，例如室内排水管道可标注管中心标高，但图中应加以说明；③标高种类：室内管道应标注相对标高；室外管道宜标注绝对标高，无资料时可标注相对标高，但应与总建筑图一致；④标注方法：平面图、剖面图、系统轴测图分别按图 11－1 的方式标注。

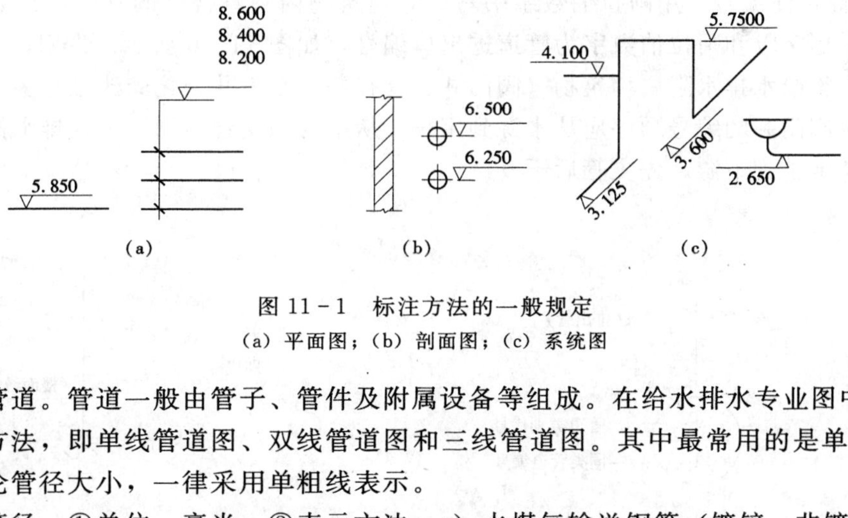

图 11－1　标注方法的一般规定

（a）平面图；（b）剖面图；（c）系统图

（4）管道。管道一般由管子、管件及附属设备等组成。在给水排水专业图中，管道有三种图示方法，即单线管道图、双线管道图和三线管道图。其中最常用的是单线管道图。本书中无论管径大小，一律采用单粗线表示。

（5）管径。①单位：毫米；②表示方法：a）水煤气输送钢管（镀锌、非镀锌）、铸铁管等管材，管径宜以公称直径 DN 表示（如 DN15、DN50 等）；耐陶瓷管、混凝土管、钢筋混凝土管、陶土管等，管径应以内径 d 表示（如 d230、d380 等）；b）焊接钢管、无缝钢管等，管径应以外径×壁厚表示（如 D108×4、D159×4.5 等）；③标注位置：在图纸上管径一般标注在下述位置处。a）管径变径处；b）水平管道标注在管道的上方，斜管道标注在管道的斜上方，立管道标注在管道的左侧，如图 11－2 所示。当管径无法按上述位置标注时，可另找适当位置标注。多根管线的管径可用引出线进行标注，如图 11－3 所示。

（6）管道坡度及坡向的表示方法。管道的坡度及坡向表示管道的倾斜的程度和坡度方向。标注坡度时，在坡度数字下，应加注坡度的符号。坡度符号的箭头一般指向下坡方向，如图 11－4 所示。

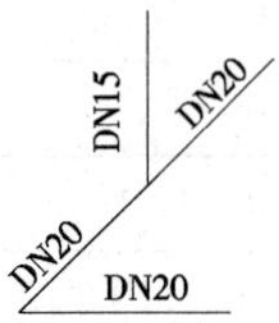

图 11－2 管径标注位置

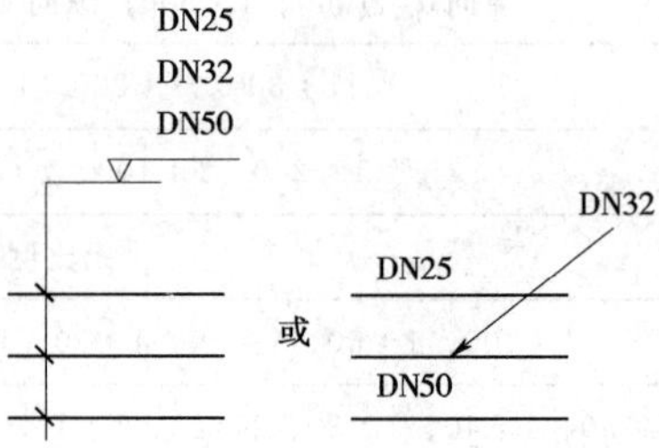

图 11－3 多根管线管径标注位置

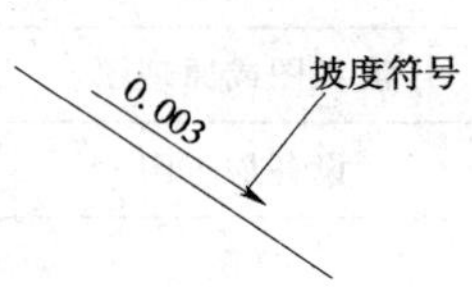

图 11－4 坡度及坡向表示方法

（7）管道编号。①一般给水管道用字母“J”表示；污水管及排水管用字母“W”、“P”表示；雨水管道用字母“Y”表示；②在底层给水排水平面图中，当建筑物的给水引入管和污水排出管的数目多于一个时，应对每一个给水引入管和污水排出管进行编号。系统的划分，一般给水系统以每一个引入管为一个给水系统，排水系统以每一根排出管为一排水系统。给水系统和排水系统的编号见图 11－5，在直径约为 12mm 的细实线圆圈内画一条水平直径线（细实线），线上面标注管道种类，如给水系统写“给”或汉语拼音字母“J”，线下面标注编号，用阿拉伯数字书写；③建筑物内垂直楼层的立管，其数量多于一个时，也采用字母和阿拉伯数字为管道进出口编号，如图 11－6 所示。“WL－1”为 1 号污水立管；④给水排水附属构筑物（阀门井、检查井、水表井、化粪池等）多于一个时应编号。给水阀门井的编号顺序应从水源到用户，从干管到支管再到用户。排水检查井的编号顺序应从上游到下游，先支管后干管。

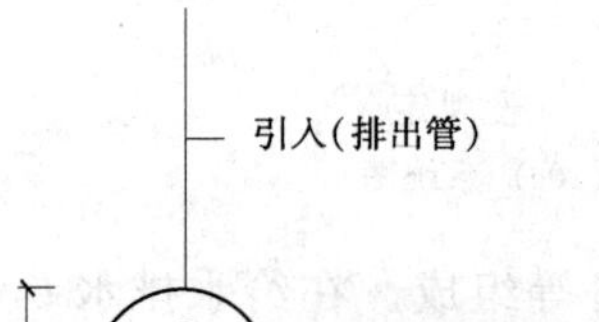

图 11－5 给水引水管（排水排出管）编号表示法

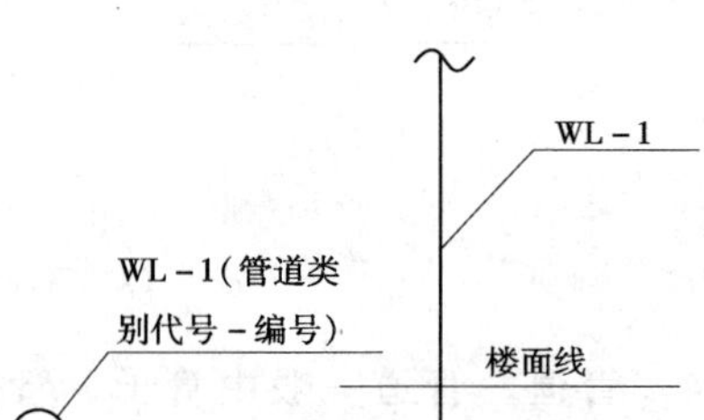

图 11－6 立管编号表示法
(a) 平面图；(b) 轴测图

（8）管道连接方式。常用的管道连接方式有法兰连接、承插连接、螺纹连接和焊接等方式，其连接符号见表 11－2。

表 11-2　　管道连接符号

序号	名称	图例	说明
1	法兰连接	─╫─	管道画成连线，接头处不断开，画两条平行细线
2	承插连接	─)─	管道画成连线，接头处画半圆弧细线
3	螺纹连接	─┼─	接头处画一条细线
4	焊接	─•─	接头处画一个点

二、室内给水工程图

1. 室内给水系统的组成

室内给水系统根据供水对象的不同，可分为生产、生活和消防三种给水系统。在一幢建筑物内并不一定单独设置三个独立的给水系统，往往设置生产与生活、生产与消防、生活与消防或三者并用的给水系统。

室内给水系统一般由下列各部分组成，如图 11-7 所示。

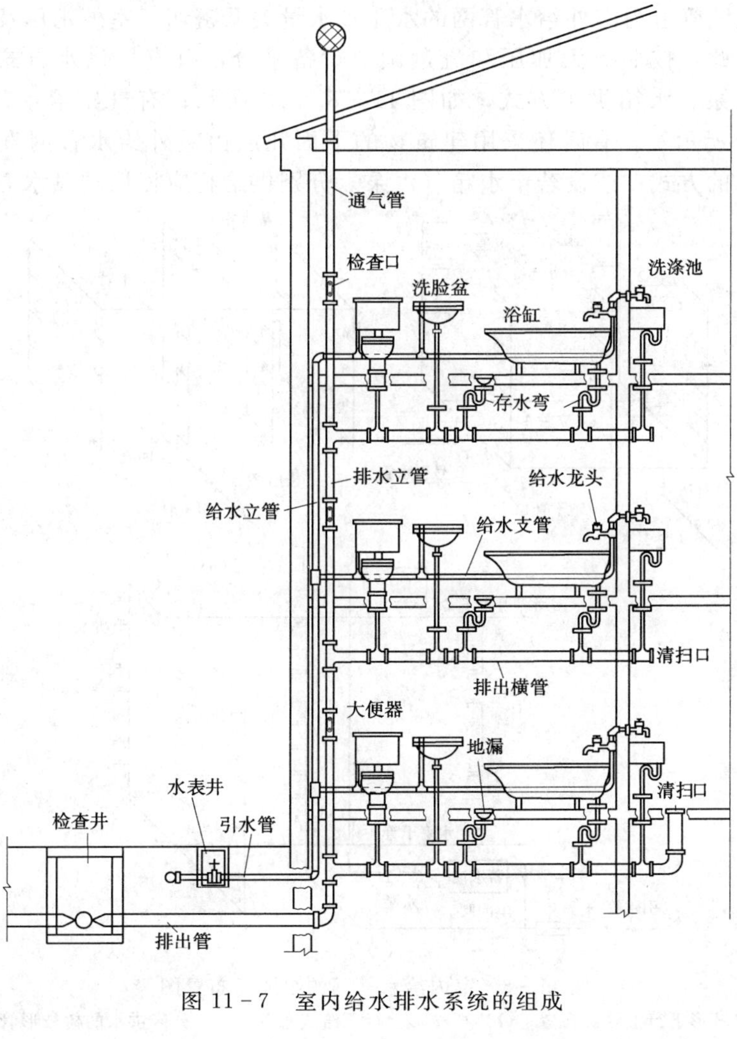

图 11-7　室内给水排水系统的组成

(1) 引入管。自室外(厂区、校区、住宅区等)给水管网引入到建筑物内部的一段水平管。引入管应有不小于0.003的坡度,坡向室外给水管网。每条引入管都应安装阀门,必要时还要装设泄水装置,便于管网检修时泄水。

(2) 水表节点。水表节点是指引入管上装设的水表及其前后装设的闸门、泄水装置等总称。水表用以记录用水量;闸门可以关闭管网,以便修理和拆换水表;泄水装置用于检修时放空管网、检测水表精度及测定进户点压力值。

(3) 给水管道。包括干管、立管、支管。

(4) 给水附件及设备。包括给水管道上的闸阀、单向阀、各种配水龙头及分户水表等。

(5) 升压及贮水设备。在室外给水管网压力不足或室内对安全供水、水压稳定有要求时,需设置各种附属设备,如水箱、水泵、气压装置、蓄水池等升压和贮水设备。

(6) 室内消防设备。按照建筑物的防火等级要求,需要设置消防给水时,一般应设消火栓消防设备。有特殊要求时,还应专门装设自动喷水消防或水幕消防设备。

2. 室内给水系统管道的布置方式

室内给水系统管道与室外给水管网的水压和水量关系密切,室外水压及流量大,则室内无需加压,因此,按照有无加压和流量调节设备来分,有直接供水方式,如图11-8(a)所示;有水泵、水箱供水方式,如图11-8(b)所示;有气压给水装置供水方式,如图11-8(c)所示等。有时还采用建筑物的下面几层由室外给水管网直接供水,上面几层设水箱供水的方式;或设若干水箱(水泵)分别供给相应楼层的供水方式,习惯上称

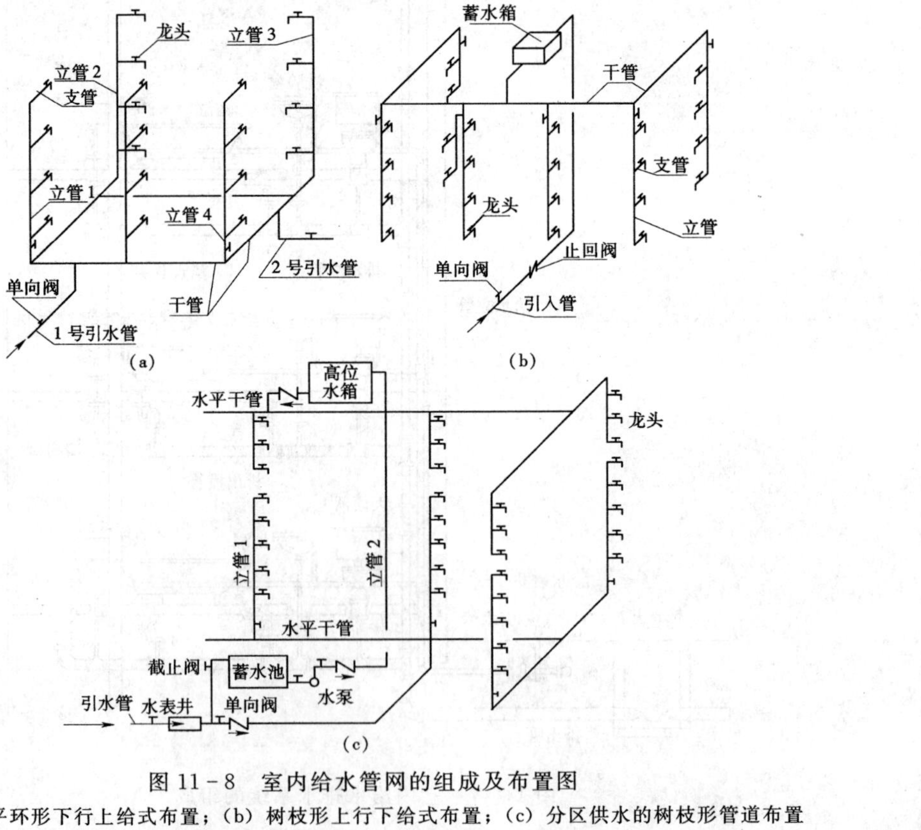

图11-8 室内给水管网的组成及布置图

(a) 水平环形下行上给式布置;(b) 树枝形上行下给式布置;(c) 分区供水的树枝形管道布置

这样的供水方式为“分区供水”，如图11－8（c）所示。

按照水平配水干管敷设位置不同，可分为下行上给式和上行下给式两种。下行上给式的干管敷设在地下室或第一层地面下，一般用于住宅、公共建筑以及水压能满足要求无需加压的建筑物。上行下给式的干管敷设在顶层的顶棚上或阁楼中，由于室外管网给水压力不足，建筑物上需设置蓄水箱或高压水箱和水泵，一般用于多层及以上民用建筑、公共建筑（澡堂、洗衣房）或生产流程不允许在底层地面下敷设管道，以及地下水位高，敷设管道有困难的地方。

按照配水干管或配水立管是否互相连接成环来区分，又分成环形和树枝形。前者配水干管或立管互相连接成环，组成水平干管或立管环状；后者的干管或立管则互相不连接成环，造价较低，但可能间断供水。

由此可见，不同的供水方式和各种配水管网布置形式可以组合成多种室内给水管道布置方式。如图11－8（a）所示为直接供水的水平环形下行上给式给水系统布置方式，如图11－8（b）所示为设有水箱、水泵供水的树枝形上行下给式给水系统布置方式，如图11－8（c）所示是设有水箱、水泵的分区供水的树枝形式给水系统布置方式。

3. 室内管道的布置原则

（1）管道布置时应力求长度最短，尽可能呈直线走向，并与墙、梁、柱平行敷设。

（2）给水立管应尽量靠近用水量最大设备处或不允许间断供水的用水处，以保证供水可靠，并减少管道传输流量，使大口径管道长度最短。

（3）一幢单独建筑物的给水引入管，应从建筑物用水量最大处引入。当建筑物内卫生用具布置比较均匀时，应在建设物中央部分引入，以缩短管网向不利点的输水长度，减少管网的水头损失。

4. 室内给水系统管道平面布置图

（1）图示内容。室内给水系统管道平面布置图主要表明建筑物内部给水管道及用水设备的平面布置情况，主要包括以下几方面：

1）室内用水设备的类型、数量及平面位置。

2）室内给水系统中各个干管、立管、支管的平面位置、走向、立管编号和管道的安装方式（明装或暗装）。

3）管道器材设备如阀门、消火栓等的平面位置。

4）给水引入管、水表节点的平面位置、走向及与室外给水管网的连接（底层平面图）。

5）管道及设备安装预留洞的位置、预埋件、管沟等方面对土建的要求。

（2）图示方法。主要包括以下几方面：

1）给水系统平面图的比例。给水管道平面图的比例一般采用与建筑平面图相同的比例，常用1∶100，必要时也可采用1∶50、1∶200、1∶150等。

2）给水系统平面图的数量。多层建筑物的给水系统平面图，原则上应分层绘制。对于管道系统和用水设备布置相同的楼层平面可以绘制一个平面图，但必须注明适用的楼层，如标准层给水系统平面图。底层给水系统平面图必须单独画出。当屋顶设有水箱及管道时，应单独画出屋顶给水系统的平面图，如果管道布置不复杂时，可在标准层平面图中用双点划线画出水箱的位置。底层给水系统平面布置图一般应画出整幢房屋的建筑平面图，其余各层可只画出布置有用水设备及管道的局部平面图。

3）给水系统平面图中的建筑平面图。在给水系统平面图中所画的房屋平面图，只作为管道系统及用水设备平面布置和定位的基准，因此表示房屋的墙、柱、门窗、楼梯等均用细实线绘制。

4）给水系统平面图中的用水设备、卫生器具：①用水设备中的洗脸盆、大便器等都是工业产品，不必详细表示，可按规定图例绘制；而现场浇筑的用水设备（如污水池），其详图由建筑专业设计人员绘制，在给水系统平面图中只画出其主要轮廓即可；②用水设备、卫生器具的图线采用中实线绘制。常用的室内给水排水图例如表 11-3 所示。

表 11-3　　**室内给水排水常用图例**

名称	图例	说　明
管道		用于一张图上，只有一种管道
	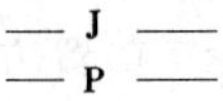	用汉语拼音字头表示管道类别
		用线型区分管道类别
交叉管	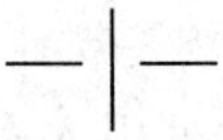	管道交叉不连接，在下方和后方的管道应断开
管道连接	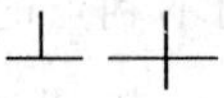	左为三通 右为四通
管道立管	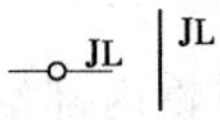	J：管道类别 L：立管
管道固定支架		
多孔管		
存水弯	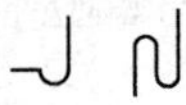	
检查口	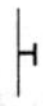	
清扫口		左为平面 右为系统
通气帽	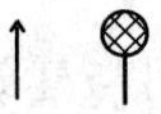	左为成品 右为铅丝球
圆形地漏		左为平面 右为系统
截止阀	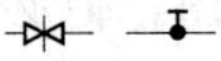	左为 $DN \geqslant 50$ 右为 $DN < 50$
闸阀		
止回阀	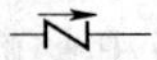	

名称	图例	说　明
放水龙头	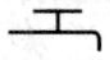	
室内单出口消防栓	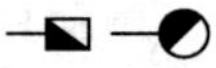	左为平面 右为系统
室内双出口消防栓	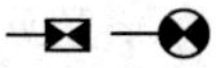	左为平面 右为系统
自动喷淋头	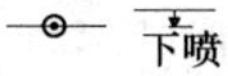	左为平面 右为系统
淋浴喷头	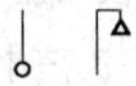	
水表		
立式洗脸盆		
浴盆	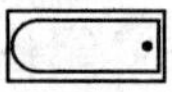	
污水池		
盥洗槽	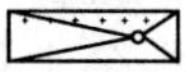	
小便槽		
小便器		
大便器		左为蹲式 右为坐式
延时自闭阀		
柔性防水套管	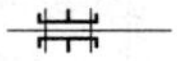	
可曲挠接头		
阀门井 检查井	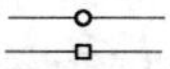	
水表井		

5）给水系统平面图中的管道。①给水系统平面图是水平剖切房屋后的水平投影。各种管道不论在楼面（地面）之上或之下，都不考虑其可见性。即每层平面图中的管道均以连接该层用水设备的管路为准，而不是以楼层地面为分界。如属本层使用、但安装在下层空间的排水管道，均绘于本层平面图上；②一般将给水系统和排水系统绘制于同一平面图上，这对于设计和施工以及识读都比较方便；③由于管道连接一般均采用连接配件，往往另有安装详图，平面图中的管道连接均为简略表示，具有示意性。

6）尺寸标注。①在给水排水管道平面图中应标注墙或柱的轴线尺寸，以及室内外地面和各层楼面的标高；②卫生器具和管道一般都是沿墙或靠柱设置的，不必标注定位尺寸（一般在说明中写出），必要时，可以以墙面或柱面为基准标注尺寸。卫生器具的规格可注在引出线上，或在施工说明中说明；③管道的管径、坡度和标高均标注在管道系统轴测图中，在管道系统平面图中不必标出；④管道长度尺寸用比例尺从图中量出近似尺寸，在安装时则以实测尺寸为准，所以在管道系统平面图中也不标注管道的长度尺寸。

5. 室内给水系统轴测图的图示内容和图示方法

（1）图示内容。室内给水系统轴测图是给水排水工程施工图中的主要图纸，主要表示给水管道系统在室内的具体走向，干管的敷设形式。各管段的管径及变化情况，引入管、干管、各支管的标高，以及各种附件在管道上的位置。

（2）图示方法，有以下几种方法：

1）轴向选择。管道系统轴测图一般采用正面斜等轴测图绘制。*OX* 轴处于水平方向，*OY* 轴一般与水平线呈 45°（也可以呈 30°或 60°），*OZ* 轴处于铅垂方向。三个方向的轴向伸缩系数均为 1。

2）比例。①管道系统轴测图的绘制比例一般采用与管道系统平面图相同的比例，当管道系统比较复杂时也可以放大比例；②当采用与平面图相同的比例时，*OX*、*OY* 轴向尺寸可直接从平面图上量取，*OZ* 轴向的尺寸可依层高和设备安装高度量取。

3）系统轴测图的数量。系统轴测图的数量是按给水引入管（排水管道系统轴测图应考虑污水排出管）的数量而定。管道系统轴测图的每一个编号都应与管道系统平面图中的编号相一致。

4）系统轴测图中的管道。①管道的画法与平面图一样，给水管道用粗实线表示，给水管道上的附件（如闸阀、水龙头等）用图例表示。用水设备可不画；②当空间交叉管道在图中相交时，应在相交处将被挡在后面或下面的管线断开；③当各层管道布置相同时，不必逐层重复画出，只需在管道省略折断处标注“同某层”即可。各管道连接的画法具有示意性；④当管道过于集中，无法表达清楚时，可将某些管段断开，移至其他位置画出，但应在断开处给以明确标记。

5）在系统图中墙和楼板、地面的画法。在系统图中还应画出被管道穿过的墙、柱、地面、楼面和屋面的位置，他们一般用细实线画出，其表示方法如图 11－6 所示。

6）尺寸标注。①管径：系统轴测图中所有管段均需标注管径，当连续几段管段的管径相同时，可仅标注两端管段的管径，中间管段管径可省略不用标注；②标高：给水管道系统轴测图中标注的标高是管道中心标高，一般要注出横管、阀门、水龙头和水箱各部位的标高。此外，还要标注室内地面、室外地面、各层楼面和屋面的标高；③凡有坡度的横管都要标注出其坡度。一般室内给水横管不设坡度，室内排水横管设有坡度。

7）图例。管道系统平面图和管道系统轴测图应列出统一的图例，图例的大小要一致。

三、室内排水工程图

1. 室内排水系统的组成与分类

室内排水系统，根据排水性质的不同可分为生活污水系统、工业废水系统和雨水管道系统。室内排水体制分为分流制和合流制：分流制是分别单独设置生活污水、工业废水和雨水管道系统；合流制是将其中任意两种或三种管道系统组合在一起。

室内排水系统一般由以下几个基本部分组成：

(1) 污（废）水收集器：各种卫生器具、排放生产废水的设备、雨水斗及地漏等。

(2) 器具排水管：卫生器具和排水横管之间的短管，除坐式大便器外，一般都有P式或S式存水弯。

(3) 排水横支管：连接器具排水管和立管之间的水平管段。排水横支管应有一定的坡度，坡向排水立管。

(4) 排水立管：接受各横支管排放的污水，然后送往排出管。排水立管通常在墙角处明装，一般靠近杂质最多、最脏及排水量最大的排水点处。有特殊要求时，也可以在管槽或管井中暗装。

(5) 排出管：是室内排水立管与室外检查井之间的连接管段。通常为埋地敷设，有一定的坡度，坡向室外检查井。

(6) 通气管：是排水立管上端延伸出屋面的一段立管。当排水横管上连接的卫生设备较多、卫生条件要求较高的建筑及高层建筑应设辅助通气管。

(7) 清扫设备：为疏通排水管道而设置的检查口和清扫口。检查口在立管上应每隔两层设置一个，每个检查口的设置高度为距地面1m；清扫口设置在具有两个及两个以上大便器或三个及三个以上卫生器具的排水横管上。

2. 室内排水系统平面图的图示内容和图示方法

(1) 图示内容。室内排水系统平面图主要表明建筑物内排水管道及卫生器具的平面布置情况。主要内容包括以下几方面：

1）室内卫生设备的类型、数量及平面位置；

2）室内排水系统中各个干管、立管、支管的平面位置、走向、立管编号和管道的安装方式（明装或暗装）；

3）管道器材设备如地漏、清扫口等的平面位置；

4）污水排出管平面位置和走向及与室外排水管网的连接（底层平面图）；

5）管道及设备安装预留洞的位置、预埋件、管沟等方面对土建的要求等。

(2) 图示方法。排水系统平面图的图示方法与给水系统平面图图示方法相同，这里不再详述。只是在绘制排水管道时用粗虚线表示。

3. 室内排水系统轴测图的图示内容和图示方法

(1) 图示内容。室内排水系统轴测图表示了排水管道系统在室内的具体走向，管路的分支情况、管径尺寸、横管坡度、管道各部分标高、存水弯形式、清通设备的设置情况等。

（2）图示方法。排水管道系统轴测图的图示方法与给水管道系统轴测图的图示方法相同，这里不再详述。只是在标注标高时，排水管道系统轴测图中，横管的标高一般由卫生器具的安装高度和管件尺寸所决定，不必标注。必要时，室内架空排水管道可标注管道中心标高，但图中应加以说明。对于检查口和排出管起点（管内底）的标高，均须标出。

4. 室内给水排水详图

以上所介绍的室内给水排水系统平面图、系统轴测图中，都只是显示了管道系统的布置情况，对于卫生器具的安装、管道连接等，需要绘制能提供施工依据的安装详图。

详图要求详尽、具体、明确、视图完整、尺寸齐全、材料规格注写清楚，并附以必要的说明。

一般常用的卫生器具及设备安装详图，可直接套用给水排水国家标准图集或有关详图图集，无需自行绘制。选用标准图时只需在图例或说明中注明所采用图集编号即可。

四、室内给水排水施工图的阅读

1. 阅读室内给水排水施工图的一般方法

（1）熟悉图纸目录，了解设计说明，在此基础上将平面图与系统轴测图联系起来对照阅读。

（2）应按给水系统和排水系统分别识读；在同系统中应按编号依次识读

1）给水系统。识读室内给水系统时根据给水管道系统的编号，从给水引入管开始按照水的流向，顺序进行。即从给水引入管经水表节点、水平干管、立管、横支管直至用水设备；

2）排水系统。识读室内排水系统是根据排水管道系统的编号，从卫生器具开始按照水的流向，顺序进行。即从卫生器具开始经存水弯、水平横支管、立管、排出管直至检查井。

（3）在施工图中，对于某些常见的管道器材、设备等细部的位置、尺寸和构造要求，往往是不加说明的，而是遵循专业设计规范、施工操作规程等标准进行施工，读图时欲了解其详细做法，需参照有关标准图和安装详图。

2. 阅读室内给水排水施工图工程实例

（1）阅读给水排水施工图的图纸目录。如表 11－4 所示是本教材选用的工程实例某办公楼的水施图纸目录。水施图共有两张 A1 图纸，水施—1 包括给排水设计总说明、给排水系统轴测图、一层给排水平面布置图、图例、材料表；水施—2 包括二、三层给排水平面布置图、卫生间平面大样图。

表 11－4　　某办公楼水施图纸目录

序号	图号	图纸名称	图纸规格	备注
1	水施—1	给排水设计总说明　给排水系统图	A1	
		一层给排水平面布置图　图例　材料表		
2	水施—2	二层给排水平面布置图　卫生间平面大样	A1	
		三层给排水平面布置图		

（2）阅读给排水设计总说明。表 11－5 是某办公楼给排水设计总说明。表中详细说明设计依据、施工说明等内容。

表 11－5　　　　　　　　　　　　某办公楼给排水设计总说明

给排水设计总说明

一、设计依据

1. 设计规范执行：《建筑给排水设计规范》（GB 50015—2003）《建筑设计防火规范》（GB 50016—2006）《建筑灭火器配置设计规范》（GB 50140—2005）。

2. 设计依据：由本院提供的建筑平面施工图。

3. 给水系统：由城市管网直接供水，供水压力0.28MPa，本设计要求水压为0.16MPa。

4. 排水系统：采用伸顶通气排水系统，污废水合流排放，生活污水经化粪池处理后排入城市管网。

二、施工说明

1. 本工程尺寸单位：标高以米计，其余以毫米计，压力管道标高以管中心计，自流管道标高以管内底计。

2. 管材及连接：

（1）冷水管道采用聚丙烯塑料〈PP－R〉管，热熔连接，与用水器连接采用带金属嵌件的聚丙烯管丝接，管道公称压力等级为1.6MPa，阀门采用与给水阀门相匹配的阀门。

（2）热水管采用聚丙烯〈PP－R〉热水管，管道公称压力等级采用2.5MPa，冷热水管道敷设于面层内。

（3）生活排水管采用硬质聚氯乙烯塑料管及管件，承插粘接。排水立管每层设伸缩节，减噪器，排水横管长度超过3m时每3m设伸缩节一个。

（4）厨房内排水采用间接排水，给排水管道 De＞110的在穿楼板处加设阻火圈。

3. 管道固定：塑料给水管支吊架间距（管径　水平间距垂直间距）

De15 500 900　De20 550 1000　De25 650 1200
De32 800 1400　De40 950 1600　De50 1100 1800

4. 管道安装：

（1）给水立管穿楼板处加设钢套管高出地面20mm，卫生间高出地面50mm，水平管穿墙处钢套管两端与墙平。

（2）排水立管底部做300×300C20混凝土支墩，无法做支墩处做弯管托座。

（3）排水管件三通，四通采用顺水三通及四通，排水立管与排出端部的连接，采用两个45°弯头。

（4）排水地漏水封深度不得小于50mm，地漏应低于地面10mm。

5. 本工程按中危险级配置灭火器。灭火器配置等级为2A。灭火器箱内配置两具MF/ABC3磷酸铵盐手提式干粉灭火器。数量见材料表。

6. 选用标准图号：

地漏　宁 02S1－154－1
管卡大样　03S402－120
台式洗面盆　宁 02S1－41
管道支架　03S402－39.79
洗菜盆　宁 02S1－9
管道托架　03S402－51，52
通气帽　04S301－72（伞形）
管道吊架根部　03S402－12.13
坐便器　宁 02S1－88
洗衣机地漏　宁 02S1－154－1
防水套管　02S404－6
淋浴器　宁 02S1－81

7. 排水横管采用坡度：De50　$i=0.035$　De75　$i=0.025$　De110　$i=0.020$。

8. 管道水压试验：生活给水系统管道0.6MPa。

9. 水表设于室外检查井内，给水入户管覆土小于1.1m的部分采用30mm厚的聚氨酯泡沫塑料保温，做法见S159－14。

10. 施工安装及验收应严格执行。

《建筑给水排水及采暖工程施工质量验收规范》（GB 50242—2002）。

（1）图中选用的管材、器具、材料配件、应经国家检验合格的优秀产品。

（2）本说明未述之处，按国家有关施工验收规范执行。

（3）阅读材料表及图例。

表11－6为某办公楼的给排水设计材料表；表11－7是某办公楼给排水设计图例。

表 11－6　　　　　　　　　　　　某办公楼给排水设计材料表

序号	名　称	规　格	材料	单位	数量	备注
1	手提灭火器	磷酸　盐干粉灭火器		具	18	MF/ABC3 2A　每具3kg
2	止回阀	H41T—16　DN20		个	1	
3	浴盆			套	12	
4	双柄单孔厨房龙头	DN15	铜镀铬	个	3	
5	厨房单槽洗涤槽	800×560×240	陶瓷	套	3	
6	检查口	De110		个	12	
7	通气帽	De110		个	6	
8	坐便器	低水箱5#		套	15	
9	铜球阀	Q11F—6T DN20		个	15	

续表

序号	名　称	规　格	材料	单位	数量	备注
10	铜球阀	Q11F—6T DN40		个	1	
11	防返溢地漏	DN50（水封＞50mm）		个	15	
12	双柄 4″龙头	DN15	配套	个	15	
13	台上式洗脸盆	$A\times B=560\times 140$	陶瓷	套	15	

表 11－7　某办公楼给排水设计图例

	热水管		S形存水弯		检查口		放水龙头
	给水管				排水地漏		通气帽
	排水管		混合水龙头		止回阀		磷酸盐干粉灭火器

（4）阅读给排水系统平面图。室内给水排水施工图中的管道系统平面图和管道系统轴测图相辅相依，互相补充，共同表达屋内各种卫生器具和各种管道以及管道上各种附件的空间位置。在读图时要按照给水和排水的各个系统把这两种图纸联系起来互相对照，反复阅读，才能看懂图纸所表达的内容。

搞清各层平面图中哪些房间布置有卫生器具，布置的具体位置，地面和各层楼面的标高。如图 11－9 是某办公楼一层平面给排水系统平面布置图。图中有冷水给水管、热水给水管、污水排水管。各个单元分开引入与排出，总共有三单元三组给排水布置图。每个单元有

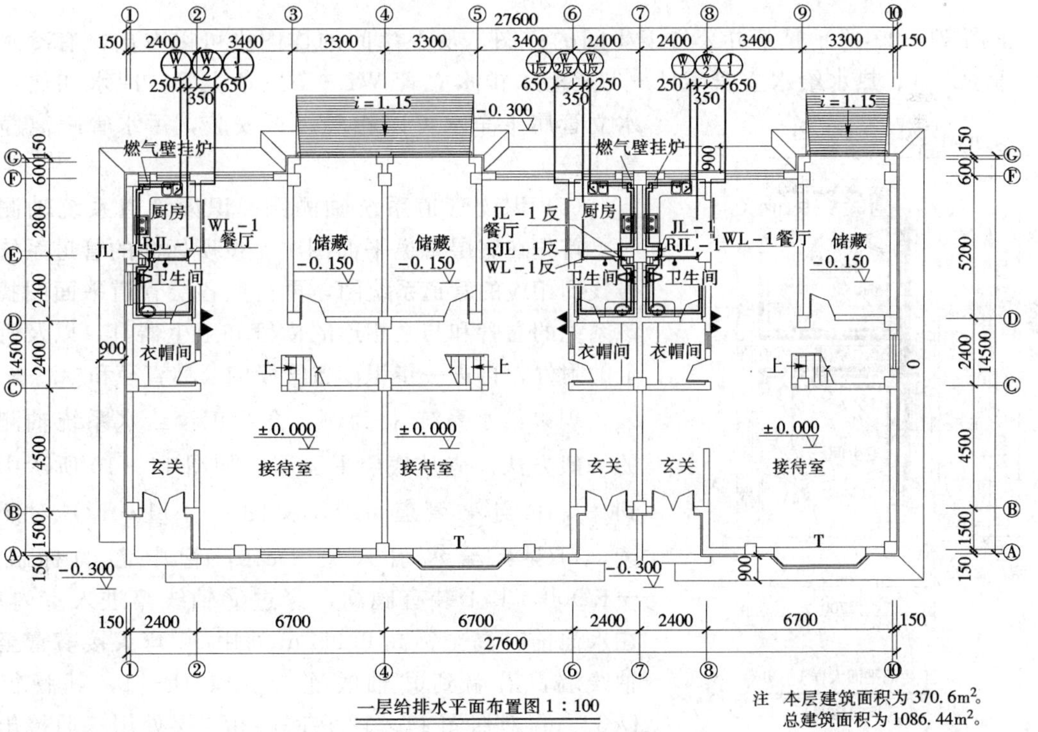

一层给排水平面布置图 1∶100

注　本层建筑面积为 370.6m²。
总建筑面积为 1086.44m²。

图 11－9　一层给排水平面布置图

下行上给式给水管一组、有热水管一组、有污水排水管两组（一层是两组排水管，二层和三层是一组排水系统）。各种卫生设备通常是用图例画出来的，它只能说明设备的类型，而不能具体表示各部分尺寸及构造。因此识读时必须结合详图或技术资料，搞清楚这些设备的构造接管方式和尺寸。

如图 11－10 所示是某办公楼第一单元各层给排水平面布置图。一层用水房间有厨房和卫生间；二层、三层用水房间设两个卫生间，其中一个卫生间设淋浴，另一个卫生间设盆浴。

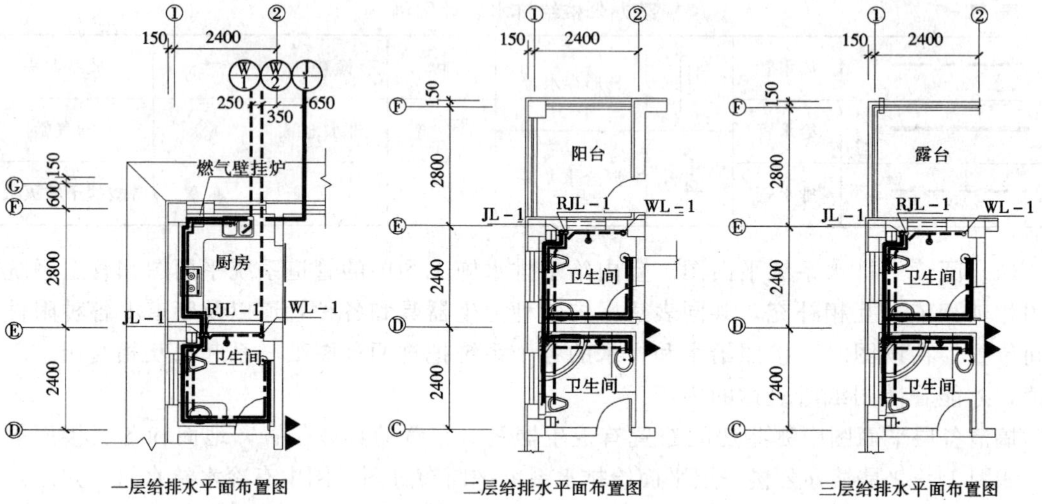

图 11－10 各层给排水平面布置图

如图 11－11 所示是某办公楼卫生间的详图，从卫生间的详图中可以看出，有冷水给水立管 JL—1、热水给水立管 RJL—1 及污水排水立管 WL—1 三条立管。冷水和热水给水立管属于净水可以相对靠近安装，污水管距离净水管比较远。

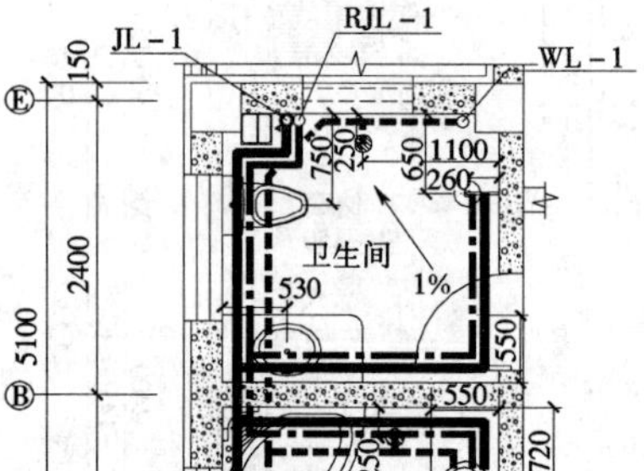

图 11－11 卫生间详图

（5）识读管道系统轴测图。识读管道系统轴测图时，首先在底层管道平面图中，按所标注的管道系统编号找到相应的管道系统图，再对照各层管道平面图找到该系统的立管和与之相连的横管和卫生器具，以及管道上的附件，再进一步识读各管段的公称直径和标高等。

现以给水系统$\frac{J}{1}$为例，介绍识读给水系统轴测图的一般方法。先从底层平面图，如图 11－10 所示中找到$\frac{J}{1}$，再与$\frac{J}{1}$管道系统轴测图（图 11－12）对照阅读，可见：给水引入管 De40，管中心的标高为－1.900，其上装有阀门，穿过Ⓕ轴线墙进入室内后，在水池前升高至标高 0.250m 处用 90°弯头接横管至①轴线墙，沿墙到Ⓔ轴线连接立管 JL—1，其管径为 De32。再对照图 11－12 在底层和二层处用三通接出进户横支管，上面安装上阀门和水表后，用 De25 的横支管连接厨房水池的放水龙头以及厕所浴缸的放水龙头和坐式大便器的水箱。

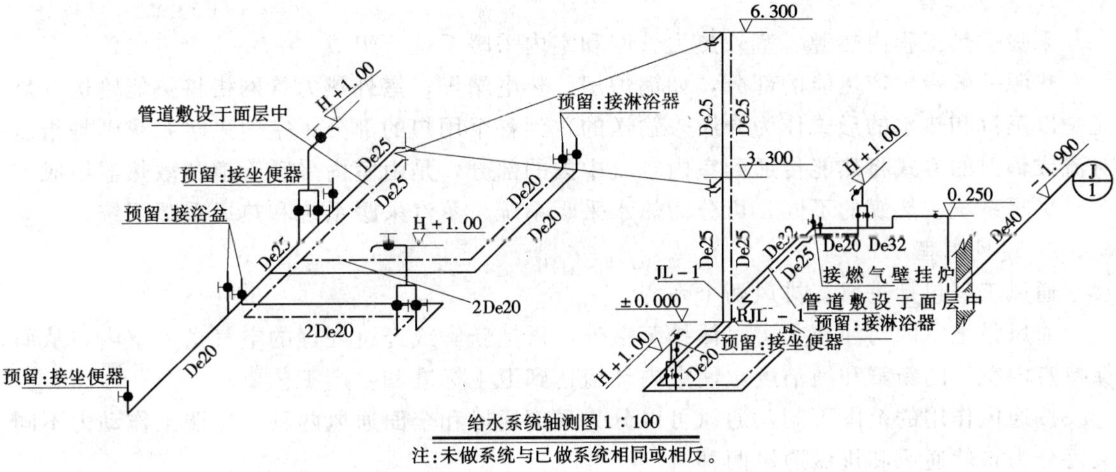

图 11-12　某办公楼给水系统轴测图

对于排水系统以$\frac{W}{2}$为例，先从底层平面图（图 11-10）中找出$\frac{W}{2}$，再与$\frac{W}{2}$的排水系统轴测图（图 11-13）对照阅读，可见$\frac{W}{2}$为某办公楼各层厕所的排水系统。各层厕所均设有浴缸和坐式大便器。其排水管道均在各层的楼层地面以下。大便器的排水管管径均为 De110，浴缸的排水管管径为 De50。二、三层浴缸大便器下面均用相应的 P 形存水弯与 De110 的横支管连接，各层的横支管与 De110 的立管 WL—1 连接，在标高—1.500处与 De110 的排出管连接后排入$\frac{W}{2}$检查井。在底层、三层和四层的立管 WL—1 上均装有检查口，在立管 WL—1 出屋面后的顶部装有通气帽。

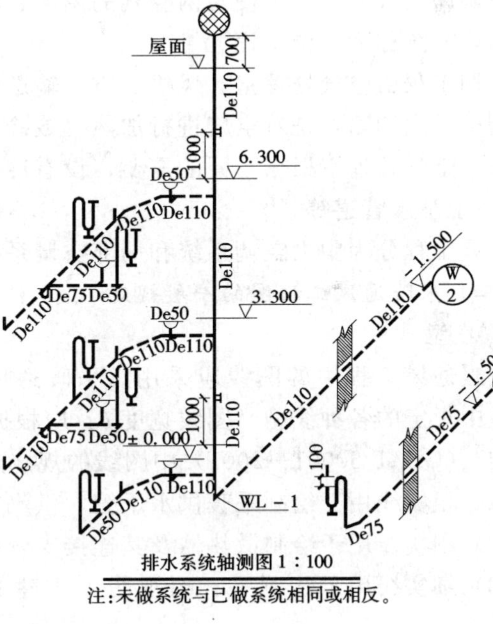

图 11-13　某办公楼排水系统轴测图

第二节　采暖通风施工图

一、概述

采暖通风工程是为了改善人们的生活和工作条件及满足生产工艺、科学实验的环境要求而设置的。随着经济建设的发展和生活水平的提高，采暖通风工程越来越成为建筑工程不可分割的一部分。

(一) 采暖、通风、空调系统的组成与作用

1. 采暖工程

采暖供热工程由热源、室外热力管网和室内采暖系统所组成。

热源一般指生产热能的部分，如锅炉房、热电站等；室外热力管网指将热能输送（热能是以蒸汽和热水的形式作为介质来输送的）到各个用户的部分；室内采暖系统则是指以对流或辐射的方式将热能传递到室内空气中去的部分，是由室内采暖管道和散热器组成。

采暖系统按热媒的不同，可分为热水采暖系统、蒸汽采暖系统和热风采暖系统。

2. 通风工程

通风工程包括进风、排风两个系统。

通风是把室内污浊或有害气体排至室外，再把新鲜或经过处理的空气送入室内，从而保持室内空气的新鲜和纯洁度，使室内环境达到卫生标准和生产工艺要求。

按通风作用的范围不同，通风可以分为局部通风和全面通风两种。按照工作动力不同又可分为自然通风和机械通风两种。

3. 空调工程

空调即空气调节，为使室内空气的温度、湿度、清洁度均保持在一定范围内而设置的全面通风系统称为空调工程。

空调工程由空气处理室、风机、空气输送管道及空气分布器所组成。空气处理室又称为空调机或空调箱，是对空气进行加热（或冷却）、加湿（或减湿）及空气过滤净化的主要设备。空气处理室根据不同的需要，设有冷源（冷水、盐水）、热源（蒸汽、热水或电加热）、上下水管道等。

空调工程分为中央空调系统和局部空调系统。

(二) 采暖通风工程图的一般规定

1. 线型

供暖通风工程中的图线应采用《采暖通风与空气调节制图标准》（GB/T 50114—2001）中规定的各种线型。图线宽度 b，应根据图样的比例和类别，按《房屋建筑制图统一标准》（GB/T 50001—2001）中图线的规定选用。

(1) 粗实线用于绘制采暖供水干管、供汽干管、立管、风管和部件的轮廓线。

(2) 中实线用于绘制散热器及其连接支管线和采暖、通风设备轮廓线。

(3) 细实线用于绘制平、剖视图中土建构造轮廓线以及尺寸、图例、标高和引出线等。

(4) 粗虚线用于绘制采暖回水管、凝结水管、非金属风道（砖、混凝土风道）的内表面轮廓线。

(5) 中虚线用于绘制风管被遮挡部分的轮廓线。

(6) 细虚线用于绘制原有风管轮廓线、采暖地沟轮廓线、工艺设备被遮挡部分轮廓线。

(7) 细点划线用于绘制设备、风道和部件的中心线、定位轴线。

(8) 细双点划线用于绘制工艺设备外轮廓线。

(9) 折断线和波浪线同于建筑图。

2. 比例

绘图时应根据图样的用途和物体的复杂程度优先选用表 11－8 中常用比例，特殊情况允许选用可用比例。

表 11－8　　采暖通风施工图比例

图　名	常用比例	可用比例
总平面图	1：500　1：1000	1：1500
总图中管道断面图	1：50　1：100　1：200	1：150
平、剖视图及放大图	1：20　1：50　1：100	1：30　1：40　1：50　1：200
详图	1：1　1：2　1：5　1：10　1：20	1：3　1：4　1：15

二、室内采暖施工图

室内采暖工程包括采暖管道系统和散热设备。室内采暖施工图包括平面图、系统图及详图等。

（一）室内采暖施工图的表示方法

1. 图例

在《采暖通风与空气调节制图标准》（GB/T50114－2001）中，对供暖工程的图例有明确规定，部分图例如表 11－9 所示。

表 11－9　　采暖通风施工图图例

序号	名　称	图　例	说　明
1	管道	——A—— ——F——	用汉语拼音字母表示管道类别
2	采暖供水（汽）管回（凝结）水管	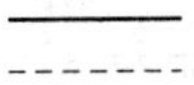	用图例表示管道类别
3	保温管		
4	软管		
5	方形伸缩器		
6	套管伸缩器		
7	波形伸缩器	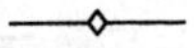	
8	球形伸缩器		
9	流向		
10	丝堵	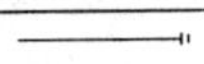	
11	滑动支架		
12	散热器	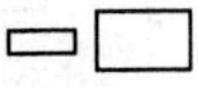	左图：平面 右图：立面
13	送风口	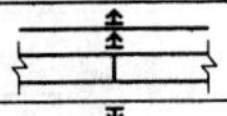	
14	回风口	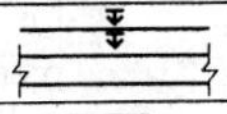	
15	散热放风门	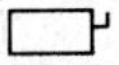	
16	疏水器	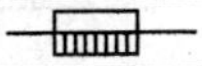	
17	闸阀		
18	集气罐		
19	暖气机		

序号	名　称	图　例	说　明
20	止回阀	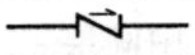	
21	蝶阀	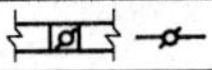	
22	风管止回阀	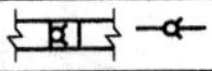	
23	防火阀	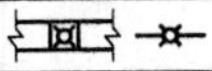	
24	安全阀		
25	插板阀	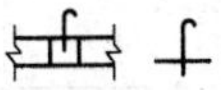	本图例也适用于斜插板
26	散热器三通阀		
27	固定支架	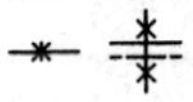	左图：单管 右图：多管
28	截止阀		
29	手动排气阀		
30	风机		流向：自三角形的底边至顶点
31	减压阀		左侧：低压 右侧：高压
32	风管		
33	除污器	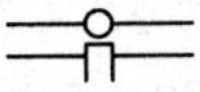	左侧：低压 右侧：高压
34	自动排气阀	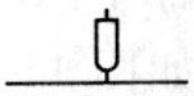	

2. 管道与散热器连接的图示方法

采暖工程施工图中管道与散热器连接的图示方法如表 11 - 10 所示。

表 11 - 10　　　　**管道与散热器连接的画法**

系统形式	楼层	平 面 图	轴 测 图
单管垂直式	顶层	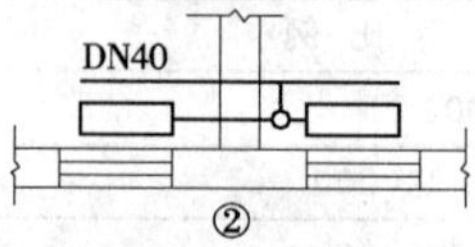	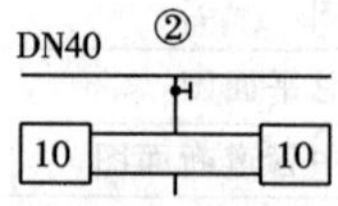
	中间层	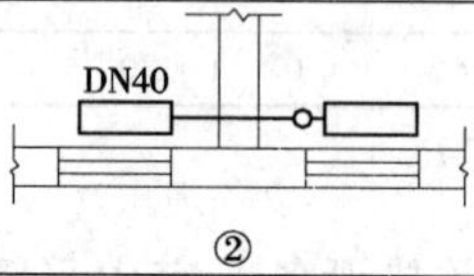	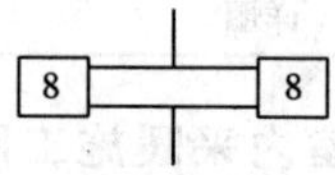
	底层	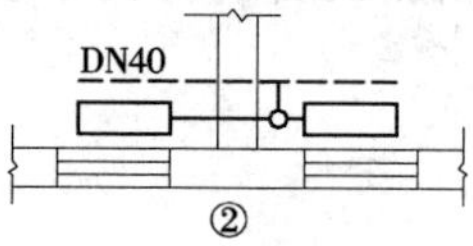	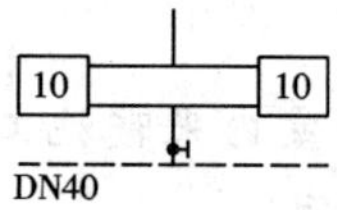
双管上分式	顶层	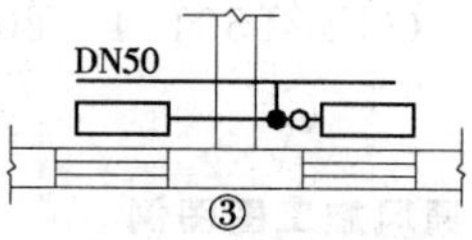	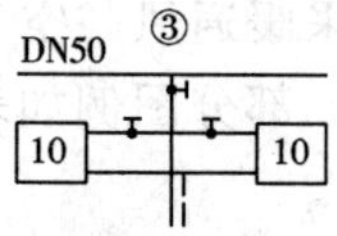
	中间层	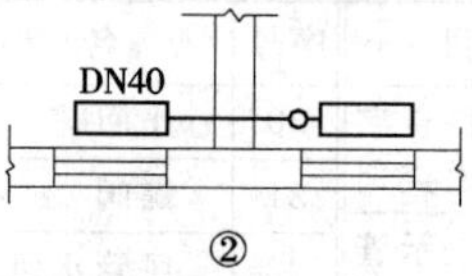	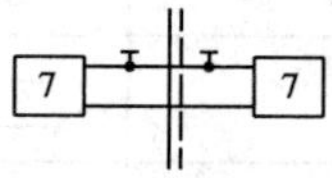
	底层	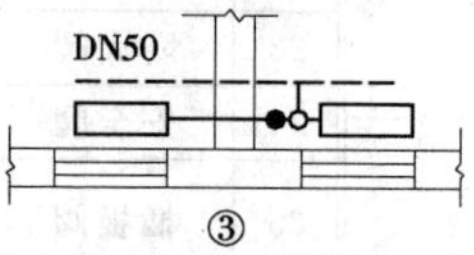	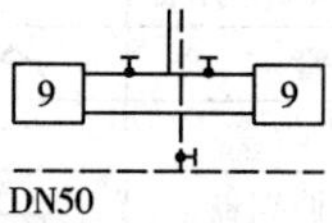
双管下分式	顶层	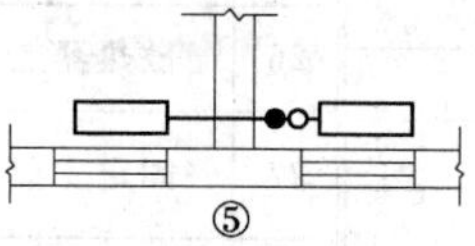	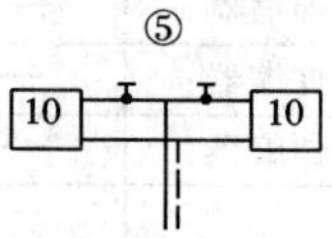
	中间层	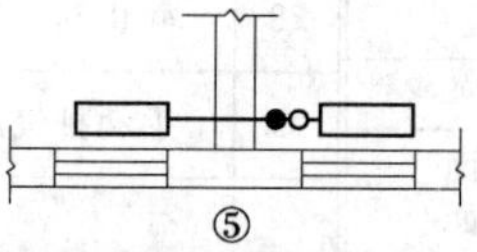	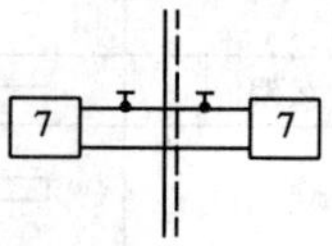
	底层	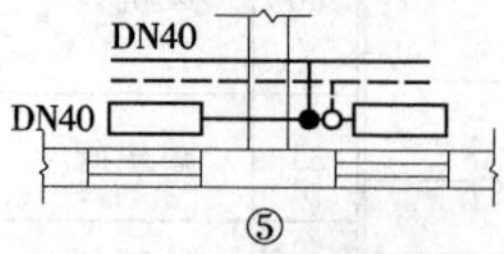	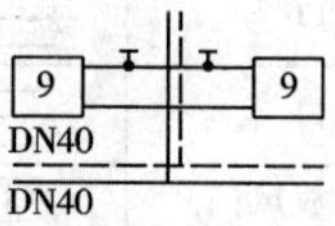

3. 编号

一个建筑工程中同时有供暖、通风、空调等两个及两个以上的系统时，应进行系统编号。系统的编号如图 11 - 14（a）所示；当一个系统出现分支时，可采用如图 11 - 14（b）

所示。系统代号由大写拉丁字母表示，如表 11－11 所示，顺序号由阿拉伯数字表示，系

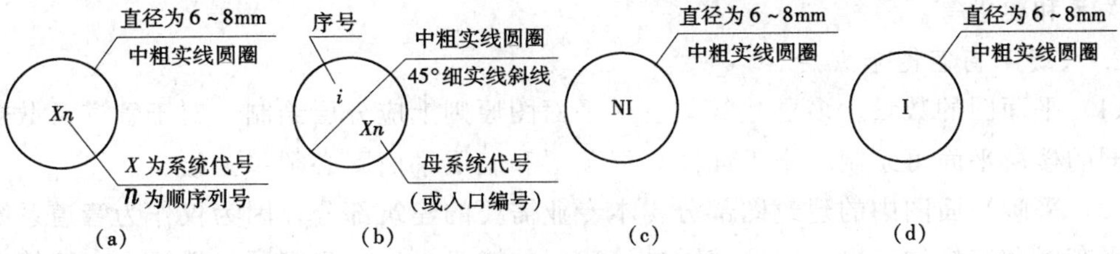

图 11－14　采暖系统编号

统编号宜标注在系统总管处。

表 11－11　　　　　　　　　　　　采暖系统代号

序号	字母代号	系统名称	序号	字母代号	系统名称	序号	字母代号	系统名称
1	N	（室内）供暖系统	7	C	除尘系统	13	PY	排烟系统
2	L	制冷系统	8	S	送风系统	14	P（Y）	排风兼排烟系统
3	R	热力系统	9	X	新风系统	15	RS	人防送风系统
4	K	空调系统	10	H	回风系统	16	RP	人防排风系统
5	T	通风系统	11	P	排风系统			
6	J	净化系统	12	JS	加压送风系统			

竖向布置的垂直管道系统，应标注立管号，如图 11－14（c）所示。在不致引起误会时，可只标注序号如图 11－14（d）所示，但应与建筑轴线编号有明显区别。

4. 系统图中重叠部分的图示方法

在系统图中，当一部分管道和散热器等被另一部分管道和散热器等遮挡时，可把被遮挡部分的立管断开，标注字母，然后再在旁边画出被断开的部分，断端同样注写出该字母以示为连接处，如图 11－15 所示。

（二）室内采暖平面图的图示内容和图示方法

室内采暖平面图主要表示管道、附件及散热器设备在建筑平面图上的布置情况，以及它们之间的相互关系，是施工图中的主要图纸。

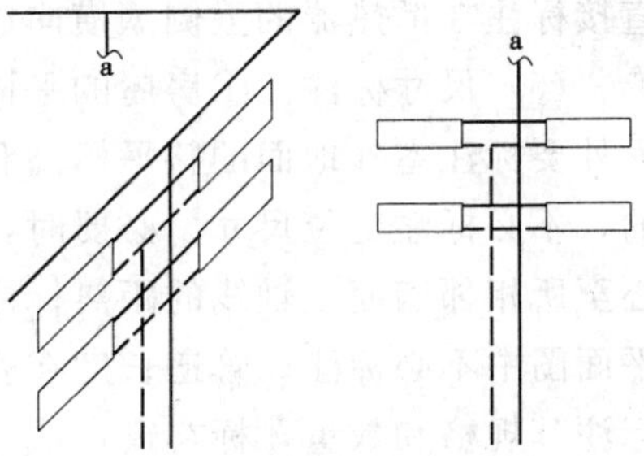

图 11－15　采暖系统图中重叠、密集处的引出线

1. 采暖平面图图示内容

（1）散热器的平面位置、规格、数量及其安装方式（明装或暗装）。

（2）采暖管道系统的干管、立管、支管的平面位置、走向，立管编号和管道安装方式（明装或暗装）。

（3）采暖干管上的阀门、固定支架、补偿器等的平面位置。

（4）采暖系统有关设备如膨胀水箱、集气罐（热水采暖）、疏水器（蒸汽采暖）的平面位置和规格、型号以及设备上连接管道的平面布置。

（5）热媒入口及入口地沟情况，同时平面图中还要标明热媒来源、流向及与室外热网的连接。

(6) 在平面图上还要表明管道及设备安装所需的留洞、预埋件、管沟等方面与土建施工的关系和要求等。

2. 采暖平面图图示方法

(1) 平面图的数量。多层建筑的管道平面图原则上应分层绘制。对于管道及散热器布置相同的楼层平面可绘制一个平面图，但顶层和底层平面图必须单独绘出。

(2) 采暖平面图中的建筑图部分。本专业需要的建筑部分，因为仅作为管道系统及设备水平布置和定位的基准，因此仅需抄绘房屋的墙身、柱、门窗洞、楼梯、台阶等主要构配件，至于房屋的细部和门窗代号等均可省略。同时，房屋平面图的图线也一律用细实线绘制；底层平面图要画全定位轴线，楼层平面图可只画边界定位轴线。

(3) 采暖平面图中的管道部分。管道不论在楼层部分、地面之上或之下，都不考虑其可见性问题，仍按管道的类型以规定线型和图例画出。管道系统一律用单线绘制。

(4) 散热器。散热器等主要设备及部件均为工业产品，不必详细画出，可按所列图例表示，用中、细线绘制。散热器的规格及数量标注方法如下：

1) 柱式散热器只注数量；

2) 圆翼形散热器应注根数、排数，如

3 × 2
每排根数　排数

3) 光管散热器应注管径、长度、排数，如

D108 × 3000 ×4
管径(mm)　管长(mm)　排数

4) 串片式散热器应注长度、排数，如

1.0 × 3
长度(m)　排数

5) 散热器的规格、数量标注在本组散热器所靠外墙的外侧，远离外墙布置的散热器直接标注在散热器的上侧（横向放置）或右侧（竖向放置）。

(5) 尺寸标注。①房屋的平面图尺寸一般只需在底层平面图中注写出轴线间的尺寸，另外要标注室外地面的整平标高和各楼层地面标高；②管道及设备一般都是沿墙和柱设置的，不必标注定位尺寸。必要时，以墙面和柱面为基准；③采暖入口定位尺寸应由管道中心至所相邻墙面或轴线的距离标注；④管道的直径、坡度和标高都标注在管道系统图中，平面图中不必标注。管道长度在安装时以实测尺寸为依据，故图中不予标注；⑤散热器要标注其规格和数量，标在窗口或散热器附近。

(三) 室内采暖系统图的图示内容和图示方法

1. 采暖系统图的图示内容

室内采暖系统图是根据各层采暖平面中各管道及设备的平面位置和竖向标高，采用正面斜轴测法以单线绘制而成。它表明从热媒入口至出口的采暖管道、散热设备、主要附件的空间位置和相互关系。该图注有管径、标高、坡度、立管编号、系统编号以及各种设备、部件在管道系统中的位置。把系统图与平面图对照阅读，可了解整个室内采暖系统的全貌。

2. 采暖系统图的图示方法

(1) 轴向选择。①采暖系统图宜用正面斜等轴测图绘制。OX 轴处于水平，OZ 轴竖直，OY 轴与水平线夹角应选用 45°或 30°，三轴的轴向伸缩系数都是 1；②采暖系统图的轴向要与平面图的轴向一致，亦即 OX 轴与平面图的长度方向一致，OY 轴与平面图的宽度方向一致；③根据轴测投影的性质，凡与轴向平行或与 XOZ 坐标面平行的管道，在系统图中反映实长，不平行者不反映实长。

(2) 确定绘图比例。①系统图一般采用与相对应的平面图相同的比例绘制。当管道系统复杂时，亦可放大比例；②当采取与平面图相同的比例时，水平的轴向尺寸可直接从平面图上量取，竖直的轴向尺寸可依层高和设备安装高度量取。

(3) 绘制管道系统图。①采暖系统图中管道系统的编号应与底层采暖平面图中的系统索引符号的编号一致；②采暖系统图宜按管道系统分别绘制，这样可避免过多的管道重叠和交叉；③管道的画法与平面图一样，供热管道用粗实线，回水管道用粗虚线，设备及部件均用图例表示，并以中、细线绘制；④当空间交叉的管道在图中相交时，在相交处将被挡的后面或下面的管线断开；⑤当管道过于集中无法画清楚时，可将某些管段断开，引出绘制，相应的断开处宜用相同的小写拉丁字母注明；⑥具有坡度的水平横管无需按比例画出坡度，而仍以水平线画出，但应注出其坡度或另加说明。

(4) 标注尺寸。①管径。管道系统中所有管段均需标注管径，当连续几段的管径都相同时，可仅标注其两端管段的管径。焊接钢管应用公称直径“DN”表示，如 DN32，DN15 等。无缝钢管应用“外壁×壁厚”表示，如 D114×5；②坡度。凡横管均需注出（或说明）其坡度；③标高。系统图中的标高是以底层室内地面±0.000m 处为相对标高，采暖管道标注管道中心的标高。除注明管道及设备的标高外，尚需标明室内、外地面和各层楼面的标高；④散热器规格、数量的标注。柱式、圆翼形散热器的数量应注在散热器内；光管式、串片式散热器的规格、数量应注在散热器的上方；⑤图例。平面图和系统图应统一列出图例。

（四）室内采暖施工图的识读

识读室内采暖工程图须先熟悉图纸目录，了解设计说明，了解主要的建筑图（总平面图及平、立、剖面图）及有关的结构图，在此基础上将采暖平面图和系统图联系对照识读，同时再辅以有关详图配合识读。

1. 熟悉图纸目录，了解设计说明

(1) 熟悉图纸目录。从图纸目录中可知工程图样的种类和数量，包括所选用的标准图或其他工程图样，从而可粗略得知工程的概貌。

(2) 了解设计和施工说明。主要包括以下内容：①设计所使用的有关气象资料、卫生标准、热负荷量、热指标等基本数据；②采暖系统的型式、划分及编号；③统一图例和自用图例符号的含义；④图中未加表明或不够明确而需特别说明的一些内容；⑤统一做法的说明和技术要求。

2. 室内采暖平面图的识读

(1) 明确室内散热器的平面位置、规格、数量以及安装方式（明装、暗装或半暗装）。散热器一般布置在各个房间的外墙的窗台下，有的也沿走廊的内墙布置。散热器以明装较多，如为暗装或半暗装一般都在图纸说明中注明。散热器的规格较多，除可依据图例加以识别外，一般在施工说明中均有注明。散热器的数量均标注在散热器旁，可一目了然。

（2）了解采暖水平干管的布置方式。识读时需注意干管是敷设在最高层、中间层还是在底层。供水、供气干管敷设在最高层说明是上分式采暖系统；供水、供气干管敷设在中间层说明是中分式采暖系统；供水、供气干管敷设在最底层说明是下分式采暖系统。在底层平面图上还会出现回水下管或凝结水干管（虚线），识别时也要注意。此外还应搞清楚干管上的阀门、固定支架、补偿器等的位置、规格及安装要求等。

（3）通过立管编号查清系统立管数量和布置位置。一般用实心圆表示供热立管，用空心圆表示回水立管（也有全部用空心圆表示的）。

（4）了解采暖系统中，膨胀水箱、集气罐（热水采暖系统）、疏水器（蒸汽采暖系统）等设备的位置、规格以及设备管道的连接情况。

水平管的末端常积存有凝结水，为了排出这些凝结水，在系统的末端设有疏水器。另外，当水平干管抬头登高时，在转弯处也要设有疏水器。识读时要注意疏水器的规格及疏水装置的组成。一般在平面图上仅注写出控制阀门和疏水器的所在位置，安装时还要参考有关的详图。

（5）查明采暖入口及入口地沟或架空情况。采暖入口无节点详图时，采暖平面图中一般将入口装置的设备如控制阀门、减压阀、除污器、疏水器、压力表、温度计等表达清楚，并注明规格、热媒来源、流向等。若采暖入口装置采用标准图，则可按注明的标准图号查阅标准图。当有采暖入口详图时，可按图中所注索引号查阅采暖入口详图。

（6）在平面图上还要查明管道及设备安装的预留孔洞、预埋件、管沟等方面与土建施工的关系和要求等。

3. 室内采暖系统图的识读

（1）按热媒的流向确认采暖管道系统的形式及其连接情况，确认各管段的管径、坡度、坡向，水平管道和设备的标高以及立管编号等。采暖管道系统图完整表达了采暖系统的布置形式，清楚地表明了干管与立管以及立管、支管与散热器之间的连接方式，阀门的安装位置和数量。散热器支管有一定的坡度，其中供水支管坡向散热器，回水支管则坡向回水立管。

（2）了解散热器的规格及数量。当采用柱形或翼形散热器时，要弄清散热器的规格与片数（以及带脚片数）；当为光滑管散热器时，要弄清其型号、管径、排数及长度；当采用其他采暖设备时，应弄清设备的构造和标高（底部或顶部）。

（3）注意查清其他附件与设备在管道系统中的位置、规格及尺寸。凡注明规格者，都要与平面图和材料表等进行核对。

（4）查明采暖入口处的各种设备、附件、仪表、阀门之间的关系，同时搞清楚热媒来源、流向、坡向、标高、管径等。如有节点详图，要查明详图编号，以便查阅。

4. 阅读某某办公楼采暖工程实例

（1）阅读某某办公楼采暖设计图纸目录、设计说明等文件。

1）如表 11－12 所示是某办公楼采暖设计图纸目录，暖施图共有五张 A2 的图纸。其中暖施—3、暖施—4、暖施—5 是平面图。

表 11-12　　某办公楼采暖工程图纸目录

序号	图　号	图　纸　名　称	图纸规格	备　注
1	暖施—1	采暖设计说明　图例　地板辐射供暖构造剖面图	A2	
2	暖施—2	混水装置大样图分，集水器安装示意图 壁挂采暖热水炉平面大样混水装置明细表 壁挂采暖热水炉立面大样 E—E 剖面图设备材料表	A2	
3	暖施—3	一层采暖平面图	A2	
4	暖施—4	二层采暖平面图	A2	
5	暖施—5	三层采暖平面图	A2	

2）如表 11-13 所示是某某办公楼采暖设计说明。重点说明了本项目设计依据、室内设计参数、低温地板辐射采暖供热系统及使用条件，单元壁挂炉独立供热及分水器和集水器安装使用标准图集为 03K404-13。

表 11-13　　某办公楼采暖设计说明

采暖设计说明

1. 本工程为培训中心办公楼工程。建筑面积 1084.44m^2 地上三层框架结构节能建筑采暖设计

《采暖通风与空气调节设计规范》(GB 50019—2003)

《民用建筑热工设计规范》(GB 50176—93)

《公共建筑节能设计标准》(GB 50189—2005)

《建筑设计防火规范》(GB 50016—2006)

《地面辐射供暖技术规程》(JGJ 142—2004)

《暖通空调及动力设计技术措施》2003 等有关国家规范及建设单位提供的资料要求和土建专业提供的建筑图。

2. 本设计标高以 m 计，其他尺寸均以 mm 为单位，每个房间的采暖热负荷指标见采暖盘管平面图。

3. 本设计为单元独立采暖系统供水温度 50℃，回水 40℃，温差 10℃，供回水平均温度 t_p=45.0℃。户内系统为低温热水地板辐射采暖方式。部分采用散热器采暖，散热器为内腔无砂柱翼 750 型落地安装：散热器均装手动跑风阀一个，热负荷标准散热量为 127.7W，散热器安装见宁 02N1-57。

4. 热源采用小型壁挂热水锅炉，家用燃气锅炉采用壁挂式 KDB—251KCAx 型，采暖面积 183m^2 以下，供暖功率为 16.0～32.0kW。供暖工作压力为 30kPa，具体性能参数见生产厂家说明，供暖房间采用温控系统，温控设备位置由甲方自定。安装见 03K404/34-35。安装、调节及运行，初次供暖运行供水温度不高于室内温度 11℃（高温不应高于 32℃）运行后逐日升温 3℃，直至达到设计温度后正常运行。（由厂家调试）循环泵型号为 ISG (B) 25—125，Q=2.8～5.2m/h，H=18～20.6m，N=0.75kW。

混水装置的做法具体见图集 03K404—30

5. 本工程为低温地板辐射采暖供热盘管采用。

De20×2.0（外径×壁厚），耐高温聚乙烯（PE—Xc）管，（使用条件为 4 级，S5 系列，温度为 65℃，耐压力为 PN=1.0MPa，使用年限 50 年），燃气炉至分集水器的管道材料采用 PP—R 铝塑稳态管，管径为 De32×3.5 使用条件为 4 级，S3.2 系列，工作温度为 85℃，耐压力为 PN=1.0MPa，管径标注方式为：外径×壁厚。

6. 室内设计参数：室内供暖设计温度为：接待室、办公室、餐厅 18℃，厨房为：15℃，卫生洗浴间为：18℃. 储藏 10℃；室外计算温度为：−15℃，地板板面平均温度按 t_b=25.2℃。

7. 加热盘管壁距墙及盘管敷设中心间距详见平面图，埋地盘管不得有接头，具体构造做法见大样图。

8. 盘管的弯曲半径不小于 6 倍管外径，供回水盘管应边敷设边固定，盘管固定采用塑料管卡固定做法见 03K404-12，直管段固定卡间距不大于 0.7m，转弯处不大于 0.30m，且转弯圆弧两边及顶端要设固定卡。

9. 采暖地板加设了伸缩缝宽度 8mm 缝中填充弹性膨胀膏，穿越伸缩缝的加热盘管均加 400mm 长的波纹型套管，(加热盘管平面图中虚线分隔均为伸缩缝)，分集水器进出水管管道密集区，管道加波纹套管，伸缩缝各房间门口处单个房间面积超过 30m^2，或长度超过 6m 时，应设置间距不小于 6m，宽度不小于 8mm. 伸缩缝做法见 03K404-16-19。

10. 碎石混凝土的碎石粒径不得大于 12mm，在浇捣过程中，管道系统应有不小于 0.6MPa 的保护压力，在养护过程中管道系统应有不小于 0.4MPa 的保护压力，碎石混凝土养护周期不小于 48h。

11. 碎石混凝土层上做找平层及地面层时不得剔凿碎石混凝土层或楔入任何物件。

12. 室内管道试压冲洗系统管道安装前应对管道、管件、阀门等配件进行检查，并清除管内污垢杂物，试压要对管道进行冲洗冲至水清为止，浇捣混凝土填充层之前和混凝土填充层养护期满之后应分别进行水压试验，试验压力 0.6MPa，首先经分水器缓慢注水将管道内空气排出，水充满后进行水密性检查，然后缓慢升压，时间不应小于 15min，升压至规定试验压力后停压，稳压 2h，观察有无漏水现象，而后补压至试验压力值，15min 内

续表

压力降不超过 0.03MPa，无渗漏为合格。

13. 盘管试压合格后，才能浇注细石混凝土，在浇筑混凝土前，应将铝箔表面上清擦干净，在施工过程中应保护铝箔层不被捅破和盘管的完好。

14. 分水器和集水器的环路编号均应从左至右排列（市场购买），安装详见 03K404－13。

15. 在施工中遇有图纸与实际情况不符时，实际情况现场商定。

16. 卫生间的排风量为：110m³/h，在每层卫生间排气孔处装设 WF－1.1 型卫生间专用通风器一台，N=20W，Q=180m³/h，按排风 6 次/h，出风口配备单向逆止阀，具体位置见卫生间排风大样图，排气孔底距地 2.50m，具体做法见 94K302－3。

17. 非采暖期系统应充水保养。

18. 本工程节能措施及外围护结构传热系数。

建筑物体形系数 0.30，南向窗墙比为 0.26，北向窗墙比为 0.23，东、西向窗墙比为 0.03，外墙 250 厚混凝土空心砌块＋60mmEPS℃保温板，K=0.59W/m²。

外窗及阳台门：外窗选用《建筑节能门窗》06J607－1（6＋12A＋6）断桥铝合金中空玻璃窗 K=2.7W/m²，气密性等级 1～6 层不应低于Ⅲ级水平，7 至顶层不应低于Ⅳ级水平。

屋面：100mm 聚苯板保温层，K=0.44W/m℃；（建筑做法为宁 02J1－154－屋Ⅱ－F）。

楼面：地板辐射采暖 20mm 聚苯板保温层。

一层地面：地板辐射采暖 30mm 聚苯板保温层。

分户门：1mm 薄钢板＋44mm 岩棉板＋1mm 薄钢板 K=2.0W/m²，EPS 聚苯板的干密度为 22kg/m³＞100kPa，建筑物耗热量指标为 11.2W/m²。

19. 未说明之处严格按《建筑给排水及采暖工程施工质量验收规范》（GB 50242—2002）及《地面辐射供暖技术规程》（JGJ 142—2004）及“城镇直埋供热管道工程技术规程”执行，特别声明。

• 本设计按节能住宅标准进行计算设计，施工时必须严格依据建筑保温做法进行选材施工，使各部分围护结构热工参数达到设计要求，否则一切后果甲方自负。

• 所有敷设加热管的房间，必须保证加热面积的 70%以上有效散热。

• 本工程已考虑家具的折减，按 30%计算。

3）如表 11－14 所示是某办公楼采暖设计主要设备、材料表。三个单元共有燃气壁挂炉三个；一层五回路分、集水器三个；二层四回路分、集水器三个；三层三回路分、集水器三个；一层内腔无砂柱翼 750 型 33 片。

表 11－14　　某办公楼采暖通风系统主要设备材料表

采暖通风系统主要设备材料表

序号	名　称	型　号	单位	数量	备　注
1	燃气壁挂炉	THELIA 32 强制平衡式	套	3	
2	分、集水器	四支路	套	3	配套装铜旋塞阀 手动跑风门
		三支路	套	3	
		五支路	套	3	
3	卫生间通风器	WF－1.10=180m³/h　N=20W	套	15	
4	散热器	内腔无砂柱翼 750 型	片	33	

4）如图 11－16 所示是某办公楼采暖设计图例说明。

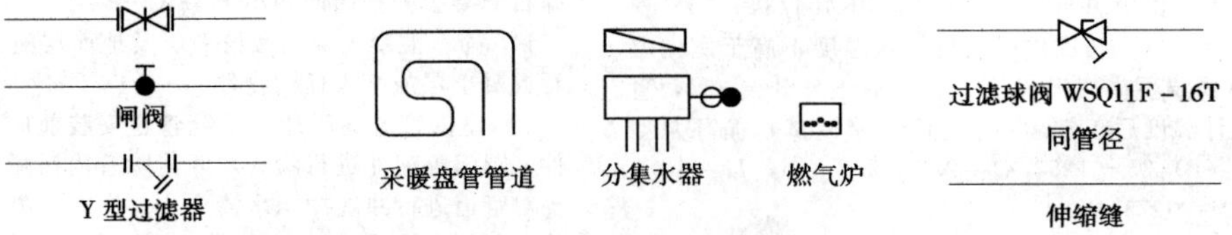

图 11－16　某办公楼采暖设计图例说明

5）如表 11－15 所示是某办公楼采暖设计节能措施。

表 11－15　　　　某办公楼节能设计措施

结构类型	框剪结构	名称	围护结构节能设计方案	$K[W/(m^2 \cdot K)]$
建筑耗能量指标	$11.2W/m^2$	外墙	250 厚空心砌块　外贴 60 厚聚苯板	0.59
体型系数	0.30	外窗	断桥铝合金中空玻璃窗 6＋12A＋6	2.7
建筑面积	$1084.44m^2$	屋面	现浇板上贴 100mm 聚苯板	0.44
窗墙比：南：0.26　北：0.23　东：0.03　西：0.05		户门	防盗保温门	2.00

6）如表 11－16 所示是某办公楼采暖设计混水装置明细表。

表 11－16　　　　某办公楼采暖混水装置明细表

序号	名称	规格	数量	单位	序号	名称	规格	数量	单位
1	远传温控阀		1	个	4	测温阀	DN32	1	个
2	调速水泵		1	台	5	测温过滤网	DN32	1	个
3	调节阀	DN32	2	个	6	电子感温器		1	个

7）如图 11－17 所示是某办公楼地板辐射供暖构造剖面图。

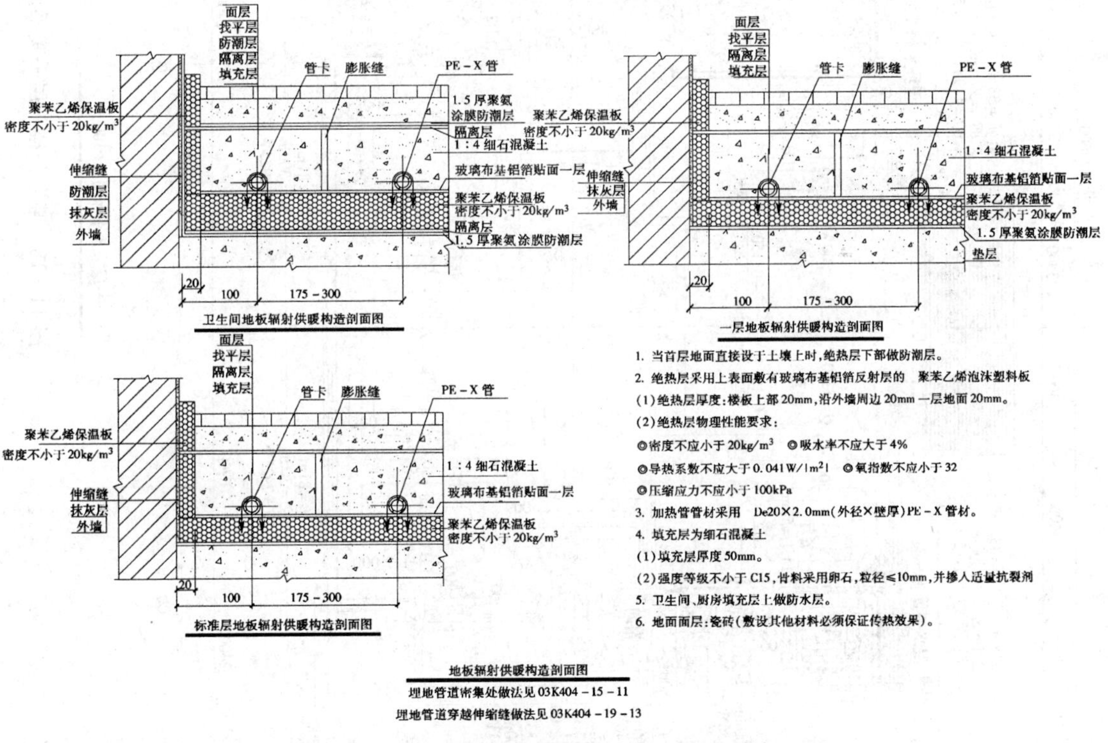

图 11－17　某办公楼采暖设计地板辐射构造剖面图

（2）阅读某办公楼采暖设计施工图。

如图 11－18、图 11－19、图 11－20、图 11－21、图 11－22 所示为某办公楼采暖工程施工图。包括平面图（一层、二层和三层）、系统图（壁挂炉立面图）、分、集水器安装示意图等。

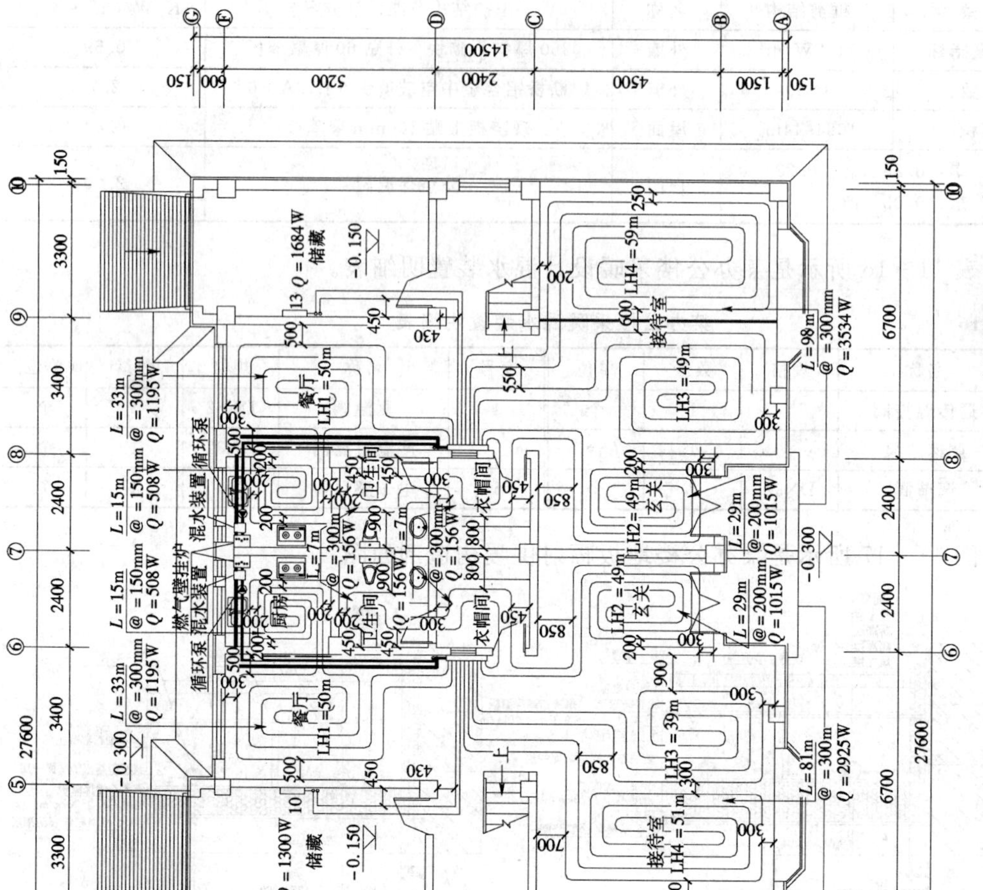

注　本层建筑面积为 386.1m²；总建筑面积为 1086.44m²。

一层采暖平面图 1：100

图 11－18　某办公楼一层采暖平面图

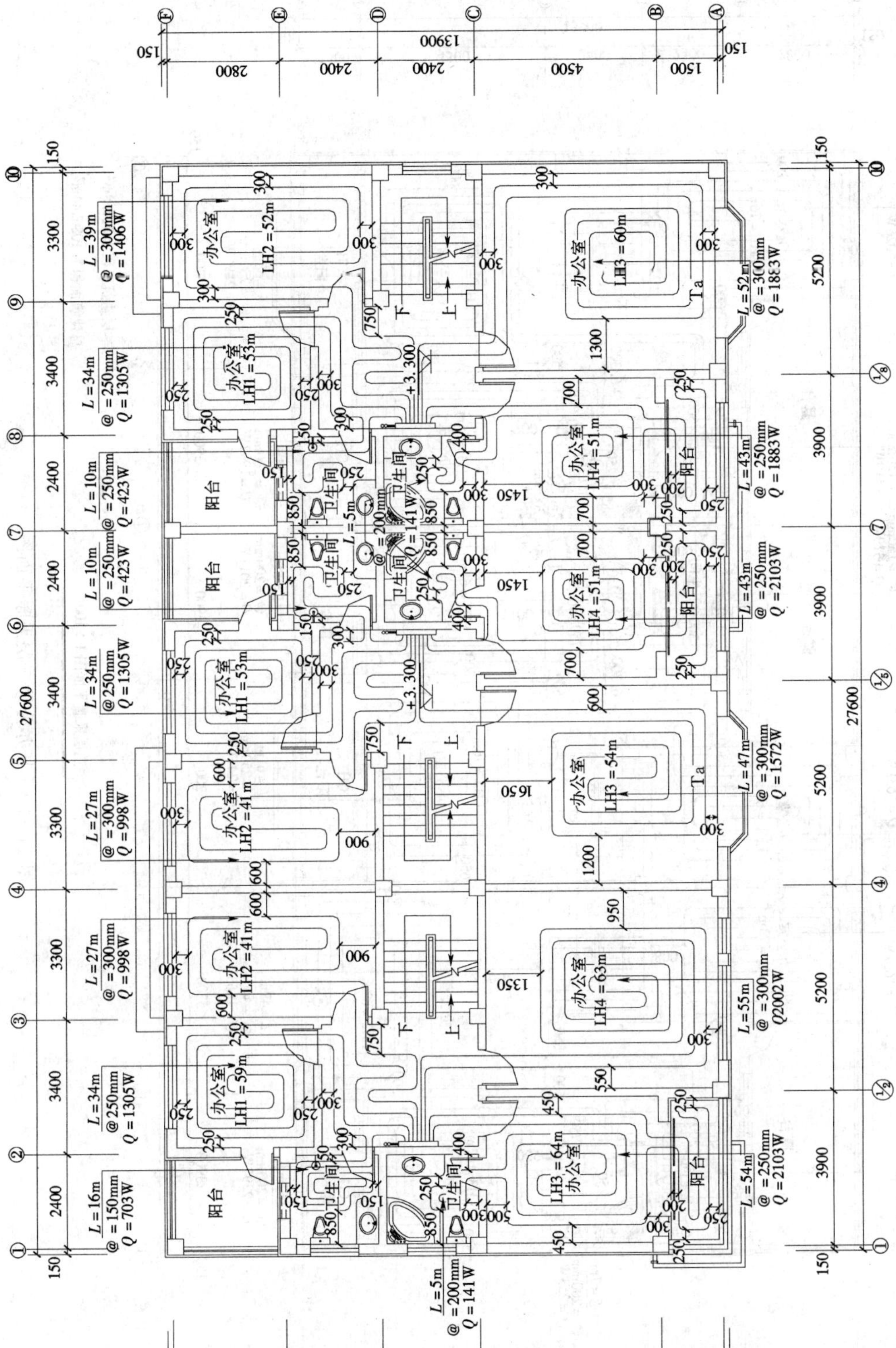

二层采暖平面图 1∶100

注 本层建筑面积为 370.6m²；
总建筑面积为 1086.44m²。

图 11-19 某办公楼二层采暖面图

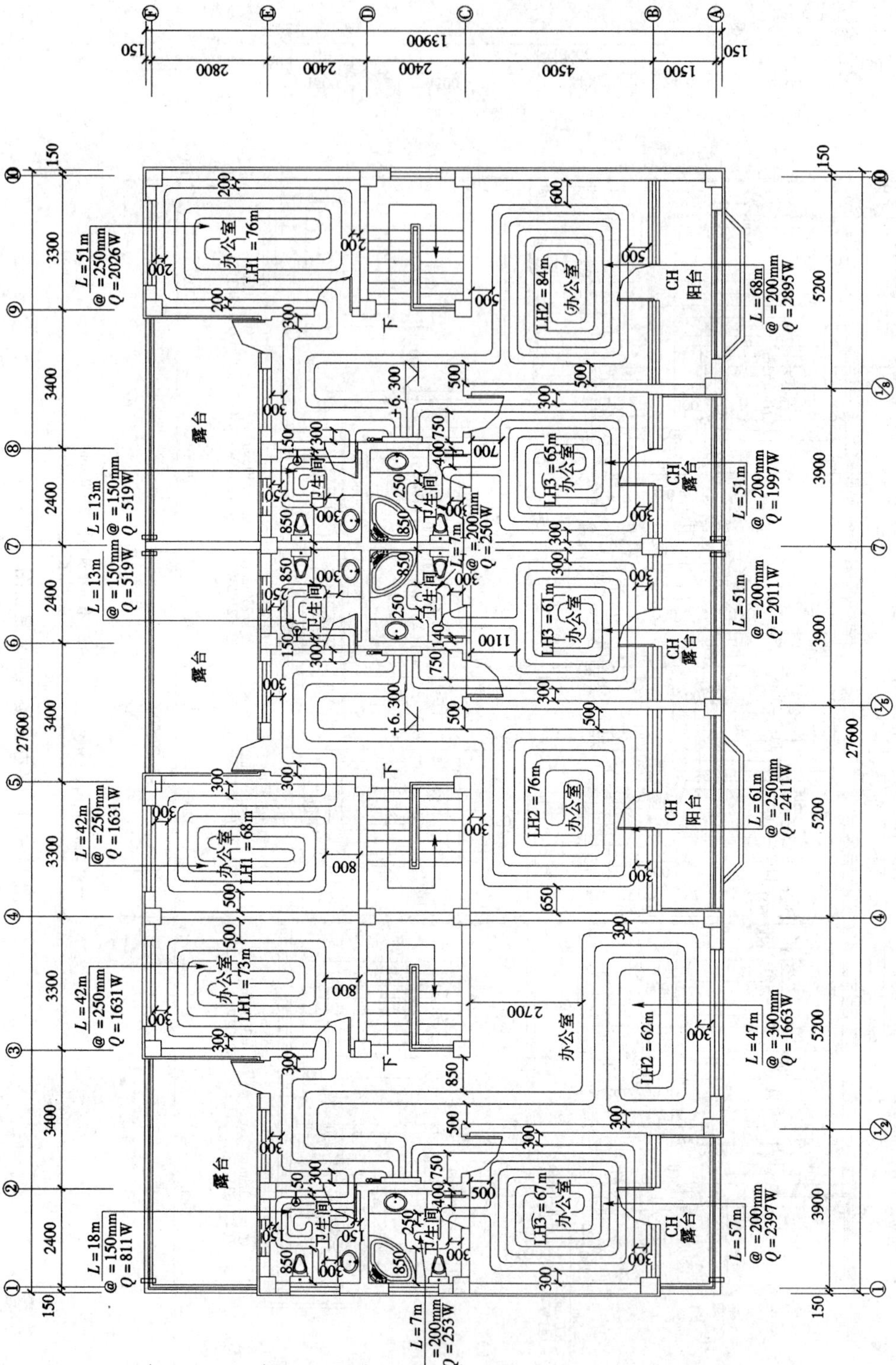

注　本层建筑面积为 317.8m²；

总建筑面积为 1086.44m²。

三层采暖平面图 1 : 100

图 11-20　某办公楼三层采暖平面图

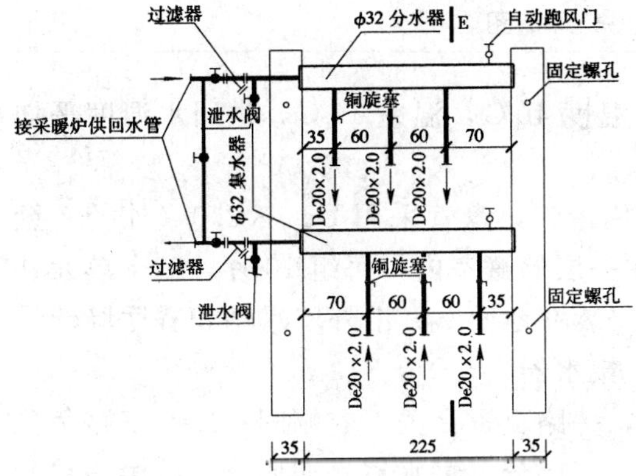

分、集水器安装示意图(三回路)1:50

安装详见 03K404－13

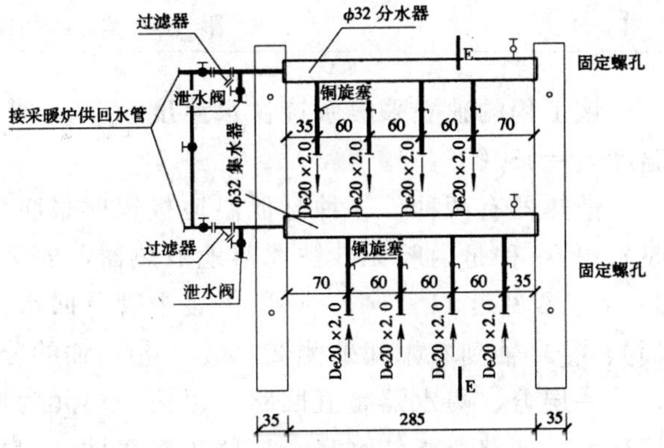

分、集水器安装示意图(四回路)1:50

安装详见 03K404－13

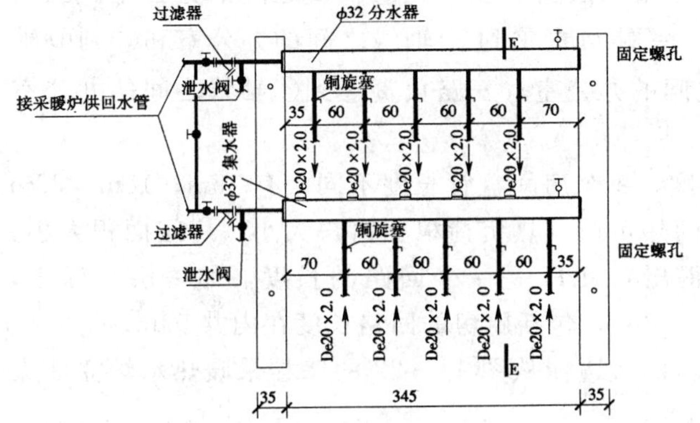

分、集水器安装示意图(五回路)1:50

安装详见 03K404－13

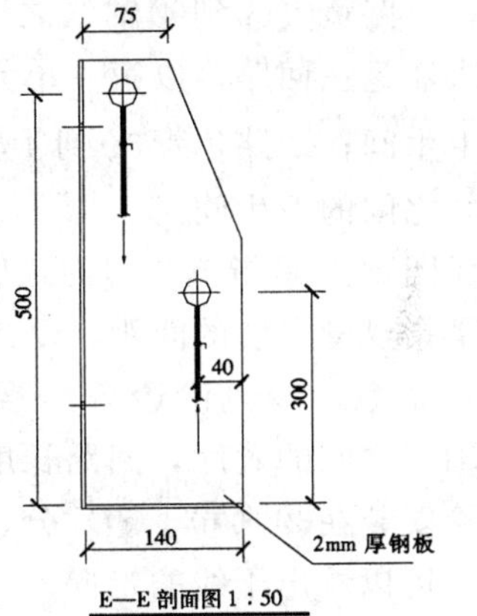

E—E 剖面图 1:50

03K404－13

图 11－21　分、集水器安装示意图

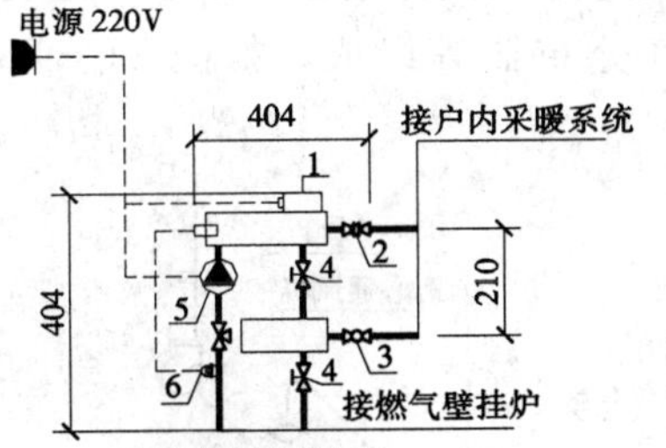

混水装置大样图

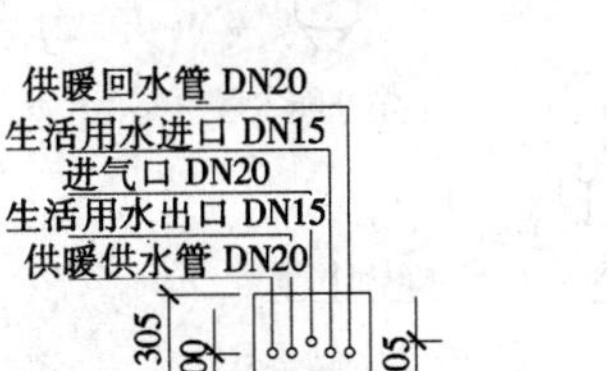

壁挂采暖热水炉平面大样 1:25

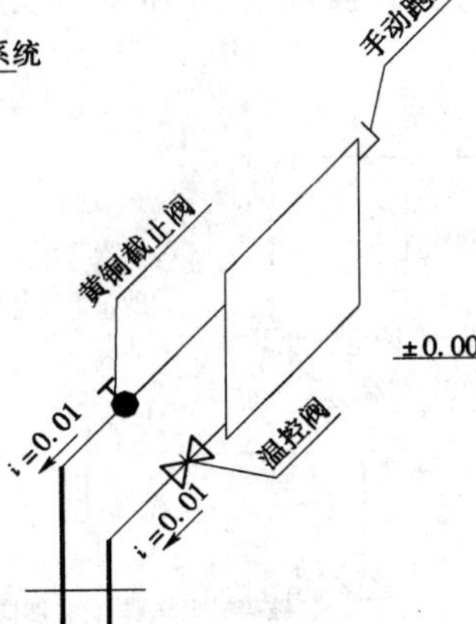

散热器接管详图

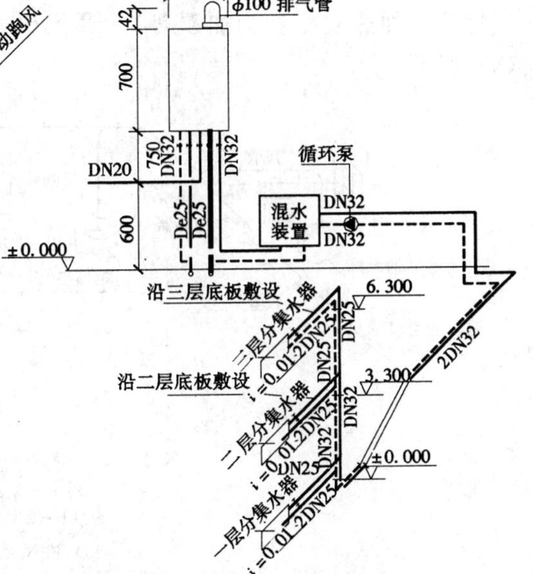

壁挂采暖热水炉立面大样 1:25

图 11－22　壁挂采暖热水炉立面大样等图

该工程的独立采暖系统供水温度50℃，回水温度40℃，温差10℃，供回水温度平均温度 t_p=45.0℃。

散热器有两种。一种是低温地板辐射采暖供热盘管，盘管采用 De_{20}×2.0（外径×壁厚）；另一种是内腔无砂柱翼落地散热器，安装在一层储藏室内，每组10片，三个单元共33片（参见表11-14）。一层供暖干管及回水管安装在地面下，沿外墙Ⓖ轴和餐厅墙壁②（⑥、⑧）轴到衣帽间外侧②（⑥、⑧）轴的分、集水器。

一层分、集水器是五回路。以第一单元为例，一路负责玄关、衣帽间；二、三路负责接待室；四路负责储藏室；五路负责餐厅和厨房。二层分、集水器是四回路。以第一单元为例，一路负责①到½轴线之间的办公室、阳台、卫生间；二路负责½到④轴线之间的办公室；三路负责③到④轴线之间的办公室；四路负责②到③轴线之间的办公室。三层分、集水器是三回路。以第一单元为例，一路负责①到½轴线之间的办公室和Ⓒ到Ⓓ轴之间的卫生间；二路负责½到④轴线之间的办公室；三路负责③到④轴线之间的办公室和Ⓓ到Ⓔ之间的卫生间。

平面图中 L 是指单个房间盘管的长度，每个房间盘管长度不同，有15m、18m、33m等；@是指盘管安装的间距；Q 是房间的热负荷（热负荷根据窗户大小、房间面积大小、墙的传热系数、冷风渗透等因素计算得出）。LH 是一个回路的长度，如一层平面中，②至③轴线之间的餐厅，回路长度 LH_1=53m，包括厨房的回路长度在内共53m。

立管安装在②（⑥、⑧）分、集水器的旁边。从图11-22的壁挂采暖热水炉立面大样图中，可以看出干线的走向。

三、通风工程图

1. 概述

(1) 通风工程的组成。通风工程包括进风、排风两个系统。

进风系统由吸入外部空气设备（进风口的百叶窗、进风室等）、空气处理设备（将空气过滤、加热或冷却、加湿等）、通风机、通风管道和空气分布器等组成，如图11-23(a)所示。

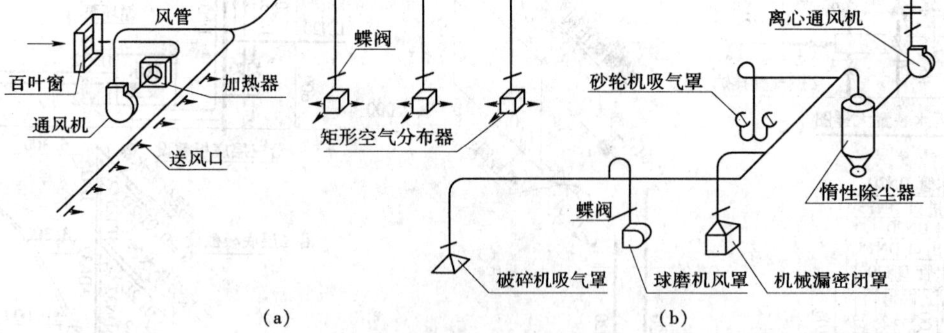

图11-23 通风系统示意图
(a) 进风系统；(b) 排风系统

排风系统由吸气罩、排风管道、通风机、除尘器和排风帽等组成。如图 11－23（b）所示。

（2）通风工程图的组成。通风工程施工图包括通风系统平面图、剖面图、系统轴测图和设备构件制作、安装详图。

（3）通风工程图的图例。《采暖通风与空气调节制图标准》（GB/T 50114—2001）国家标准中，对通风工程的图例有明确的规定，部分图例如表 11－17 所示。

表 11－17　　通风工程图常用图例

名称	图　例	名称	图　例	名称	图　例
风管	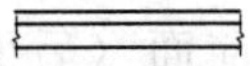	蝶阀	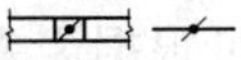	空气加湿器	
风管检查孔	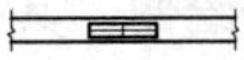	风管止回阀	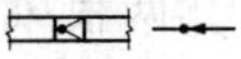	窗式空调器	
插板阀	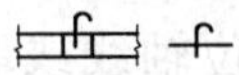	加湿器		异径管	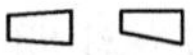
送风管	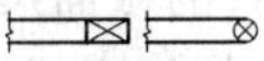 可见剖面 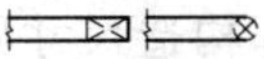 不可见剖面	伞形风帽	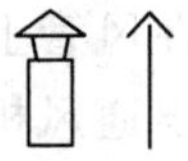	风机	 流向：自三角形的底边至顶点
排风管	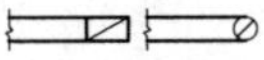 可见剖面 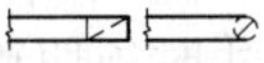 不可见剖面	筒形风帽		送风口	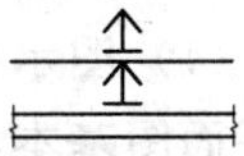
弯头	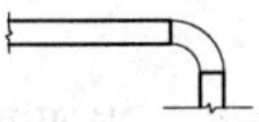	矩形三通	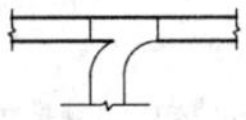	回风口	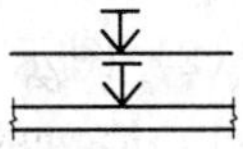
百叶窗		轴流式通风机	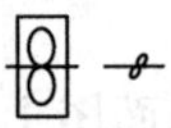	离心式通风机	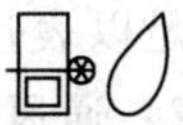

2. 通风平面图的图示内容和图示方法

（1）图示内容。通风系统平面图是表达通风管道系统及设备、部件等平面布置的图样。主要内容如下：

1）建筑平面轮廓、轴线编号与轴线尺寸；

2）通风管道与设备的平面布置及连接形式，风管上构件、配件的装配位置，风管上送风口或吸气口的分布及空气流动方向；

3）通风设备、风管与建筑结构的定位尺寸，风管的断面或直径尺寸，管道和设备部件的编号，送风系统、排风系统的编号；

4）设计或施工说明。

（2）图示方法。主要内容如下：

1）用细实线绘制建筑平面图的主要轮廓，包括墙身、梁、柱、门窗洞、吊车、楼梯、台阶等与通风系统布置有关的建筑构配件，其他细部从略。底层平面图要画全轴线，楼层平面图可仅画边界轴线。标出轴线编号和房间名称；

2）通风系统平面图应按本层平顶以下以正投影法俯视绘出；

3）用图例绘出有关工艺设备轮廓线，并标注设备名称、型号。如空调器、除尘器、通风机等主要设备用中实线绘制，次要设备及部件如过滤器、吸气罩、空气分布器等用细实线绘制。各设备部件均应标出其编号并列表示之；

4）画出风管把各设备连接起来。风管用双线按比例以粗实线绘制，风管法兰盘用单线以中实线绘制；

5）因建筑平面较大，建筑图纸采取分段绘制时，通风系统平面图亦可分段绘制。分段部位应与建筑图纸一致，并应绘制分段示意图；

6）多根风管在图上重叠时，可根据需要将上面（下面）或前面（后面）的风管用折断线断开，但断开处须用文字注明。两根风管交叉时，可不断开绘制，其交叉部分的不可见轮廓线可不绘出；

7）注明设备及管道的定位尺寸（即它们的中心线与建筑定位轴线或墙面的距离）和管道断面尺寸。圆形风管的截面尺寸以“ϕ”表示直径，矩形风管的截面尺寸以“宽×高”表示。风管管径或断面尺寸宜标注在风管上或风管法兰盘处延长的细实线上方。对于送风小室（简单的空气处理室）只需注出通风机的定位尺寸，各细部构造尺寸则需标注在单独绘制的送风小室详图上（局部放大图）。

3. 通风系统剖视图的图示内容和图示方法

（1）图示内容。通风系统剖面图表示管道及设备在高度方向的布置情况。其主要内容与平面图基本相同，所不同的只是在表达风管及设备的位置尺寸时须明确注出它们的标高。圆管标注管的中心标高，管底保持水平的变截面矩形管应标注管底标高。

（2）图示方法，主要内容如下：

1）简单的管道系统可省略剖视图。对于比较复杂的管道系统，当平面图和系统轴测图不足以表达清楚时，需有剖视图；

2）通风系统剖面图，应在其平面图上选择能够反映系统全貌，与建筑构造间相互关系比较特殊以及需要把管道系统表达清楚的部位直立剖切，按正投影法绘制。对于多层房屋而管道又比较复杂的，每层平面图上均需画出剖切线。剖面图剖切的投影方向一般宜向上、向左；

3）画出房屋建筑剖面图的主要轮廓。其步骤是先画出地面线，再画定位轴线，然后画墙身、楼层、屋面、梁、柱，最后画楼梯、门窗等。除地面线用粗实线外，其他部分均用细线绘制；

4）画出通风系统的各种设备、部件和管道（双线）。采用的线型与平面图相同；

5）标注必要的尺寸、标高。

4. 通风系统图的图示内容和图示方法

（1）图示内容。通风系统轴测图是根据（各层）通风系统平面图中管道及设备的平面位置和竖向标高，用轴测投影法绘制而成。它表明通风系统各种设备、管道系统及主要配件的空间位置关系。该图内容完整，标注详尽，富有立体感，从中便于了解整个通风工程系统的全貌。当用平面图和剖视图不能准确表达系统全貌或不足以说明设计意图时，均应绘制系统轴测图。对于简单的通风系统，除了平面图以外，可不绘制剖面图，但必须绘制系统轴测图。

（2）图示方法。主要内容如下：

1）通风系统轴测图一般采用正面斜等轴测或正等测投影绘制，有关轴向选择、比例及某些具体画法与采暖工程系统轴测图类似；

2）通风系统图应包括设备、管道及三通、弯头、变径管等配件及设备与管道连接处的法兰盘等完整的内容，并应按比例绘制；

3）通风管道宜按比例以单线绘制；

4）系统轴测图允许分段绘制，但分段的接头处必须用细实线连接或用文字注明；

5）系统图必须标注详尽齐全。主要设备、部件应注出编号，以便与平、剖面图及设备表相对照；还应注明管径（断面尺寸）、标高、坡度（标注方法与平面图相同），管道标高一般应标注管道中心标高，如所注标高不是管道中心标高时，则必须在标高符号下以文字说明。

5. 通风工程图的识读

（1）熟悉图纸目录。从图纸目录中可知工程图样的种类和数量，包括所选用的标准图或其他工程图样，从而可粗略了解工程的概貌。

（2）了解设计和施工说明。它一般包括如下内容：

1）设计所依据的有关气象资料、卫生标准等基本数据；

2）通风系统的形式、划分及编号；

3）统一图例和自用图例符号的含义；

4）图中未表明或不够明确而需特别说明的一些内容；

5）统一做法的说明和技术要求。

（3）按顺序识读。按平面图—剖视图—系统图—详图的顺序依次识读，并随时互相对照。

（4）搞清楚系统流程和各系统之间的关系。识读每种图样时均应按通风系统和空气流向顺次看图，逐步搞清每个系统的全部流程和几个系统之间的关系；同时按照图中设备及部件编号与材料明细表对照阅读。

（5）了解相关的图纸。在识读通风工程图时需相应了解主要的土建图纸和相关的设备图纸，尤其要注意与设备安装和管道敷设有关的技术要求，如预留孔洞、管沟、预埋件等。

（6）通风详图。通风详图有平面图、剖面图、详图和技术说明组成。通风详图一般有调节阀、检查井等构件的加工详图；风机减震基础、进风室的构造，加热器的位置、过滤器等设备的安装详图。各种详图常有标准图可选用。绘制详图的比例常用 1∶5、1∶10、1∶20 等。

6. 阅读工程实例

图 11-24～图 11-26 是某化工车间的通风系统平面图、剖面图和轴测图。

应将平面图、剖面图、系统轴测图对照起来阅读。

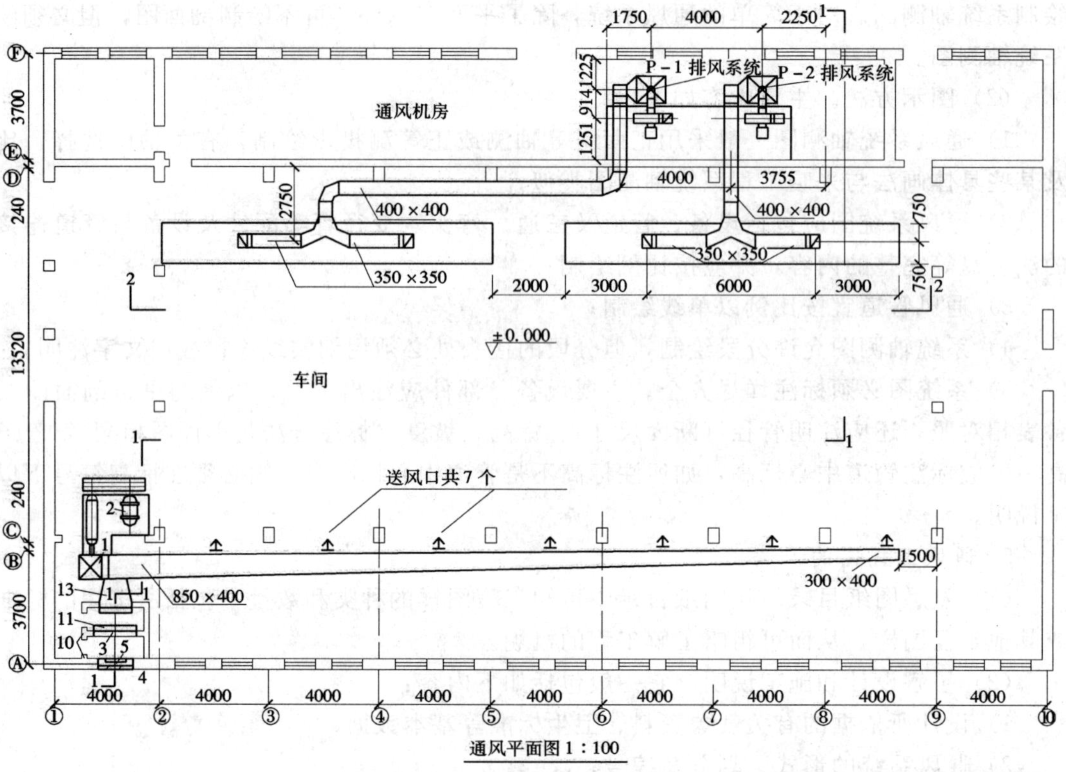

图 11－24　通风系统平面图

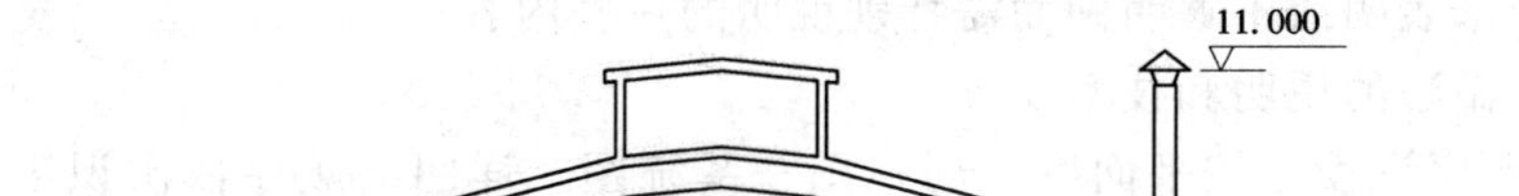

图 11－25　通风系统剖面图

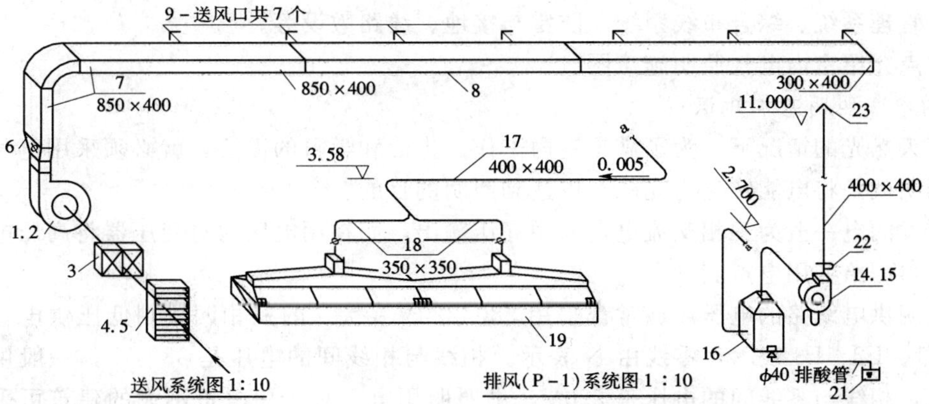

23	排风帽	T601－2 8 方伞形风帽	个	2		10	木制密闭门	1200×600 J610－M17 0612	扇	2	见平面图
22	排风机启动阀	T353－2 10	个	2	塑料方形	9	送风口	参考 T202－4、2 号制作	个	7	
21	酸液槽	500×500×500	个	1	自己设计	8	矩形送风风道	850×40 300×400	m	33	塑料板制作
20	排风支管蝶阀	T352－1 9	个	4	塑料方式手柄蝶阀	7	矩形送风风道	850×400	m	10	塑料板制作
19	密闭罩	12000×1500×1100	个	2	塑料板制作	6	启动阀	T301－1 Ⅱ型 9	个	1	
18	方形排风风道	350×350	m	22	塑料板制作	5	木制保温门	1800×1200	扇	1	J721－1218 B15
17	方形排风风道	400×400	m	28	塑料板制作	4	金属百叶窗	1800×1200	扇	1	J718－1 No1212
16	酸雾净化器	2	台	2	塑料板制作	3	空气加热器	SRL7×7/2	片	2	两片并联
15	排风机配电动机	$JO_232-4n=1450r/min$ $P=3kW$	台	2		2	风机配电动机	$JO_3-100L-6n=630r/min$	台	1	电机槽轮 28－A2－185
14	塑料排风风机	管塑－A 型 No5	台	2	直联式	1	离心通风机	4－79－11No8C 左 90°	台	1	风机槽轮 50－A2－280
13	帆布短管	$D=930$ $L=500$			见平面图	序号	名称	规格	单位	数量	备注
12	铁丝网	φ16 孔 25×25			见平面图						
11	旁通阀	T101－2 481×776×160	个		见平面图	设备及主要材料表					

图 11－26 通风系统图

(1) 了解通风系统管道、设备及部件的平面布置情况。从中可以看出：靠近轴线Ⓒ的一排柱子旁边装了一条矩形送风管。在轴线Ⓓ至Ⓕ间的通风机房，安装了两套排风管道。送风室设在①至②轴线与Ⓐ至Ⓑ轴网中厂房的低跨部分。矩形送风管的风管断面尺寸是由 850mm×400mm 到 300mm×400mm 均匀变化的。风量由进风小室的百叶窗经加热器由风机抽入风道，通过风道上 7 个送风口将热风送入车间。

排风系统有两个，P—1 排风系统和 P—2 排风系统。这两个排风系统的作用是一样的，用他排除化学合成槽的酸雾。

(2) 了解通风系统管道、设备及部件的竖向布置情况。将剖面图 11－25 和平面图 11－24 结合起来看：在 1—1 剖面图中轴线Ⓐ至Ⓒ间表示的是送风系统的设备（电动机、风机），风管的安装位置和高度，风管在屋面下的吊装方式，进风室的横断面及其高度等；轴线Ⓒ至Ⓕ间表示的是排气系统的设备（风机、槽列酸雾净化器）风管、风帽的横断面及其高度等。2—2 剖面图，是从纵向看两个槽列密封罩及排风管的安装位置和高度。

第三节 建筑电气施工图

一、概述

1. 建筑电气的组成

建筑电气包括强电及智能化系统。民用建筑的强电包括：10kV 及以下配变电系统、动力系统、照明系统、控制系统、建筑物防雷接地系统、线路敷设等；民用建筑的智能化系统包括：火灾自动报警及消防联动系统、安全防范系统、通信网络系统、信息网络系统、监控与管理系统、综合布线系统、防雷与接地、线路敷设等。

本节重点介绍室内电气照明施工图。

2. 室内电气照明基本知识

在缺乏天然光的情况下，为了满足室内工作、生活和学习的需要，就必须采用电气照明。电气照明就是将电能转化为光能，以达到照明的目的。

电厂所发的电一般为三相交流电，采用高压输出，而在用电区通过变压器将高压电变为低压电，再配给各用电点。

室内照明供电线路的电压，通常都采用380/220V（伏）的三相四线制低压供电。三根相线由L1、L2、L3表示，零线由N表示。相线与相线间的电压是380 V，一般供动力负荷用电，相线与零线间的电压是220V，供照明用电。对于用电量不大的建筑可采用220V单相二线供电系统。

3. 室内电气照明系统的组成

电源入户后，由配电箱分配电能，通过各配电线路向用电设备供电。为了进一步了解室内电气照明系统，现将其各组成部分简介如下：

（1）灯具。使电光源发出的光线得到有效的组织和利用的器具。灯具不能独立工作，它配合光源才能发挥作用。

（2）开关。开关是在电气线路中，用于控制线路通断的设备。常用的开关有胶盖开关（又称闸刀开关）、自动空气开关、跷板开关、拉线开关。闸刀开关、自动空气开关一般用在容量不大，且接通、断开不很频繁的低压电路中，这两种开关具有在线路中起短路及过载保护作用。灯开关一般采用跷板式和拉线式开关。

（3）插座。插座是移动用电设备、家用电器和小功率动力设备等的供电电源，一般插座是长期带电的，在设计和使用中都应注意。插座有明装式和暗装式，单相插座有两孔和三孔之分，两孔插座左边的插孔接零线，右边的插孔接相线；三孔插座左边的插孔接零线，右边的插孔接相线，中间的插孔接保护线。

（4）配电箱。是接受和分配电源的装置，内部接有接通和切断电源的开关和作为防止短路故障保护设备的熔断器，以及记录耗电量的电表等。配电箱的供电半径一般为30m，配电箱把接收的电源经分配后由若干个支路送出，支路数量不宜过多，一般是6～9个。配电箱的安装有明装和暗装两种，明装的距地2m，暗装的距地1.5m。

（5）配电线路。一系列供电线路的总称，有干线和支线之分，从总配电箱至分配电箱的供电线路称为干线。从分配电箱引至用电设备的供电线路称为支路，亦称回路。其敷设方法有明敷和暗敷两种。明敷就是用绝缘的瓷夹、槽夹、线夹等将导线牢固地固定在建筑物的墙面或天棚表面。暗敷就是将管子（塑料管、金属管）预埋在墙内、楼板内或天棚内，然后再将导线穿入管中。

4. 室内电气照明施工图制图规定

（1）比例。在各种电气的平面布置图中，一般使用与相应建筑平面图相同的比例。在此情况下，如需确定电气设备安装的位置或导线长度时，可在图上用比例尺直接量取。与建筑图无直接关系的其他电气施工图，可任选比例或不按比例地示意性绘制。

（2）图线。电气施工图的图线的线宽应遵守《房屋建筑制图统一标准》（GB/T

50001—2001）的规定，其线型统一规定基本相同。各种图线的使用如下：

1）粗实线用于电路中的主回路线；

2）虚线用于事故照明线、直流配电线路、钢索或屏蔽线等，以虚线的长短区分各自的用途；

3）点划线用于控制线及信号线；

4）双点划线用于50V及以下电力、照明线路；

5）中粗线用于交流配电线路；

6）细实线用于建筑物的轮廓线。

（3）图例。

建筑电气施工图是用大量的电气图例和规定符号进行表示的，电气符号包括图形符号、电工设备文字符号和电工系统的回路标号三种。

1）图形符号。在电气工程的施工图中，常用的电气图形符号如表11-18所示。

表11-18　　　　电气图形符号

名　称	图　例	名　称	图　例
配电中心（示出5路馈线） 在*号处标种类代码 AP表示动力配电箱 AL表示照明配电箱 ALE表示应急照明配电箱	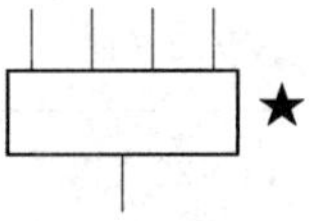	C—暗装开关 EX—防爆开关 EN—密闭开关	
		单级拉线开关	
		单级限时开关	
在*号处用下列代号表示 IP—单相插座 3P—三相插座 1C—单相暗敷插座 3C—三相暗敷插座 1EX—单相防爆插座 2EX—三相防爆插座 1EN—单相密闭插座 3EN—三相密闭插座		插座一般符号	
		多个插座（3个）	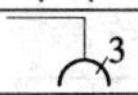
		带保护接点插座	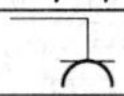
		荧光灯一般符号 光发体一般符号	
		二级荧光灯	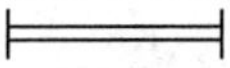
灯的一般符号 在符号附近用下列代号表示 IN—白炽灯；FL—荧光灯 ARC—弧光；IR—红外线 UV—紫外线		二级荧光灯	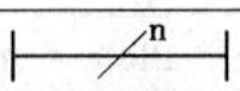
		带单级开关的插座	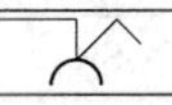
		电线、电缆、传输通路	
		接地线	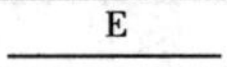
在*号处用下列代号表示： W—壁灯；R—筒等；L—花灯 C—吸顶灯；EN—密闭灯 EX—防爆灯；G—圆球灯 P—吊灯；SA—安全照明 LL—局部照明灯；		地下线路	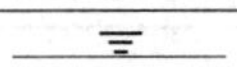
		保护接地线	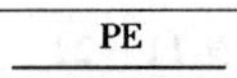
		向上配线	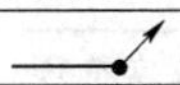
		向下配线	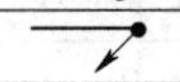
		垂直通过配线	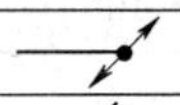
电能表	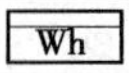	二根导线	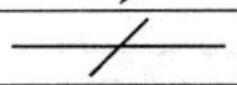
熔电器	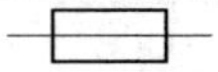	三根导线	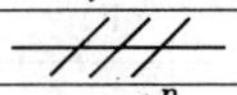
手动开关	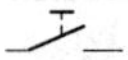	n根导线	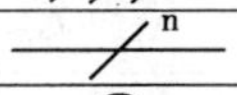
		接线盒	
开关一般符号		电铃	

2）文字符号。电工设备文字符号是用来标明系统设备、装置、元（部件）件和线路的名称、性能、作用、位置以及安装方式的。

①线路的标注。通常用下面的方式表示：

$$a-b(c\times d+c\times d)e-f$$

式中 a——回路编号，一般用阿拉伯数值；

b——导线型号（如表 11-19 所示）；

c——导线根数；

d——导线截面积，mm^2；

e——敷设方式及穿管直径（如表 11-20 所示）；

f——敷设部位（如表 11-21 所示）。

表 11-19　　常用导线、电缆线型号

文字符号	文字符号的意义	文字符号	文字符号的意义
BLV	铝芯聚氯乙烯绝缘电线	RVB	铜芯聚氯乙烯绝缘平型软线
BX	铜芯橡胶绝缘线	LJ	裸铝绞线
BV	铜芯聚氯乙烯绝缘线	VV22（铜）	铜（铝）芯聚氯乙烯绝缘聚氯乙烯护套电力电缆
BLX	铝芯橡胶绝缘电线		
RVS	铜芯聚氯乙烯绝缘绞型软线	VLV22（铝）	

表 11-20　　导线敷设方式的文字符号表

文字符号	文字符号的意义	文字符号	文字符号的意义
KPC	穿聚氯乙烯塑料波纹电线管敷设	TC	电缆沟敷设
FPC	穿阻燃半聚氯乙烯半硬质管敷设	CT	用电缆桥架敷设
PC（P）	穿硬塑料管敷设	MR	金属线槽敷设
K	用瓷瓶或瓷柱敷设	M	用钢索敷设
PR	用塑料线槽敷设	CP	穿金属软管敷设
SR	用钢线槽敷设	CE	混凝土排管敷设
RC	穿水煤气管敷设	DB	直接埋设
SC	穿焊接钢管敷设		

表 11-21　　导线敷设位置的文字符号表

文字符号	文字符号的意义	文字符号	文字符号的意义
BE	沿屋架或层架下弦敷设	WE（WS）	沿墙敷设
CC	暗敷设在屋面内或顶板内	CE	沿天棚敷设
FC（F）	暗敷设在地面或者地板内	BC	暗敷设在梁内
AC	暗敷设在不能进人的吊顶内	CLC	暗敷设在柱内
SR	沿钢索敷设	WC	暗敷设在墙内
CLE	沿柱敷设	ACE	在能进人的吊顶内敷设

例如：在施工图中，某线路上标有：

WL－2－BV(3×16＋1×10)SC32－CC

式中　WL—2——表明照明第二回路（如表 11－22 所示）；

BV——铜芯聚氯乙烯绝缘线，3 根 16mm^2 加上 1 根 10mm^2 截面的导线；

SC——焊接钢管，四根导线穿过管径为 32mm 的焊接钢管；

CC——暗敷设在屋面板内或顶棚板内。

表 11－22　　线路用途的常见文字符号表

文字符号	文字符号的意义	文字符号	文字符号的意义	文字符号	文字符号的意义
WC	控制线路	WF	电话线路	WS	声道（广播）线路
WD	直流线路	WL	照明线路	WV	电视线路
WE	应急照明线路	WP	电力线路	WX	插座线路

②照明灯具标注。通常用下列方式表示：

$$a-b\frac{c\times d\times L}{e}f$$

式中　a——灯具数；

b——型号或编号（无则省略）；

c——每盏照明灯具的灯泡数或灯管数；

d——灯泡安装容量（W）；

e——灯具安装高度（m），“－”表示吸顶安装；

f——安装方式（见表 11－23）；

L——光源种类。

表 11－23　　灯具安装方式的标注

文字符号	符号的意义	文字符号	符号的意义	文字符号	符号的意义	文字符号	符号的意义
SW	线吊式、自在器线吊式	W	壁吊式	WR	墙壁内安装	DS	管吊式
		C	吸顶式	S	支架上安装	CR	顶棚内安装
CS	链吊式	R	嵌入式	CL	柱上安装	HM	座装

例如：$5-\text{BYS80}\,\frac{2\times 40\times \text{FL}}{3.5}\text{CS}$

表示：5 盏 BYS80 型灯具，灯管为二根 40W 荧光灯管，灯具链吊安装，安装高度距地 3.5m。

二、室内电气照明施工图

室内电气照明施工图是整套建筑工程施工图的一个组成部分，一般由首页图、电气平面图、电气系统图、电气大样图及说明书所组成。

首页图一般为电气工程图纸目录、图例及电器规格说明和施工说明三部分。但工程比较简单时，可不必单独列为一张图纸，可将首页图内容并入其他图中。

电气大样图用于表达在平面图、系统图中表示不清楚而又无通用图集可选用的细部大样图。

1. 电气照明平面图

(1) 图示内容。电气照明平面图是电气施工的主要图纸，它主要表明电源进户线的位置、规格、穿线管径、配电箱的位置、编号；配电线路的位置、敷设方式、配电线的规格、根数、穿管管径；各种电气的位置、种类、数量、安装方式及高度以及开关、插销的位置；各支路的编号及要求等。

(2) 图示方法。电气照明平面图是在建筑平面图的基础上把电气照明的内容标注上去。因为主要表明电气系统，是供电气施工使用的图纸，图中只需画出建筑平面的主要内容，如房间、走廊、门、窗位置，定位轴线的编号及尺寸。建筑物的平面图一般用细实线画出。

(3) 绘制电气平面图需要注意的事项。绘制照明平面图应注意以下几点：

1) 对建筑部分只用细实线画出墙柱、门窗位置等；

2) 注写建筑物的定位轴线及尺寸；

3) 绘图比例可与建筑平面图的比例相同；

4) 不必注明线路、灯具、插座的定位尺寸，具体位置施工时按有关规定确定；

5) 对电气设施平面布置相同的楼层，可用一个电气平面图表达，说明其适用层数；

6) 灯具开关的布置，要结合门的开启方向，以安全方便为原则。

2. 配电系统图

在照明平面图中，已清楚地表达了各层电气设备的水平及上下连接线路，对于平房或电气设备简单的建筑，只用照明平面图即可施工。而多层建筑或电气设备较多的整幢建筑的供配电状况，仅用照明平面图就比较难以了解全貌。为此，一般情况下都要绘制照明系统图。

照明系统图表示整个建筑物的配电系统和容量分配情况，即表示所用的配电装置，配电线路所用导线的型号、截面、敷设方式，所用的管径和总的设备容量等。

系统图通常用粗实线表示总体供电系统的组成和连接方式。系统图是电气设备的具体安装位置的图样，不是投影图，没有比例关系，主要表明整个工程的供电全貌和接线关系。

(1) 图示内容。配电系统图是根据用电量和配电方式画出的，它是表明建筑物内配电系统的组成与连接的示意图。从图中可以看到电源进户线的型号、敷设方式、整幢建筑物用电的总容量；进户线、干线、支线的连接与分支情况；配电箱、开关、熔断器的型号与规格，以及配电导线的型号、截面、采用管径及敷设方式等。

(2) 图示方法。配电系统图一般是根据线路的分支情况绘制的，同时在各线路上把电气设备标注上去。

3. 阅读电气照明施工图工程实例

(1) 阅读电气照明施工图的设计说明，如表 11-24 所示。

表 11－24　　某办公楼电气设计说明

电气设计说明

一、工程概况

1. 本工程培训中心办公楼，共 3 层，总建筑面积 1084.44m²。

二、设计范围：

1. 本设计内容包括供配电、照明、电视、电话、接地及总等电位联结。

三、供配电设计：

(1) 供电电源及负荷等级。

工程电气负荷等级为三级，采用 380/220V 低压电源进线。供配电采用放射式系统，分户计量，集中设表。

(2) 导线，电缆选择及敷设方式。

a. 照明进户线采用铠装铜芯电力电缆穿钢管地埋入户，由各配电箱至用电设备采用铜芯塑料线穿阻燃 PVC 管敷设，配电箱间干线可采用 SC 或重型 PVC 管保护。

b. 凡在平面及系统图中未标注根数及规格的导线：各照明线路为 BV－3×2.5mm²。

安装高度低于 2.4m，或采用Ⅰ类灯具均应增设 PE 线（图中已标注）。

凡未标注的管线应根据情况在地板．顶板．顶棚或墙内暗敷。

四、照明设计：

1. 办公室按 300lx，设计值参见照明平面图。

2. 照明采用双管荧光灯光源，单个光源 36W 光通亮为 3350lm，配电子镇流器。公共照明等灯具均采用 T5 环管荧光灯或节能灯。

五、弱电系统

1. 电话系统：电话系统接入市电信电话网络，室内设置电话交接箱，干线采用电话电缆，分支线路采用 RVB 电话线，电话信息插座距地 0.3m 暗装。

2. 电视系统接入市有线电视网络，设置 12 口可寻址集线器箱，电源引自就近电表箱。集线器间干线采用 SYWV－9 同轴电缆，分支线路采用 SYWV－5 同轴电缆，所有分支、分配等均为集线器箱内设备，且均支持双向传输功能。

六、防雷接地及总等电位联结：

1. 设计采用 TN－C－S 接地制式，电源进线处做重复接地，接地电阻不应大于 4Ω，工作接地，安全接地等采用联合接地体，接地装置应首先利用建筑物金属网作自然接地体，当实测电阻不能满足设计要求时，再续打人工接地极。

2. 本工程设总等电位连接，用 40×4 镀锌扁钢将进出建筑物的各种金属管道及电缆金属外皮做等电位连接。等电位做法见图集（02D501－2 等电位联结安装）。

七、设备安装：

配电箱安装方式及距地高度为 1.5m，翘板开关下沿距地 1.30m。强、弱插座距地 0.3m 暗装。其他见平面标注及材料表备注。

八、凡未尽之处按有关规范执行

附部分施工参考图集如下：

1.《接地装置安装》03D501－4。

2.《等电位联结安装》02D501－2。

3.《利用建筑物金属体做防雷及接地装置安装》03D501－3。

(2) 阅读某办公楼电气施工图的材料表，如表 11－25 所示。

表 11－25　　某办公楼电气施工图材料表

序号	图例	名　称	规　格	单位	数量	备　注
29		安全防水型三极暗装插座	～250V15A	个	20	参见图中标注
28		安全型三极暗装插座	～250V10A	个	5	参见图中标注
27		安全型双联二三极暗装插座	～250V10A	个	140	安装高度距地 0.3m
26		电炊箱	甲方自定	个	5	安装高度箱底距地 1.5m
25		电话机插座	K86Z2DTN2	个	30	安装高度距地 0.3m
24		电视插座	K86ZTV	个	25	安装高度距地 0.3m
23		换气扇	25W	个	30	吸顶安装

续表

序号	图例	名称	规格	单位	数量	备注
22		火灾声光警报器	甲方自定	个	5	安装高度距地 1.8m
21		开关	～250V10A	个	55	安装高度距地 1.3m
20	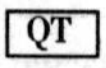	可燃气体报警主机	BT－KV002	个	5	安装高度箱底距地 1.8m
19		可视电话门机	甲方自定	个	5	安装高度距地 1.3m
18		可视对讲分机	甲方自定	个	15	安装高度距地 1.3m
17		空调插座	～250V15A	个	25	参见图中标注
16		气体探测器	甲方自定	个	5	吸顶安装
15		三联开关	～250V10A	个	10	安装高度距地 1.3m
14		声光控制延时开关	～250V10A	个	5	受控灯具旁边
13		双控开关	～250V10A	个	20	安装高度距地 1.3m
12		双联开关	～250V10A	个	55	安装高度距地 1.3m
11		壁灯	1×22W（节能型）	盏	20	安装高度箱底距地 2.2m
10		防水防尘灯	1×32W（节能型）	盏	20	吸顶安装
9		双管荧光灯	2×26W（节能型）	盏	95	吸顶安装
8		天棚灯	1×22W（节能型）	盏	65	吸顶安装
7		电信分线箱	现场根据系统图定	台	1	安装高度箱底距地 1.8m
6		动力照明配电箱	现场根据系统图定	台	3	安装高度箱底距地 1.8m
5		对讲门铃电源	现场根据系统图定	台	5	安装高度箱底距地 1.5m
4		局部等电位端子箱	现场根据系统图定	台	20	安装高度箱底距地 0.5m
3		有线电视集线器箱	现场根据系统图定	台	1	安装高度箱底距地 1.8m
2		总等电位端子箱	现场根据系统图定	台	1	安装高度箱底距地 0.5m
1	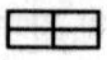	组合开关箱	PZ30 改	台	30	安装高度箱底距地 1.5m

（3）阅读配电干线平面图及配电箱系统图。现以图 11－27、图 11－28 某办公楼外网引入的总配电箱系统图和一层干线平面图为例，说明干线引入内容与方法。

图 11－28 中右端总配电箱 ZAL 引入电线为 VV22 4×95－SC100－FC，表明进户线引来 380/220V 三相四线制电源，用四根截面为 95mm^2 的铜芯聚氯乙烯护套电缆，穿在一根直径为 100mm 的焊接钢管内，沿地暗敷。导线进入户内接入三条干路到配电箱“AL1”。三条干路 N1、N4、N5 均为 BV－5×10P32－CC，表明三条干路均为 5 根直径为 10mm^2 铜芯聚氯乙烯绝缘线穿过聚氯乙烯硬质管暗敷设在顶板内，聚氯乙烯硬质管管径为 32mm。

图 11－27 中标明总进线作为参考，具体参见外网设计。预埋钢管埋深 1.1m。

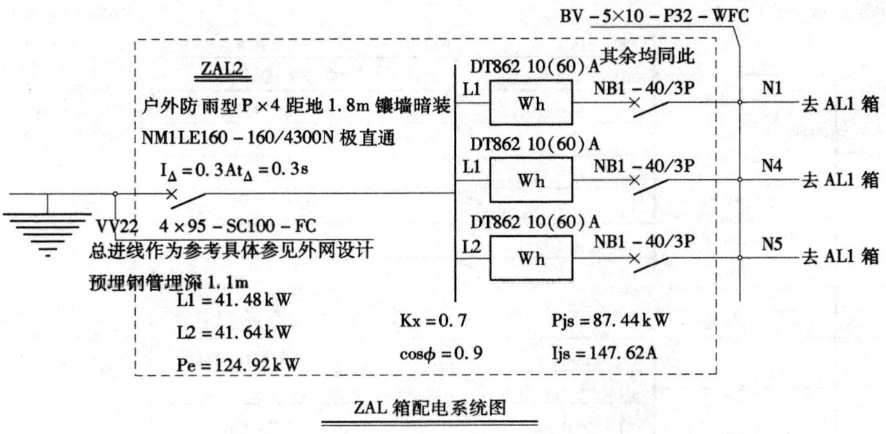

图 11－27 某办公楼配电箱系统图

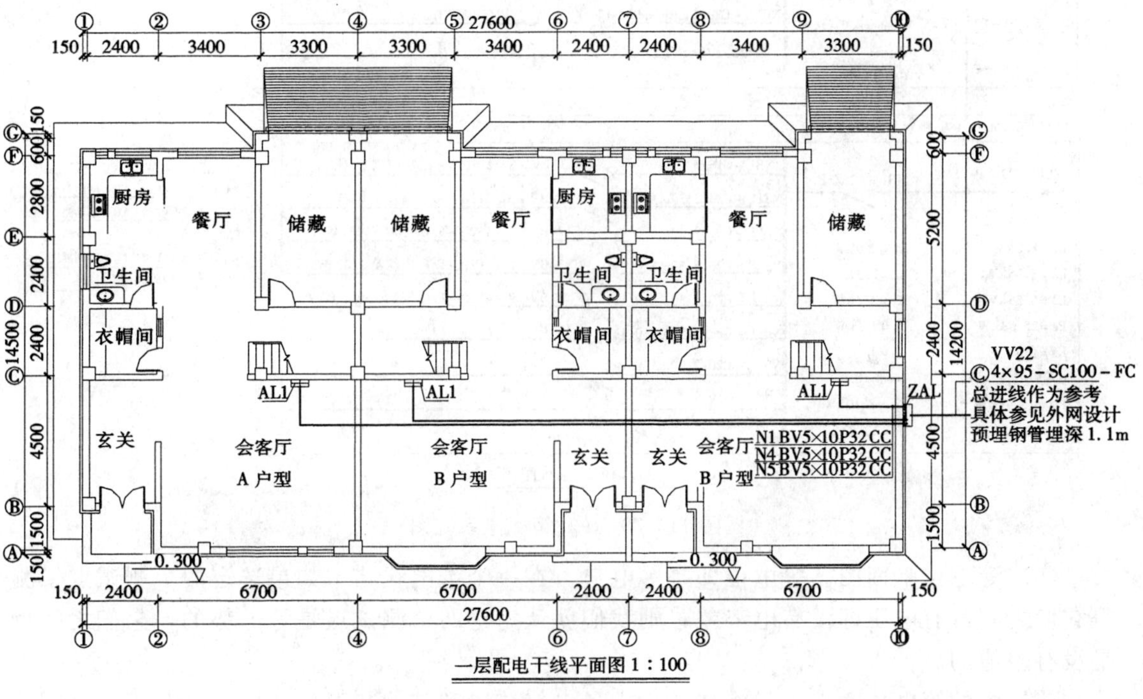

图 11－28 一层配电干线平面图

（4）阅读电气系统支路平面图与系统图。如图 11－29～图 11－31 所示是各支路电气系统的平面图和系统图。对照系统图与平面图阅读，可知，由配电箱 AL1 向上接出一路线向二层、三层供电，各层配电箱内均有一个 NB1－C25/3P 断路器，然后一层分 8 个回路（二、三层是 7 个回路），其中 1 个照明回路，有单极过流保护断路器，5 个（二、三层是 4 个）插座回路也设有过流、漏电保护的单极断路器。各层均有两个备用的回路。其中 WX2 是卫生间插座，使用 3 根截面尺寸为 $4mm^2$ 铜芯聚氯乙烯绝缘线，穿过硬塑料管敷设在地板内，硬质塑料管管径为 20mm。其他的插座阅读方法相同。

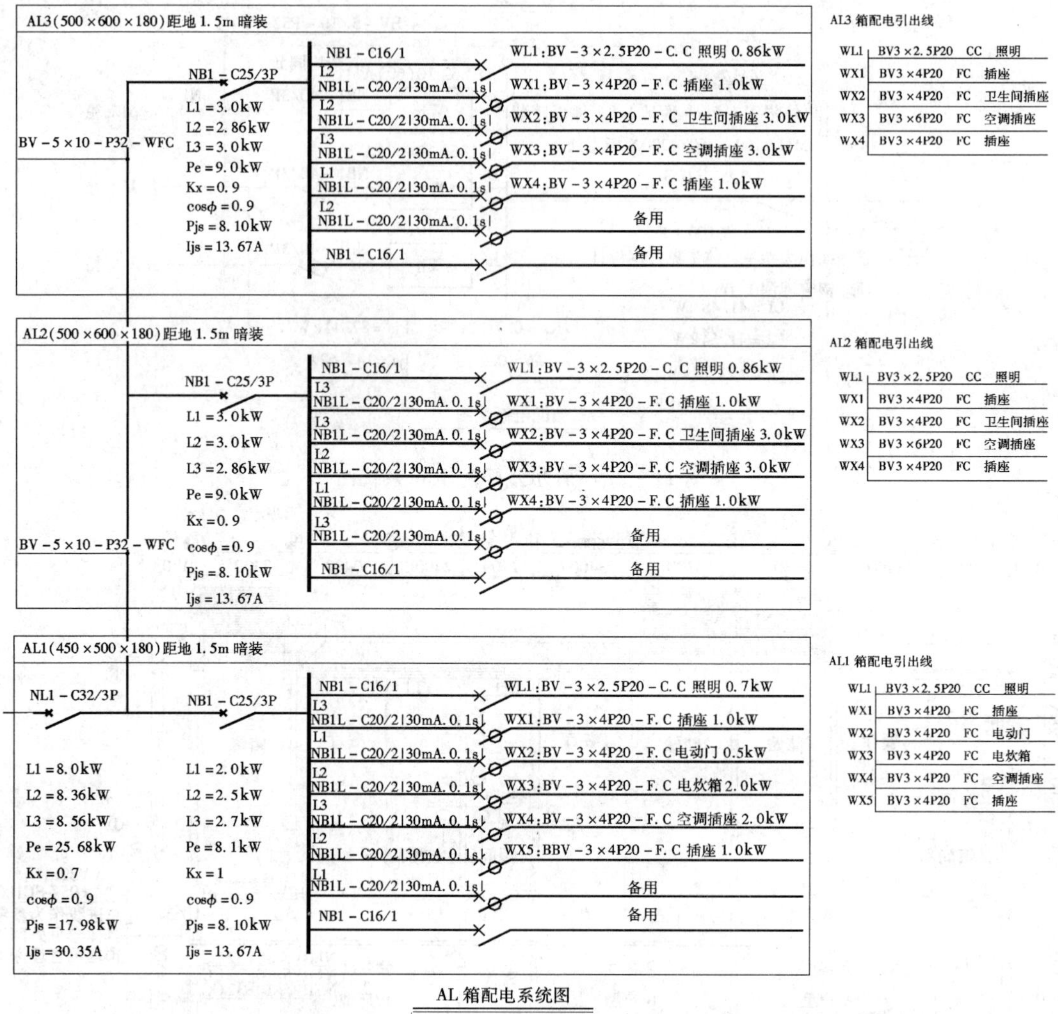

图 11-29 AL箱配电系统图

（5）等电位平面图。等电位即是等电势。在一个带电线路中如果选定两个测试点，测得它们之间没有电压即没有电势差，则我们就认定这两个测试点是等电势的，它们之间也是没有阻值的。

建筑中的等电位联结，是将建筑物中各电气装置和其他装置外露的金属及可导电部分与人工或自然接地体用导体连接起来，以减少电位差。等电位联结有总等电位联结、局部等电位联结和辅助等电位联结。

总等电位联结（MEB）：总等电位联结作用于全建筑物，它在一定程度上可降低建筑物内间接接触电击的接触电压和不同金属部件间的电位差，并消除来自建筑物外经电气线路和各种金属管道引入的危险故障电压的危害。它应通过进线配电箱近旁的接地母排（总等电位联结端子板）将下列可导电部分互相连通：进线配电箱的PE（PEN）母排；公用设施的金属管道，如上、下水、热力、燃气等管道建筑物金属结构；如果设置有人工接地，也包括其接地极引线。

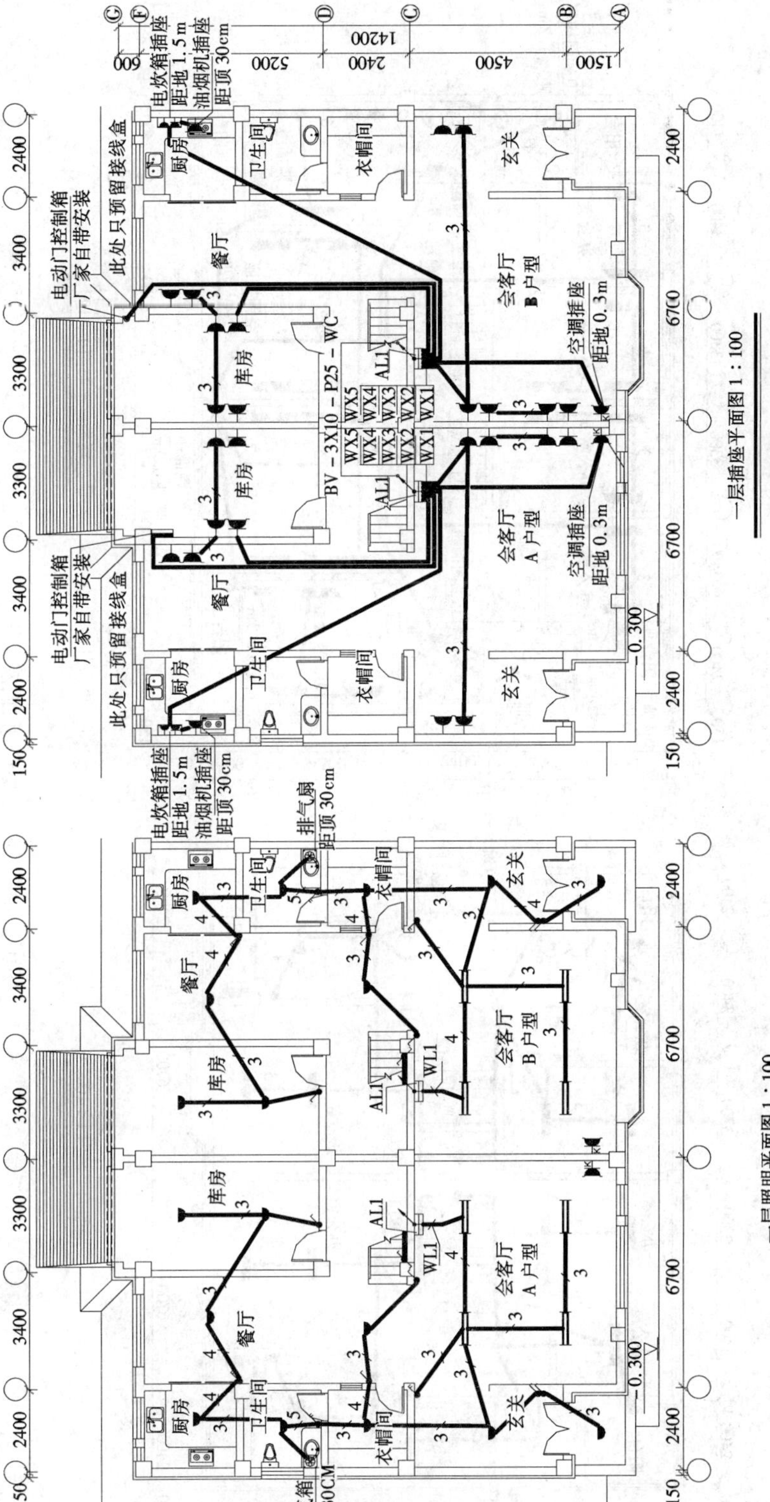

注　1. 由电炊箱引至油烟机插座导线选用 BV 3×2.5P20 WC。
　　2. 卫生间插座均选用防水型插座。

图 11－30　一层照明、插座平面图

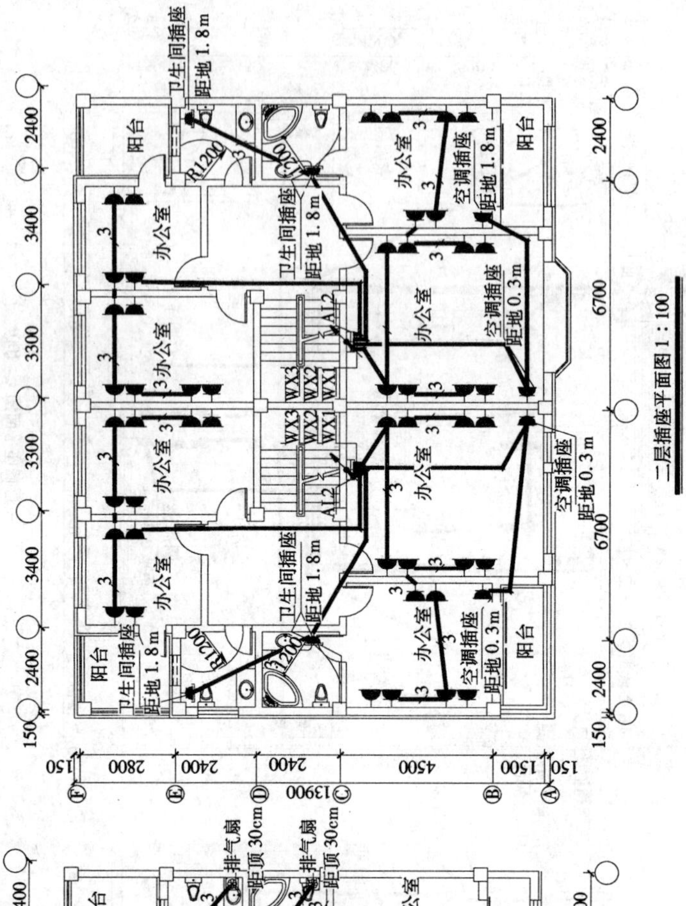

图 11-31(一)　二层照明、插座平面图

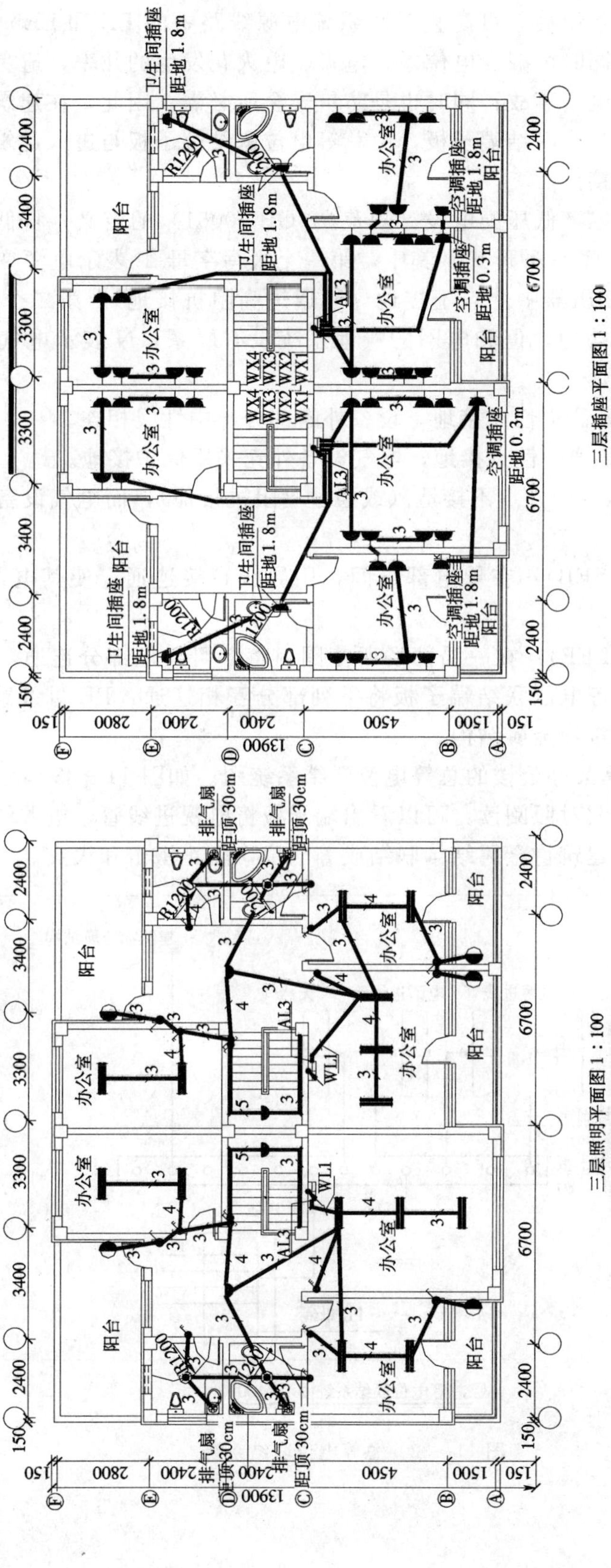

三层照明平面图 1：100

注：本层阳台壁灯均采用防水型

三层插座平面图 1：100

图 11－31（二）　三层照明、插座平面图

住宅楼做总等电位联结后，可防止 TN 系统电源线路中的 PE 和 PEN 线传导引入故障电压导致电击事故，同时可减少电位差、电弧、电火花发生的几率，避免接地故障引起的电气火灾事故和人身电击事故；同时也是防雷安全所必需。因此，在建筑物的每一电源进线处，一般设有总等电位联结端子板，由总等电位联结端子板与进入建筑物的金属管道和金属结构构件进行连接。

根据现行的国家标准《低压配电设计规范》（GB 50051）的定义，将低压配电系统分为三种，即 TN、TT、IT 三种形式，其中，第一个大写字母 T 表示电源变压器中性点直接接地；I 则表示电源变压器中性点不接地（或通过高阻抗接地）。第二个大写字母 T 表示电气设备的外壳直接接地，但和电网的接地系统没有联系；N 表示电气设备的外壳与系统的接地中性线相连。

TN 系统，电源变压器中性点接地，设备外露部分与中性线相连。

TT 系统，电源变压器中性点接地，电气设备外壳采用保护接地。

IT 系统，电源变压器中性点不接地（或通过高阻抗接地），而电气设备外壳采用保护接地。

辅助等电位联结（SEB）：在导电部分间，用导线直接连通，使其电位相等或相近，称作辅助等电位联结。

局部等电位联结（LEB）：在一局部场所范围内将各可导电部分连通，称作局部等电位联结。它可通过局部等电位联结端子板将下列部分互相连通：PE 母线或 PE 干线；公用设施的金属管道；建筑物金属结构。

如图 11－32 所示是某办公楼的总等电位联结系统图。如图 11－33 所示是一层等电位平面图。系统图与平面图对照阅读，可以看出端子板将电视进线管、电源线进线管、电话线进线管、天然气管及建筑物金属结构联结成等电位，防止雷击和火灾。

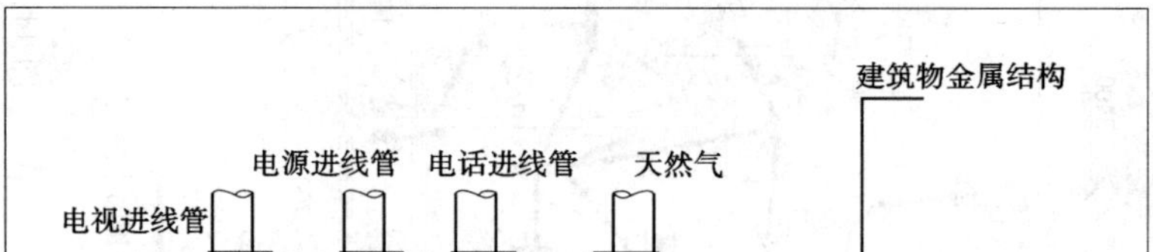

图 11－32　总等电位联结系统

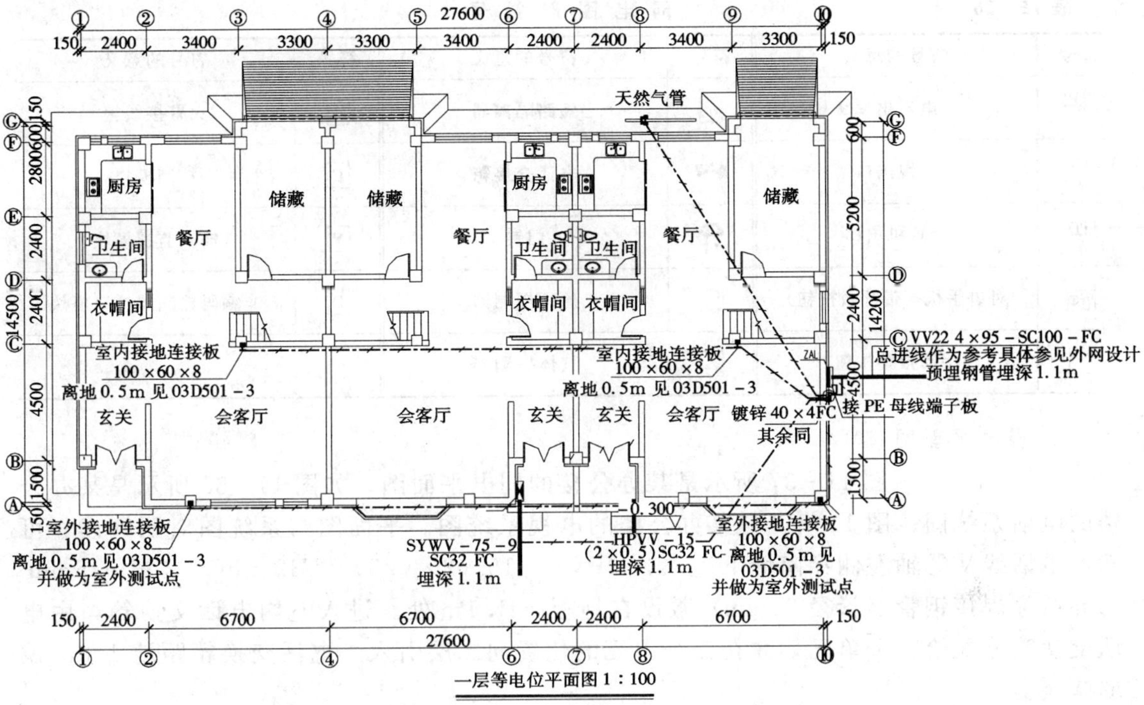

图 11－33　一层等电位平面图

如图 11－34 所示是局部等电位图，阅读方法与上面相同。

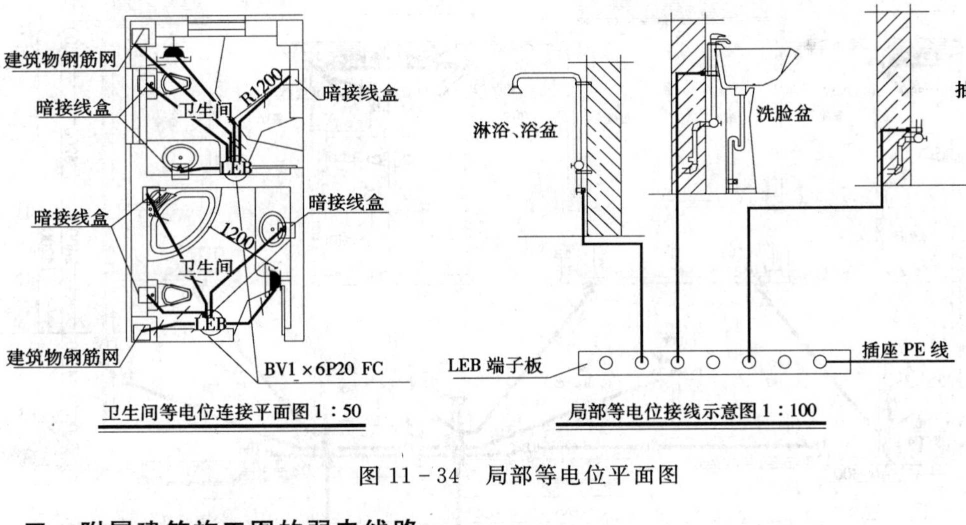

图 11－34　局部等电位平面图

三、附属建筑施工图的弱电线路

在建筑施工过程中，一般敷设的弱电线路主要为信息传输线路。传输线路包括电话通信系统、有线电视系统、网络系统、消防报警系统。

1. 弱电图例

常用弱电图例，如表 11－26 所示。

表 11－26　　　　　　　　　　　**弱 电 图 形 符 号**

符号	符号的意义	符号	符号的意义	符号	符号的意义
TP	电话出口		短路隔离器	FS	火警接线箱
TV	电视出口		电话交接箱	C	控制模块
TD	计算机出口		门铃	M	输入监视模块
	对讲手机（带呼救按钮）		感烟探测器	D	非编码控制器按口模块
	手动报警按钮		气体探测器		

2. 弱电平面图

如图 11－35～图 11－37 所示是某办公楼的弱电平面图。如图 11－38 所示是某办公楼的电话系统图；图 11－39 是某办公楼的电视系统图。平面图与系统图对照阅读，可知，电话线从⑧轴左侧穿南墙下进入，HPVV－15（2×0.5）SC32－FC，2 根 0.5mm^2 的导线穿焊接钢管（管径 32mm）敷设在地板下 1.1m 处。进入室内电话交换箱，由电话交换箱分配给三个单元，并在三个单元的位置向二层引入。电话交换箱距地 1.8m 镶墙暗装。

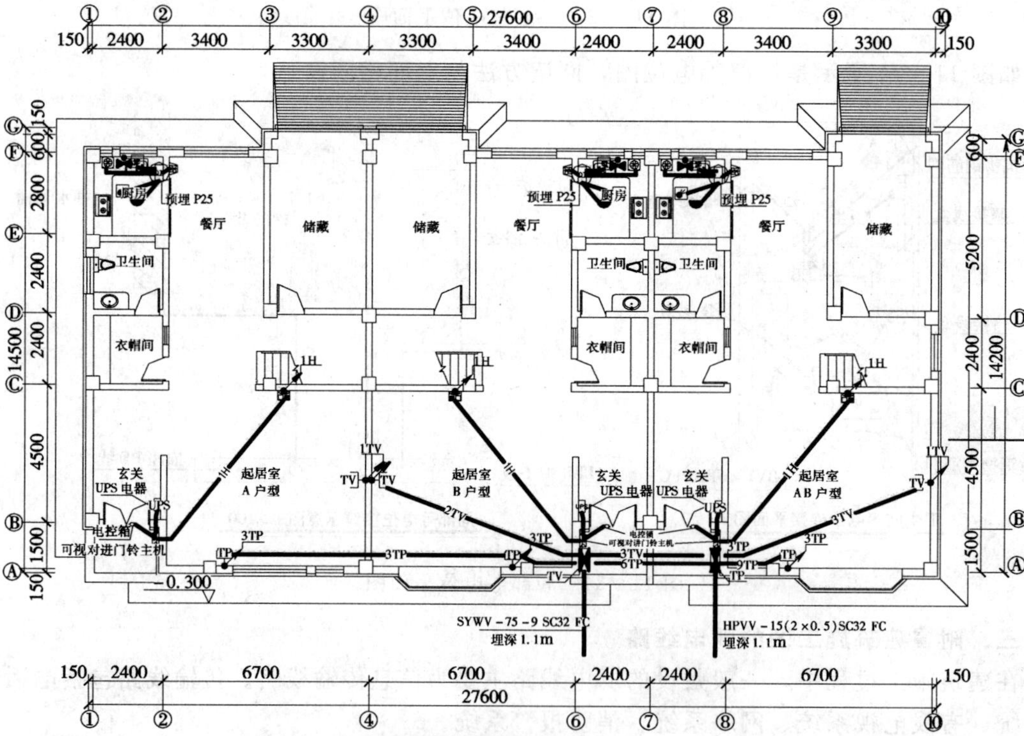

图 11－35　一层弱电平面图

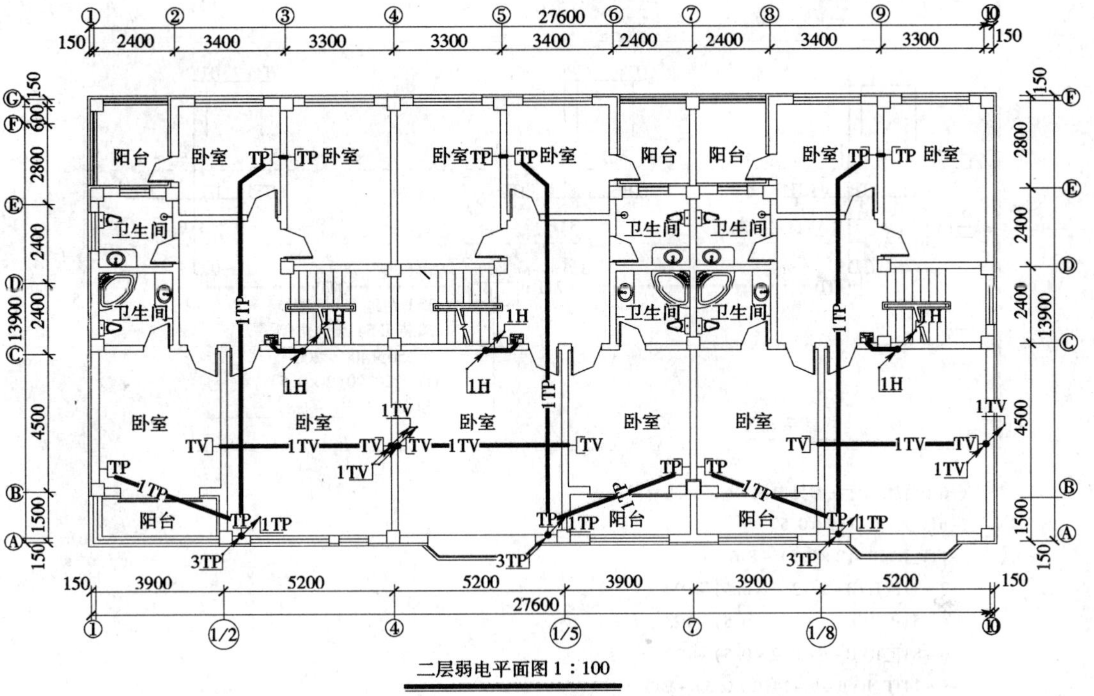

图 11－36 二层弱电平面图

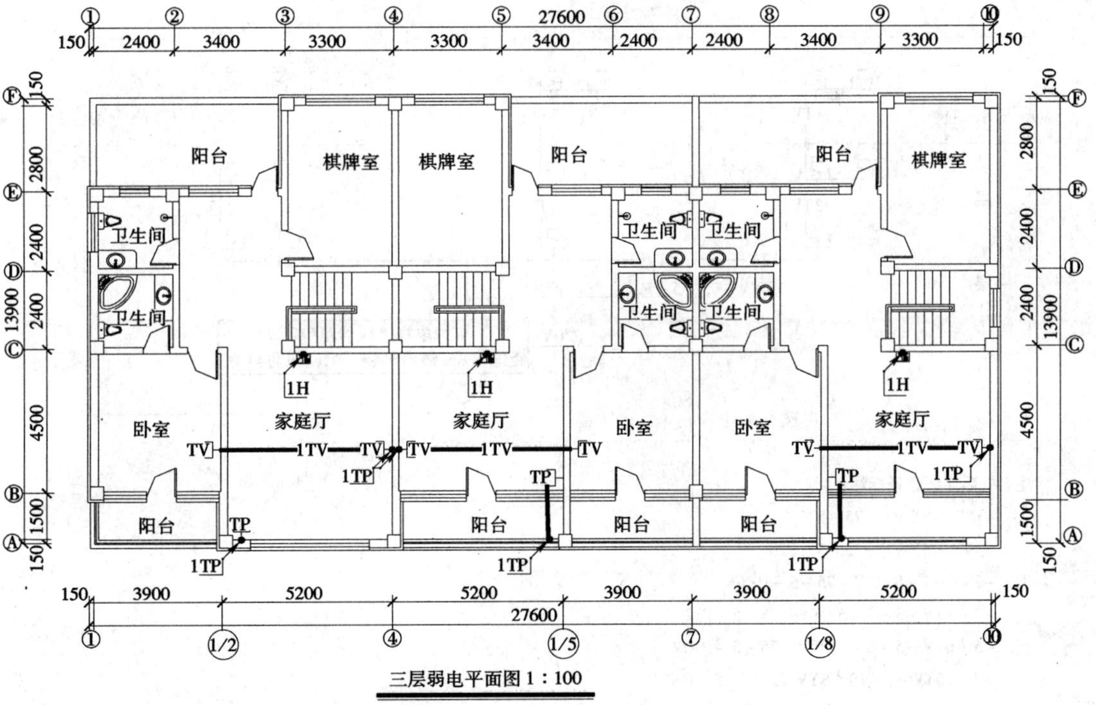

图 11－37 三层弱电平面图

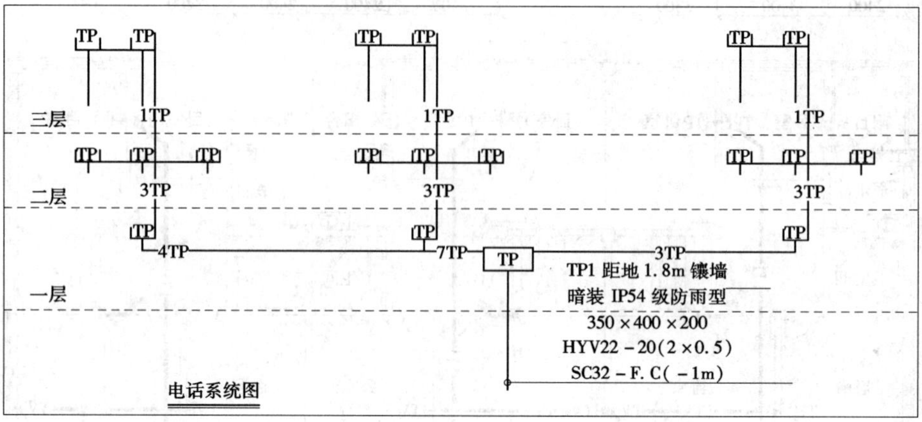

注 （图中管线未标注参见电视）电话穿线管径标注：

-nTP_RVB-n(2×0.5)

-1TP_RVB-(2×0.5)-P16

-2~3TP_RVB-2~3(2×0.5)-P20

-4~5TP_RVB-4~5(2×0.5)-P25

-6~8TP_RVB-6~8(2×0.5)-P32

-9~14TP_RVB-9~14(2×0.5)-P40

图 11-38 电话系统图

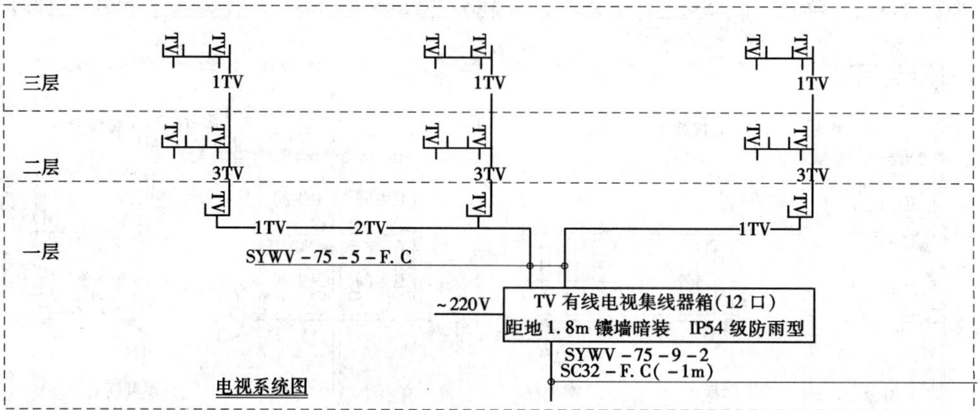

注 电话穿线管径标注：

-nTV-SYWV-75-5

-1TV-SYWV-75-5-P20

-2TV-2×SYWV-75-5-P25

-3~4TV-3~4×SYWV-75-5-P32

-5~6TV-5~6×SYWV-75-5-P40

-7~10TV-7~10×SYWV-75-5-P50

图 11-39 电视系统图

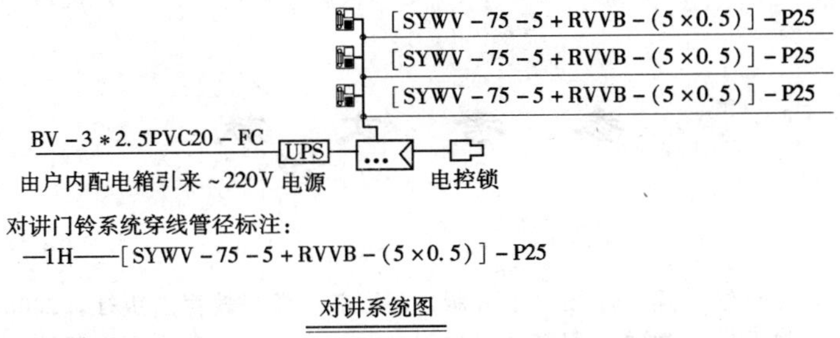

图 11－40　对讲系统图

电视线从⑥轴右侧穿南墙进入，SYWV－75－9－SC32－FC，线路穿焊接钢管（管径 32mm）敷设在地板下 1.1m 处。进入室内有线电视集线器箱，再由集线器箱分配给三个单元，各单元向二楼引入。集线器箱距地 1.8m 镶墙暗装。

对照一层弱电平面图（图 11－33）和对讲系统图（图 11－40）阅读，从户内配电箱引来 220V 的交流电，到 UPS 电源，由电控锁控制对讲机。BV－3×2.5PVC20－FC，3 根 $2.5mm^2$ 的铜芯聚氯乙烯绝缘线穿 PVC 管（管径 20mm）敷设在地板下。

厨房里安装换气扇、火灾声光报警器、QT 可燃气体报警主机、天棚灯、气体探测器等相关设备。如图 11－41 所示。

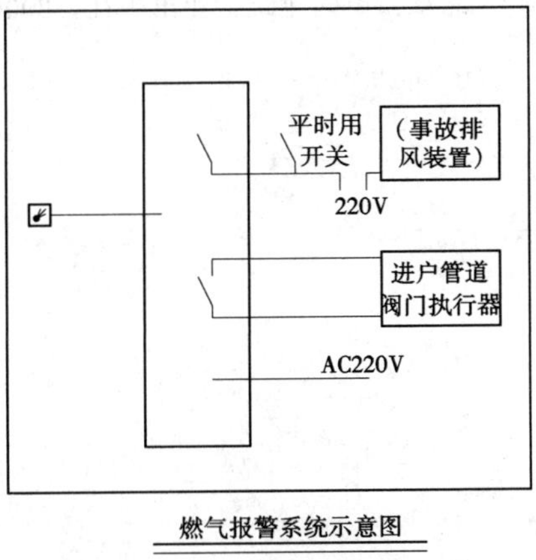

图 11－41　燃气报警系统示意图

参 考 文 献

［1］ 何斌，陈锦昌，王枫红．建筑制图（第五版）．北京：高等教育出版社，2005.

［2］ 王彦惠，尹宁，付云松．建筑工程制图［M］．北京：中国水利水电出版社，2009.

［3］ 乐荷卿，陈美华．土木建筑制图（第三版）［M］．武汉理工大学出版社，2005.

［4］ 焦鹏寿．建筑制图［M］．北京：中国电力出版社，2004.

［5］ 王桂梅．土木建筑工程设计制图［M］．天津：天津大学出版社，2002.

［6］ 孙靖立，王成刚．画法几何及土木工程制图［M］．武汉：武汉理工大学出版社，2008.

［7］ 张淑娟，全腊珍．工程制图［M］．北京：中国农业大学出版社，2010.

［8］ 周静卿，张淑娟，赵凤琴．机械制图与计算机绘图［M］．北京：中国农业大学出版社，2007.

［9］ 唐克中，朱同均．画法几何及工程制图［M］．高等教育出版社，2009.

［10］ 戴时超，张国珠．工程制图［M］．北京理工大学出版社，2003.

［11］ 李爱华，杨启美，万勇．工程制图基础［M］．高等教育出版社，2003.

［12］ 刘林，邓学雄，黎龙．建筑制图与室内设计制图［M］．华南理工大学出版社，2003.

［13］ 何铭新．画法几何及土木工程制图［M］．武汉：武汉理工大学出版社，2004.

［14］ 赵研．建筑识图与构造［M］．北京：中国建筑工业出版社，2006.